Erich Ch. Wittmann
Gerhard N. Müller

Handbuch produktiver Rechenübungen

Band 2
Vom halbschriftlichen zum schriftlichen Rechnen

programm mathe 2000
von
Prof. Dr. E. Ch. Wittmann
und Prof. Dr. G. Müller

Ernst Klett Schulbuchverlag
Stuttgart Düsseldorf Berlin Leipzig

Dr. Erich Ch. Wittmann
Jahrgang 1939
Professor für Didaktik der Mathematik
an der Universität Dortmund
Arbeitsschwerpunkte:
Grundlagen der Mathematikdidaktik,
Elementargeometrie

Dr. Gerhard N. Müller
Jahrgang 1941
Professor für Didaktik der Mathematik
an der Universität Dortmund
Arbeitsschwerpunkte:
Didaktik der Primarstufe,
Elementare Zahlentheorie

Die Deutsche Bibliothek – CIP-Einheitsaufnahme
Wittmann, Erich:
Handbuch produktiver Rechenübungen/Erich Ch. Wittmann;
Gerhard N. Müller. – Stuttgart; Düsseldorf; Berlin; Leipzig:
Klett-Schulbuchverl.
NE: Müller, Gerhard:
Bd. 2. Vom halbschriftlichen zum schriftlichen Rechnen. –
1. Aufl., 2. Dr. – 1994
ISBN 3-12-199092-6

Gedruckt auf Papier aus
chlorfrei gebleichtem Zellstoff,
säurefrei.

1. Auflage 1 7 6 5 | 1999 98 97

Die letzte Zahl bezeichnet das Jahr dieses Druckes.

Redaktionsbüro Grundschule Düsseldorf.

Redaktion: Maria Wieghardt, Verlagsredakteurin

Satz: Innovativer Lichtsatz Heinrich Fanslau, Düsseldorf
Kopiervorlagen: Holger Stoldt, Düsssseldorf
Druck: Gutmann & Co., 74388 Talheim

ISBN 3-12-199092-6

Vorwort

Vieles erscheint schwierig,
wenn man es noch nicht gewohnt ist.
(Indische Weisheit)

Der erste Band unseres Handbuches produktiver Rechenübungen hat in Praxis und Lehrerausbildung eine erfreulich breite und nachhaltige Resonanz gefunden. Wir haben dies als Bestätigung dafür aufgefaßt, den eingeschlagenen Weg fortzusetzen, und legen hiermit den zweiten Band vor, der Übungsvorschläge für das halbschriftliche und schriftliche Rechnen im 3. und 4. Schuljahr enthält.
Wir sind uns wohl bewußt, daß das Interesse am Konzept des aktiv-entdeckenden Lernens bei Lehrern und Studenten keineswegs immer vorbehaltlos ist, sondern sich vielfach mit einem gewissen Maß an Skepsis verbindet. Wir begrüßen dies, da uns an einer allzu schnellen Rezeption des neuen Konzeptes nicht gelegen ist. So gut begründet und abgesichert aktiv-entdeckende Lehr-/Lernformen sind, im Vergleich zu dem methodisch bis ins Detail ausgearbeiteten schulbuch- und lehrergesteuerten Unterricht werfen sie eine Reihe von prinzipiellen und praktischen Fragen auf, die zunächst einmal in Ruhe überdacht sein wollen. Insbesondere müssen sich angehende und praktizierende Lehrerinnen und Lehrer in eine veränderte Rolle eingewöhnen, Vertrauen zu dem geistigen Potential von Schülern – insbesondere auch von schulschwachen Schülern – entwickeln und Sicherheit in der Beherrschung neuer Unterrichtsformen gewinnen. Dieser Umstellungsprozeß dauert seine Zeit und läuft wie jeder tiefgreifende Lern- und Entwicklungsprozeß in der Regel nicht ohne innere Konflikte, Zweifel oder Krisen ab.
Starke Schützenhilfe erhält das aktiv-entdeckende Lernen vom Sprach-, Sach-, Kunst- und Sportunterricht der Grundschule, wo dieser Ansatz teilweise schon sehr fortgeschritten und von vielen Lehrerinnen und Lehrern als bessere Alternative erfahren worden ist. Das Fach Mathematik hinkt hier zurück, weil die Möglichkeiten für aktiv-entdekkendes Lernen in diesem Fach nicht so leicht ersichtlich sind. Die Hauptursache dafür dürfte darin liegen, daß der Mathematikunterricht an der Schule insgesamt, ganz besonders aber am Gymnasium, vielfach zu Sperren und Vorbehalten führt, die selbst durch eine gute Mathematikausbildung im Lehrerstudium nur sehr schwer aufzubrechen sind. Wir halten es für ein gutes Zeichen, daß viele Lehrer und Studenten von der Didaktik des aktiv-entdeckenden Lernens her auch die elementare Mathematik in einem neuen Licht sehen und eine neue Beziehung zu ihr aufbauen. Davon erhoffen wir nicht nur positive Auswirkungen auf die Grundschule, sondern langfristig auch auf den Mathematikunterricht an den weiterführenden Schulen. Wie der erste Band des Handbuches bemüht sich auch der zweite darum, das notwendige elementarmathematische Hintergrundwissen so darzustellen, daß auch Lehrerinnen und Lehrer ohne eine spezielle Mathematikausbildung damit arbeiten können. Einzelne Abschnitte sind daher sehr ausführlich gehalten.
Die wesentliche **didaktische Innovation** des zweiten Bandes besteht in der grundsätzlichen Neubewertung der Rechentypen. Im traditionellen Verständnis findet der Rechenunterricht seinen Höhepunkt in den schriftlichen Rechenverfahren, wobei das Einspluseins, das Einmaleins und das halbschriftliche Rechnen als Zubringer fungieren. Wir setzen im Handbuch die Gewichte neu: Als wichtigste Rechentypen sehen wir das **halbschriftliche Rechnen** und das **Kopfrechnen** an und messen ihnen **völlig unabhängig** von den schriftlichen Verfahren eine eigenständige Bedeutung bei. In Verbindung damit legen wir allergrößten Wert auf eine solide Anschauungsgrundlage bis hinauf zum Tausenderraum, für den wir eigens ein neues Arbeitsmittel, das Tausenderbuch, entwickelt haben. Auf diese Weise läßt sich nicht nur eine gute Grundlage für die schriftlichen Verfahren schaffen, die zur Zeit in den Lehrplänen noch in vollem Umfang vorgeschrieben sind, sondern auch der Boden für zukünftige Entwicklungen vorbereiten, die mit Sicherheit zu einer Reduktion der schriftlichen Verfahren und einer Einbeziehung des Taschenrechners führen werden.
Es ist freilich überhaupt nicht unser Ziel, diese Entwicklung zu beschleunigen. Deswegen kommt der Taschenrechner in diesem Handbuch nicht vor. Wir möchten aber doch deutlich machen, daß der Rechenunterricht nicht zusammenbrechen wird, wenn der Taschenrechner eines Tages seinen Einzug hält, sondern daß sich dann ganz im Gegenteil bessere

Möglichkeiten eröffnen werden: Entlastet von endlosen Übungen zur Festigung der schriftlichen Verfahren, insbesondere der Division und Multiplikation, wird sich der Rechenunterricht auf die Ausbildung sicherer Zahlvorstellungen, auf die Automatisierung eines fest umrissenen Fundus von Kopfrechenfertigkeiten ("Blitzrechnen") und auf die flexible Nutzung halbschriftlicher Strategien konzentrieren können. Damit wird die Grundlage für einen durch Überschlagsrechnen kontrollierten, effektiven Gebrauch des Taschenrechners gelegt sein. Unter dem Strich wird dies **mehr Rechenfähigkeit** und eine **höhere mathematische Grundbildung** ermöglichen als bisher erreichbar war.
Zur theoretischen Vertiefung sind als Anhang zwei Aufsätze aufgenommen worden. Der erste, ein Originalbeitrag, setzt das im Anhang zu Band 1 erläuterte Konzept des produktiven Übens in einer **Theorie der Übungstypen** praktisch um, wobei auf die Beispiele des Handbuchs zurückgegriffen wird. Der zweite Beitrag, das Manuskript eines anläßlich der 25. Bundestagung für Didaktik der Mathematik 1991 in Osnabrück gehaltenen Vortrags, versucht, die mit dem Projekt "mathe 2000" verfolgten gesellschaftspolitischen Zielsetzungen herauszuarbeiten. Kerngedanke dabei ist, das "aktiv-entdeckende und soziale Lernen" nicht einfach nur als ein **didaktisches Konzept,** sondern als ein für die Teilnahme und Teilhabe am gesellschaftlichen Leben unentbehrliches **Bildungskonzept** zu sehen.
Auch bei der Abfassung des zweiten Bandes konnten wir uns auf Entwicklungsarbeiten unseres Projekts "mathe 2000" stützen, das von der Universität Dortmund in den Jahren 1990/1991 weiter gefördert wurde. Von verschiedenen Seiten haben wir dabei tatkräftige Hilfe erhalten. Allen voran hat unser Mitarbeiter Christoph Selter während der gesamten Entstehungszeit konstruktive Beiträge zur Konzeption des Buches, zu einzelnen Beispielen und zur sprachlichen Formulierung des Textes geleistet und war uns stets ein kritischer Diskussionspartner. Frau Martina Röhr und die Herren Fachleiter Johannes Kempelmann und Günter Krauthausen, die später zu unserer Projektgruppe gestoßen sind, haben ihren Erfahrungsschatz als Lehrer und Fachleiter in die Diskussion einzelner Beispiele eingebracht. Die studentischen Mitarbeiter Maren Busch, Ingrid Röleke, Annette Wiemann und Johannes Gründer haben originelle Ideen vor allem zu den sachstrukturierten Übungen beigesteuert, wobei uns Herr Gründer immer wieder durch eine unglaubliche Findigkeit im Aufspüren von Sachinformationen verblüfft hat.
Das Konzept des Handbuches konnten wir in einer Konferenz mit Fachleiterinnen und Fachleitern unseres Bundeslandes, einzelne Beispiele mit Lehrerinnen und Lehrern der Arbeitskreise "Mathematik in der Grundschule" in Dortmund und Hamm diskutieren, was wir als sehr hilfreich empfunden haben. Allen Genannten möchten wir sehr herzlich für ihre Unterstützung danken.
Unser Dank gilt "last not least" auch Frau Maria Wieghardt vom Redaktionsbüro Düsseldorf des Ernst Klett Schulbuchverlages, die uns beharrlich an Termine erinnert und uns über einen Engpaß in unserem Sekretariat hinweggeholfen hat.
Zum Schluß möchten wir alle Leserinnen und Leser ermuntern, uns ihre Erfahrungen und Verbesserungsvorschläge mitzuteilen, damit wir sie bei unserer weiteren Forschungs- und Entwicklungsarbeit berücksichtigen können.

Dortmund, im Januar 1992 — Erich Ch. Wittmann und Gerhard N. Müller

Inhaltsverzeichnis

Viertes Schuljahr: Der Zahlraum bis 1 Million und darüber hinaus . 109

Anhang

Zur Arbeit mit dem Buch

Wie der erste Band ist auch der zweite eine Art Mischform von Lehrerhandbuch, Schulbuch und Aufgabensammlung. Der teilweise lehrgangsartige Aufbau erleichert es, längere Abschnitte des Unterrichts alternativ zum Schulbuch zu behandeln. Dabei sind jedoch folgende Punkte zu beachten:
Der besseren Übersichtlichkeit halber haben wir Übungen zur Addition und Subtraktion sowie zur Multiplikation und Division in der Regel in getrennten Abschnitten angeführt. Im Unterricht muß aber jede Operation mit ihrer Gegenoperation verzahnt werden.
Weiter haben wir im Interesse des Sinnzusammenhangs die Schuljahre 3 und 4 nicht strikt getrennt, d.h. wir haben einige Themen des 4. Schuljahres an Übungen des 3. Schuljahres angeschlossen und einige Themen, die schon für das 3. Schuljahr sinnvoll sind, erst im 4. Schuljahr angeführt.
Der beste Zugang zu dem Buch eröffnet sich, wie bekannt, wenn man sich mit den Übungen **zuerst selbst als Lernender** vertraut macht und sie **erst dann** vom Blickwinkel des Lehrers aus betrachtet. Auf diese Weise gelingt es am leichtesten, die einzelnen Beispiele an die je besonderen Gegebenheiten der eigenen Klasse anzupassen. Es empfiehlt sich, die erforderlichen Materialien bei der Durcharbeitung des Buches zur Hand zu nehmen und sich so möglichst konkret mit dem Konzept auseinanderzusetzen.[1]
Bei der Darstellung der Übungsvorschläge sind wir dem vom ersten Band her bewährten Muster gefolgt:

Worum geht es?
Was soll geübt werden?
Was wird benötigt?
Wie kann man vorgehen?
Wie könnte es weitergehen?

Die Erfahrung zeigt, daß sich bei sehr vielen Übungen ganz natürlich der folgende Rhythmus von Etappen ergibt:
1) Die Schüler werden in ein Aufgabenfeld eingeführt,
2) lösen die Aufgaben,
3) stellen ihre Ergebnisse vor und diskutieren ihre Beobachtungen.

Die Etappe (3) bietet eine ausgezeichnete Gelegenheit, die **mündliche und schriftliche Ausdrucksfähigkeit** der Schüler, ein sehr wichtiges allgemeines Lernziel, zu fördern. Die Arbeit in Gruppen spielt dabei eine Schlüsselrolle. In Japan macht man gute Erfahrungen mit relativ festen Gruppen innerhalb der Klasse, die größere Arbeitsaufträge erhalten, sich absprechen, die Ergebnisse untereinander vergleichen und gemeinsam überlegen, wie sie ihre Ergebnisse den anderen Gruppen vorstellen könnten. Diesen Ansatz halten wir für sehr nachahmenswert, wobei uns für die Dokumentation der Gruppenarbeit und für die Anregung der Diskussion zwischen den Gruppen oftmals die Anfertigung von Plakaten sinnvoll erscheint. Es wird sicherlich eine gewisse Zeit dauern, bis sich die Schüler an eine solche Gruppenarbeit gewöhnt haben, insbesondere bis sie verstanden haben, daß es nicht auf **Schnelligkeit,** sondern auf **Gründlichkeit** ankommt. Diese Investition ist aber auf alle Fälle sehr lohnend.
Arbeitsblätter sind für sachstrukturierte Übungen unabdingbar, weil man die nötigen Daten den Schülern kaum anders mitteilen kann. Darüber hinaus sind wir im zweiten Band mit Arbeitsblättern noch zurückhaltender gewesen als im ersten Band. Die Schüler haben ja viel mehr davon, wenn sie die Lösungen der Aufgaben im Rechenheft selber gestalten. Auch wenn die ersten Versuche vielleicht unbefriedigend sind, sollte man sich nicht davon abhalten lassen, an diesem Ziel langfristig festzuhalten.

---

[1] Ein Mini-Exemplar (Maßstab 1:2) des Tausenderbuches läßt sich aus Kopien der Umschlaginnenseiten zusammenkleben.

Aufstellung der benötigten Materialien

Auch bei dem zweiten Band haben wir uns auf diejenigen Materialien beschränkt, die für die Erfassung der Grundideen der Arithmetik unbedingt erforderlich sind und über einen längeren Zeitraum, oft über ein ganzes Schuljahr, eingesetzt werden können:

Zahldarstellungen

Z 8 *Tausenderbuch* und *Tausenderfeld*

Das Tausenderbuch hat die Form eines Leporelloalbums. Auf den zehn Seiten des Buches finden sich vorne die Zahlen von 1 bis 1000 in systematischer Anordnung. Dabei ist die erste Seite die gewohnte Hundertertafel.
Auf der Rückseite finden sich 1000 Punkte (Tausenderfeld) in der Anordnung von 10 Hunderterfeldern. Das zusammengeklappte Tausenderbuch hat quadratisches Format und veranschaulicht die neue Einheit 1 Tausender.

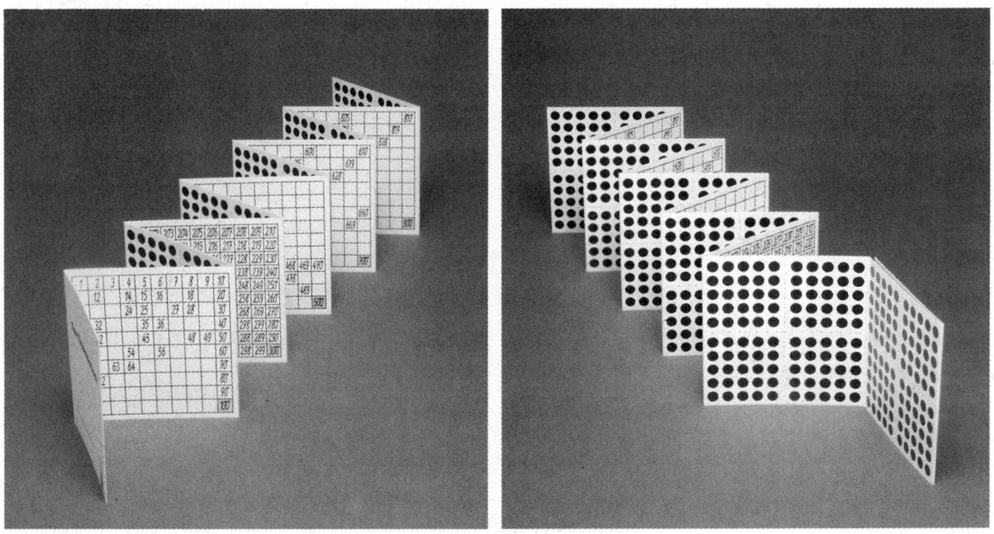

Das Tausenderbuch gibt es in zwei Versionen: In der kleinen, dauerhaft beschreibbaren Version für die Hand des Schülers (zusammengeklappt 8,5 cm × 8,5 cm) und in der großen, beschrift- und abwaschbaren Version als Demonstrationsmaterial (zusammengeklappt 25 cm × 25 cm).[1]

Z 9 *Tausenderstrahl*

Papierstreifen von 5 m Länge, auf dem die Zahlen von 1 bis 1000 linear dargestellt sind (Einheit 0,5 cm). Die Striche für die 50er, 100er, 250er, 500er und 1000er sind in abgestufter Länge und Dicke entsprechend herausgehoben.
Der Streifen kann z.B. über der Tafel an die Wand geheftet werden.

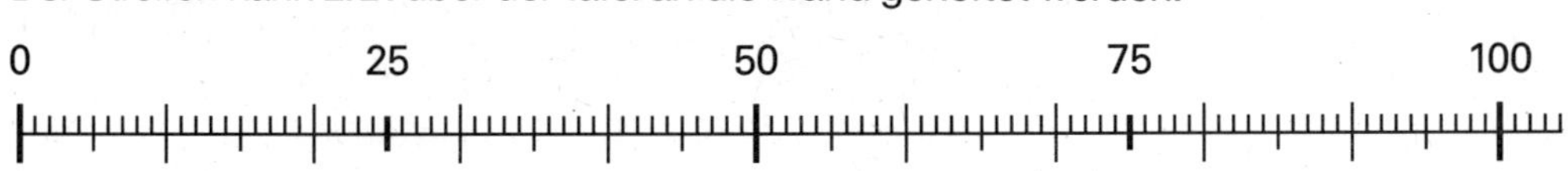

[1] Beide Versionen können bestellt werden beim Ernst Klett Schulbuchverlag.
Bestellnummer des kleinen Tausenderbuches: 19903 (Zehnerpack)
Bestellnummer des großen Tausenderbuches: 199039

Z 10 *Leerstrahl*

Papierstreifen von 1 m Länge mit 13 Strichen im Abstand von je 8 cm.

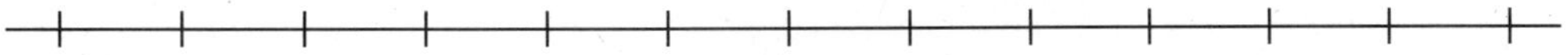

Der Leerstrahl wird am oberen Rand einer Tafel befestigt. Die Abstände zwischen den Strichen können je nach Bedarf als Einer, Zehner, Hunderter, Hunderttausender, ... gedeutet werden.

Z 11 *Stellentafel* für Magnettafel

Auf Papier oder direkt auf die Magnettafel wird eine Stellentafel aufgemalt, wobei jede Spalte mindestens 25 cm breit sein muß, damit 5 Wendeplättchen mit einem Durchmesser von 4 cm nebeneinander Platz haben. Die Stellentafel "wächst" mit dem Zahlenaufbau.

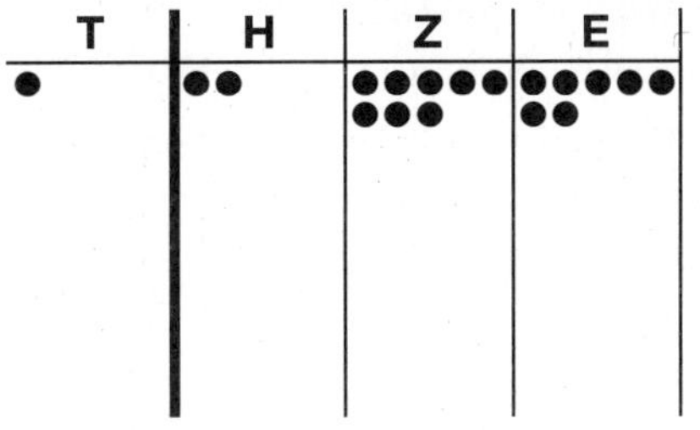

Folien

F 4 *Vierhunderterfeld* mit Malwinkel für Tageslichtschreiber

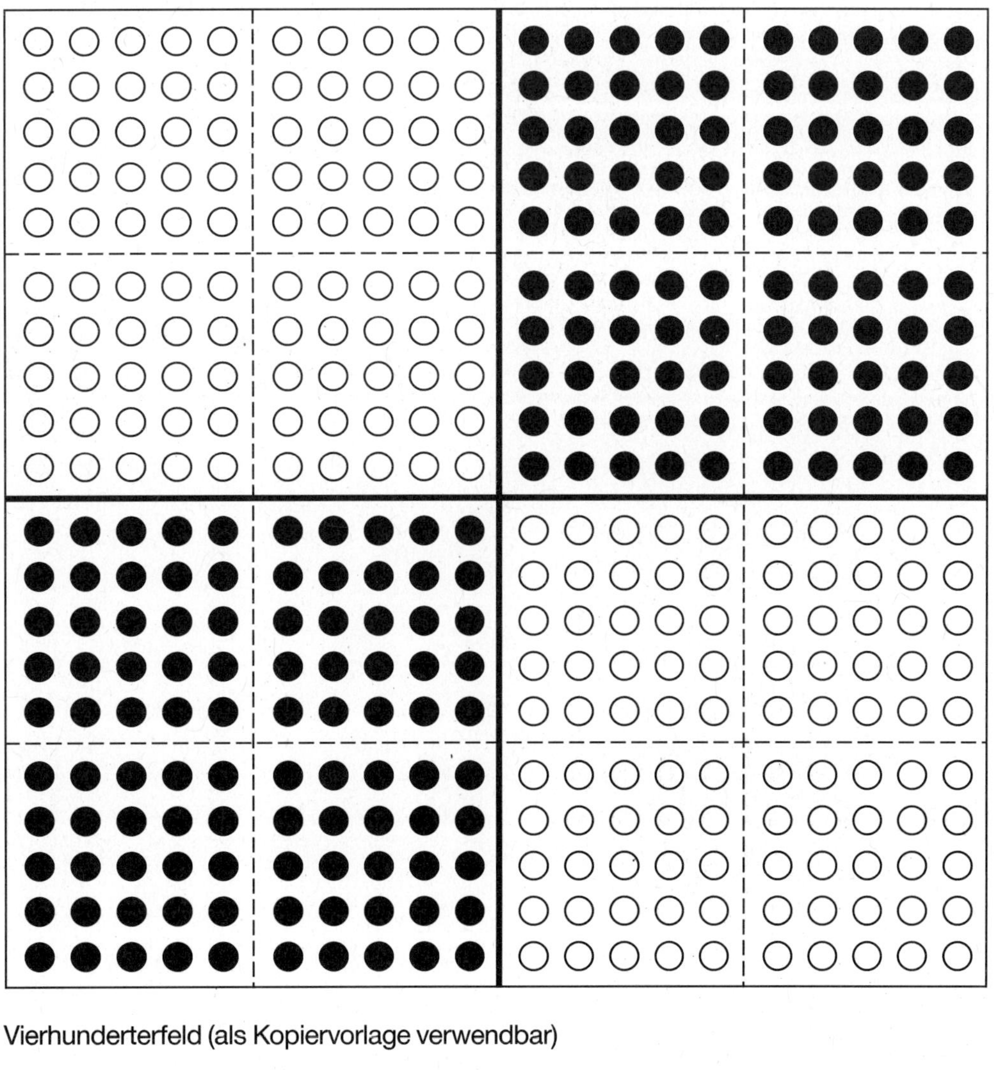

Vierhunderterfeld (als Kopiervorlage verwendbar)

Magnetmaterialien

Außer *Wendeplättchen* (vgl. Band 1, M1), die für die Stellentafel benötigt werden, sind erforderlich:

M 3 *Ziffernkärtchen*

10 magnetische Rechtecke im Format ca. 8 cm × 5 cm, beschriftet mit den Ziffern 0 bis 9.

0	1	2	3	4	5	6	7	8	9

M 4 *Rechengeld*

Münzen und Banknoten von 1 DM aufwärts.
Dieses Standardmaterial ist in der Regel an jeder Schule verfügbar.

Darüber hinausgehend werden bei einigen Übungen spezielle Geräte benötigt (Meßrad, Waage mit Wägesatz), die in der Regel ebenfalls vorhanden bzw. leicht zu beschaffen sind.

Drittes Schuljahr: Tausenderraum

Die traditionelle Rechendidaktik macht zwischen dem Rechenunterricht in den beiden ersten und den beiden letzten Grundschuljahren einen deutlichen Einschnitt: Während im sogenannten "Erstrechenunterricht" große Sorgfalt darauf verwendet wird, den Zahlbegriff zu entwickeln sowie das Einspluseins und Einmaleins zu verankern, wird vom dritten Schuljahr an auf die schriftlichen Rechenverfahren, den Höhepunkt des Rechenunterrichts der Grundschule, hingearbeitet. Die sogenannten "halbschriftlichen" Verfahren werden hierbei als "didaktische Brücke" herangezogen.
Vielen Schülern bereitet dieser abrupte Übergang zum **Ziffern**rechnen, der mit einer deutlichen Reduktion der Anschauung verbunden ist, erhebliche Schwierigkeiten, die oft unbewältigt bleiben und die Schüler zur mechanischen Routine verführen.
Heute sieht sich die Didaktik vor eine Situation gestellt, die eine grundsätzliche Neubewertung der schriftlichen Verfahren und damit des Rechenunterrichts überhaupt erfordert: Da Taschenrechner als billige Massenprodukte verfügbar sind und die elektronische Datenverarbeitung das Geschäftsleben fast völlig beherrscht, entfallen die Gründe, die vom Beginn der Neuzeit an die flüssige Beherrschung des schriftlichen Rechnens erforderlich machten. Schon heute haben die schriftlichen Verfahren, in allererster Linie die schriftliche Division und Multiplikation, im Alltagsleben nur mehr eine geringe Bedeutung, und dieser Niedergang wird sich weiter fortsetzen.
Viele Praktiker befürchten, daß dem Rechenunterricht mit einer Entwertung der schriftlichen Verfahren der Boden entzogen werde und die Kinder ganz vom Taschenrechner abhängig würden, wenn sie diese Verfahren nicht mehr erlernten. Bei nüchterner Betrachtung ergibt sich jedoch ein anderes Bild, das diese Befürchtungen als unbegründet erscheinen läßt: Eine Reduzierung der für die schriftlichen Verfahren aufgewandten Zeit ermöglicht es nämlich, das Kopfrechnen und das halbschriftliche Rechnen stärker zu betonen, das somit nicht mehr nur als "Zubringer" zu den schriftlichen Verfahren, sondern als völlig **eigenständiger** Rechentyp erscheint. Die Aufgaben, die das schriftliche Rechnen bisher erfüllt hat, können zum großen Teil durch das halbschriftliche Rechnen und den Taschenrechner abgedeckt werden, der mit Hilfe sicherer Kopfrechen- und halbschriftlicher Strategien kontrolliert und effektiv nutzbar ist.
Die Zurückstufung der schriftlichen Rechenverfahren bedeutet in keiner Weise eine Reduzierung des "Rechnens" insgesamt. Die entschiedene Betonung des Kopfrechnens und des halbschriftlichen Rechnens sowie der sinnvolle Einsatz des Taschenrechners werden ganz im Gegenteil unter dem Strich zu einer **besseren Rechenfähigkeit** und zu einer **höheren mathematischen Bildung** führen, als bei der traditionellen Ausrichtung auf die schriftlichen Verfahren je zu erreichen war.
Obwohl wir diese Entwicklung langfristig vor uns sehen und begrüßen, möchten wir uns in diesem Handbuch nicht als "Bilderstürmer" betätigen. Wir werden die schriftlichen Verfahren, die ja in den Lehrplänen noch vorgeschrieben sind, vielmehr voll einbeziehen. Wir werden aber gleichzeitig auch den neuen Gegebenheiten dadurch Rechnung tragen, daß wir – wie schon im 1. Band – das Kopfrechnen durch Weiterführung des "Blitzrechenkurses" betonen und den halbschriftlichen Strategien unsere besondere Aufmerksamkeit schenken, wobei wir besonders deren algebraischen Gehalt herausarbeiten.
Die neue Konzeption hat insbesondere auch den Vorteil, daß der Rechenunterricht des dritten Schuljahrs bruchlos an den Unterricht in den beiden ersten Schuljahren anschließen kann. Wie in den Vorjahren stehen nämlich der Aufbau grundlegender **Zahlvorstellungen,** ein sicheres und flüssiges **Kopfrechnen** und flexible **halbschriftliche Strategien** im Vordergrund.
An den Anfang der folgenden Orientierungsübungen stellen wir mit Bedacht die Einführung des Tausenderbuches, das den dekadischen Aufbau des Tausenderraumes in besonderer Weise verkörpert und in unserem Konzept das grundlegende Anschauungs- und Arbeitsmittel des 3. Schuljahres ist.

1. Orientierungsübungen

Nach der ganzheitlichen Einführung des Zwanzigerraums im ersten und des Hunderterraums im zweiten Schuljahr geht es nun um die ganzheitliche Einführung in den Tausenderraum. Vom Hunderterraum aus betrachtet ist der Tausender die "Zone der nächsten Entwicklung". Wir sind daher schon bei den Übungen des zweiten Schuljahrs Grenzüberschreitungen nicht aus dem Wege gegangen und haben auf diese Weise Vorbereitungen für den weiteren Ausbau getroffen.
Der fließende Übergang vom Hunderter- in den Tausenderraum wird dadurch gewährleistet, daß wir Anschauungsmittel benutzen, die eine konsequente Fortsetzung der entsprechenden Materialien des Hunderterraumes sind: das **Tausenderbuch** (als Fortsetzung der Hundertertafel und des Hunderterfeldes) und den **Tausenderstrahl** (als Fortsetzung der Hunderterreihe). Darüber hinaus führen wir bei den Orientierungsübungen in Vorausschau auf die "Zone der nächsten Entwicklung" bereits ein neues Anschauungsmittel ein, das erst im weiteren Ausbau des Zahlsystems seine volle Bedeutung gewinnen wird: die **Stellentafel** zur Zahldarstellung mit Rechenplättchen.

1.1 Übungen am Tausenderbuch

Worum geht es?

Die Systematik des dekadischen Zahlsystems besteht zunächst einmal darin, daß je 10 Einheiten einer Stufe zu einer Einheit der nächsthöheren Stufe zusammengefaßt werden. Auf diese Weise entsteht aus 10 Einern die Stufenzahl **1 Zehner,** aus 10 Zehnern die Stufenzahl **1 Hunderter,** aus 10 Hundertern die Stufenzahl **1 Tausender.** Im weiteren Verlauf ist dieses Fortschreiten von einer Stufenzahl zur nächsten in einen **Dreierrhythmus** gegliedert: Die dreiteilige Tausenderstruktur (H, Z, E) wiederholt sich in der Million (HT, ZT, T), der Milliarde (HM, ZM, M), der Billion (HMd, ZMd, Md), usw. Genau wie nämlich der Tausender aus 1000 Einern aufgebaut ist, so setzt sich die Million aus 1000 Tausendern zusammen, die Milliarde aus 1000 Millionen, usw. Dieser Aufbau tritt auch bei der Notation großer Zahlen deutlich in Erscheinung:

15 | 427 | 202 | 596 | 472 |
Einer
Tausend
Millionen
Milliarden
Billionen

Die Stufenzahlen E, Z, H bilden somit nicht nur den Anfang der Stufenfolge, sondern werden auch zur **Benennung** höherer Stufenzahlen herangezogen. Wer daher den Aufbau des Tausenders genau erfaßt hat, hält den Schlüssel für den Aufbau des gesamten Zahlsystems in der Hand.
Der Tausender bildet somit eine Art Klammer: Einerseits schließt er die Stufen Einer, Zehner, Hunderter ab, andererseits stellt er ein Modell für den Aufbau der folgenden Dreiergruppen dar, wie am "Millionbuch" im 4. Schuljahr deutlich werden wird.
Um diese wichtige Doppelrolle des Tausenderraumes voll zur Geltung zu bringen, haben wir mit dem Tausenderbuch ein spezielles Anschauungsmittel entwickelt. Auf den zehn Blättern dieses Buches in der Form eines Leporelloalbums finden vorne die Zahlen von 1 bis 1000 und auf der Rückseite 1000 Punkte (Tausenderfeld) – jeweils als strukturierte Ganzheit – Platz. Die Zahlen sind so angeordnet, wie man es von einem Buch gewohnt ist: Jeweils 10 **Einer** füllen eine Zeile und ergeben einen **Zehner,** jeweils 10 Zehner-Zeilen füllen eine Seite und ergeben einen **Hunderter,** 10 Hunderterseiten bilden den gesamten **Tausender.** Der Übergang von einer Zeile zur nächsten und von einer Seite zur folgenden entspricht der üblichen Leserichtung. Das Fortrücken innerhalb einer Zeile, der Übergang von Zeile zu Zeile und der Wechsel von Seite zu Seite drücken in ihrer Gesamtheit die dreigliedrige Einer-, Zehner- und Hunderterstruktur des Tausenders aus.
Da die erste Seite des Tausenderbuches nichts anderes als die bekannte Hundertertafel und ihre Rückseite das Hunderterfeld darstellt, ist das Tausenderbuch die folgerichtige Fortsetzung der grundlegenden Anschauungsmaterialien des Hunderterraumes. Jeder

der zehn Hunderter des Tausenderbuches ist genauso strukturiert wie der erste, so daß die Schüler ihre Kenntnisse aus dem Hunderterraum in den Tausenderraum übertragen können. Das 3. Schuljahr wird so mit dem zweiten bruchlos verbunden.
Wir haben in das Tausenderbuch mit Absicht nicht sämtliche Zahlen eingetragen. Erstens wirkt das Tausenderbuch dadurch übersichtlicher, zweitens ergeben sich dadurch ergiebige Aufgabenstellungen, und drittens zwingen die freien Plätze auf der Zahlseite die Schüler, die Tausenderstruktur zu verinnerlichen. Die Eintragung der Zahlen innerhalb der verschiedenen Hunderter erfolgte nach unterschiedlichen Gesichtspunkten, z.B. nach der Zeilen-, der Spalten- oder der Diagonalenstruktur. Auf der ersten Zahlseite finden sich die Ergebniszahlen des kleinen Einmaleins.

Was soll geübt werden?

Die Schüler sollen die Struktur des Tausenders ganzheitlich erfassen, indem sie die Zuordnungen zwischen Zahlen und Plätzen festigen und lernen, sich im Tausenderbuch nach gewissen Regeln zu bewegen.

Was wird benötigt?

Demonstrationsmaterial: Großes Tausenderbuch.
Arbeitsmaterial: Kleine Tausenderbücher (möglichst für jeden Schüler eines).

Wie kann man vorgehen?

1. Erarbeitung der Grobstruktur im Klassengespräch
Man gibt den Schülern kleine Tausenderbücher in die Hand oder zeigt ihnen das große Buch und läßt sie möglichst selbständig herausfinden, daß im Tausenderbuch die Zahlen von 1 bis 1000 systematisch angeordnet, jedoch nicht vollständig notiert sind. Das richtige Lesen der Zahlen fließt in die Erarbeitung der Struktur ein.
Die Schüler müssen insbesondere klar erfassen, daß der Tausender 10 Hunderter umfaßt, und daß etwa die vierte Seite mit 301 **beginnt,** der vierte Hunderter aber erst mit 400 **voll** abgeschlossen ist. Der Aufbau des Tausenders aus 10 gleichartigen Hundertern wird insbesondere an der Rückseite (Tausenderfeld) deutlich. Weiter ist herauszuarbeiten, daß jeder weitere Hunderter die gleiche Struktur wie der erste Hunderter besitzt.
Die folgenden Übungen können, sobald die Aufgabenstellung verstanden ist, auch in Gruppen durchgeführt werden, wobei die Schüler sich gegenseitig kontrollieren können.

2. Zählen von einer gegebenen Zahl zu einer anderen (vorwärts und rückwärts)
Hierbei ist vor allem auf die Übergänge bei den vollen Hundertern zu achten.

3. Zahlen und ihre Nachbarn
Durch Hinzeigen oder Markieren werden freie Plätze vorgegeben. Die Schüler müssen die zugehörige Zahl benennen. Umgekehrt werden auch Zahlen genannt, und die Schüler müssen bestimmen, wo sie ihren Platz haben. Naheliegend ist es, einen "Weg" im Tausenderbuch anzuzeigen (z.B. eine Zeile, Spalte, Diagonale oder einen anderen Weg) und die zugehörigen Plätze benennen zu lassen.

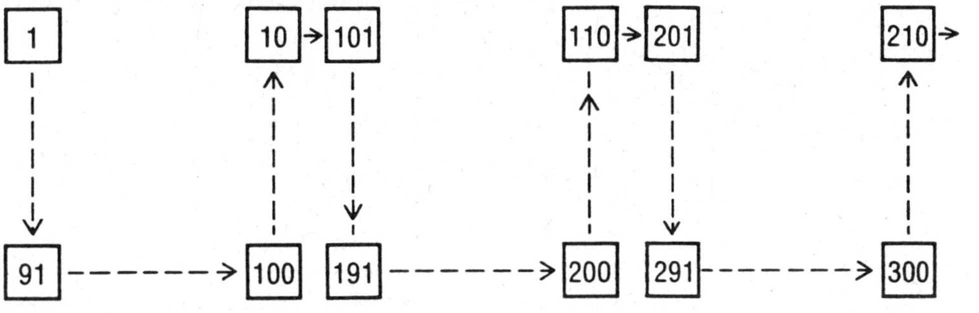

Weiter kann man zu einer Zahl die vorangehenden und nachfolgenden Einer, Fünfer, Zehner und Hunderter bestimmen lassen.

Beispiel: Gegeben: 413
Nachbarn: 412, 414
Nachbarfünfer: 410, 415
Nachbarzehner:· 410, 420
Nachbarhunderter: 400, 500

4. Durchschreiten des Tausenders in 10er, 20er, 25er, 50er, 100er und 200er Schritten
Das Sprechen der Zahlwörter muß hier vom Zeigen des entsprechenden Platzes im Tausenderbuch begleitet sein. In der Gruppe können die Schüler die Zahlen reihum aufsagen.

5. Zerlegungsübungen
Hierbei wird das Tausenderfeld benutzt. Aufgabe ist es, 1000 Punkte ("Markstücke", ...) an 2, 3, 4, ..., 10 Kinder verteilen zu lassen. Es handelt sich hierbei um eine gute Orientierungsübung zur Erfassung der Tausenderstruktur, nicht um eine verfrühte Einführung der Division.

Beispiel: 1000 Markstücke sollen an 3 Kinder verteilt werden. Jedes Kind erhält zunächst 3 Hunderter, vom verbleibenden Hunderter 3 Zehner, vom verbleibenden Zehner 3 Einer, und 1 Einer bleibt übrig.

6. Wie viele Zehner hat...?
Vorgegeben wird eine Zahl, etwa 425. Die Schüler sollen nun herausfinden, wie viele Zehner in dieser Zahl stecken.
Lösung am Tausenderbuch (Zahl- oder Punktseite):
In jedem Hunderter stecken 10 Zehner, in 4 Hundertern also 40 Zehner. Hinzu kommen noch 2 Zehner.
Antwort: 425 = 42 Zehner + 5 Einer

7. Ergänzungsübungen
Wieviel fehlt bis zum nächsten Zehner?

Beispiele:	634?	713?
	634 + <u>6</u> = 640	713 + <u>7</u> = 720

Wieviel fehlt zum nächsten Hunderter?

Beispiele:	634?	713?
	634 + <u>66</u> = 700	713 + <u>87</u> = 800

Wieviel fehlt bis Tausend?

Beispiele:	634?	713?
	634 + <u>366</u> = 1000	713 + <u>287</u> = 1000

Wiederum handelt es sich hierbei um Orientierungsübungen, die mit Unterstützung durch das Tausenderbuch behandelt werden. Die Schüler können sich dabei auf analoge Ergänzungsübungen des 1. und 2. Schuljahres stützen, die zum Blitzrechenkurs gehören.

Wie könnte es weitergehen?

8. "STOP": Ein Strategiespiel für zwei Gruppen (Personen)
Die eine Gruppe bewegt ein **rotes** Plättchen, das zu Beginn auf dem Feld 1 steht, um ein oder zwei Plätze nach rechts (+1, +2) oder nach unten (+10, +20) oder ein bzw. zwei Hunderter weiter (+100, +200). Die andere Gruppe darf ein **blaues** Plättchen, anfänglich auf 1000, wahlweise entsprechend entgegengesetzt verschieben, also eine der Operationen −1, −2, −10, −20, −100, −200 auswählen. Das rote Plättchen darf das blaue niemals **überschreiten**, (d.h. einen höheren Zahlenwert einnehmen), das blaue das rote niemals **unterschreiten**. Diejenige Gruppe, die diese Bedingung nicht mehr erfüllen kann, hat verloren. Wenn die beiden Plättchen auf ein und denselben Platz zu liegen kommen, verliert folglich der Spieler, der als nächster am Zug ist.
Dadurch, daß die Spieler das Feld, auf das sie ziehen, jeweils benennen müssen (z.B. *"Ich ziehe auf 712"*), wird die Orientierung im Tausenderraum geschult.

9. Räuber und Goldschatz auf dem Tausenderbuch (vgl. Band 1, S. 17)
Der Goldschatz steht zu Beginn auf der 500. Der Plusräuber gewinnt, wenn der Schatz "1000 oder mehr" erreicht, der Minusräuber ist siegreich, wenn der Schatz "1 oder weniger" erreicht. Bei den Würfelergebnissen 1 und 6 dürfen die Räuber um entsprechend viele **Einer,** bei 4 und 5 um entsprechend viele **Zehner,** und bei 2 und 3 um entsprechend viele **Hunderter** vor- bzw. zurückrücken.

1.2 Übungen am Tausenderstrahl und mit Geld

Worum geht es?

Damit die Tausenderstruktur in der Vorstellung breit verankert wird, müssen neben dem Tausenderbuch noch andere Veranschaulichungsmaterialien herangezogen werden. Der Zählzahlaspekt wird dabei am besten durch den Tausenderstrahl, der Maßzahlaspekt durch Rechengeld verkörpert.

Was soll geübt werden?

Wie in Abschnitt 1.1 geht es um eine ganzheitliche Erfassung der Tausenderstruktur.

Was wird benötigt?

Arbeitsmaterial: Rechengeld.
Demonstrationsmaterial: Tausenderstrahl.

Wie kann man vorgehen?

Alle Übungen aus 1.1 können wieder aufgegriffen werden, soweit sie für das betreffende Material sinnvoll sind:

Tausenderstrahl:
1. Erarbeiten der Grobstruktur
2. Zählen von einer gegebenen Zahl zu einer anderen (vorwärts und rückwärts)
3. Zahlen und ihre Nachbarn
4. Durchschreiten des Tausenders in 10er, 20er, 25er, 50er, 100er, und 200er Schritten
5. Zerlegungsübungen
6. Ergänzungsübungen

Geld:
1. Bezahlen des Betrages 1000 DM mit Hilfe von 10 DM, 20 DM, 50 DM, 100 DM, 200 DM und 500 DM Scheinen.
   Wie viele Scheine benötigt man jeweils?
2. Zerlegungsübungen
   1000 DM sind an 2, 3, 4, ..., 10 Personen zu verteilen.
4. Ergänzungsübungen
   634 DM + 6 DM = 640 DM
   634 DM + 6 DM + 60 DM = 700 DM
   634 DM + 6 DM + 60 DM + 300 DM = 1000 DM
5. Umwandlungsübungen
   534 DM = 5 Hunderter + 3 Zehner + 4 Einer
   = 2 Zweihunderter + 1 Hunderter + 1 Zwanziger + 1 Zehner + 2 Zweier
   = 53 Zehner + 4 Einer
   = 5 Hunderter + 34 Einer
   usw.

Wie könnte es weitergehen?

6. Man hat 10 DM, 50 DM, 100 DM Scheine zur Verfügung.
   Welche Geldbeträge sind mit 3 Scheinen möglich?
   Lösung: 30 DM, 70 DM, 110 DM, 120 DM, 150 DM, 160 DM, 200 DM, 210 DM, 250 DM, 300 DM.

Analoge Aufgaben mit anderen Geldwerten.

1.3 Übungen an der Stellentafel

Worum geht es?
Was soll geübt werden?

Eine anschauliche, ganzheitliche Darstellung von Zahlräumen größer als Tausend ist kaum möglich. Wir werden zwar im 4. Schuljahr noch das analog zum Tausenderbuch aufgebaute "Millionbuch" behandeln. Dieses "Buch" kann jedoch lediglich andeutungsweise hergestellt werden und stellt nur eine Stütze für den weiteren Zahlaufbau dar, den die Schüler **in der Vorstellung** vollziehen müssen. Das gedankliche Operieren mit großen Zahlen wird aber durch ein altes Darstellungsmittel sehr wirksam konkretisiert, das vom 3. Schuljahr an allmählich in den Vordergrund rückt und grundlegende Bedeutung für die Einführung der schriftlichen Addition und Subtraktion hat: **die Stellentafel** (Rechenbrett, Abakus).
Die folgenden Übungen dienen dazu, die Darstellung von Zahlen an der Stellentafel mit Hilfe von Plättchen zu üben.

Was wird benötigt?

Demonstrationsmaterial: Große Stellentafel (H, Z, E) an der Magnettafel, Magnetwendeplättchen.
Arbeitsmaterial: Kleine Stellentafeln (H, Z, E) für die Schüler, Wendeplättchen.

Wie kann man vorgehen?

1. Einführende Lege- und Schiebeübungen
Vorgegebene Zahlen werden in der Stellentafel dargestellt, und umgekehrt werden Darstellungen in Zahlen übersetzt. Dabei können Zahlen durch Verschieben, Hinzufügen oder Wegnehmen eines Plättchens variiert werden.

Beispiele: *Lege 534.*

Lösung:

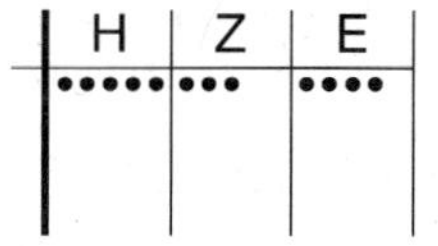

Welche Zahl ist hier gelegt?

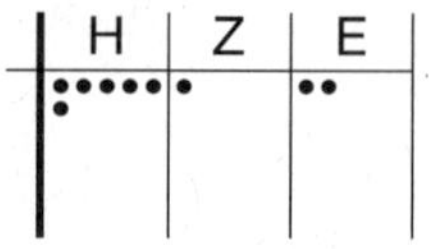

Lösung: 612

Welche Zahlen kann man ausgehend von 612 erhalten, wenn man 1 Plättchen verschieben (hinzufügen, wegnehmen) darf?
Lösung: 522, 513, 702, 603, 711, 621, (712, 622, 613, 512, 602, 611).

2. Kombinatorische Aufgaben
Welche Zahlen sind mit einem einzigen Plättchen darstellbar?
Lösungen: 1, 10, 100
Mit 2? Lösungen: 2, 11, 20, 101, 110, 200
Mit 3? Lösungen: 3, 12, 21, 30, 102, 111, 120, 201, 210, 300
Mit 4? Lösungen?

Wie könnte es weitergehen?

Welche Zahlen sind mit 5, 6, ... Plättchen darstellbar?

1.4 Übungen mit Ziffernkärtchen

Worum geht es?
Was soll geübt werden?

Aus drei vorgegebenen Ziffern kann man verschiedene dreistellige Zahlen bilden, falls nicht alle drei Ziffern gleich sind. Die Gegenüberstellung der aus gleichen Ziffern gebildeten Zahlen schult in besonderer Weise das Verständnis des Stellenwertes.

Was wird benötigt?

Demonstrationsmaterial: Kärtchen mit den Ziffern 1, ..., 9 für die Magnettafel.
Arbeitsmaterial: Entsprechende Ziffernkärtchen für die Schüler.

Wie kann man vorgehen?

An einigen Beispielen wird zunächst gezeigt, wie man mit den Ziffernkärtchen Zahlen bilden kann. Dann können die Schüler im Klassengespräch, in der Gruppe, in Partner- oder Einzelarbeit folgende kombinatorische Aufgaben behandeln und die Ergebnisse jeweils notieren:

1. *Welche dreistelligen Zahlen kann man mit drei bestimmten Ziffernkärtchen (z.B. 2, 5, 7) bilden?*
2. *Welche **drei**stelligen Zahlen kann man mit **vier** bestimmten Ziffernkärtchen (z.B. 1, 5, 7, 8) bilden?*

Die meisten Schüler gehen bei diesen Aufgaben zunächst unsystematisch vor und verlieren bei der zweiten Aufgabe leicht die Übersicht. Man kann ihnen daher den Tip geben, die Zahlen der Größe nach aufzulisten. Dies führt zur Entdeckung des folgenden Systems:
Aufgabe 1: 752, 725, 572, 527, 275, 257
Aufgabe 2: 875, 871, 857, 851, 817, 815, 785, 781, 758, 751, 718, 715, 587, 581, 578, 571, 518, 517, 187, 185, 178, 175, 158, 157.

Wie könnte es weitergehen?

3. "Möglichst nahe an..."
Zahlen mit gleichen Ziffern oder mit der Ziffer 0 lassen sich mit Hilfe der Ziffernkärtchen 1, ..., 9 **nicht** darstellen. Dies gibt Anlaß zu der Frage, solchen Zahlen von oben und von unten her möglichst nahe zu kommen.
Beispiele:

Aufgabe:		333			500	
(Optimale) Lösung:	329	333	341	498	500	512

1.5 Verzahnungsübungen

Was soll geübt werden?

Bei diesen Übungen sollen alle verfügbaren Darstellungsmittel koordiniert werden.

Was wird benötigt?

Demonstrationsmaterial: Tausenderbuch, Tausenderstrahl, Stellentafel, Plättchen, Ziffernkärtchen, Rechengeld, evtl. Wägesatz für die Darstellung der Gewichte von 1 g bis 999 g.

Wie kann man vorgehen?

1. Je eine Gruppe von Kindern ist für eines der o.g. Materialien zuständig. Vorgegebene Zahlen müssen von den Gruppen entsprechend dargestellt bzw. aufgezeigt werden, wobei sich die Schüler möglichst selbst kontrollieren sollen.

2. Reihum gibt jeweils eine Gruppe in ihrem "Medium" eine Zahl vor. Die anderen Gruppen stellen sie auf ihre Weise dar. Die Ziffernkärtchengruppe versucht, wenn sie die gegebene Zahl nicht genau darstellen kann, ihr möglichst nahe zu kommen. Wenn alle Darstellungen korrekt vorliegen, wird der Zahlname von der Gruppe genannt, die als nächstes an der Reihe ist. Diese Aktivität kann mit entsprechendem Arbeitsmaterial auch in Kleingruppenarbeit durchgeführt werden (je ein Kind ist zuständig für ein bestimmtes Material).

1.6 "1000 Meter"

Worum geht es?
Was soll geübt werden?

Die Sachrechenkompetenz der Schüler wird dadurch gefördert, daß sie über sichere Größenvorstellungen verfügen. Die folgende Übung soll in diesem Sinn die Möglichkeit geben, die Länge 1000 m = 1 km zu "erwandern".

Was wird benötigt?

In der Umgebung der Schule muß ein möglichst geradliniges, übersichtliches und autofreies Stück Weg (Feldweg, Wanderweg, Fußweg in einem Park etc.) von mindestens 1 km Länge ausfindig gemacht werden. Zum Abmessen einer Strecke von 1000 Metern eignet sich am besten ein Meßrad. Wenn an der Schule kein Meßrad vorhanden sein sollte, kann man es sicherlich bei der Post oder Polizei für die Übung ausleihen. Bei einem holprigen Untergrund ist das Meßrad ungeeignet; hier hilft ein Stück Schnur von 50 m Länge, das man fortgesetzt abtragen kann.

Wie kann man vorgehen?

1. Als erstes wird ein Ausgangspunkt markiert; von diesem aus werden im Abstand von jeweils 50 Metern Marken mit Entfernungsangabe angebracht (50 m, 100 m, 150 m, 200 m, ..., 1000 m). Für jede dieser 20 Marken ist jeweils ein Schüler zuständig, der sich außerdem notiert, welche auffälligen Objekte (Haus, Baum, Graben, ...) in der Nähe seiner Marke liegen. Wie die Marken zu gestalten sind, richtet sich nach dem Untergrund. Auf einem asphaltierten Weg etwa genügt Kreide.

2. Der Rückweg wird in normaler Wandergeschwindigkeit zurückgelegt, und es wird die Zeit bestimmt, die man für 1 km benötigt. Auf diese Weise läßt sich die Faustregel "1 Stunde $\triangleq$ 4 km" untermauern.
Die Schüler können abzählen, wie viele Schritte sie für die ersten 100 m benötigen und damit abschätzen, wie viele Schritte sie in etwa für 1000 m brauchen und wie weit sie mit 1000 Schritten kommen würden.

3. Abschließend fertigt jeder Schüler einen Papierstreifen an, auf dem dargestellt ist, was es in der Umgebung seiner Marke zu sehen gibt, und diese Streifen werden in der Nähe der entsprechenden Zahlen des Tausenderstrahls befestigt. Als Ergebnis erhält man somit ein "Kilometerprotokoll".

2. Additive Operationen im Tausenderraum

Bei den additiven Operationen im Tausenderraum sind zwei Formen zu unterscheiden: zum einen die **halbschriftlichen** und zum anderen die **schriftlichen** Verfahren der Addition und Subtraktion. Erstere setzen die entsprechenden Strategien aus dem Hunderterraum fort (vgl. Bd. 1).
In den drei ersten Abschnitten dieses Kapitels wollen wir uns gründlich mit den halbschriftlichen Verfahren befassen, um deutlich zu machen, welche **eigenständige Bedeutung** ihnen zukommt. Im vierten Abschnitt wird dann gezeigt, wie sich die schriftliche Addition und die schriftliche Subtraktion aus bestimmten halbschriftlichen Strategien ableiten lassen.
Bei unseren Übungsvorschlägen konzentrieren wir uns auf **strukturierte Übungen,** an denen ja ein besonderer Mangel herrscht.

2.1 Gestütztes Üben halbschriftlicher Strategien

Worum geht es?

Wie bereits bei der Einführung des halbschriftlichen Rechnens im 2. Schuljahr angemerkt (Bd. 1, S. 82 ff.), beruht dieser Rechentyp auf einer geschickten Zerlegung von Rechenaufgaben in leichtere Teilaufgaben. Dabei können Rechenschritte und schriftliche Teilergebnisse nach Bedarf festgehalten werden, bis am Schluß das Ergebnis ermittelt ist. Während die schriftlichen Verfahren mit **Ziffern** operieren, arbeiten halbschriftliche Strategien mit **Zahlen, Zahldarstellungen** und **Zahlvorstellungen** und nutzen **Rechengesetze** für **Rechenvorteile** aus. Wir bevorzugen absichtlich den Terminus **"Strategien"** gegenüber dem Ausdruck "Verfahren", da beim halbschriftlichen Rechnen keine Normalverfahren angestrebt werden, sondern es darum geht, geschickt ("strategisch") vorzugehen.
Wie im 2. Schuljahr ist es unser Ziel, die Lösungsvielfalt dadurch zu "bändigen", daß wir gewisse Hauptstrategien benennen, die in sich wieder flexibel gehandhabt werden können. Die Benennung der Strategien hat den Vorteil, daß sie **bewußter** genutzt und zum Gegenstand der Diskussion gemacht werden können. Für die Kinder ist es in jeder Hinsicht lehrreich, Rechenwege zu beschreiben und zu vergleichen.
Gemeinsames Merkmal unserer Notation ist der **Strich** unter der Aufgabe, durch den wie bei einer Nebenrechnung der **Rechenweg** bzw. eine **Hilfsaufgabe** abgegrenzt wird. **Zwischenergebnisse** werden hinter das Gleichheitszeichen gesetzt und weiterverarbeitet. Diese Darstellung ist ebenso einfach wie schlagend und kommt dem Wunsch der Kinder entgegen, selbst zu entscheiden, wieviel sie an Nebenrechnung notieren wollen. Bei wachsender Sicherheit rechnen die Kinder immer mehr im Kopf, und die Notation der Nebenrechnungen kann ganz entfallen. Folgende Strategien bieten sich an (vgl. Bd.1):

Addition

1. Strategie: **"Stellenwerte extra"**

Beispiel:

$$\begin{array}{l} \underline{479 + 135} = 500 + 100 + 14 = 614 \\ 400 + 100 \\ \ \ 70 + \ \ 30 \\ \ \ \ \ 9 + \ \ \ \ 5 \end{array}$$

Auf diese Strategie wird später das schriftliche Additionsverfahren zurückgeführt.

2. Strategie: **"Schrittweise"**

Beispiel:

$$\begin{array}{l} \underline{479 + 135} = 609 + 5 = 614 \\ 579 + 30 + 5 \end{array}$$

Es erscheint sinnvoll und praktikabel, die Hunderter sofort im Kopf zu addieren und unter dem Strich nur noch die Addition der Zehner und Einer vorzumerken.
Die Stratgegie "Schrittweise" läßt sich flexibel handhaben.

Beispiel:

$$\begin{array}{l} \underline{479 + 135} = 500 + 114 = 614 \\ 479 + 21 + 114 \end{array}$$

3. Strategie: **"Vereinfachen"**

Beispiele:

$$\begin{array}{l} \underline{479 + 135} = 614 \\ \underline{480 + 134} \\ 500 + 114 \end{array}$$

$$\begin{array}{l} \underline{215 + 230 + 245} = 600 + 90 = 690 \\ 3 \cdot 230 \end{array}$$

$$\begin{array}{l} \underline{108 + 479 + 135 + 248} = 740 + 230 = 970 \\ \underline{107 + 480 + 133 + 250} \\ 100 + 500 + 140 + 230 \end{array}$$

Die Beispiele zeigen, daß sich diese auf dem Gesetz von der Konstanz der Summe beruhende Strategie mehrfach hintereinander anwenden läßt und auch für Summen mit mehreren Summanden geeignet ist. Sie empfiehlt sich bei schwellennahen Zahlen oder einer besonderen Struktur der Summanden.
Als eine gegenüber dem 1. Band neue Strategie möchten wir noch anführen:

4. Strategie: **"Hilfsaufgabe"**

Beispiel: 490 + 173 = 663
500 + 173 = 673

Diese Strategie ähnelt dem "Vereinfachen", ist jedoch vielfach leichter zu übersehen. Unter dem Strich wird hierbei nicht der Rechenweg notiert, sondern eine Hilfsaufgabe, die der zu lösenden Rechnung benachbart, aber leichter zu berechnen ist.

Subtraktion

1. Strategie: **"Stellenwerte extra"**

Beispiel: 634 – 378 = 300 – 40 – 4 = 256
600 – 300
30 – 70
4 – 8

Hier handelt es sich **nicht** um die heimliche Verwendung negativer Zahlen, sondern nur um die Notation eines Rechenwegs (vgl. hierzu Bd. 1, S. 85).

2. Strategie: **"Schrittweise"**

Beispiel: 634 – 378 = 264 – 8 = 256
334 – 70 – 8

Auch hierbei wird die Subtraktion der Hunderter sofort im Kopf vollzogen, um Schreibarbeit zu sparen.

3. Strategie: **"Vereinfachen"**

Beispiel: 634 – 378 = 256
636 – 380
656 – 400

Diese Strategie beruht auf dem Gesetz von der Konstanz der Differenz und verlangt ein gutes Zahlverständnis. Sie ist wichtig, wenn man die schriftliche Subtraktion nach der "süddeutschen Methode" durch Erweitern einführen will bzw. lehrplanbedingt einführen muß.

4. Strategie: **"Hilfsaufgabe"**

Beispiele: 634 – 398 = 234 + 2 = 236
634 – 400 = 234

498 – 305 = 195 – 2 = 193
500 – 305 = 195

Analog zur Addition wird auch hier eine "Nachbaraufgabe" gelöst und zur Berechnung des Ergebnisses der eigentlichen Aufgabe verwandt.

5. Strategie: **"Ergänzen"**

Beispiel: 634 – 378 = 22 + 234 = 256 Hier wird auf volle Hunderter ergänzt.
400
634

634 – 378 = 6 + 50 + 200 = 256 Hier wird stellenweise ergänzt.
38**4**
4**34**
634

Diese Strategie greift auf die Deutung der Subtraktion als Ergänzen zurück: Von der Zahl 634, dargestellt auf dem Tausenderstrahl, werden "von unten her" 378 weggenommen und es wird durch Ergänzen berechnet, welche Zahl übrig bleibt. Wir werden später auf das stellenweise Ergänzen zurückkommen, wenn wir das u. E. einfachste schriftliche Subtraktionsverfahren begründen.

Was soll geübt werden?

Ziel des Unterrichts kann es nicht sein, daß die Schüler sämtliche der o.g. Strategien fließend beherrschen. Die Schüler sollen vielmehr lernen, dieses Angebot nach ihren eigenen Möglichkeiten und Vorlieben zu nutzen. Der Nachdruck der Übungen liegt dabei auf der **bewußten Nutzung** von Strategien und der **Diskussion** über die entsprechend unterschiedlichen Rechenwege.

Was wird benötigt?

Demonstrationsmaterial: Tausenderbuch, Tausenderstrahl, Rechengeld.
Arbeitsmaterial: Tausenderbuch, Arbeitslätter (3/1, 3/2).

Wie kann man vorgehen?

Halbschriftliche Addition

1. Anhand einer Beispielaufgabe werden die verschiedenen Strategien gestützt auf Rechengeld und Tausenderbuch erarbeitet sowie entsprechend notiert, wobei die Kinder auf ihre Kenntnisse vom 2. Schuljahr zurückgreifen können. Dadurch, daß ein- und dieselbe Aufgabe auf verschiedenen Rechenwegen gelöst wird, erfolgt gleichzeitig eine Kontrolle des Ergebnisses, und es wird ein Gefühl dafür entwickelt, daß nicht alle Wege günstig sind.
Rechengeld hat gegenüber anderen Materialien den Vorteil, daß sich die Zahlen schnell darstellen und die den Rechnungen entsprechenden Handlungen gut anwenden lassen. Allerdings wird die dekadische Struktur von der des Rechengeldes überlagert.

Beispiel:

479 + 135, berechnet nach der Strategie "Stellenwerte extra"

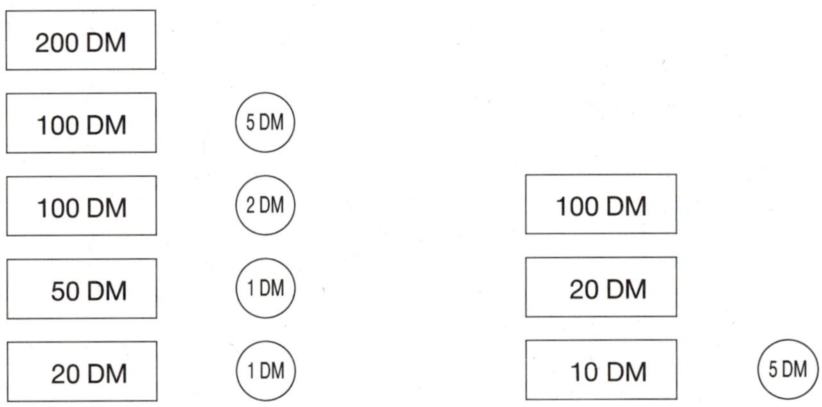

Die Bestimmung der Summe kann durch konkretes Zusammenfassen der Scheine im Hunderterbereich (100, 200), im Zehnerbereich (50, 20, 10) und der Münzen im Einerbereich (5, 2, 1) übersichtlich unterstützt werden, aber die Rechnungen werden durch das Geld verändert. Beispielsweise faßt man die Scheine im Zehnerbereich gewöhnlich nicht in der Form 70 + 30 = 100 zusammen, sondern rechnet in der Form 50, 70, 90, 100 hoch. Wenn man anstelle von Rechengeld mit zwei Tausenderfeldern arbeitet – für jeden Summanden eines – wird dieser Nachteil vermieden.

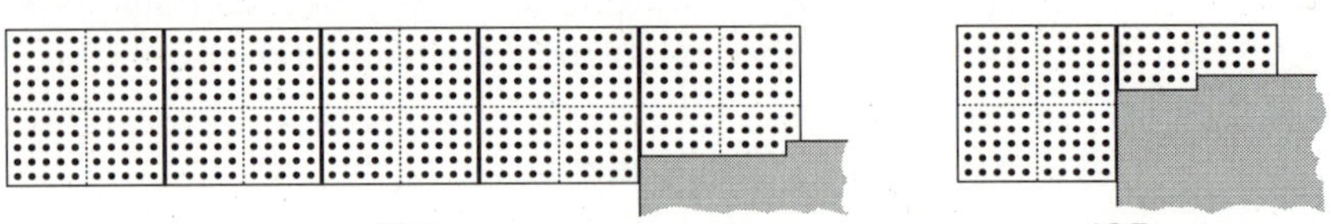

479 135

Dafür muß man dann die Hunderter, Zehner und Einer **gedanklich** zusammenfassen, da man sie nicht abschneiden und konkret zusammenfassen kann.
Die offenkundige Beschränktheit des Materials ist aber keinesfalls so schwerwiegend, daß man zusätzliche Medien (z.B. Hunderterquadrate, Zehnerstreifen, Einerplättchen) heranziehen müßte. Durch die Vorarbeit im 2. Schuljahr sind die halbschriftlichen Strategien nämlich bereits soweit verfügbar, daß der Transfer in den Tausenderraum in hohem Maße schon gedanklich vollzogen werden kann. Die verfügbaren Materialien reichen dabei als Stützen voll aus.

Beispiele:

a) 479 + 135, berechnet nach der Strategie "Schrittweise":
Die Rechenschritte 479 + 100 + 30 + 5 lassen sich am Tausenderbuch gut verfolgen:

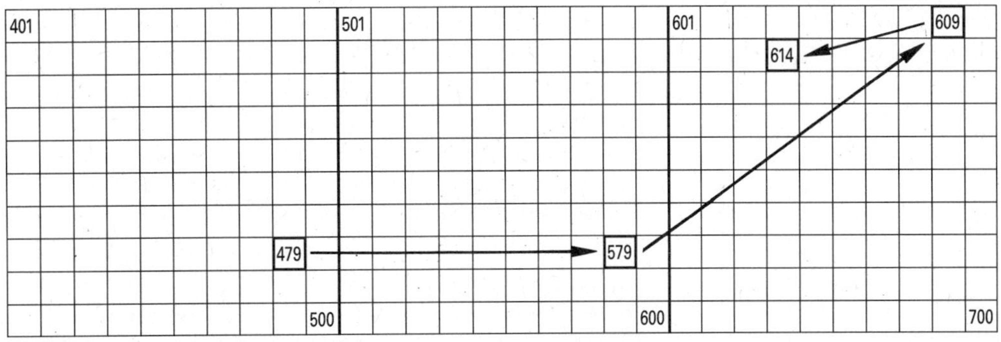

b) 479 + 135, berechnet nach der Strategie "Vereinfachen":
Wenn man zwei Tausenderfelder heranzieht, kann man das Erhöhen des einen Summanden auf Kosten des anderen sehr schön demonstrieren: 479 wird auf Kosten von 135 auf 480 erhöht, 480 auf Kosten von 134 auf 500, so daß man das Ergebnis 614 = 500 + 114 unmittelbar sehen kann.

2. In Partnerarbeit werden weitere Beispiele bearbeitet, wobei die Schüler, wenn es sinnvoll ist, mit zwei Tausenderbüchern arbeiten. Die Rechnungen werden ins Rechenheft geschrieben, einzelne Beispiele anschließend von Kindern an der Tafel vorgerechnet und besprochen.

3. Die Strategie "Stellenwerte extra" muß wegen ihrer Bedeutung für die schriftliche Addition intensiv geübt werden, wobei man am besten leicht strukturierte Aufgabenserien heranzieht. Sinnvoll ist es, jede Aufgabe zusätzlich zu der Strategie "Stellenwerte extra" nach einer zweiten Strategie rechnen zu lassen, die sich die Schüler jeweils selbst aussuchen dürfen.

Beispiele:

a) 547 + 368 = 800 + 100 + 15 = 915
500 + 300
40 + 60
7 + 8
"Schrittweise"
547 + 368 = 907 + 8 = 915
847 + 60 + 8

b) 448 + 267 = 600 + 100 + 15 = 715
400 + 200
40 + 60
8 + 7
"Vereinfachen"
448 + 267 = 715
450 + 265
450 + 250 + 15

c) 268 + 447 = 600 + 100 + 15 = 715
200 + 400
60 + 40
8 + 7
"Vereinfachen"
268 + 447 = 600 + 100 + 15 = 715
270 + 445
270 + 430 + 15

d) 647 + 268 = 800 + 100 + 15 = 915
600 + 200
40 + 60
7 + 8
"Hilfsaufgabe"
647 + 268 = 920 − 5 = 915
650 + 270 = 920

Anmerkung: Die vier Aufgaben 547 + 368, 448 + 267, 268 + 447 und 647 + 268 sind offensichtlich durch leichte operative Abwandlung auseinander entstanden. An den Aufgaben selbst oder aus Nebenrechnungen sieht man, warum die Ergebnisse gleich sind bzw. sich um 200 unterscheiden.

Halbschriftliche Subtraktion

1. Wie bei der halbschriftlichen Addition werden zuerst an Beispielaufgaben die verschiedenen Strategien erarbeitet, wobei die Kinder wiederum auf ihre Kenntnisse aus dem 2. Schuljahr zurückgreifen können. Die Rechnungen lassen sich ebenfalls auf das Tausenderbuch, Rechengeld und den Tausenderstrahl abstützen.

Beispiele:
a) 634 − 378 wird nach der Strategie "Stellenwerte extra", gestützt auf das Tausenderfeld, berechnet:

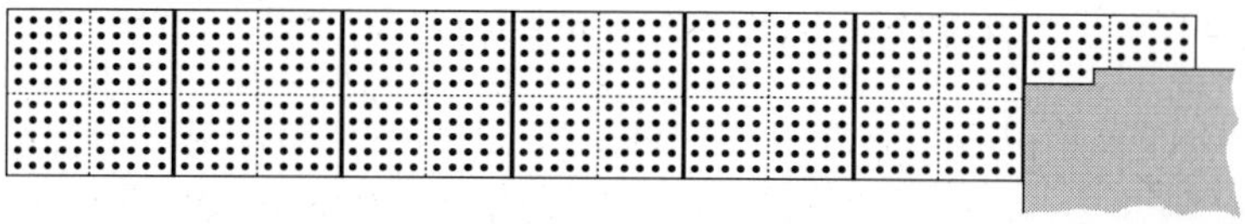

Das Tausenderfeld wird zunächst so abgeknickt und abgedeckt, daß 634 Punkte sichtbar sind. Dann wird der Rechenweg notiert. Die Subtraktion 600 – 300 ist durch Wegknicken der ersten drei Hunderter leicht nachzuvollziehen. Anschließend werden die drei Zehner rechts oben und im nächsten Hunderter vier weitere Zehner abgedeckt entsprechend 30 – 70. Schließlich werden die vier "freien" Einer und vier weitere Einer abgedeckt, um 4 – 8 darzustellen. Es bleiben 200 + 50 + 6 = 256 Punkte übrig.

b) 529 – 345, mit Rechengeld nach der Strategie "Schrittweise" berechnet: Es werden 529 DM gelegt, wobei man zweckmäßigerweise 5 Hundertmarkscheine verwendet. Dann wird der Rechenweg notiert und gleichzeitig werden bereits 3 Hunderter weggenommen. Es verbleiben die Rechenschritte 229 – 40 – 5, die der Reihe nach unter Wechseln eines Hunderters am Material aufgezeigt werden, so daß das Ergebnis 184 entsteht.

c) Als letztes Beispiel wird 752 – 475 nach der Strategie "Ergänzen" mit Hilfe des Tausenderstrahls oder des Tausenderbuchs berechnet: Von 475 aus schreitet man über die Zwischenzahlen 482, 552 bis 752 fort und verifiziert die Rechnung 752 – 475 = 7 + 70 + 200 = 277.

2. Weitere Aufgaben können in Partnerarbeit mit Hilfe kleiner Tausenderbücher gelöst und ins Rechenheft eingetragen werden. Einzelne Beispiele werden von Kindern an der Tafel vorgerechnet und besprochen.

3. Intensiver geübt werden muß diejenige Strategie, aus der später die schriftliche Subtraktion hergeleitet wird. Wir empfehlen hier eindeutig das "stellenweise Ergänzen", sofern es der Lehrplan zuläßt. Wie bei der Addition sollten den Schülern zur Übung Serien vorgelegt werden, bei denen jede Aufgabe mit der bevorzugten Strategie und einer weiteren, je nach Aufgabe selbst zu wählenden Strategie zu lösen ist.

Aufgabenvorschläge:

912 – 567 =	885 – 540 =
812 – 578 =	785 – 551 =
712 – 589 =	685 – 562 =

Je zwei dieser Aufgaben haben die Lösungen 123, 234, 345, wie man aus dem Gesetz von der Konstanz der Summe begründen und am Tausenderstrahl bzw. Tausenderbuch schön demonstrieren kann: z. B. 885 – 540 = (885 + 27) – (540 + 27) = 912 – 567.

Integrierte Übungen der Addition und Subtraktion

Nach dem Vorbild von Arbeitsblatt (3/1) kann man weitere Arbeitsblätter anfertigen, deren Aufgaben gewisse Beziehungen aufweisen. Für die Schüler stellt dies eine Anregung dar, über die Aufgaben nachzudenken, wobei es keineswegs darauf ankommt, daß sie **alle** Beziehungen aufdecken.
Das Arbeitsblatt (3/2) beinhaltet eine Zusammenstellung von Aufgaben, die mit geeigneten Strategien leicht im Kopf gerechnet werden können.

2.2 Strukturiertes Üben der halbschriftlichen Addition

Bereits in Bd.1 sind wir den zwei Typen mathematisch strukturierter Übungen begegnet: den **problem**strukturierten und den **operativ** strukturierten Übungen. Beim erstgenannten Typ werden Beziehungen zwischen den Aufgaben dadurch hergestellt, daß sie unter einer übergeordneten Problemstellung stehen. Beim zweiten Typ entsteht ein Zusammenhang zwischen den Aufgaben durch eine systematische Variation der Aufgabendaten in der Weise, daß sich in den Ergebnissen Gesetzmäßigkeiten zeigen.
Für die halbschriftliche Addition werden im folgenden operativ und problemstrukturierte Übungen angegeben.

2.2.1 Aufgabenserien aus dem Tausenderbuch

Worum geht es?
Was soll geübt werden?

Die einfachste Methode, operativ strukturierte Aufgabenserien zu erzeugen, besteht darin, auf eine Zahlenstruktur zurückzugreifen und die Daten der Aufgaben gemäß dieser Struktur zu variieren. Eine naheliegende Struktur stellt für uns das Tausenderbuch dar, in dem wir als Ausgangspunkte zwei Zahlen wählen und ihre Summe bilden. Wenn wir uns von den Ausgangszahlen aus im Tausenderbuch nach bestimmten Regeln bewegen, entstehen immer neue Summen, deren Werte sich in Abhängigkeit von den Summanden verändern. Bei Bewegungen längs Spalten, Zeilen, Diagonalen und im Zickzack entstehen jeweils "Aufgaben im Zehnerpack".

Beispiele:

a) Ausgangspunkte 201 und 500. Bewegungen längs einer Spalte, Zeile oder Diagonale in beliebiger Kombination.

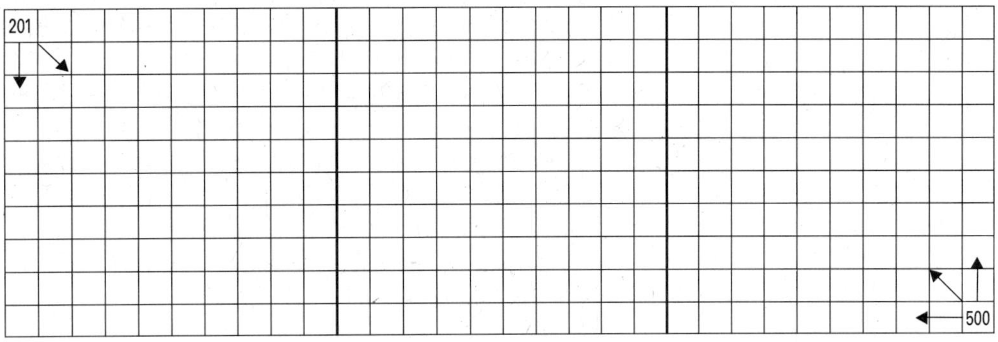

Dies ergibt z.B. die "Zehnerpacks":

201 + 500 = 701	201 + 500 = 701	201 + 500 = 701	201 + 500 = 701
211 + 490 = 701	211 + 489 = 700	212 + 489 = 701	212 + 499 = 711
221 + 480 = 701	221 + 478 = 699	223 + 478 = 701	223 + 498 = 721
231 + 470 = 701	231 + 467 = 698	234 + 467 = 701	234 + 498 = 731
.	.	.	.
.	.	.	.
.	.	.	.
291 + 410 = 701	291 + 401 = 692	300 + 401 = 701	300 + 491 = 791

Die Ergebnisse bleiben konstant oder verändern sich jeweils um den gleichen Betrag.

b) Ausgangspunkte: 301 und 491. Bewegung diagonal auf die gegenüberliegenden Ecken.

1. Summand

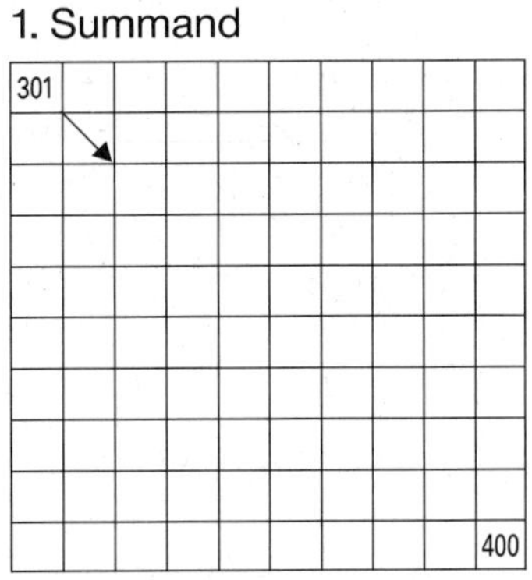

2. Summand

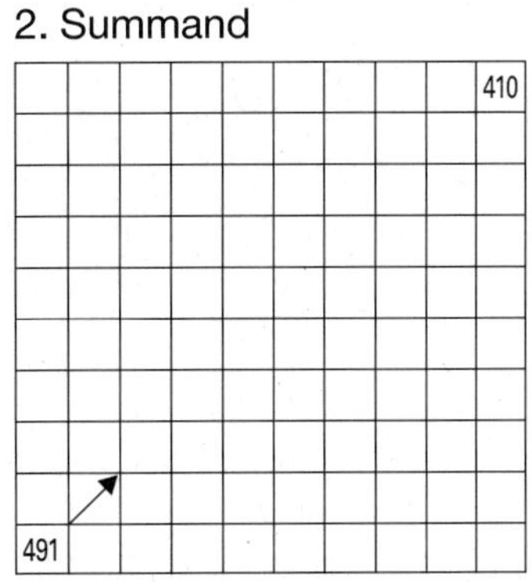

„Zehnerpack“

301 + 491 = 792
312 + 482 = 794
323 + 473 = 796
.
.
.
400 + 410 = 810

Ein Summand wird immer um 11 größer, der andere um 9 kleiner, die Summe also jeweils um 2 größer.

c) Ausgangspunkte: 310 und 600. Bewegung "im Winkel" (zuerst diagonal bis fast zur Mitte und dann nach 90°-Drehung gegen den Uhrzeiger diagonal bis zum Rand).

1. Summand | 2.Summand | „Zehnerpack“

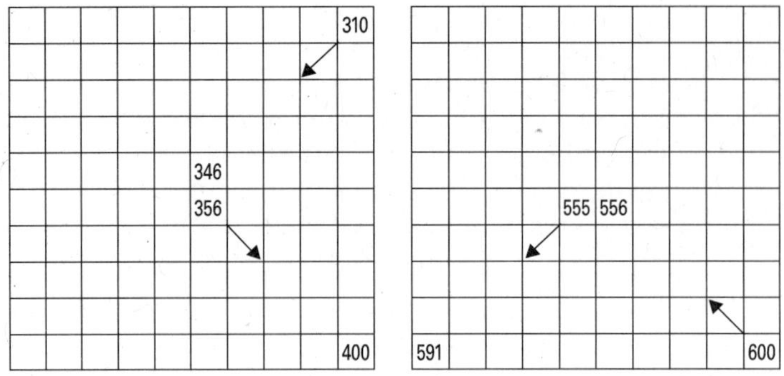

310 + 600 = 910
319 + 589 = 908
328 + 578 = 906
337 + 567 = 904
346 + 556 = 902
356 + 555 = 911
367 + 564 = 931
378 + 573 = 951
389 + 582 = 971
400 + 591 = 991

Die Ergebnisse nehmen zunächst um 2 ab (9 – 11 = –2) und dann um 9 + 11 = 20 zu. "In der Mitte" befindet sich ein Sprung um 9 = 10 – 1 (vom Ergebnis 902 zum Ergebnis 911).

d) Ausgangspunkte: 310 und 460. Bewegung im Zickzack längs der Trennlinie zwischen 3. und 4. Hunderter und der horizontalen Mittellinie im 5. Hunderter.

1. Summand | 2.Summand | „Zehnerpack“

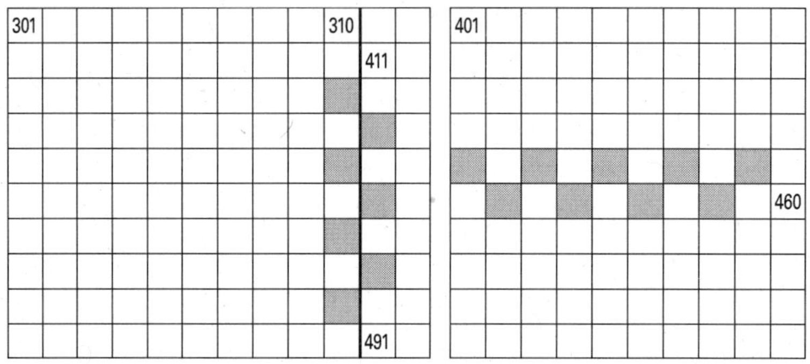

310 + 460 = 770
411 + 449 = 860
330 + 458 = 788
431 + 447 = 878
350 + 456 = 806
451 + 445 = 896
370 + 454 = 824
471 + 443 = 914
390 + 452 = 842
491 + 441 = 932

Jedes Ergebnis ist um 18 kleiner als das übernächste. Von Zeile zu Zeile nimmt das Ergebnis abwechselnd um 90 (= 101 – 11) zu und um 72 (= 81 – 9) ab. Die Zickzack-Bewegung um die Mittellinie verkleinert bzw. vergrößert nämlich den einen Summanden im Wechsel um 11 bzw. 9 und die Zickzack-Bewegung um die Trennlinie der Hunderter erhöht bzw. erniedrigt den anderen Summanden im Wechsel um 101 bzw. 81.

Weitere analoge Aufgabenserien können nach diesen Vorbildern leicht erstellt werden.

Was wird benötigt?

Demonstrationsmaterial: Großes Tausenderbuch.
Arbeitsmaterial: Kleine Tausenderbücher.

Wie kann man vorgehen?

1. Zuerst wird wiederholt, wie die Zahlen heißen, die sich aus bestimmten Ausgangszahlen ergeben, wenn man sich längs einer Zeile, Spalte oder Diagonale fortbewegt. Im Anschluß daran wird an einfachen Beispielen, z. B. den Aufgabenserien aus (a) gezeigt, wie man Zehnerpacks von Aufgaben finden kann. Dabei werden jeweils für alle zehn Aufgaben zunächst die ersten Summanden aufgeschrieben und dann die jeweils zugehörigen zweiten ergänzt. Erst dann beginnt das Rechnen, das zunächst gemeinsam, dann in Einzelarbeit im Rechenheft durchgeführt wird. Für Nebenrechnungen muß Platz gelassen werden.

2. Verschiedene Gruppen in der Klasse erhalten ähnliche Aufgabenstellungen, lösen sie jeweils und schreiben ihre Aufgaben mit den entsprechenden Lösungen groß auf Stücke Papier (Tapetenrolle). Die Ergebnisse der Gruppenarbeit werden vorgestellt, sodaß Strukturen entdeckt, beschrieben und begründet werden können.

Beispiel:

Gruppe 1	Gruppe 2	Gruppe 3	Gruppe 4	Gruppe 5
301 + 205 =	301 + 250 =	401 + 306 =	401 + 360 =	401 + 410 =
312 + 215 =	312 + 249 =	412 + 316 =	412 + 359 =	412 + 419 =
323 + 225 =	323 + 248 =	423 + 326 =	423 + 358 =	423 + 428 =
⋮ ⋮	⋮ ⋮	⋮ ⋮	⋮ ⋮	⋮ ⋮
400 + 295 =	400 + 241 =	500 + 396 =	500 + 351 =	500 + 491 =

Wie könnte es weitergehen?

3. Die Schüler können einzeln oder in Gruppen selbst Zehnerpacks von Aufgaben aufstellen und ausrechnen, wobei es ihnen frei steht, ggf. auch den Tausender zu überschreiten (Zone der nächsten Entwicklung).

2.2.2 Streichquadrate

Worum geht es?
Was soll geübt werden?

Wir greifen hier mit den Streichquadraten eine Übungsform auf, deren mathematischen Hintergrund wir bereits in Bd.1, S. 92 ff., ausführlich behandelt haben. Im folgenden soll kurz an deren wichtigste Struktureigenschaften erinnert werden.
Streichquadrate entstehen, wenn man von einer quadratischen Additionstabelle den Rand wegläßt.

+	187	256	113
109	296	365	222
238	425	494	351
97	284	353	210

→

296	365	222
425	494	351
284	353	210

+	67	129	88
95	162	224	183
49	116	178	137
127	194	256	215

→

162	224	183
116	178	137
194	256	215

Der Name "Streichquadrate" erklärt sich aus folgender Regel zur Auswahl von Zahlen:

Wähle eine beliebige Zahl aus und kreise sie ein. Streiche die restlichen Zahlen derjenigen Zeile und Spalte, in der die Zahl steht, aus. Wähle eine noch nicht gestrichene Zahl, kreise sie ein, und streiche auch hier die restlichen Zahlen der Zeile und Spalte. Führe das Verfahren fort, bis alle Zahlen eingekreist oder gestrichen sind. Addiere am Schluß alle eingekreisten Zahlen.

Die Besonderheit von Streichquadraten besteht darin, daß man jeweils die gleiche Summe erhält, **wie immer** man auch die Zahlen unter Beachtung der Streichregel auswählt.

~~296~~	(365)	~~222~~
(425)	~~494~~	~~351~~
284	353	(210)

425 + 365 + 210 = 1000

~~296~~	~~365~~	(222)
(425)	~~494~~	~~351~~
284	(353)	210

222 + 425 + 353 = 1000

(162)	~~224~~	~~183~~
~~116~~	(178)	~~137~~
194	256	(215)

162 + 178 + 215 = 555

~~162~~	(224)	~~183~~
~~116~~	~~178~~	(137)
(194)	256	215

194 + 224 + 137 = 555

Beliebige quadratische Zahlschemata haben diese Eigenschaft **nicht,** wie man an einem Beispiel leicht feststellen kann:

(212)	367	251
139	(432)	329
96	409	(178)

1. Auswahl:
212 + 432 + 178 = 822

2. Auswahl:
139 + 367 + 178 = 684

Die Besonderheit der Streichquadrate liegt in ihrer Konstruktion mit Hilfe einer Additionstabelle begründet. Man braucht nur die Darstellung jeder eingekreisten Zahl als Summe der betreffenden Randzahlen einzusetzen und sieht dann sofort, daß sich hinter den ausgewählten Zahlen genau die Randzahlen verstecken, die jeweils genau einmal auftreten, von Auswahl zu Auswahl nur in unterschiedlicher Reihenfolge.

Beispiele:

425 + 365 + 210
238 + 187 + 109 + 256 + 97 + 113

222 + 425 + 353
109 + 113 + 238 + 187 + 97 + 256

162 + 178 + 215
95 + 67 + 49 + 129 + 127 + 88

194 + 224 + 137
127 + 67 + 95 + 129 + 49 + 88

Die Randzahlen sind so gewählt worden, daß sie im ersten Beispiel die Summe 1000, im zweiten Beispiel die Summe 555 besitzen.
Natürlich gelten diese Beziehungen auch für größere Streichquadrate. Wir beschränken uns hier aber auf 3 x 3-Quadrate, damit der Rechenaufwand im Rahmen bleibt.

Was wird benötigt?

Demonstrationsmaterial: Folie mit einem leeren 3 x 3-Streichquadrat zum Einpassen in die Additionstabelle, Folie mit leerer 3 x 3-Additionstabelle (jeweils permanent).
Arbeitsmaterial: Arbeitsblatt (3/3).

Wie kann man vorgehen?

1. Auffrischung bzw. Vorstellung der Streichregel
Die Streichregel wird zuerst an einem **beliebigen** 3 x 3-Zahlschema demonstriert:

~~212~~	**(367)**	~~252~~
~~139~~	~~432~~	**(329)**
(96)	~~409~~	~~178~~

367 + 329 = 600 + 80 + 16 = 696
300 + 300
60 + 20
7 + 9

696 + 96 = 786 + 6 = 792
696 + 90 + 6

~~212~~	**(367)**	~~252~~
(139)	~~432~~	~~329~~
~~96~~	~~409~~	**(178)**

367 + 139 = 506
366 + 140

506 + 178 = 678 + 6 = 684

Die Schüler werden aufgefordert, gemäß der Regel andere Zahlen einzukreisen. Da es im wesentlichen nur 6 verschiedene Endsummen gibt, ist diese Aufgabe durch gezieltes Probieren zu lösen. Das Einhalten der Streichregel ist leicht zu kontrollieren, da in jeder Zeile und jeder Spalte genau eine Zahl eingekreist sein muß.
Die Schüler werden für die Bestimmung der sechs verschiedenen Summen unterschiedliche Reihenfolgen von Summanden wählen und damit verschiedene Zwischenrechnungen erhalten. Daher kontrollieren sich die Ergebnisse gegenseitig. Die möglichen Endsummen sind: 684, 780, 792, 800, 822 und 950.

2. Rechenübungen mit Streichquadraten
Die Schüler erhalten als nächstes das Arbeitsblatt (3/3) (mehrere Exemplare eines Streichquadrats mit der Summe 1000) und werden aufgefordert, die Endsumme auf unterschiedliche Weise zu bilden. Bei richtiger Rechnung müssen sie diesmal immer die gleiche Summe erhalten, so daß eine gute Kontrolle gewährleistet ist.
Das Streichquadrat von S. 27 (Summe 555) wird als Hausaufgabe gegeben. Die Schüler sollen dazu **selbst** einen Leerrahmen in ihr Heft zeichnen und die Zahlen eintragen. Eventuell müssen sie das Zeichnen des Leerrahmens erst auf einem Extrablatt üben.

3. Begründung der Struktur
In der nächsten Stunde erfahren die Schüler, wie das Streichquadrat der Hausaufgabe aus der Additionstabelle gewonnen wurde und drücken verschiedene Summen durch die Randzahlen aus.

Beispiel:

194 + 224 + 137
127 + 67 + 95 + 129 + 49 + 88

Dadurch wird deutlich, daß jede Randzahl genau einmal vorkommt.

Wie könnte es weitergehen?

4. Eigene Konstruktion von Streichquadraten
Eine sehr gute Übung ist die Konstruktion von Streichquadraten zu einer frei gewählten Summe, etwa 777. Die Schüler brauchen dazu 777 nur in 6 Summanden zu zerlegen und diese in eine Additionstabelle einzutragen.
Auf diese Weise sind natürlich auch die Streichquadrate mit den schönen Summen 1000 und 555 gewonnen worden.

2.3 Strukturiertes Üben der halbschriftlichen Subtraktion

Was soll geübt werden?

Die vier Übungsformen dieses Abschnitts beinhalten keine gänzlich neuen Ideen, sondern greifen einerseits auf die Übungen des vorangehenden Abschnitts, andererseits auf solche des 2. Schuljahrs zurück. Sie zeichnen sich dadurch aus, daß jeweils in einer ersten Phase nur gerechnet und erst im Anschluß daran Strukturen herausgearbeitet werden sollen (reflektives Üben).

2.3.1 Aufgabenserien aus dem Tausenderbuch

Worum geht es?

Wir übernehmen aus 2.2.1 die Methode zur Erzeugung operativ strukturierter Aufgabenserien: Im Tausenderbuch wählen wir zwei Zahlen als Ausgangspunkte und bilden ihre Differenz. Wenn wir uns von den Ausgangspunkten aus nach bestimmten Regeln im Tausenderbuch bewegen, entstehen immer neue Differenzen, deren Werte sich je nach Variation von Minuend und Subtrahend verändern.

Was wird benötigt?
Wie kann man vorgehen?

Alle Beispiele und Vorschläge von 2.2.1 können übernommen werden, indem man die Summe durch die Differenz ersetzt.

Beispiele:

500 – 201 =	1000 – 1 =
490 – 211 =	999 – 2 =
480 – 221 =	998 – 3 =
470 – 231 =	997 – 4 =
usw.	usw.

2.3.2 Streichquadrate mit Lücken

Worum geht es?

Streichquadrate sind in der bisher dargestellten Form (vgl. Kap. 2.2.2) nur zur Übung der Addition geeignet. In Bd. 1, S. 95, haben wir gezeigt, daß sie sich ebenfalls zur Übung der Subtraktion nutzen lassen, wenn man die eingekreisten Zahlen von einer vorgegebenen Zahl fortlaufend subtrahieren läßt.
Wir wollen nun zwei weitere Beispiele dafür geben, wie sich Streichquadrate zur Festigung der Subtraktion einsetzen lassen. Zunächst nutzen wir aus, daß sich Lücken in einem Streichquadrat mit Hilfe der anderen Zahlen durch Differenzbildung berechnen lassen. Betrachten wir etwa das folgende Streichquadrat, das vier Lücken aufweist.

150	195	252
	222	
326		

→

150	195	252
177	222	279
326	371	428

Die Summe läßt sich berechnen, da 252 + 222 + 326 = 800 einer zulässigen Einkreisung entspricht. Die rechte untere Eckzahl ergibt zusammen mit 150 und 222 ebenfalls die Summe 800. Man erhält sie, indem von 800 die Zahlen 150 und 222 subtrahiert werden:

800 – 150 = 700 – 50 = 650
650 – 222 = 400 + 30 – 2 = 428
600 – 200
 50 – 20
 0 – 2

Natürlich kann man auch zuerst 150 und 222 addieren und das Ergebnis dann von 800 subtrahieren:

150 + 222 = 300 + 70 + 2 = 372
800 – 372 = 430 – 2 = 428
500 – 70 – 2

Die fehlende Zahl in der dritten Spalte ergibt sich entsprechend aus 800 – 195 – 326 = 279. Analog berechnen sich die beiden anderen Lücken aus 800 – 195 – 428 = 177 und 800 – 150 – 279 = 371.

Eine zweite Möglichkeit, mit Hilfe von Streichquadraten die Subtraktion zu üben, wird durch die Aufgabenstellung eröffnet, die Randzahlen berechnen zu lassen.
Wenn zu dem obigen Streichquadrat die Zahl 109 als obere Randzahl der linken Spalte vorgegeben wird, lassen sich alle weiteren Randzahlen ohne weiteres durch Subtraktion bestimmen; 150 – 109 = 41, 195 – 109 = 86, 326 – 41 = 285, ...

+			
109	150	195	252
	177	222	279
	326	371	428

+	41	86	143
109	150	195	252
136	177	222	279
285	326	371	428

Interessanterweise sind die Randzahlen eines Streichquadrats **nicht eindeutig** festgelegt. Wenn man etwa 100 statt 109 als obere Randzahl der linken Spalte vorgibt, erhält man als Randzahlen 276, 127, 100, 50, 95, 152. Die linken Randzahlen sind also im Vergleich zur 1. Aufgabe um 9 erniedrigt, die oberen Randzahlen im Vergleich zu vorher um 9 erhöht, was natürlich am Streichquadrat an sich nichts ändert. Es ist offensichtlich, daß man eine der Randzahlen **beliebig** vorgeben kann und die anderen dadurch eindeutig bestimmt sind. Wenn keine negativen Zahlen auftreten sollen, darf man die vorgegebene Randzahl allerdings weder zu klein noch zu groß wählen.

Wie kann man vorgehen?

1. Streichquadrate mit einer einzigen Lücke
Den Schülern wird ein Streichquadrat mit einer Lücke gezeigt, und sie werden aufgefordert, zu überlegen, wie man die Lücke füllen kann.

116	123	186
154	161	224
198	205	

In Gruppen bemühen sich die Schüler um Lösungen, die dann anschließend vorgestellt werden. Man sollte hierbei allmählich dazu übergehen, auf das Einkreisen der ausgewählten Zahlen zu verzichten, damit man nicht immer neue Kopien desselben Streichquadrates anfertigen muß.

2. Streichquadrate mit mehreren Lücken
In der nächsten Stunde erhalten die verschiedenen Gruppen (evtl. unterschiedliche) Streichquadrate mit bis zu vier Lücken (Differenzierung). Sie besprechen die Vorgehensweise und teilen die Rechenarbeit auf. Die Ergebnisse werden abschließend verglichen.

96	142	176
117	163	197
166	212	246

122	170	216
151	199	245
191	239	285

150	211	255
181	242	286
210	271	315

Die Lückenzahlen sind jeweils gerastert.

Wie könnte es weitergehen?

3. Bestimmung der Randzahlen
An einem Beispiel wird gemeinsam erarbeitet, wie man ausgehend von einer Randzahl die übrigen Randzahlen ermitteln kann. Zur Übung erhalten die verschiedenen Gruppen, ohne es zu wissen, **dasselbe** Streichquadrat, bei denen für **denselben** Randplatz verschiede-

ne Zahlen vorgegeben sind, die sich leicht erkennbar unterscheiden. Die Gruppen schreiben ihre Additionstabellen groß auf Papierbogen und stellen sie zur Diskussion.

+			
	114	172	216
	143	201	245
90	183	241	285

+			
	114	172	216
	143	201	245
91	183	241	285

+			
	114	172	216
	143	201	245
95	183	241	285

+			
	114	172	216
	143	201	245
99	183	241	285

Für die Schüler wird es überraschend sein, daß **unterschiedliche** Additionstabellen zum **gleichen** Streichquadrat führen können. Erfahrungen dieser Art sind wichtig, um den Glauben zu zerstören, jede mathematische Aufgabe müsse eine eindeutig bestimmte Lösung haben.

4. Konstruktion und Vervollständigung von Lückenquadraten
Zum Abschluß können die verschiedenen Gruppen (oder einzelne Schüler) selbst Streichquadrate mit schönen Summen konstruieren und mit Lücken versehen. Die Lückenquadrate werden zwischen je zwei Gruppen ausgetauscht. Jede Gruppe muß die Lücken der anderen Gruppe füllen. Anschließend können sogar die Randzahlen bestimmt werden, wenn jeweils eine mitangegeben wird. Der Unterricht kann auf diesem Niveau von den Schülern aus der Sache heraus in hohem Maße selbst organisiert werden.

Schlußbemerkung: Im Rückblick wird deutlich, daß Streichquadrate einen außerordentlich reichhaltigen Kontext für die Übung grundlegender Fertigkeiten (Addition, Subtraktion), für die Förderung allgemeiner Lernziele (Entdecken, Beschreiben, Darstellen und Begründen) und für soziales Lernen darstellen. Es ist also äußerst lohnend, auf ihre Behandlung im Unterricht Zeit zu verwenden.

2.3.3 Abbau von Zehnerzahlen im Tausenderraum

Worum geht es?
Was soll geübt werden?

In Bd.1, S. 98–101, haben wir zur Übung der halbschriftlichen Subtraktion den "Abbau des Hunderters" vorgeschlagen. Diese Übung läßt sich in den Tausenderraum übertragen, indem wir Einer durch Zehner ersetzen.
Jede reine Zehnerzahl (170, 250, 860 usw.) ist der Ausgangspunkt einer Serie von Subtraktionsaufgaben, deren Subtrahenden aufeinanderfolgende „Zehner" mit ungerader Zehnerziffer sind.

Beispiele:

400 − 10 = 390	360 − 10 = 350
390 − 30 = 360	350 − 30 = 320
360 − 50 = 310	320 − 50 = 270
310 − 70 = 240	270 − 70 = 200
240 − 90 = 150	200 − 90 = 110
150 − 110 = 40	110 − 110 = 0

Es stellt sich die Frage, welche Zehnerzahlen sich auf diese Weise bis zur 0 abbauen lassen (wie etwa 360). Die Antwort wurde im Prinzip schon in Bd.1 gegeben:
Diejenigen Zehnerzahlen, die das Zehnfache einer Quadratzahl darstellen (beispielsweise 10, 40, 90, 160, 250, 360, 490, 640, 810, 1000) lassen sich nämlich umgekehrt durch „ungerade Zehner" aufbauen. Dies kann durch die „Winkelhaken-Struktur" des Tausenderfeldes in Analogie zur Winkelhakenstruktur des Hunderterfeldes verdeutlicht werden (vgl. Bd.1, S. 98 ff.).

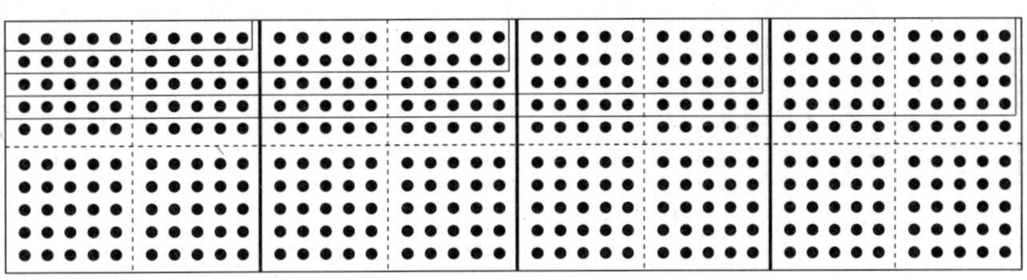

Was wird benötigt?

Demonstrationsmaterial: Tausenderfeld (Rückseite des Tausenderbuches).

Wie kann man vorgehen?

1. Abbau des Tausenders
Man schreibt die ersten Zeilen des folgenden Päckchens an und fordert die Schüler auf, es fortzusetzen:

1000 – 10 = 990
990 – 30 = 960
960 – 50 = 910
910 – 70 = 840
.
.
.
190 – 190 = 0

2. Abbau anderer Zehnerzahlen
Als zweites Beispiel wird etwa 300 betrachtet, wobei man die 0 nicht erreicht:

300 – 10 = 290
290 – 30 = 260
.
.
.
140 – 90 = 50

Verschiedene Gruppen versuchen analog, andere Zahlen (etwa 500, 250, 200, 180 oder 160) abzubauen. Es ergibt sich: 250 und 160 lassen sich abbauen; 500, 200 und 180 nicht.

3. Bei welchen Zahlen "geht es auf"?
In der nächsten Stunde kann man die Untersuchung weiterführen. Die Schüler wählen Zehnerzahlen und probieren, ob diese sich vollständig abbauen lassen. Einige werden vielleicht spontan auf die Idee kommen, daß man eine nicht abbaubare Zahl so abwandeln kann, daß es aufgeht:
Entweder verkleinert man die Ausgangszahl um den Restbetrag oder man vergrößert sie derart, daß noch ein weiterer Schritt möglich wird.

Beispiel: 400, Restbetrag 40

Eine Verminderung um 40 führt zu 360, eine Vergrößerung um 130 – 40 = 90 führt zu 490.

4. Im Klassengespräch werden die Befunde und Ideen der Schüler zusammengetragen, und die Liste der abbaubaren Zahlen wird an die Tafel geschrieben. Vermutlich übersehen die Schüler die Zahl 10 (10 – 10 = 0). Die abbaubaren Zahlen werden aufgrund der Einmaleinskenntnisse sicherlich mit den Quadratzahlen in Verbindung gebracht.

Wie könnte es weitergehen?

5. Aufbau von Zehnerzahlen
Im Klassengespräch werden folgende Summen berechnet, wobei man die Summanden geschickt zusammenfassen und jeweils das Ergebnis der vorhergehenden Zeile benutzen kann.

10 + 30 = 40
10 + 30 + 50 = 90
10 + 30 + 50 + 70 = 160
10 + 30 + 50 + 70 + 90 = 250
10 + 30 + 50 + 70 + 90 + 110 = 360 (= 250 + 110)

Natürlich ergeben sich die vorher gefundenen Zahlen. Der Zusammenhang läßt sich durch eine Gegenüberstellung schön verdeutlichen:

250 – 10 = 240	10 + 30 + 50 + 70 + 90 = 250
240 – 30 = 210	
210 – 50 = 160	
160 – 70 = 90	
90 – 90 = 0	

Abschließend kann man am Tausenderfeld demonstrieren, wie bei der Addition 10 + 30 + 50 + 70 + 90 + ... Schritt für Schritt 1 · 10, 2 · 20, 3 · 30, 4 · 40, 5 · 50, ... entsteht, bis schließlich 10 · 100 = 1000 aufgebaut ist.

2.3.4 "Umkehrzahlen"

Worum geht es?
Was soll geübt werden?

Auch diese Übung ist eine Fortsetzung einer entsprechenden Übung aus dem Hunderterraum (Bd.1, S. 96–98). Anstelle zweistelliger betrachten wir jetzt aber dreistellige Zahlen. Durch „Umkehren“ der Ziffern erhält man natürlich wiederum eine dreistellige Zahl, ggf. nur formal, wenn nämlich Endnullen vorliegen: 570 → 057, 500 → 005, 537 → 735, 123 → 321, 501 → 105.
Paare solcher Zahlen besitzen die Eigenschaft, daß ihre Differenz stets ein Vielfaches von 99 ist. Dies wird deutlich, wenn man die Differenz nach der Strategie "Stellenwerte extra" berechnet.

Beispiele:

735 – 537 = 200 – 2 = 198	501 – 105 = 400 – 4 = 396
700 – 500	500 – 100
30 – 30	1 – 5
5 – 7	

Wie kann man vorgehen?

1. Man schreibt einige Differenzen von Umkehrzahlen an die Tafel

735 – 537 =
841 – 148 =
766 – 667 =

und fordert die Schüler auf, weitere Aufgaben dieses Typs zu nennen. Nach einigen Beispielen und Gegenbeispielen haben die Schüler die Struktur erfaßt und können beginnen, nach halbschriftlichen Strategien die Ergebnisse zu ermitteln.

2. Ordnen von Aufgaben nach gleichen Ergebnissen
Wenn die Schüler Aufgaben und Ergebnisse vorlesen, fällt auf, daß sich bestimmte Ergebnisse wiederholen: 99, 198, 297, 396, 495, 594, 693, 792, 891. Rechnungen, die nicht zu einem dieser Ergebnisse führen, sind fehlerhaft oder entsprechen nicht dem Aufgabentyp. Beim Ordnen der Aufgaben nach den neun Ergebniszahlen fällt sofort auf, daß die Differenz von Hunderter- und Einerziffer ausschlaggebend ist.
Vielleicht werden einige Schüler auch Rechnungen der Art 454 – 454 = 0, 999 – 999 = 0 usw. anbieten, die natürlich zugelassen sind und eine weitere Rubrik mit dem Ergebnis 0 bilden.

3. Begründung der Ergebnisse
Die halbschriftliche Strategie "Stellenwerte extra" liefert, wie eingangs angemerkt, eine schlagende Begründung, weil sie die Zwischenergebnisse 100 – 1, 200 – 2, 300 – 3, ..., 900 – 9 hervorhebt. An diesen Zwischenergebnissen läßt sich auch ablesen, daß die Ergebniszahlen 0, 99, 198, ..., 891 Vielfache von 99 sind, was man diesen Zahlen sonst nicht ohne weiteres ansieht.

2.4 Strukturiertes Üben der schriftlichen Addition und Subtraktion

Nachdem wir in den Abschnitten 2.2 und 2.3 die Leistungsfähigkeit und Eigenständigkeit der **halbschriftlichen** Addition und Subtraktion aufgezeigt haben, wollen wir uns nun der **schriftlichen** Addition und Subtraktion zuwenden. Das Ziel dieses Abschnitts besteht darin, strukturierte Übungen für diese Verfahren anzugeben. Zuvor wollen wir jedoch darlegen, wie die schriftlichen Verfahren aus geeigneten halbschriftlichen Strategien hergeleitet werden können.
In beiden Fällen folgen wir dem **Prinzip der fortschreitenden Schematisierung:** Eine geeignete halbschriftliche Strategie wird auf die Stellentafel übertragen, in der zunächst mit der Unterstützung von Plättchen, dann nur mit Ziffern, solange gerechnet wird, bis eine Verständnisgrundlage für das schriftliche Rechnen ohne Stellentafel aufgebaut ist.
Wir können hier die Herleitung der schriftlichen Addition und Subtraktion nur in groben Zügen behandeln. Für die Einzelheiten verweisen wir auf die umfassende Darstellung in Padberg (1968, 125 ff.).[1]

[1] Padberg, F., Didaktik der Arithmetik, Mannheim 1986

Schriftliche Addition

Bei der schriftlichen Addition greift man naheliegenderweise auf die halbschriftliche Strategie "Stellenwerte Extra" zurück.

Beispiel: 479 + 135

Halbschriftlich:

479 + 145 = 500 + 110 + 14 = 624
400 + 100
70 + 40
9 + 5

Mit Stellentafel und Plättchen:

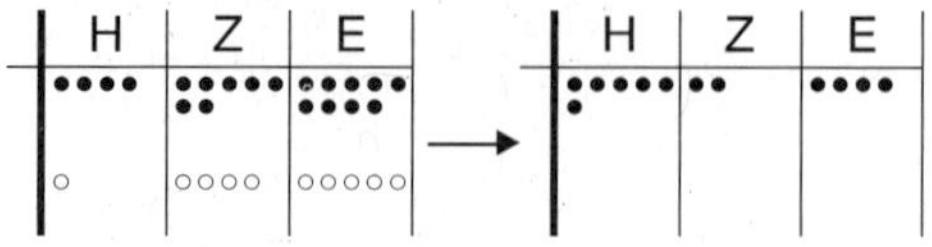

Die Plättchen werden zuerst spaltenweise addiert. Dann werden Spalten mit mehr als 9 Plättchen durch Ersetzen von 10 Plättchen durch 1 Plättchen in der nächsthöheren Spalte "bereinigt" (Übertrag). Man stellt fest, daß es günstig ist, diese "Bereinigung" von den Einern aus aufwärts vorzunehmen, da die Berechnung dann in einem Zug erfolgen kann. Diese Reihenfolge "von hinten nach vorne" ist aber keineswegs zwingend, wie man an der Methode der Hindus sehen kann, die von "vorne nach hinten" gerechnet haben.

Beispiel:

479
+ 145
5
11
14
624

Die spaltenweise Addition (Einpluseinsaufgaben) wird durch die "Kraft der Fünf" (vgl. Bd.1, S. 32) stark erleichtert, wenn man die Plättchen der Punktstruktur der Wendekärtchen entsprechend legt. Die weiteren Schematisierungsschritte lauten:

Mit der Stellentafel und Ziffern rechnen:

	H	Z	E
	4	7	9
+	1_1	4_1	5
	6	2	4

Schriftlich rechnen:

4 7 9
$+ 1_1\ 4_1\ 5$
6 2 4

Schriftliche Subtraktion

Anders als bei der Addition gibt es hier nicht **die** halbschriftliche Strategie, aus der man die schriftliche Subtraktion sinnvollerweise entwickelt. Die Geschichte des Rechnens und die heutige Rechenpraxis verschiedener Staaten bzw. Länder zeigen vielmehr, daß man ganz unterschiedliche Wege einschlagen kann.

Beispiele:

(1) "Stellenwerte extra"

634 − 378 = 300 − 40 − 4 = 260 − 4 = 256
600 − 300
30 − 70
4 − 8

Mittelalterliches Verfahren aus einem in Treviso erschienenen Rechenbuch:

634
− 378
$3\overline{44}$
$26\overline{4}$
256

Die Striche über den Ziffern zeigen an, daß diese Zahlen noch zu subtrahieren sind.

Das Verfahren erfordert einige Schreibarbeit, kommt aber ohne Überträge aus und entspricht begrifflich dem Verfahren der schriftlichen Addition. Leider ist es nicht mehr üblich und entspricht vor allem nicht den Richtlinien.

(2) "Stellenwerte extra"

634 − 378 = 200 + 50 + 6 = 256
14 − 8
120 − 70
500 − 300

Norddeutsches Borgeverfahren:

5 10
2 10
~~6~~ ~~3~~ 4
− 3 7 8
2 5 6

Wenn eine Subtraktion in einer Spalte nicht durchführbar ist, werden auf Kosten **einer** Einheit der nächsthöheren Spalte **zehn** Einheiten hinzugefügt. Dieses Verfahren wird im angelsächsischen Sprachraum und einigen Mittelmeerländern angewandt, ist aber bei uns nicht mehr üblich.

(3) "Stellenwerte extra"

$\underline{634-378} = 6 + 50 + 200$

14 −	8	Stellenweises Ergänzen
130 −	80	
600 −	400	

Süddeutsches Erweiterungsverfahren:

		Kurzform
$\ \ {}^{10}\ {}^{10}$		
6 3 4		6 3 4
$-3_1 7_1 8$		$-3_1 7_1 8$
2 5 6		2 5 6

Wenn in einer Spalte eine Ergänzung nicht möglich ist, wird wie bei der Strategie "Vereinfachen" das Gesetz von der Konstanz der Differenz angewandt: Minuend **und** Subtrahend werden um die gleiche Zahl vergrößert ("erweitert"), der Minuend um 10 Einheiten einer Stufe, der Subtrahend um 1 Einheit der nächsthöheren Stufe. Dieses Verfahren ist sehr praktikabel, aber begrifflich anspruchsvoll und für viele Schüler schwer zu verstehen und zu behalten.

(4) "Stellenweises Ergänzen"

$\underline{634-378} = 6 + 50 + 200 = 256$

384
434
634

6 3 4
$-3_1 7_1 8$
2 5 6

Die stellenweise Ergänzung wird schriftlich genau nachvollzogen, wobei das Vorrücken um eine Einheit bei einer Zehner- oder Hunderterüberschreitung durch kleine Hilfszahlen angezeigt wird. Äußerlich ist das Verfahren identisch mit der Kurzform des süddeutschen Erweiterungsverfahrens. Durch einen KMK-Beschluß ist diese gemeinsame Endform für die Bundesrepublik als verbindlich festgelegt worden.

Man hat also die Wahl, ob man das Ergänzen mit dem Erweitern kombinieren will oder ob man nur stellenweise ergänzen will. Wir halten die letztgenannte Möglichkeit für besser, weil sie sich im Gegensatz zum süddeutschen Ergänzungsverfahren direkt aus einer halbschriftlichen Strategie, nämlich dem "stellenweisen Ergänzen", entwickeln läßt. Analog zur Addition geht man dabei nach dem Prinzip der fortschreitenden Schematisierung vor, wie an einem Beispiel aufgezeigt werden soll:

Halbschriftlich:

$\underline{634-378} = 6 + 50 + 200 = 256$

384
434
634

Legen der Aufgabe an der Stellentafel:

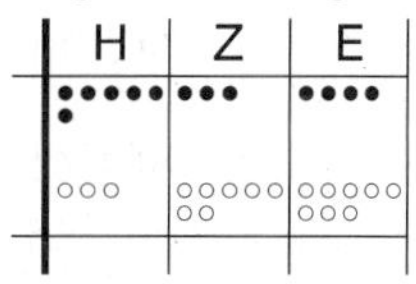

Minuend und Subtrahend werden mit Plättchen verschiedener Farben "nach der Kraft der Fünf" gelegt. Um den Subtrahenden Spalte für Spalte an den Minuenden anzugleichen, wird ergänzt und ggf. ein Übertrag ausgeführt, wobei die Zahl der ergänzten Plättchen schriftlich festgehalten wird. Die einzelnen Operationsschritte sehen folgendermaßen aus:

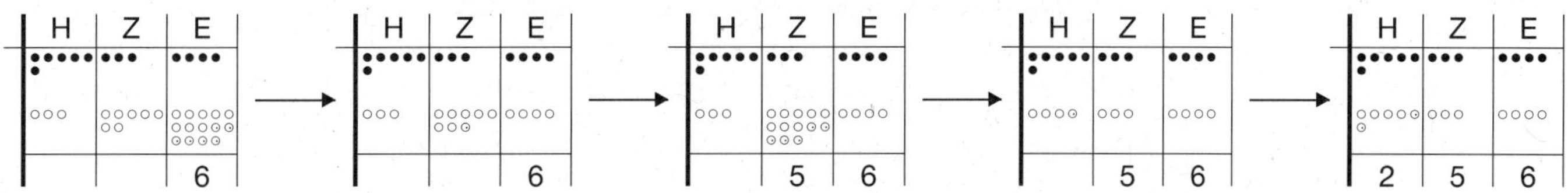

Wie gut die Übereinstimmung mit dem korrespondierenden halbschriftlichen Verfahren ist, kann man daraus ersehen, daß sich Schritt für Schritt der jeweilige Zwischenstand der ergänzten Zahl ergibt, die am Schluß bis auf 634 aufgefüllt ist.
Die weiteren Schematisierungsschritte sind:

Mit Stellentafel und Ziffern:

	H	Z	E
	6	3	4
−	3_1	7_1	8
	2	5	6

Schriftlich:

6 3 4
$-3_1 7_1 8$
2 5 6

Es ist an dieser Stelle vielleicht angebracht, noch einmal auf die Gewichtsverschiebungen zurückzukommen, die wir für sinnvoll und langfristig unumgänglich halten: Mit den schriftlichen Rechenverfahren gelangen wir in den der Mathematik fremden Bereich recht willkürlicher Normen und amtlicher Vorschriften. Rechengesetze und auf ihnen beruhende Rechenvorteile, Zahlvorstellungen und Zahlbeziehungen treten hier in den Hintergrund

zugunsten genau vorgeschriebener Verfahren, die ausschließlich einem einzigen Ziel dienen: **Ergebnisse** zu bestimmen.
Es ist offensichtlich, daß das mathematische Denken der Schüler weit besser durch die Beschäftigung bspw. mit Streichquadraten und Umkehrzahlen gefördert wird als durch die wochenlange Einübung von schriftlichen Rechenverfahren.
Im Interesse der mathematischen Bildung ist es daher nur konsequent, im Tausenderraum entschieden die **Zahlvorstellung,** das **Kopfrechnen** und das **halbschriftliche Rechnen** zu betonen und damit eine sinnvolle, auf sichere Größenvorstellungen und Größenabschätzungen gegründete Nutzung des Taschenrechners vorzubereiten.
Natürlich müssen sich an die Einführung der schriftlichen Addition und Subtraktion **gestützte** Übungen anschließen, bei denen die Schüler parallel zum Rechnen die Stellentafel benutzen. Da solche Übungen zum eisernen Bestand der Rechendidaktik gehören und in den Schulbüchern repräsentiert sind, verzichten wir an dieser Stelle auf sie und gehen sofort zu strukturierten Übungen über.

2.4.1 Additionsübungen mit Ziffernkärtchen

Worum geht es?
Was soll geübt werden?

Bei den Orientierungsübungen in Abschnitt 1.4 ging es darum, aus dem Ziffernsatz 1, 2, 3, 4, 5, 6, 7, 8, 9 unterschiedliche dreistellige Zahlen zu bilden, sie der Größe nach zu vergleichen und Zahlen, die sich mit diesem eingeschränkten Ziffernsatz nicht darstellen lassen, möglichst gut zu approximieren. Diese Aktivitäten setzen wir nun im Rahmen operativ strukturierter Übungen der schriftlichen Addition fort. Das Ziel besteht dabei jeweils darin, Ziffern unter gewissen Randbedingungen so zu Zahlen zu kombinieren, daß deren Summe einen vorgegebenen Wert ergibt oder ihm möglichst nahe kommt. Auf diese Weise werden die Schüler angehalten, genau auf die Stellenwerte zu achten und Ergebnisse ihrer schriftlichen Rechnungen in Abhängigkeit von den gewählten Zahlen zu sehen, sowie eine Verbindung von Rechnen und Denken herzustellen. Die Aufgaben werden gerade dadurch interessant, daß die Ziffer 0 fehlt und jede der anderen Ziffern nur genau einmal zur Verfügung steht.
Ergiebig sind die folgenden drei Aufgabenstellungen:

a) Mit 6 ausgewählten Ziffernkärtchen werden 3 **zweistellige** Zahlen gebildet und schriftlich addiert.
b) Mit 6 ausgewählten Ziffernkärtchen werden 2 **dreistellige** Zahlen gebildet und schriftlich addiert.
c) Mit allen Ziffernkärtchen werden 3 **dreistellige** Zahlen gebildet und schriftlich addiert.

Ziel ist in allen drei Fällen, vorgegebene Zahlen als Summen zu erreichen.
Wir vermuten, daß sich bei den ersten beiden Aufgabenstellungen **alle** Zahlen zwischen dem jeweiligen Minimum (75 = 14 + 25 + 36 bzw. 381 = 135 + 246) und dem jeweiligen Maximum (255 = 96 + 85 + 74 bzw. 1839 = 975 + 864) erreichen lassen. An Beispielen sieht man, daß die Auswahl und Plazierung der Ziffern sehr viel Spielraum läßt, den man für eine sukzessive Annäherung an gegebene Zahlen nutzen kann.

Beispiele: a) Zielzahl: 150 b) Zielzahl: 1000

a)			b)	
31	31	31	587	587
69	69	67	+ 423	+ 413
+ 74	+ 54	+ 52	1010	1000
174	154	150	zu groß	
zu groß	noch zu groß			

Im Falle c) hingegen ist sicher, daß **nicht** alle Zahlen zwischen dem Minimum 774 (= 147 + 258 + 369) und dem Maximum 2556 (= 963 + 852 + 741) auftreten können: In allen möglichen Dreiersummen tritt nämlich jede der neun Ziffern 1, ..., 9 genau einmal auf. Die Summe der Quersummen der drei Summanden ist daher immer 1 + 2 + 3 + ... + 7 + 8 + 9 = 45. Da 45 eine durch 9 teilbare Zahl ist, muß daher nach der Quersummenregel auch die Summe durch 9 teilbar sein. Eine Durchmusterung aller Neunervielfachen zwischen 774 und 2556 zeigt, daß sie alle als Dreiersummen darstellbar sind.

Was wird benötigt?

Demonstrationsmaterial: Magnetische Ziffernkärtchen für die Ziffern 1, ..., 9
Arbeitsmaterial: Ziffernkärtchen für die Ziffern 1, ..., 9

Wie kann man vorgehen?

1. Dreiersummen mit 3 zweistelligen Zahlen
Zunächst werden aus 6 beliebigen Ziffernkärtchen 3 zweistellige Zahlen gelegt und schriftlich addiert. Dann werden fortlaufend je 2 Kärtchen vertauscht, und jedesmal wird die Summe neu berechnet.

Beispiel: Ausgewählte Kärtchen: 1, 3, 4, 6, 7, 9

91	91	31	31	41	41	61	
67	67	67	69	69	96	94	
+ $4_1 3$	+ $3_1 4$	+ $9_1 4$	+ $7_1 4$	+ $7_1 3$	+ $7_1 3$	+ 73	...
201	192	192	174	183	210	228	

In Rückschau auf die Rechnungen können die Schüler begründen, warum das Ergebnis größer oder kleiner wird bzw. gleich bleibt. Abschließend kann man fragen, wie man die kleinste und die größte Summe erhalten kann, und dies begründen lassen.

2. Zahlen erreichen
In Einzel-, Partner- oder Gruppenarbeit können die Schüler versuchen, vorgegebene Zahlen zu erreichen, z. B. 100, 150, 200, 123, ... Dabei können sie schon gefundene Summen als Ausgangspunkte nutzen. Die Summe der gewählten Zahlen wird zuerst grob überschlagen und ggf. im Heft genau bestimmt.

Beispiele:

91	91	14	14	14	14	14
67	67	25	25	26	26	27
+ $4_1 3$	+ $4_1 2$	+ $3_1 6$	+ $6_1 3$	+ $5_1 3$	+ $5_1 9$	+ $6_1 9$
201	200	75	102	93	99	100

3. Zweiersummen mit 2 dreistelligen Zahlen
Aus den 9 Ziffern werden 6 ausgewählt. Beginnend bei einer bestimmten Zweiersumme werden Vertauschungen von je 2 Ziffern vorgenommen und in ihrer Wirkung auf die Summe untersucht.

Beispiel: Ausgewählte Kärtchen: 2, 3, 4, 5, 6, 7

532	352	352	352	352
+ 467	+ $4_1 67$	+ $4_1 76$	+ 746	+ $7_1 64$
999	819	828	1098	1116

Wenn die Schüler selbst die Vertauschungen vornehmen, wird es sicherlich zu einer Überschreitung des Tausenders kommen, was ganz im Interesse der "Zone der nächsten Entwicklung" liegt (vgl. Bd. 1, S. 76).

4. Zahlen erreichen
Die Erreichung vorgegebener Zielzahlen ist hier einfacher als bei Punkt 2.

Beispiele: Zielzahl 1000 / Zielzahl 444

847		749		169
+ $1_1 5_1 3$	oder	+ $2_1 5_1 1$	o. ä.	+ $2_1 7_1 5$
1000		1000		444

Wie könnte es weitergehen?

5. Zahlen erreichen mit Dreiersummen aus allen 9 Ziffern
Hier sollte man nur Vielfache von 9 **unter** 1000 als Zielzahl vorgeben. Die volle Erforschung dieser Aufgabenstellung ist eher für das 4. Schuljahr geeignet (siehe Abschnitt 2.3). Um sicher zu gehen, daß man ein Vielfaches von 9 ausgewählt hat, kann man sich an die Neunerregel halten oder eine Zahl als Dreiersumme berechnen.

2.4.2 Subtraktionsübungen mit Ziffernkärtchen

Worum geht es?
Was soll geübt werden?

Die im letzten Abschnitt unter 2. und 3. angeführten Aktivitäten lassen sich unmittelbar in eine Übung zur schriftlichen Subtraktion verwandeln, indem man die beiden dreistelligen Zahlen subtrahiert.

Was wird benötigt?

Wie bei 2.4.1 sind Ziffernkärtchen hilfreich.

Wie kann man vorgehen?

1. Subtraktion beliebiger dreistelliger Zahlen
Es werden wieder 6 Kärtchen ausgewählt. Ausgehend von einer beliebigen Differenz werden durch Vertauschungen von Kärtchen fortlaufend weitere Aufgaben erzeugt.

937	739	739	739
– 456	– 456	– 654	– 564
481	283	85	175

Wiederum bietet es sich an, die Veränderung der Differenz erklären zu lassen.

2. Maximale und minimale Differenz
Die Aufgabe, ein möglichst großes Ergebnis zu erzielen, ist leicht zu lösen, da man nur die kleinste von der größten Zahl subtrahieren muß:

987
– 123
864

Schwieriger ist es, das kleinste Ergebnis zu finden.

512		412
– 498	oder	– 398
14		14

Als kleinstes Ergebnis kristallisiert sich die 14 heraus: Die Hunderter müssen sich nämlich genau um 1 unterscheiden; der Minuend muß dann von oben, der Subtrahend von unten möglichst nahe an die trennende Hunderterschwelle herangerückt werden.

3. Zahlen erreichen
Zahlen der Form 640, 520 oder 599, 499 lassen sich nicht erreichen. Man kann die Aufgabenstellung aber auch so formulieren, daß die Schüler einer Zahl möglichst nahe kommen sollen.

Beispiel: Ziel 599
599 ist als Differenz nicht erreichbar, da zu einer 9 in der Einerspalte ein Übertrag gehört. Damit ist das Auftreten einer 9 in der Zehnerspalte nicht mehr möglich, denn keine Ziffer steht doppelt zur Verfügung. Als optimale Näherung erweist sich 598:

859
– 261
598

2.4.3 "Minustürme"

Worum geht es?
Was soll geübt werden?

Die folgende Übung zur schriftlichen Subtraktion ist verwandt mit der Übung "Umkehrzahlen" in Abschnitt 2.3.4. Ausgehend von einer beliebigen dreistelligen Zahl, deren Ziffern nicht alle gleich sind, wird eine Kette von Minusaufgaben nach folgender Vorschrift erzeugt:
Aus den Ziffern der gegebenen Zahl bilden wir die größte und die kleinste Zahl und bestimmen die Differenz. Aus deren Ziffern bilden wir wieder die größte und kleinste Zahl und subtrahieren, usw.

Beispiele:					
693	963	954	954	Von 495 an wiederholen sich	
	– 369	– 459	– 459	die Rechnungen.	
	594	495	495		
678	876	981	972	963	954
	– 678	– 189	– 279	– 369	– 459
	198	792	693	594	495

Wenn man einige Beispiele gerechnet hat, ergeben sich folgende Vermutungen:

a) Die Zehnerziffer jeder Differenz ist die 9.
b) In jeder Differenz ergibt sich die Summe aus Hunderter- und Einerziffer 9. Es sind also nur die folgenden acht Zahlen als Ergebnisse möglich:

198 ↘ 792, 297 ↘ 693, 396 ↘ 594

891 → 792 → 693 → 594 → 495 ↺

c) Jede dieser acht Zahlen führt im weiteren – den Pfeilen entsprechend – zur Zahl 495, die sich identisch reproduziert. Für die Schüler werden diese Beziehungen besonders augenfällig, wenn die Rechnungen groß auf Papier geschrieben und an der Tafel niveaugleich angeheftet werden.

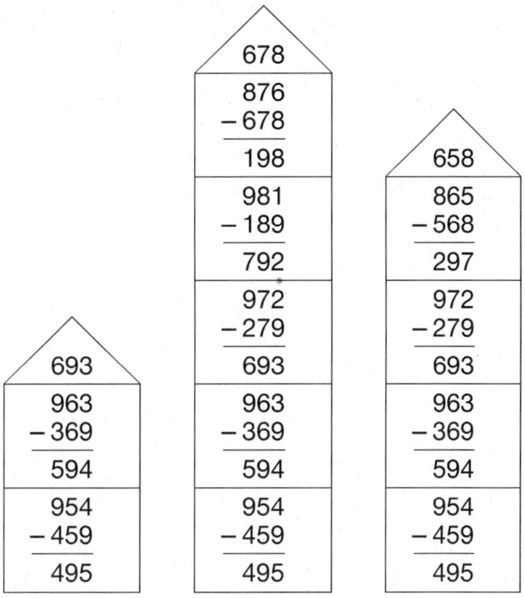

Begründung der Vermutungen:
Wie bei "Umkehrzahlen" zeigt die halbschriftliche Strategie "Stellenwerte extra", daß bei jeder solchen Subtraktion nur die Ergebnisse 900 – 9 = 891, 800 – 8 = 792, ..., 200 – 2 = 198 möglich sind. 100 – 1 = 99 ist hier ausgeschlossen, da in der Aufgabe Hunderter- und Einerziffer nach Voraussetzung immer verschieden sind. Daß die Zehnerziffer der Differenz 9 ist, ersieht man aber auch aus dem schriftlichen Verfahren, da bei jeder Aufgabe ein Übertrag von der Einer- in die Zehnerspalte auftritt, und die Zehner des Minuenden und Subtrahenden einander gleich sind. Das schriftliche Verfahren zeigt ebenfalls, daß die Einer in der Differenz ab Schritt 2 jeweils um 1 zunehmen, bis sie 5 erreichen:

981	972	963	954
– 189	– 279	– 369	– 459
792	693	594	495

Wie kann man vorgehen?

1. An zwei Beispielen wird im Klassengespräch erarbeitet, wie man von gegebenen Zahlen aus „Minustürme" bilden kann.

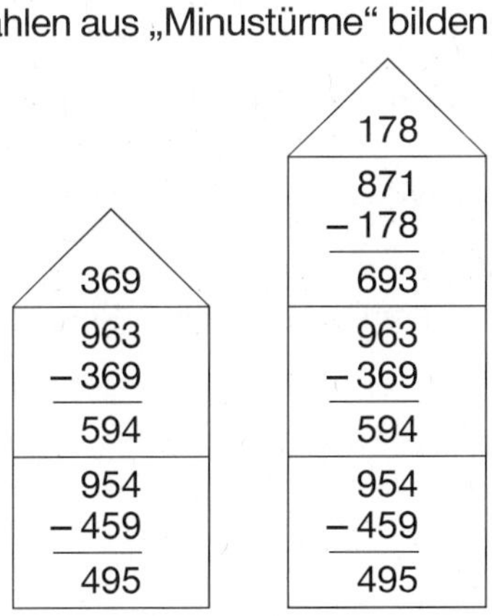

Da die Stockwerke verschieden sein sollen, müssen die Türme mit der Zahl 495 enden.

2. In Gruppen bauen die Schüler nun selber Minustürme mit möglichst vielen Stockwerken. Jede Gruppe gestaltet ein Plakat mit einem Minusturm und hängt es auf. Die Plakate werden niveaugleich aufgehängt. Nach c) ist klar, daß die höchsten Türme **fünf** Stockwerke besitzen können (Ausgangszahl z. B. 678, vgl. die einleitenden Beispiele).

3. Im Klassengespräch vergleichen die Schüler ihre Minustürme, stellen Beobachtungen an und versuchen, ihre Beobachtungen zu begründen.
Ggf. muß man gezielte Fragen stellen:

Wie kommt es, daß bei den Ergebnissen in der Mitte immer eine 9 steht? Warum ergeben Einerziffer und Hunderterziffer zusammen immer 9? Warum nimmt die Einerziffer in den Ergebnissen von Stockwerk zu Stockwerk immer um 1 zu?

Falls die Schüler keinen Turm mit der Maximalzahl von 5 Stockwerken gefunden haben, können diese Überlegungen sie dazu anregen, einen noch höheren Turm zu finden.

2.5 Vermischte Übungen

Was soll geübt werden?

Zum Abschluß des Abschnitts über die Addition und Subtraktion bringen wir einige Vorschläge zur integrierten Übung der beiden Rechenverfahren. Es wird dabei offengelassen, ob die Rechnungen halbschriftlich oder schriftlich durchgeführt werden.

2.5.1 "Immer 1089"

Worum geht es?

Wir knüpfen an die Übungsformen "Umkehrzahlen" (2.3.4) und "Minustürme" (2.4.3) an. Ausgehend von einer dreistelligen Zahl, deren Ziffern nicht alle gleich sind, soll hierbei die Differenz mit der Umkehrzahl gebildet und dazu die Umkehrzahl des Ergebnisses addiert werden. Dabei sind die Nullen zu berücksichtigen.

Beispiele:

625	634	912
− 526	− 436	− 219
099	198	693
+ 990	+ 891	+ 396
1089	1089	1089

Die Beispiele zeigen, daß sich als Endergebnis immer die Zahl 1089 ergibt. Die Begründung folgt aus den Überlegungen von 2.4.3 unmittelbar: Als Differenzen (1. Schritt) kommen nur 099, 198, 297, ..., 891 in Frage, also diejenigen Zahlen, bei denen die Zehnerziffer sowie die Summe von Einer- und Hunderterziffer jeweils 9 betragen. Bei der Addition der Umkehrzahl (2. Schritt) entsteht in der Zehnerspalte ein Übertrag, der zu dem Endergebnis 1089 führt.
Leichter verständlich erscheint eine Begründung, die sich am halbschriftlichen Verfahren "Stellenwerte extra" orientiert:
Die Umkehrzahl von $198 = 200 - 2$ ist die Zahl $891 = 900 - 9$, von $297 = 300 - 3$ die Zahl $792 = 800 - 8$, usw.
Daher ist
$198 + 891 = 200 - 2 + 900 - 9 = 200 + 900 - 2 - 9 = 1100 - 11 = 1089$,
$297 + 792 = 300 - 3 + 800 - 8 = 300 + 800 - 3 - 8 = 1100 - 11 = 1089$ usw.

Wie kann man vorgehen?

1. Zuerst werden einige Beispiele gemeinsam an der Tafel gerechnet, bis die Rechenvorschrift verstanden ist.

2. Die Schüler rechnen weitere Beispiele ins Heft (evtl. Hausaufgabe).

3. Einige Aufgaben werden an der Tafel vorgerechnet und für die Begründung des gemeinsamen Resultats 1089 benutzt.

2.5.2 Zahlenmauern

Worum geht es?

Die Übungsform "Zahlenmauern" ist in Bd. 1, S. 103–106, für den Hunderterraum ausführlich besprochen worden, so daß es genügt, kurz an die wichtigsten Eigenschaften dieser Übungsform zu erinnern.
Eine Zahlenmauer ist so aufgebaut, daß auf je zwei benachbarte Steine einer Schicht ein dritter Stein gesetzt wird, in den immer die **Summe** der beiden unteren Steine einzutragen ist. Je nachdem, welche Zahlen vorgegeben sind, muß man zur Bestimmung fehlender Zahlen addieren oder subtrahieren. Die linke Mauer erfordert sechs Additionen, die mittlere sechs Subtraktionen, und die rechte Mauer macht drei Additionen und drei Subtraktionen notwendig.

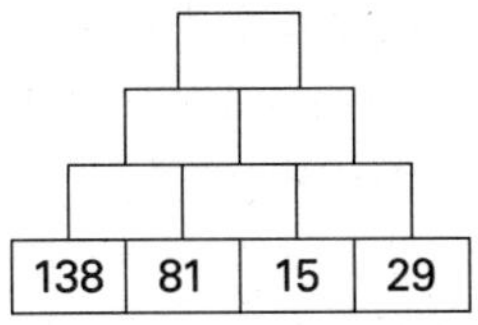

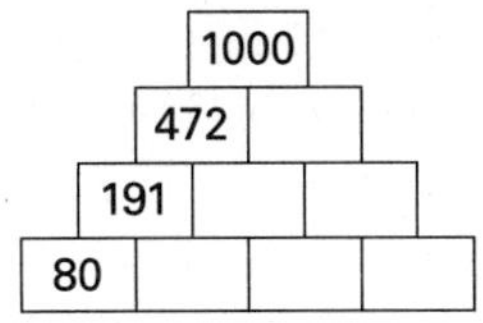

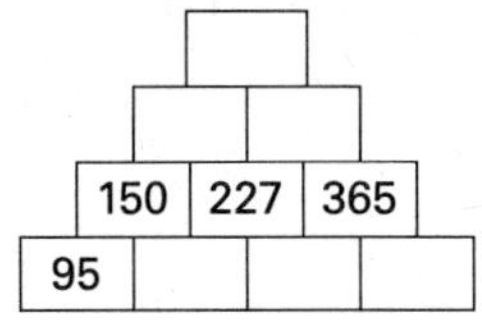

Zahlenmauern bieten folgende Vorteile:
- Additions- und Subtraktionsaufgaben sind sinnvoll aufeinander bezogen.
- Durch Einführung von Prüfsteinen ist eine Kontrolle möglich.
- Zahlenmauern lassen sich operativ variieren.
- Die Vorgabe von Zahlen läßt sich so "dosieren", daß auch mehrere Lösungen möglich sind.

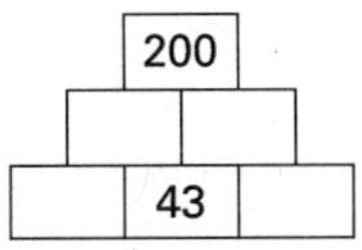

Lösungen:

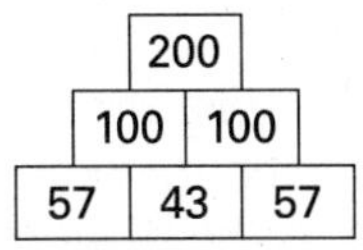

oder

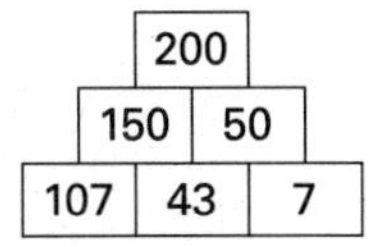

Was wird benötigt?

Demonstrationsmaterial: Folie mit leeren Zahlenmauern für den Lichtschreiber.
Arbeitsmaterial: Arbeitsblätter (3/4), (3/5).

Wie kann man vorgehen?

1. Vorstellung bzw. Auffrischung des Rechnens in Zahlenmauern
Man gibt an der Tafel oder auf der Folie ein Zahlenmauerschema vor, bei dem nur die unterste Reihe ausgefüllt ist (s. o.) und berechnet die fehlenden Zahlen vor den Augen der Schüler, damit die Struktur in Erinnerung gerufen wird.

Beispiel:

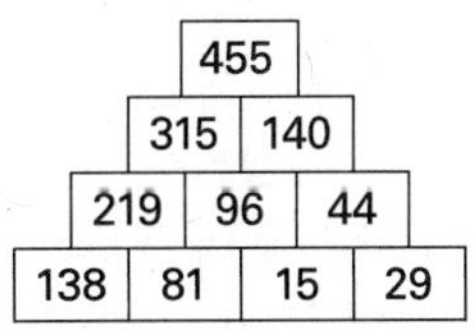

Die Schüler beteiligen sich an der Rechnung und beschreiben die Rechenvorschrift.

2. Berechnen von Zahlenmauern
Die Schüler erhalten Arbeitsblätter (etwa 3/4), auf denen Zahlenmauern mit (und ohne) Prüfsteinen vorgegeben und die Startzahlen leicht gestreut sind. Es ist günstig, die Aufgaben operativ zu variieren, damit man Vergleiche anstellen kann.

3. Aufgaben mit stark gestreuten Startzahlen
Bei diesen Aufgaben (vgl. Arbeitsblatt 3/5) kommt man nur mit systematischem Probieren weiter, indem man an einer Stelle eine Zahl einsetzt und mit dieser so lange rechnet, bis man mit anderen Zahlen "in Konflikt kommt". Aus der Größe der Unstimmigkeit erhält man Informationen, wie die vorher gewählte Startzahl abzuändern ist.

Beispiel:

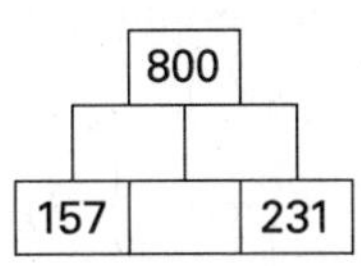

Erster Versuch

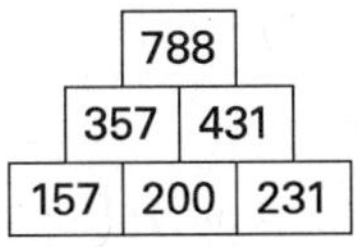

Zweiter Versuch

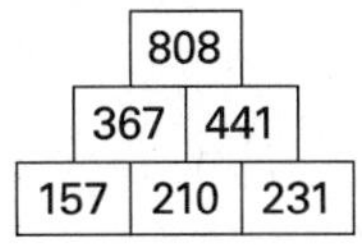

Dritter Versuch

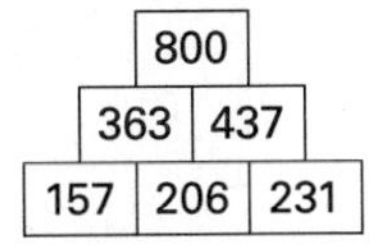

Auf dem Arbeitsblatt können die Schüler die Probe-Rechnungen mit Bleistift durchführen und Zahlen nach Bedarf ändern, bis sie die Lösung erhalten. Im Rechenheft können einige Mauern ("Versuche") nebeneinander gezeichnet werden. Dies hat den Vorteil, daß man die Wirkung der Operationen (etwa Erniedrigung/Erhöhung des mittleren unteren Steins) besser beobachten kann.

Wie könnte es weitergehen?

4. Berechnung der untersten Schicht
Vorgegeben sind die Zahlen der **zweiten** Schicht. Die Steine der untersten Reihe sollen so beschrieben werden, daß die Ecksteine die **gleichen** Zahlen tragen. Auch bei dieser Auf-

gabenstellung hilft eine operative Variation weiter, die man am besten in einer Nebenrechnung unterhalb der Mauer ("im Keller") durchführt. Anschließend wird die Lösung übertragen und der obere Teil der Mauer ergänzt.

Beispiel:

	127	319	276	
	☐			☐
1. Versuch	60	67	252	24
2. Versuch	50	77	242	34
3. Versuch	40	87	232	44
Lösung	42	85	234	42

☐ Gleiche Eckzahlen!

Das Beispiel zeigt, daß man nur beim 1. Versuch wirklich zu rechnen braucht. Die weiteren Veränderungen ergeben sich durch Anwendung des Gesetzes von der Konstanz der Summe: Eine Verkleinerung der ersten Zahl führt zu der gleichen Verkleinerung der dritten und zu einer entsprechenden Vergrößerung der zweiten und vierten Zahl.
Diese Überlegung zeigt darüber hinaus, daß die Zahlen der Grundschicht durch die Zahlen der zweiten Schicht eindeutig bestimmt sind, wenn die Eckzahlen gleich sein sollen. Die Zahlen der zweiten Schicht dürfen nicht beliebig vorgegeben werden, wenn die Lösung **ganzzahlig** und **positiv** sein soll. Um dies sicherzustellen, empfiehlt es sich, die zweite Schicht aus der Grundschicht zu berechnen und die Grundschichtzahlen wieder zu löschen.
Abschließend sei angemerkt, daß man diese Aufgabenstellung auch auf größere Zahlenmauern übertragen kann. Bei einer **geraden** Zahl von Grundsteinen ist die Lösung stets eindeutig bestimmt, bei einer **ungeraden** Zahl von Grundsteinen gibt es viele Lösungen: Jeder "vernünftige" Ansatz liefert sofort eine Lösung. Durch entsprechende Vergrößerung bzw. Verkleinerung ergeben sich stets neue Lösungen.

2.5.3 "Plus und Minus"

Worum geht es?

Das folgende Übungsbeispiel ist angeregt durch einen Sachverhalt, der sich bei der technischen Realisierung der Subtraktion in Computern praktisch anwenden läßt: Ein elektronischer Baustein, der Zahlen addiert, kann auch zur Subtraktion genutzt werden, indem man die Subtraktion einer Zahl durch die Addition einer leicht bestimmbaren anderen Zahl ersetzt und das Ergebnis modifiziert.
Das zugrundeliegende Prinzip lautet wie folgt:
Wenn eine Zahl subtrahiert werden soll, bestimme man durch **stellenweise** Ergänzung zu 9 die zugehörige "Ergänzungszahl"[1] und führe anstelle der Subtraktion der Ausgangszahl die Addition der Ergänzungszahl aus. Wenn man die höchste Stelle des Ergebnisses streicht (die immer 1 ist) und 1 addiert, erhält man das Ergebnis der Subtraktionsaufgabe.
Beispiele:

					Probe:
726 − 474	474 + 525 999	Ergänzungszahl	726 + 525 1 251	→ 252	726 − 474 252
838 − 679	679 + 320 999	Ergänzungszahl	838 + 320 1 158	→ 159	838 − 679 159
3 752 − 1 964	1 964 + 8 035 9 999	Ergänzungszahl	3 752 + 8 035 11 787	→ 1 788	3 752 − 1 964 1 788
75 256 − 8 272	08 272 + 91 727 99 999	Ergänzungszahl	75 256 + 91 727 166 983	→ 66 984	75 256 − 8 272 66 984

[1] Die Summe aus Zahl und Ergänzungszahl ergibt also 999, 9999, ...

Die Begründung ergibt sich, wenn man die Rechnungen am Zahlenstrahl nachvollzieht:

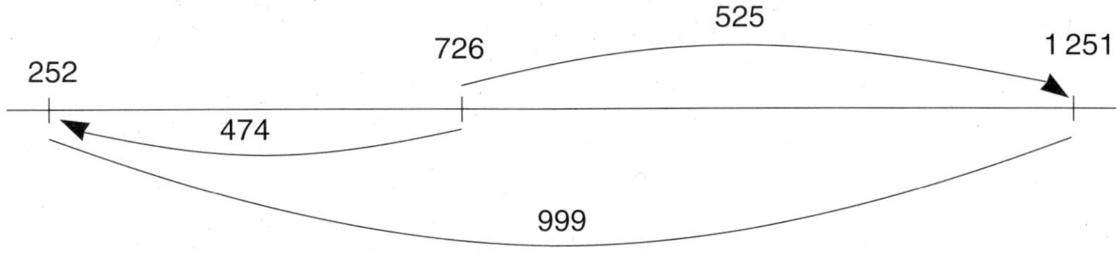

Wenn man von 726 aus 474 "nach unten" und 525 "nach oben" rechnet, erhält man zwei Zahlen, die einen Unterschied von 474 + 525 = 999 haben: Das Ergebnis der Plusaufgabe ist um 999 ("fast 1000") größer als das der Minusaufgabe.

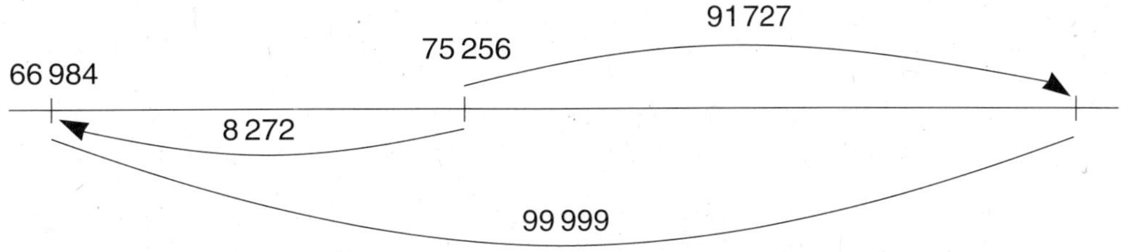

Von 66 984 sind es 8 272 bis 75 256, von dort 91 727 bis 166 983. Daher sind es von 66 984 bis 166 983 zusammen 8 272 + 91 727 = 99 999 ("fast 100 000").
In den folgenden Rechenübungen soll diese Beziehung zwischen Subtraktion und Addition einerseits auf dreistellige Zahlen eingeschränkt, andererseits aber etwas allgemeiner angegangen werden. Außer der Ergänzung zu 999 betrachten wir auch Ergänzungen bis 1000, 1001 und 1111. Die Ergebnisse der Additionsaufgaben sind dann um 1000 bzw. 1001 bzw. 1111 größer als die der entsprechenden Subtraktionsaufgaben. Um aktiv-entdeckendes Lernen zu fördern, empfiehlt es sich, die Ergänzungszahlen nicht ausrechnen zu lassen, sondern unerklärt vorzugeben. Aufgabe der Schüler ist es, aus den beobachteten Beziehungen zwischen den Ergebnissen der gegenübergestellten Subtraktions- und Additionsaufgaben auf die Ergänzung zu schließen.

Was wird benötigt?

Arbeitsmaterial: Arbeitsblatt (3/6).

Wie kann man vorgehen?

1. Erklärung der Rechenvorschrift
Man läßt die Schüler einige Zahlen größer als 500 nennen und jedesmal –474 und +526 rechnen. Die Einschränkung "Zahlen über 500" ist anfangs empfehlenswert, damit uneingeschränkt gerechnet werden kann. Eigentlich können aber alle Zahlen gewählt werden, die größer als der entsprechende Subtrahend sind.

Mögliches Tafelbild:

Rechne immer – 474 und + 526.

716	632	875
– 474	– 474	– 474
242	158	401
716	632	875
+ 526	+ 526	+ 526
1242	1158	1401

Es muß den Schülern deutlich werden, daß zu jeder gewählten Zahl **zwei** Aufgaben, eine Minusaufgabe (–474) **und** eine Plusaufgabe (+526), zu rechnen sind.

2. Arbeitsblatt
Die Schüler bearbeiten Arbeitsblatt (3/6). Dabei muß man sich überzeugen, daß sie die Rechenvorschrift richtig anwenden.

3. Reflexion über die Ergebnisse
Die Schüler beschreiben ihre Beobachtungen: Im Päckchen 1 sind die Ergebnisse der Plusaufgabe immer um 1000, in Päckchen 2 um 1001, in Päckchen 3 um 1111 und in Päckchen 4 um 999 größer. Die Schüler werden aufgefordert zu begründen, **warum** das so sein muß.

Falls sie keine Ideen haben, sollte man sie die vorgegebenen Zahlen addieren lassen

474	465	377	461
+ 526	+ 536	+ 734	+ 538
1000	1001	1111	999

und zur Begründung auf die Zahlreihe verweisen. Es empfiehlt sich, den Unterschied zwischen den Ergebnissen der Plus- und Minusaufgabe operativ zu betrachten, weil dann die Konstanz der Differenz besonders ins Auge sticht.

Beispiel:

474	475	476	480	500
− 474	− 474	− 474	− 474	− 474
0	1	2	6	26

474	475	476	480	500
+ 526	+ 526	+ 526	+ 526	+ 526
1000	1001	1002	1006	1026

2.5.4 "Zahlen ziehen um"

Worum geht es?

Das Beispiel "Zahlen ziehen um" haben wir bereits im Hunderterraum (Bd. 1, S. 101–103) als Kontext für die integrierte Übung der Addition und Subtraktion benutzt. Das Beispiel läßt sich ohne weiteres in den Tausenderraum übertragen und entfaltet seine "Leistungsfähigkeit" erst recht, wenn man den mathematischen Hintergrund herausarbeiten läßt. "Zahlen ziehen um" beruht auf der Tatsache, daß die fortgesetzte Summen- und Differenzbildung von Zahlen eine Verdoppelung der Zahlen nach jeweils zwei Schritten nach sich zieht:

Beispiel:

48	71 (48 + 23)	96 (71 + 25)	142 (96 + 46)	182 (142 + 50)
23	25 (48 − 23)	46 (71 − 25)	50 (96 − 46)	92 (142 − 50)

Inhaltlich wird dies einsichtig, wenn man sich die Beziehungen an einem Beispiel klar macht:
In der Summe 48 + 48 (= 2 · 48) wird der erste Summand auf Kosten des zweiten um 23 erhöht, wodurch die **gleich große** Summe (48 + 23) + (48 − 23) entsteht:

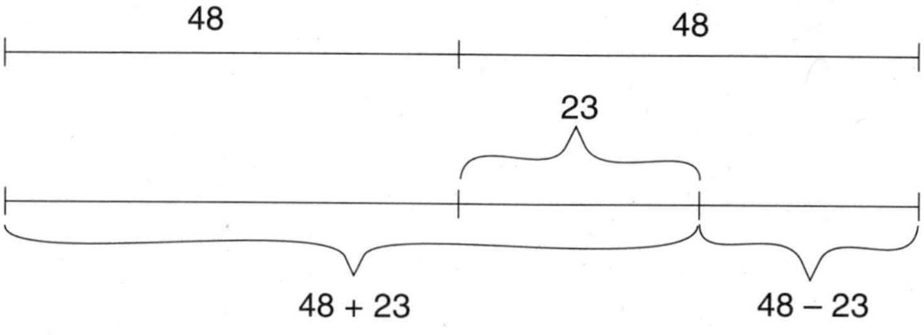

(48 + 23) + (48 − 23) = 48 + 48 (= 2 · 48)

Wenn man den Unterschied der Zahlen (48 + 23) und (48 − 23) durch **Ergänzen** berechnet, liegt es nahe, zwei Schritte um je 23 auszuführen (Zwischenzahl 48):

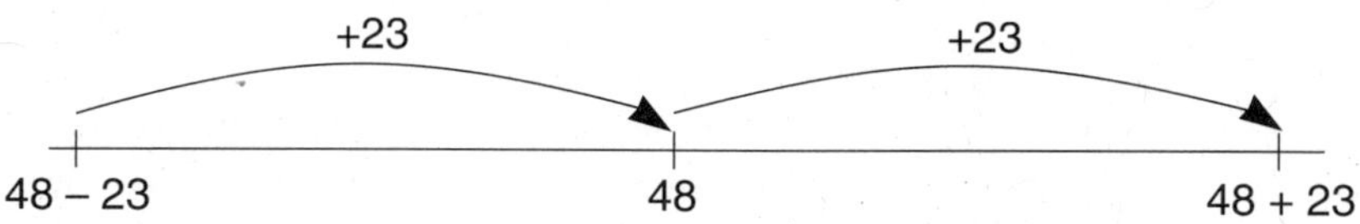

(48 + 23) − (48 − 23) = 23 + 23 (= 2 · 23)

Wie kann man vorgehen?

1. Zahlengeschichte
Man stellt die folgende Zahlengeschichte vor bzw. frischt sie auf und zeichnet dabei die folgende Häuserzeile:

220		242	
121	99	220	22
22		198	

440	
242	198
44	

„Dies ist ein Zahlenhaus. Im Obergeschoß gibt es zwei Zimmer, in denen die Zahlen 121 und 99 wohnen. Da im Reich der Zahlen Ordnung herrschen muß, zieht in das Dachgeschoß die Summe der beiden Zahlen ein, also 220, in das Erdgeschoß der Unterschied, also 22. Nach einiger Zeit mieten sich auch 242 und 198 eine Zweitwohnung in einem neuen Haus...".

Sobald die Kinder die Regel zur Belegung des Nachbarhauses verstanden haben, können sie selbst die weiteren Rechnungen übernehmen, bis 1000 erstmals überschritten wird. Die Zahlen sind so gewählt, daß Rechenvorteile angewandt werden können.
Zum weiteren Vertrautwerden mit der Regel wird analog eine zweite Häuserzeile erstellt, die z.B. mit 100 und 150 beginnen kann.

250		300		500		600		1000	
150	100	250	50	300	200	500	100	600	400
50		200		100		400		200	

2. Weitere Beispiele
In Einzel- oder Gruppenarbeit erstellen die Schüler weitere Häuserzeilen mit selbstgewählten Startzahlen.

3. Entdeckung und Beschreibung des Zahlenmusters
Einigen Kindern fällt sicher auf, daß die Zahlen im Dach- und Erdgeschoß eines Hauses doppelt so groß sind wie die Zahlen im Obergeschoß des vorhergehenden Hauses, und daß daher die Zahlen im 3. Haus doppelt so groß sind wie die entsprechenden Zahlen im 1. Haus, die Zahlen im 4. Haus doppelt so groß wie die Zahlen im 2. Haus. Bei bestimmten Startzahlen ist dies besonders leicht ersichtlich.

4. Begründung des Musters
An Beispielen sollen die Schüler nun versuchen zu begründen, **warum** es zu einer Verdoppelung der Zahlen kommt. Dazu müssen sie überlegen, welchen Zusammenhang es zwischen entsprechenden Zahlen in den Häusern gibt. Am besten ist es, die Summen und Differenzen unausgerechnet einzutragen.

a)

121 + 99		2 · 121	
121	99	121 + 99	121 − 99
121 − 99		2 · 99	

b)

161 + 61		2 · 161	
161	61	161 + 61	161 − 61
161 − 61		2 · 61	

Wie könnte es weitergehen?

5. Denkaufgaben

				324	208		

Wie lauten die Zahlen in den leeren Feldern?

3. Multiplikative Operationen im Tausenderraum

3.1. Wiederholung des "Kleinen Einmaleins" und einführende Übungen zur Division

3.1.1 1x1-Spielkarten

Worum geht es?
Was soll geübt werden?

Im 2. Schuljahr wurde das "Kleine Einmaleins" operativ erarbeitet und vertieft. Die dort vorgestellten Übungen an Hunderterfeld, 1x1-Plan und 1x1-Tafel sowie strukturierte Übungen (wie z.B. "Versteckte 1x1-Reihen") können zur weiteren Festigung des Einmaleins natürlich auch noch ins 3. Schuljahr ausgedehnt werden. Zur abschließenden Behandlung des Einmaleins werden aber andersartige Übungen benötigt, die bewußt auf Automatisierung abzielen. Zu diesem Zweck haben wir die "1x1-Karten"[1] entwickelt. Sie repräsentieren einen neuen Typ von natürlichen Lernspielen, die einerseits die Sache (hier Arithmetik des Einmaleins) unverfälscht verkörpern und andererseits auf grundlegende Darstellungsmittel (Punktmuster, Mal-Tafel) bezogen sind.
Ein Kartensatz besteht aus 55 Aufgabenkarten und 42 Ergebniskarten.

Aufgabenkarten

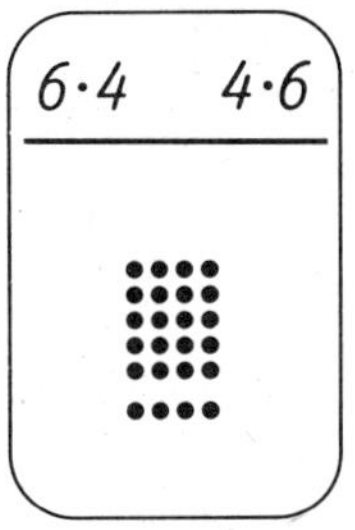

Alle 100 Aufgaben des kleinen Einmaleins sind auf diesen Karten dargestellt und auch jeweils durch ein entsprechendes Punktfeld veranschaulicht. Dabei finden sich Aufgabe und Tauschaufgabe jeweils auf einer Karte. Durch Drehen der Karte um 90° können Aufgabe und Tauschaufgabe "gleichzeitig" veranschaulicht werden. In nebenstehendem Beispiel: 6 Vierer oder 4 Sechser. Die klassische Fünferteilung des Punktfeldes hilft den Kindern bei der Berechnung der Ergebnisse (z.B. $6 \cdot 4 = 20 + 4$).

Die Aufgaben sind farbig unterschieden:

13 grüne Karten (Malaufgaben mit 1 und 10):
3 · 1, 4 · 1, 6 · 1, 7 · 1, 8 · 1, 9 · 1, 10 · 1, 10 · 3, 10 · 4, 10 · 6, 10 · 7, 10 · 8, 10 · 9

8 gelbe Karten (Malaufgaben mit 5):
5 · 1, 5 · 3, 5 · 4, 6 · 5, 7 · 5, 8 · 5, 9 · 5, 10 · 5

9 blaue Karten (Malaufgaben mit 2):
2 · 1, 3 · 2, 4 · 2, 5 · 2, 6 · 2, 7 · 2, 8 · 2, 9 · 2, 10 · 2

10 rote Karten (Malaufgaben mit gleichen Zahlen):
1 · 1, 2 · 2, 3 · 3, 4 · 4, 5 · 5, 6 · 6, 7 · 7, 8 · 8, 9 · 9, 10 · 10

15 weiße Karten (noch fehlende Malaufgaben):
4 · 3, 6 · 3, 6 · 4, 7 · 3, 7 · 4, 8 · 3, 8 · 4, 9 · 3, 9 · 4, 7 · 6, 8 · 6, 9 · 6, 8 · 7, 9 · 7, 9 · 8

Anmerkung: Die verschiedene Kennzeichnung der Aufgabenserien entspricht den Kernaufgaben der traditionellen Rechendidaktik (vgl. Bd.1, S. 119ff.). Die Färbung der 1x1-Aufgaben ist von der dort vorgestellten Einmaleins-Tafel übernommen worden, die auch als Poster erhältlich ist. Diese Tafel kann deshalb unterstützend bei der Besprechung und Reflexion der Spiele im Unterricht eingesetzt werden.

Ergebniskarten

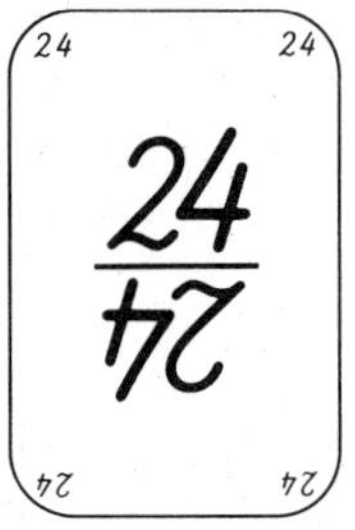

Zu den 100 Einmaleinsaufgaben gehören 42 Ergebnisse. Jede dieser Einmaleinszahlen 1, 2, 3, 4, 5, 6, 7, 8, 9, 10, 12, 14, 15, 16, 18, 20, 21, 24, 25, 27, 28, 30, 32, 35, 36, 40, 42, 45, 48, 49, 50, 54, 56, 60, 63, 64, 70, 72, 80, 81, 90, 100 ist auf je einem Kartenblatt dargestellt.
Die Karten sind so gestaltet, daß die Zahlen auch auf dem Blatt in der Hand leicht abgelesen werden können.

[1] Die Karten können beim Ernst Klett Schulbuchverlag bestellt werden. Bestellnummer 19902

Mit diesen Aufgaben- und Ergebniskarten lassen sich zahlreiche Partner- und Gruppenspiele durchführen. Die Regeln sind, um jede Künstlichkeit zu vermeiden, gängigen Lege-, Karten- und Ratespielen entlehnt und können von den Kindern selbst variiert werden.
Im folgenden betrachten wir sechs Spiele:

1. Legen von 1x1-Aufgaben mit 1x1-Memory
2. 1x1-Canasta (Canasta = Korb)
3. 1x1-Judo
4. 1x1-Mau-Mau
5. 1x1-Schnipp-Schnapp
6. 1x1-Reihen oder 1x1-Rommé

Die ersten drei Spiele unterstützen den Lernprozeß durch die Veranschaulichung von 1x1-Aufgaben. Sie sind aber auch im 3. Schuljahr für den Förderunterricht noch sehr sinnvoll. Die letzten drei Spiele üben das schnelle Erkennen der 1x1-Aufgaben, der 1x1-Zahlen und der 1x1-Reihen und eignen sich deshalb für die Automatisierung des 1x1 am Ende des Lernprozesses.

Wie kann man vorgehen?

Jedes Spiel wird den Kindern kurz erklärt. Anschließend werden die Spiele in Kleingruppen gespielt. Da es sich nicht nur um Gewinnspiele, sondern auch um Partnerspiele handelt, kann eine geschickte Zusammensetzung der Gruppen (starke und schwache Schüler) den Lernprozeß fördern.

1. Spiel: Legen von 1x1 Aufgaben mit "1x1-Memory"
Material: 55 Aufgabenkarten, 42 Ergebniskarten
Spieleranzahl: 2 – 6
Regeln: Zunächst werden alle 42 Ergebniskarten der Größe nach geordnet und der Reihe nach offen auf den Tisch gelegt. Ist eine Reihe voll, so geht es in der nächsten Reihe eine gute Handbreit darunter weiter. Auf Schultischen eignet sich eine Anordnung von drei Reihen mit je 14 Karten.

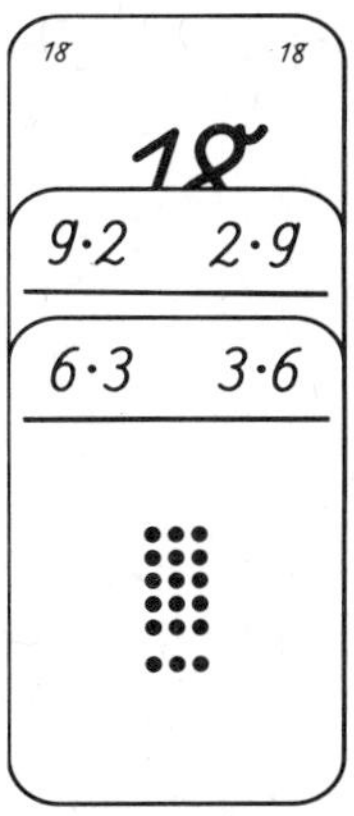

Die Spieler werden nun aufgefordert, die Aufgabenkarten den aufgelegten Ergebniskarten richtig zuzuordnen. Sie werden auf die untere Hälfte der Ergebniskarte gelegt.
Bei richtiger Lösung und vollständigem Blatt finden sich bei 13 Ergebniskarten jeweils 2 Aufgabenkarten (mit 3 oder 4 Aufgaben). Bei 29 Ergebniskarten liegt jeweils eine Aufgabenkarte mit einer oder zwei Aufgaben. Keine Ergebniskarte bleibt unberücksichtigt. Bei diesem Spiel können natürlich zunächst die einfachen Aufgaben und dann die schwierigen Aufgaben zugeordnet werden, wobei sich die Kinder gegenseitig helfen.
Anmerkung: Dieses Legen ist gut geeignet, um die Vollständigkeit des Kartenblattes zu überprüfen und um gezielt zu übende "1x1-Aufgaben" mit ihren Ergebnissen auszuwählen.

Variationen zum Legespiel:

a) Das Lege-Spiel kann mit **nur einem Teil** der Aufgaben mit passenden Ergebniskarten gespielt werden, aber auch mit schwierigen, noch nicht beherrschten Aufgaben (Förderunterricht).
b) Nur Aufgabenkarten werden gemischt und an 3 – 6 Spieler verteilt. Aufgabe eines jeden Spielers ist es dann, seine Aufgabenkarten der Größe des Ergebnisses nach zu sortieren, z. B. 3 · 1, 5 · 4, 6 · 6, 7 · 8, ..., also zuerst die Aufgabe mit dem kleinsten Ergebnis, dann die Aufgabe mit dem zweitkleinsten Ergebnis usw. Bei vielen Aufgaben ist die Sortierung offensichtlich, bei einigen muß man genau aufpassen, z. B. bei 7 · 5 und 6 · 6 oder bei 8 · 6 und 7 · 7. Im weiteren Verlauf des Spiels können auch Aufgabenketten von zwei und mehr Spielern zu einer Kette zusammengelegt werden. Dabei müssen sich die Kinder untereinander über den Weg verständigen. Es gibt hierfür verschiedene Strategien.

"1x1-Memory"
Die 55 Aufgabenkarten werden gemischt und wie beim Original-Memory verdeckt auf dem Tisch ausgelegt. Die Ergebniskarten liegen gemischt im Stock, die jeweils oberste Karte ist sichtbar. Nun deckt jeder Spieler eine 1x1-Aufgabenkarte auf und berechnet das Ergebnis. Der Spieler, dessen Ergebnis am nächsten an der offenen Ergebniskarte liegt,

bekommt die Ergebniskarte (als Punkt). Die Aufgabenkarten werden an der gleichen Stelle wieder umgedreht. Nun wird die nächste Ergebniskarte sichtbar.
Das Spiel kann mit verdeckten Ergebniszahlen und den Aufgabenkarten im Stock nach den analogen Spielregeln gespielt werden. Die offene Aufgabenkarte bekommt derjenige, dessen aufgedeckte "1x1-Ergebniszahl" am nächsten liegt.

2. Spiel: "1x1-Canasta" (Canasta = Korb)
Material: 55 Aufgabenkarten, 42 Ergebniskarten
Spieleranzahl: 3 – 6
Regeln: Die 42 Ergebniskarten werden möglichst gleichmäßig an die 3 – 6 Spieler verteilt, die die Karten jeweils offen in einer Reihe vor sich hinlegen. (Es ist ratsam, diese der Größe nach zu ordnen.) Nun werden auch die Aufgabenkarten gemischt und als Kartenstoß offen in die Mitte gelegt. Die jeweils oberste Karte muß einer "1x1-Zahl" zugeordnet werden. Meldet sich nach einer Weile kein Spieler, so wird die Karte zuunterst gelegt und die nächste Aufgabenkarte betrachtet. Wer zuerst für all seine Ergebniskarten mindestens eine richtige Aufgabe gefunden hat, hat damit einen vollen Canasta (Korb) gewonnen.
Wie beim 1. Spiel ist es möglich, daß einer Ergebniskarte mehrere Aufgabenkarten zugeordnet werden. Wie dort empfiehlt es sich, die Aufgabenkarten auf die untere Hälfte der Ergebniskarten zu legen.

Variationen zum "1x1-Canasta"

a) Die Ergebniskarten werden gezielt an die einzelnen Spieler verteilt. Dadurch können verschiedene Canasta mit wechselnder Schwierigkeit erreicht werden.

1. Möglichkeit (Aufteilung nach Zahlbereichen für 3 Spieler)
   1. Spieler: 16 Karten von 1 bis 20 („Minicanasta") leicht
   2. Spieler: 15 Karten von 21 bis 50 („Midicanasta") mittel
   3. Spieler: 11 Karten von 54 bis 100 („Maxicanasta") schwer

2. Möglichkeit (Aufteilung nach den Endziffern der Ergebniskarten für 4 Spieler)
   1. Spieler: 10 Karten mit der Endziffer 0 ("Nullcanasta", sehr leicht)

2. Spieler: 10 Karten, d.h.	5 Karten mit der Endziffer 2
	5 Karten mit der Endziffer 5
3. Spieler: 9 Karten, d.h.	3 Karten mit der Endziffer 1
	2 Karten mit der Endziffer 9
	2 Karten mit der Endziffer 7
	2 Karten mit der Endziffer 3
4. Spieler: 13 Karten, d.h.	4 Karten mit der Endziffer 6
	4 Karten mit der Endziffer 8
	5 Karten mit der Endziffer 4

Weitere verschiedenartige Aufteilungen, z.B. nach Einmaleins-Reihen, sind möglich. Durch die verschiedenen Schwierigkeitsgrade haben auch schwächere Schüler die Chance, mit "Nullcanasta" gegen einen "Einmaleinskönner" zu gewinnen, der den "ungeraden Canasta" versucht. Da mit dem Mischen der Aufgabenkarten der Zufall ins Spiel kommt, bleibt das Spiel interessant, und deshalb braucht auch die Anzahl der Karten in einem Canasta nicht immer gleich zu sein.
Auch mit einem Teil zueinander passender Aufgaben- und Ergebniskarten kann 1x1-Canasta gespielt werden.

b) "1x1-Aufgaben-Bingo"

Die 42 Ergebniskarten werden an 4 Spieler verteilt, so daß die einzelnen Spieler 10 bzw. 11 Spielkarten erhalten. Jeder legt davon 9 Karten in ein 3x3-Quadrat seiner Wahl. Die Aufgabenkarten sind gemischt und liegen als Kartenstoß offen in der Mitte. Eine Aufgabe nach der anderen wird verteilt. Der Spieler legt diese auf die untere Hälfte der passenden Ergebniskarte. Wie beim "Bingo" hat derjenige gewonnen, der eine Zeile, Spalte oder Diagonale besetzt hat.

Als Strategie ist es sinnvoll, die "1x1-Zahlen", zu denen die meisten "1x1-Aufgaben" gehören, als Mitte bzw. als Ecken des Quadrats zu legen, denn dies erhöht die Gewinnchance. Das Spiel sollte nicht beim ersten "Bingo" abgebrochen werden, sondern weitergespielt werden.

3. Spiel: "1x1-Judo"

Material: 55 Aufgabenkarten, 42 Ergebniskarten

Spieleranzahl: 5 und 1 Spielleiter

Regeln: Die 55 Aufgabenkarten werden nach Farben an die Spieler verteilt.
1. Spieler: 13 grüne Karten, 2. Spieler: 8 gelbe Karten, 3. Spieler: 9 blaue Karten, 4. Spieler: 10 rote Karten, 5. Spieler: 15 weiße Karten.

Der Schwierigkeitsgrad steigt vom 1. bis zum 5. Spieler an. In der Mitte liegen verdeckt die gemischten Ergebniskarten. Der Spielleiter deckt jeweils die oberste Karte auf und nennt laut die 1x1-Zahl. Spieler, die die richtige Aufgabenkarte haben, heben diese einfach hoch. Der **Schnellste** bekommt die Karte und legt sie auf das Punktfeld unterhalb der entsprechenden Aufgabe. Wird eine Karte innerhalb eines vereinbarten Zeitraums nicht angefordert, so wird sie zuunterst gelegt. Dies kann den Sieg kosten, denn zu einer Aufgabe paßt immer nur ein Ergebnis.

Gespielt wird **so lange,** bis keine Karten mehr in der Mitte liegen bzw. angefordert werden. Der Spieler, der es schafft, zu all seinen Aufgaben die Ergebniskarten zu bekommen, erhält sozusagen den "1x1-Judogurt" der entsprechenden Farbe. Träger des weißen Gurtes sind hier im Gegensatz zum echten Judo keine Anfänger, sondern Könner ihres Faches.

Wichtiger Hinweis: Aufgabenkarten innerhalb einer Farbe (bzw. bei einem Spieler) dürfen zusammengelegt werden. Dies trifft z. B. auf die weißen Aufgabenkarten $6 \cdot 4$ und $8 \cdot 3$ zu, die gemeinsam der Ergebniskarte 24 zugeordnet werden.

Variationen:

a) Es werden nur einige Aufgabenkarten für das Spiel ausgewählt.
b) Neben der Auswahl nach Farben sind andere Auswahlkriterien, z.B. nach Reihen, nach der Größe von Faktoren oder nach der Größe der Ergebnisse möglich.
c) Alle Aufgabenkarten werden gemischt und damit **zufällig** an die Spieler in gleicher Anzahl verteilt.
d) *"1x1-Zahlen-Bingo"*
   Hier werden nur die 55 Aufgabenkarten an 6 Spieler verteilt (1 Karte bleibt übrig). Jeder Spieler legt seine 9 Karten in ein 3x3-Quadrat. Die Ergebniskarten werden nun aufgedeckt. Der Schnellste bekommt sie und legt sie auf das Punktfeld unterhalb der entsprechenden Aufgabe. Wie beim "Bingo" hat derjenige gewonnen bzw. bekommt einen Punkt, der eine Zeile, Spalte, Diagonale besetzt hat. Das Spiel sollte auf keinen Fall beim ersten Bingo abgebrochen werden, sondern nach Möglichkeit zu Ende gespielt werden.
   (Auch eine Verteilung an 3 Spieler mit je 16 Karten ist möglich, hier bleiben 7 Karten unberücksichtigt, gespielt wird mit einem 4x4-Quadrat.)

4. Spiel: "1x1-Mau-Mau"

Material: Alle Ergebniskarten

Spieleranzahl: 2

Regeln: Jeder Spieler erhält 5 Karten, die restlichen Karten kommen in die Mitte (Stock). Der 1. Spieler legt eine Karte (z.B. 12) auf, der 2. Spieler entdeckt in der 12 die Viererreihe, sagt "Viererreihe" und legt eine weitere Karte in der Viererreihe (z.B. "Fünfmal vier gleich 20") auf. Der nächste Spieler entdeckt in der 20 die Zehnerreihe, sagt "Zehnerreihe" und legt eine weitere Karte der Zehnerreihe (z.B. "Viermal zehn gleich 40") auf. Der nächste Spieler sieht die 40 in der "Achterreihe" und legt als Fortsetzung "Zweimal acht gleich 16" auf usw. Kann ein Spieler die Reihe nicht fortsetzen, so muß er eine Karte aus dem "Stock" ziehen. Diese kann er dann ablegen oder auch nicht. Gewonnen hat derjenige, der alle Karten abgelegt hat bzw. derjenige, der zum Schluß die wenigsten Karten in der Hand hält.

5. Spiel: "1x1-Schnipp-Schnapp"

Material: Alle Ergebniskarten

Spieleranzahl: 3 und 1 Spielleiter

Regeln: Zunächst werden die Karten 4, 5, 6, 7, 8, 9 verdeckt an die 3 Spieler verteilt. Jeder Spieler hat nun 2 Karten, z.B. 7 und 5, die restlichen Karten liegen verdeckt in der Mitte. Er darf nun weitere 1x1-Karten aus der 7er und 5er Reihe sammeln. Der Spielleiter deckt eine Ergebniskarte auf, die Spieler heben gegebenenfalls **ihre** passende Karte hoch, z.B.: Der Spielleiter deckt die 42 auf. Die Spieler zeigen die 7er und die 6er Karte hoch. Wer sich zuerst meldet, erhält die Ergebniskarte. Wer eine falsche Karte hochhält, muß eine Karte aus dieser Reihe abgeben. Dies ist am Anfang besonders bitter, denn er kann dann nicht

weitersammeln. Eine Karte, für die sich keiner meldet, wird vom Spielleiter abgelegt. Gewonnen hat derjenige, der zum Schluß die meisten Karten hat.
Anmerkung: Das Hochhalten der Karten ist im Klassenzimmer angenehmer als das wilde Ausrufen (der Reihe) wie beim Original Schnipp-Schnapp. Bei unserer Version muß jedoch der Spielleiter aufmerksam seine Spieler beobachten. Spieler und Spielleiter müssen sich somit konzentrieren.

6. Spiel: "1x1-Reihen" oder "1x1-Rommé"
Material: Alle Ergebniskarten
Spieleranzahl: 3–4
Regeln: Jeder Spieler erhält genau 3 Karten. Ist der Spieler an der Reihe, so darf er zwei passende 1x1-Karten ("Pärchen") aus einer 1x1-Reihe (z.B. 42 und 24 aus der 6er Reihe oder 10 und 35 aus der 5er Reihe usw.) offen für sich ablegen und sein Blatt wieder auf drei Karten ergänzen, dann ist der nächste Spieler an der Reihe. Wer kein Pärchen ablegen kann, zieht eine neue Karte und legt dafür eine alte Karte ab. Im nächsten Durchgang kann er dann oft auch ein Pärchen ablegen. Hat ein Spieler ein "Pärchen" in einer 1x1-Reihe, z.B. 42 und 24 aus der 6er Reihe schon ausgelegt, so darf er weitere (auch einzelne) Karten aus dieser Reihe ablegen, aber in dieser Spielversion immer nur bei den eigenen Karten. Da neu gezogene Karten aber immer erst in der nächsten Runde abgelegt werden dürfen, sind dies nie mehr als drei auf einmal. Abgelegte Karten werden immer ergänzt: Durch das Ablegen in der nächsten Runde gewinnt jeder Spieler Zeit zum Überlegen. Gewonnen hat derjenige, der zum Schluß die meisten Karten abgelegt hat.

Variationen:
a) Man kann das Spiel als gewonnen betrachten, wenn es einem der Spieler gelingt, drei Karten einer Reihe in die Hand zu bekommen ("Hand").
b) Abgelegte Karten werden offen neben dem Stock ausgelegt, der nächste Spieler darf diese Karte, wenn er will, kaufen (vgl. das klassische Rommé).
c) Diejenigen, die das "1x1" schon recht gut beherrschen, können mit den 42 Ergebniskarten und drei Leerkarten als Joker nach den üblichen Spielregeln "1x1-Rommé" spielen. Wenn vorhanden, so können wie beim echten Rommé auch zwei Kartenspiele zusammengelegt werden. Jeder Spieler erhält 10–12 Karten, die restlichen Karten kommen in den Stock. In jeder Runde nimmt ein Spieler jeweils eine Karte aus dem Stock auf und legt eine "unpassende" Karte ab. Er darf drei oder mehr aufeinanderfolgende Zahlen einer "1x1-Reihe" ablegen, z.B. 42, 49, 56, 63 aus der Siebenerreihe oder 16, Joker, 24, 28 aus der Viererreihe. Er muß gut aufpassen, denn er darf auch bei sich und seinen Mitspielern anlegen, Joker eintauschen oder auch umordnen. Karten, die ausgelegt sind, müssen jedoch ausgelegt bleiben. Gewonnen hat derjenige, der es wie beim Original-Rommé schafft, alle seine Karten auszulegen.

3.1.2 Meterquadrate

Worum geht es? Was soll geübt werden?

Im 1. Schuljahr haben die Kinder Meterstäbe selbst hergestellt und zum Messen von Längen verwendet, um ein Gefühl für die Längeneinheit "1 Meter" und das Schätzen von Längen zu bekommen. In analoger Weise sollen zu Beginn des 3. Schuljahres **Meterquadrate** von den Kindern selbst hergestellt und zum Ausmessen von Flächen verwendet werden, damit sie ein Gefühl für die Flächeneinheit "1 Quadratmeter" und eine Grundlage für das Schätzen von Flächeninhalten entwickeln können. Das Auslegen ("Parkettieren") von Flächen mit Meterquadraten stellt gleichzeitig eine gute Übungsmöglichkeit für das "1x1" dar, da sich der Inhalt eines Rechteckes als "Produkt von Länge und Breite" ergibt. Zur Vermeidung von Mißverständnissen möchten wir aber deutlich machen, daß es hier primär nicht um Flächeninhalt und -berechnung geht, sondern um die **geometrische** Anordnung und Abzählung von Meterquadraten.

Was wird benötigt?

Arbeitsmittel: Bögen aus festem Packpapier oder Karton (Mindestgröße 1 Meter x 1 Meter, ggf. Zusammensetzung kleinerer Stücke; im Handel sind Packpapierrollen von 1 m Breite erhältlich.), Arbeitsblatt (3/7).

Wie kann man vorgehen?

1. Herstellen eines Meterquadrates
Jedes Kind stellt ein sog. "Meterquadrat", d.h. ein Quadrat mit der Seitenlänge 1 Meter, selbst her.

2. Messen

Die Kinder messen mit ihren Meterquadraten Flächen aus:

a) Die aufgeklappte Wandtafel (Länge 4m, Höhe 1m) kann mit 4 Meterquadraten abgedeckt werden.

b) Im Klassenzimmer legen die Kinder alle ihre Meterquadrate aneinander. Es ergibt sich ein großer Teppich von 25–30 Meterquadraten.
Wieviel Meterquadrate benötigt man für das Klassenzimmer (z. B. Länge ca. 8m, Breite ca. 7m)?
Die Schüler messen weiter aus, indem sie schon benutzte Meterquadrate der 1. Reihe wiederverwenden. Schnell wird klar, daß z. B. 8 Reihen mit 7 Meterquadraten oder 7 Reihen mit 8 Meterquadraten, d. h. 56 Meterquadrate, benötigt werden.

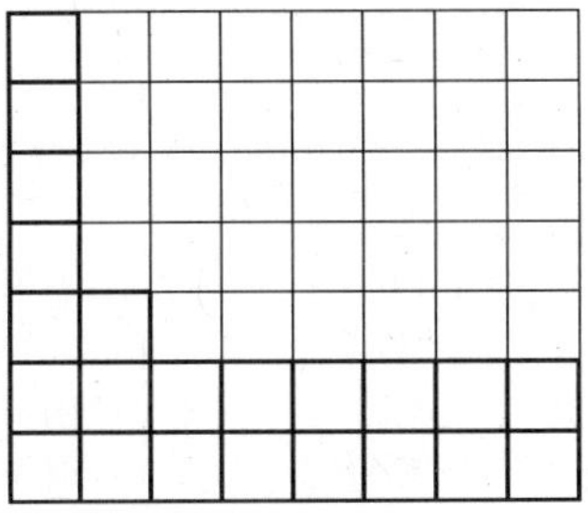

c) Die Kinder erhalten die Aufgabe, auch zu Hause mit ihren Meterquadraten zu messen:
Bett: ca. 2 Meterquadrate
Kinderzimmer: 10–15 Meterquadrate
Balkon: ?
usw.

3. Einprägen prägnanter Flächenmaße

Bett: 2 Meterquadrate
Eigenes Kinderzimmer, gemessen:
Eigenes Klassenzimmer, gemessen:
Eigene Wohnung (Schätzen, grobes Ausmessen mit eigenem Meterquadrat, Erfragen der Flächengröße von den Eltern)

4. Rechnen mit Meterquadraten

Den Kindern wird schnell klar, daß man Meterquadrate nicht immer wirklich hinlegen muß. Kennt man von einer rechteckigen Fläche die Länge und die Breite in Metern, so hilft eine Malaufgabe bei der Berechnung der benötigten Zahl von Meterquadraten. Die beiden Längen kann man mit Meterstäben (vgl. 1. Schuljahr) gut messen. Bruchteile von Metern sollten hier vernachlässigt werden, obwohl es Kinder gibt, die den Rest mit halben Meterquadraten ausmessen.
Es ist wichtig, daß die Kinder den Zusammenhang zwischen einem rechteckigen Meterquadratmuster und dem zugehörigen rechteckigen Punktmuster erkennen.

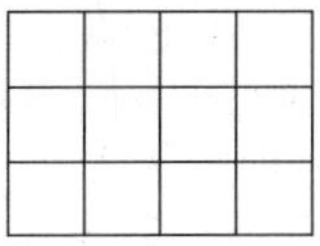

$3 \cdot 4$ Meterquadrate

$3 \cdot 4$

5. Arbeitsblatt (3/7)

Das Arbeitsblatt (3/7) erfordert die geschickte Zerlegung von Flächen in rechteckige Teilflächen. Die Verwendung von Karopapier erleichtert die Anwendung des Einmaleins.

3.1.3 Glatte Summen von Einmaleinszahlen

Worum geht es?
Was soll geübt werden?

Im Mittelpunkt dieser schlichten Übung stehen das Finden und Erkennen von 1x1-Zahlen sowie das Addieren und Ergänzen auf volle Zehner. Betrachtet werden zwei Typen von Aufgaben:

1. Typ: Zu einer vorgegebenen 1x1-Zahl soll eine zweite 1x1-Zahl gesucht werden, so daß die Summe der beiden Zahlen eine glatte Zehnerzahl ergibt.

Beispiel: Vorgegeben ist 18.

Ergänzungsmöglichkeiten:		18 + 2 = 20
	oder	18 + 12 = 30
	oder	18 + 32 = 50
	oder	18 + 42 = 60
	oder	18 + 72 = 90

Beim Suchen aller Möglichkeiten kann man sich entweder an einer Liste aller 1x1-Zahlen (z.B. auf dem 1x1-Plan) orientieren, oder man geht in Gedanken alle möglichen Ergänzungen 2, 12, 22, 32, 42, 52, 62, 72, 82, 92 durch und prüft, ob es sich jeweils um eine 1x1-Zahl handelt.

2. Typ: Zu einer gegebenen 10er-Zahl sind Zerlegungen in 1x1-Zahlen anzugeben.

Beispiel: Vorgegeben ist 50.

Zerlegungsmöglichkeiten:	50 = 49 + 1	50 = 40 + 10	50 = 30 + 20
	= 48 + 2	= 36 + 14	= 25 + 25
	= 45 + 5	= 35 + 15	
	= 42 + 8	= 32 + 18	

Beim Suchen aller Möglichkeiten orientiert man sich zweckmäßigerweise an einer Liste aller 1x1-Zahlen.

Wie kann man vorgehen?

Einige Aufgaben werden in der Klasse gemeinsam berechnet, danach rechnen die Schüler Aufgaben in ihrem Heft.

Beispiele:

Ergänze 16 mit 1x1-Zahlen zu einer Zehnerzahl!	*Ergänze 49 mit 1x1-Zahlen zu einer Zehnerzahl!*
16 + 4 = 20	49 + 1 = 50
16 + 14 = 30	49 + 21 = 70
16 + 24 = 40	49 + 81 = 130
16 + 54 = 60	
16 + 64 = 80	

Zerlege 40 in (eine Summe von) 1x1-Zahlen!

36 + 4 = 40	28 + 12 = 40
35 + 5 = 40	25 + 15 = 40
32 + 8 = 40	24 + 16 = 40
30 + 10 = 40	20 + 20 = 40

Jede 1x1-Zahl und jede Zehnerzahl kann zur Aufgabenstellung herangezogen werden. Die Schüler entwickeln oft Ehrgeiz darin, alle Möglichkeiten zu finden. Hieraus kann sich ein kleines "Forschungsprojekt" entwickeln:

(1) *Für welche Zehnerzahl 10, ..., 100 gibt es die meisten (wenigsten) Zerlegungen in 1x1-Zahlen?*

(2) *Welche 1x1-Zahl läßt sich am häufigsten (am wenigsten) durch eine 1x1-Zahl ergänzen, so daß eine Zehnerzahl entsteht?*

Die einzelnen Schüler bzw. Arbeitsgruppen können ihre Überlegungen und Ergebnisse untereinander austauschen.

3.1.4. Operative Serien zur Division

Worum geht es?

Bei Malaufgaben geht es darum, eine 1x1-Aufgabe, dargestellt durch eine gleichmäßig unterteilte Punktreihe oder ein Punktfeld, in die dekadisch gegliederte Zahlreihe oder in das Hunderterfeld zu übersetzen. Bei der Division wird der umgekehrte Weg verfolgt: Eine auf der Zahlreihe vorgegebene Zahl wird in eine gleichmäßig unterteilte Punktreihe oder ein Punktfeld zurückübersetzt. Der 1x1-Plan ist von seiner Struktur her für diese Rückübersetzung optimal geeignet.
Deshalb kann mit seiner Hilfe auch schon im 2. Schuljahr dividiert werden, auch wenn das Einmaleins noch nicht sicher beherrscht wird (vgl. Bd.1, S. 118: Teilen mit und ohne Rest).

Die Schüler lesen ab:

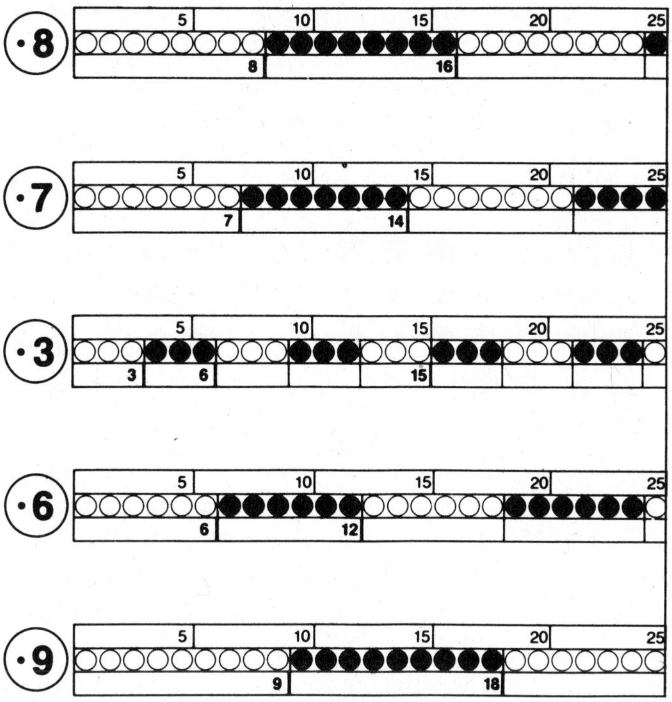

25 = 3 · 8 + 1
25 : 8 = 3 Rest 1

25 = 3 · 7 + 4
25 : 7 = 3 Rest 4

25 = 8 · 3 + 1
25 : 3 = 8 Rest 1

25 = 4 · 6 + 1
25 : 6 = 4 Rest 1

25 = 2 · 9 + 7
25 : 9 = 2 Rest 7

Bei der Umsetzung einer dekadisch gegliederten Zahl (z. B. 25) in ein (Siebener-)Feld wird klar, daß dies sowohl als ein Aufteilen in (drei) Siebenermengen, als auch als ein Verteilen in sieben (Dreier-)Mengen interpretiert werden kann.

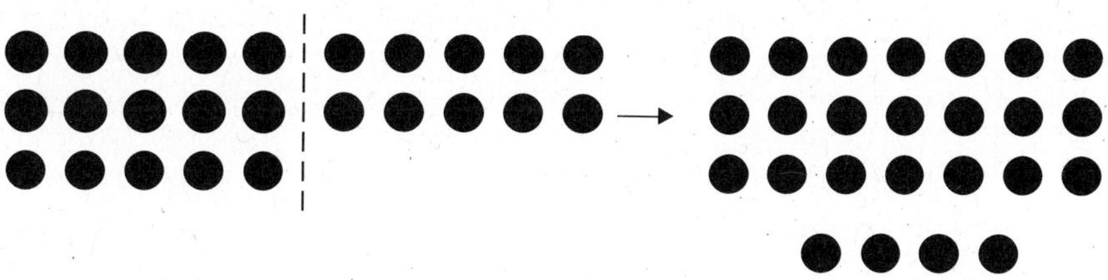

Siebener-feld

Rest

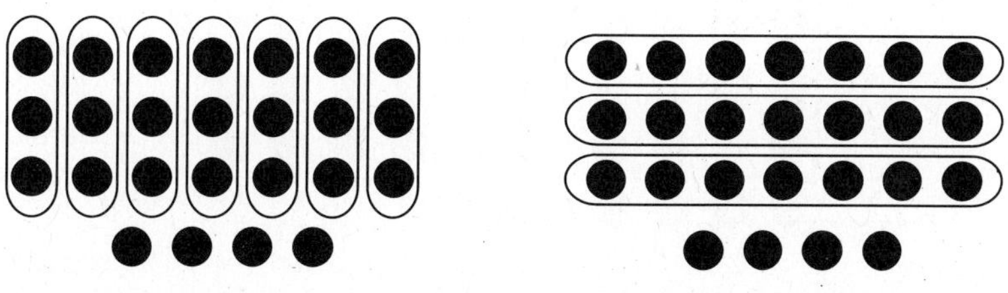

7 Dreiermengen Rest 4
(Verteilen)

3 Siebenermengen Rest 4
(Aufteilen)

Bei beiden Umsetzungen (in eine Reihe oder in ein Feld) wird deutlich, daß man beim **"Teilen"** die Arbeit nacheinander erledigen kann. Dies ermöglicht den Schülern, schwierige Aufgaben auf einfache Aufgaben zurückzuführen.

Beispiel:
100 : 7 ist eine schwierige Aufgabe.

Die Aufgabe 50 : 7 ist einfacher:

50 ≐ 7 Siebener + 1 oder 50 : 7 = 7 Rest 1
also

100 = 14 Siebener + 2 oder 100 : 7 = 14 Rest 2

Man könnte auch so rechnen:

70 = 10 Siebener	70 : 7 = 10
30 = 4 Siebener + 2	30 : 7 = 4 Rest 2
100 = 14 Siebener + 2	100 : 7 = 14 Rest 2

Schon nach wenigen Beispielen wird deutlich, daß man mit Resten rechnen kann: Wenn der Rest zu groß wird, muß noch einmal geteilt werden.
Wir betrachten also 50 : 7 = 6 Rest 8 als **korrektes** Zwischenergebnis.

25 = 3 Siebener + 4	25 : 7 = 3 Rest 4
50 = 6 Siebener + 8	50 : 7 = 6 Rest 8
= 7 Siebener + 1	= 7 Rest 1

Ikonisch

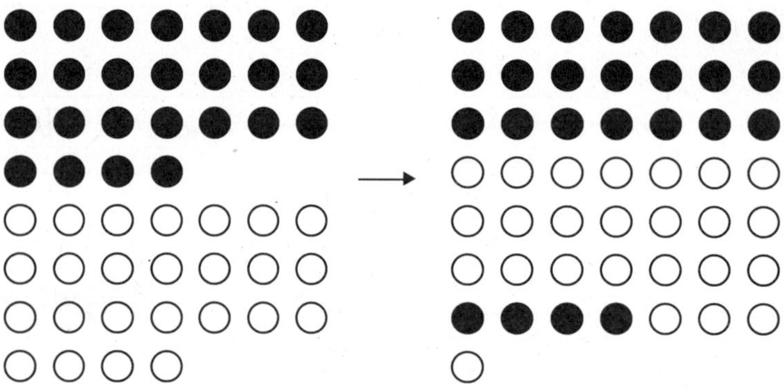

Wie bei diesen operativen Serien deutlich wird, ist die Restschreibweise nicht nur natürlich, sondern sie betont auch die Eigenständigkeit der Division und zeigt Gesetzmäßigkeiten auf, die konsequent zu halbschriftlichen Strategien führen. Alle Überlegungen stehen dabei in einem sinnvollen Zusammenhang, so daß wir alle möglichen **formalen** Einwände gegen die Restschreibweise für irrelevant halten.
Wenn man bei einer **Divisionsaufgabe** den Divisor verdoppelt, verdreifacht usw. wird das Ergebnis halbiert, gedrittelt usw. Wenn man den Divisor halbiert, drittelt, ..., dann verdoppelt, verdreifacht sich das Ergebnis.

Beispiele:			
	36 : 6 = 6	90 : 3 = 30	54 : 6 = 9
	36 : 12 = 3	90 : 6 = 15	54 : 3 = 18

Diese Beziehungen können in einem Punktfeld gut veranschaulicht werden.

Beispiel:

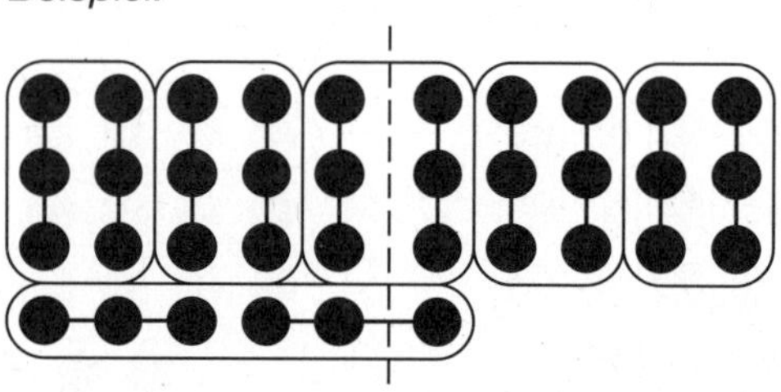

36 : 6 = 6
36 : 12 = 3
da sich ein Sechser in 2 Dreier zerlegen läßt.

Dieser Zusammenhang wird seit jeher bei der Division durch 5 und 10 ausgenutzt (Zwei Fünfer ergeben einen Zehner).

Beispiel:		
	70 : 10 = 7	95 : 10 = 9 Rest 5
	70 : 5 = 14	95 : 5 = 18 Rest 5 = 19

Dies ist am Hunderterfeld klar ersichtlich.

Beispiel:

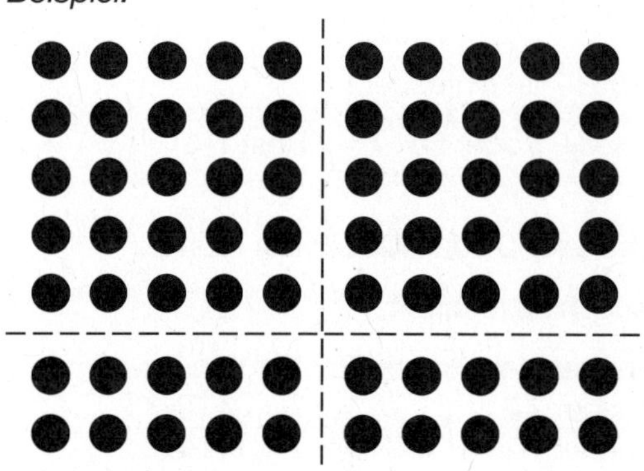

70 : 10 = 7
70 : 5 = 14

Wenn Schüler diesen Zusammenhang einmal verstanden haben, können sie mit dem kleinen Einmaleins viele Divisionsaufgaben lösen.

Beispiel: Ein Neuner enthält drei Dreier, d.h. aus 72 : 9 = 8 folgt 72 : 3 = 24.

Im Vorgriff auf die halbschriftlichen Strategien schlagen wir folgende Schreibweise vor: Die zu lösende Aufgabe wird in die erste Zeile geschrieben. Durch einen Strich abgetrennt wird darunter in der zweiten Zeile eine einfach zu lösende Hilfsaufgabe notiert. Im letzten Schritt kann dann das Ergebnis der Aufgabe eingetragen werden.

Beispiel:	72 : 4	72 : 4	72 : 4 = 18
		72 : 8 = 9	72 : 8 = 9

Auch das Rechnen mit Resten kann in dieser Weise konsequent weitergeführt werden.

Beispiel:	93 : 6	93 : 6	93 : 6 = 15 Rest 3
		90 : 3 = 30	90 : 3 = 30
		90 : 6 = 15	90 : 6 = 15

Was soll geübt werden?

Dividieren von Zahlen im Hunderterraum vorwiegend durch einstellige Zahlen, Aufspalten von Divisionsaufgaben in leichtere Aufgaben, Erkennen von Gesetzmäßigkeiten zur Einführung der halbschriftlichen Division.

Was wird benötigt?

Demonstrationsmaterial: Hunderterfeld als Lichtschreiberfolie.
Arbeitsmaterial: Hunderterfeld, Arbeitsblatt (3/8).

Wie kann man vorgehen?

1. Teilen von Zahlen am 1x1-Plan
Durch Anlegen eines Lineals werden Divisionen am 1x1-Plan durchgeführt.

2. Divisionsaufgaben am Hunderterfeld

Beispiele:

100 : 4 = 25
100 : 25 = 4

100 : 5 = 20
100 : 20 = 5

3. Teilen von Zehnerzahlen

Beispiele:

a)

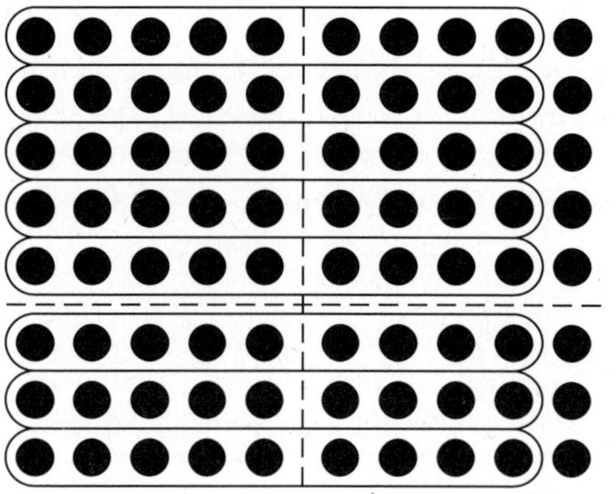

10 : 9 = 1 Rest 1
20 : 9 = 2 Rest 2
30 : 9 = 3 Rest 3
40 : 9 = 4 Rest 4
50 : 9 = 5 Rest 5

60 : 9 = 6 Rest 6
70 : 9 = 7 Rest 7
80 : 9 = 8 Rest 8

An dieser Stelle muß man genau überlegen, denn beim nächsten Zehner entsteht nicht nur ein weiterer Neuner in der Horizontalen, sondern auch ein Neuner in der Vertikalen, also

90 : 9 = 10
100 : 9 = 11 Rest 1

b) Analog Serien mit anderen Teilern:

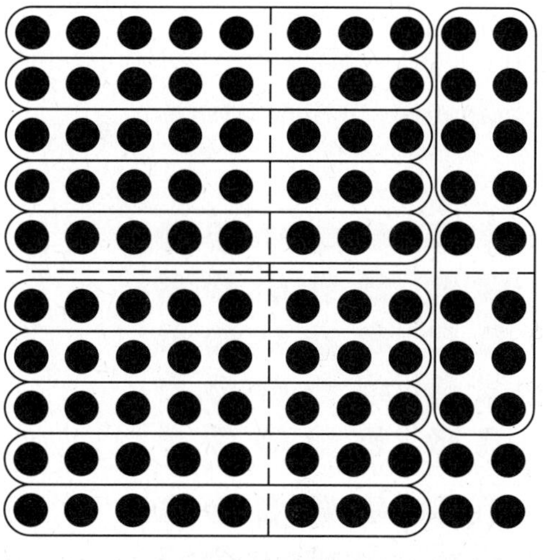

10 : 8 = 1 Rest 2
20 : 8 = 2 Rest 4
30 : 8 = 3 Rest 6
40 : 8 = 4 Rest 8 = 5
50 : 8 = 6 Rest 2

60 : 8 = 7 Rest 4
70 : 8 = 8 Rest 6
80 : 8 = 9 Rest 8 = 10
90 : 8 = 11 Rest 2
100 : 8 = 12 Rest 4

Durch Verschieben eines Blattes am Hunderterfeld nach unten können hier die Teilaufgaben gut veranschaulicht werden. Den Schülern fällt auf, daß beim Teiler 8 im Gegensatz zum Teiler 9 nur die geraden Reste 0, 2, 4, 6 auftreten.

Beim Teilen der Zehnerzahlen durch 3 treten die Reste 1, 2 oder 0, beim Teilen durch 4 die Reste 2 oder 0 periodisch auf.

Interessant wird das Teilen der Zehnerzahlen durch 7:

10 : 7 = 1 Rest 3	60 : 7 = 8 Rest 4
20 : 7 = 2 Rest 6	70 : 7 = 10 Rest 0 = 10
30 : 7 = 4 Rest 2	80 : 7 = 11 Rest 3
40 : 7 = 5 Rest 5	90 : 7 = 12 Rest 6
50 : 7 = 7 Rest 1	100 : 7 = 14 Rest 2

Alle möglichen Reste 0, 1, 2, 3, 4, 5, 6 treten auf, ab 70 = 10 · 7 wiederholen sich die Reste periodisch.

Hat man diese Regelmäßigkeit verstanden, so wird klar,
daß aus 100 : 7 = 14 Rest 2 unmittelbar 200 : 7 = 28 Rest 4,
300 : 7 = 42 Rest 6 oder 1000 : 7 = 140 Rest 20 = 142 Rest 6 folgt.

4. Teilen von 1x1-Reihen
Jede 1x1-Reihe kann durch einen Teiler dividiert werden, dabei entsteht eine Fülle von Regelmäßigkeiten.

Beispiel:

6er Reihe	geteilt durch 5
6	1 Rest 1
12	2 Rest 2
18	3 Rest 3
24	4 Rest 4
30	6
36	7 Rest 1
42	8 Rest 2
48	9 Rest 3
54	10 Rest 4
60	12

Dieses Muster erinnert an die Teilung der 10-er Reihe durch 9. Auf einem Arbeitsblatt werden die bekannten 1x1-Reihen durch 7 geteilt (vgl. Arbeitsblatt 3/8).

5. Divisionsreihen
Vorgegeben werden Folgen. Die Schüler teilen jede Zahl durch einen bestimmten Divisor.

Beispiele:

15 : 7 = 2 Rest 1	15 : 8 = 1 Rest 7	15 : 9 = 1 Rest 6
30 : 7 = 4 Rest 2	30 : 8 = 3 Rest 6	30 : 9 = 3 Rest 3
45 : 7 = 6 Rest 3	45 : 8 = 5 Rest 5	45 : 9 = 5 Rest 5
60 : 7 = 8 Rest 4	60 : 8 = 7 Rest 4	60 : 9 = 7 Rest 6
75 : 7 = 10 Rest 5	75 : 8 = 9 Rest 3	75 : 9 = 8 Rest 3
90 : 7 = 12 Rest 6	90 : 8 = 11 Rest 2	90 : 9 = 10
15 : 6 = 2 Rest 3	15 : 3 = 5	15 : 4 = 3 Rest 3
30 : 6 = 5	30 : 3 = 10	30 : 4 = 7 Rest 2
45 : 6 = 7 Rest 3	45 : 3 = 15	45 : 4 = 11 Rest 1
60 : 6 = 10	60 : 3 = 20	60 : 4 = 15
75 : 6 = 12 Rest 3	75 : 3 = 25	75 : 4 = 18 Rest 3
90 : 6 = 15	90 : 3 = 30	90 : 4 = 22 Rest 2

Offensichtlich treten hierbei Regelmäßigkeiten auf, die sich einfach erklären lassen.

Weitere Aufgaben für das Heft:
Teile die Quadratzahlen 1, 4, 9, 16, 25, ..., durch 4.
Teile die Dreieckszahlen 1, 3, 6, 10, 15, ..., durch 3.
(Zu den Dreieckszahlen vgl. Bd.1, S. 22 ff.)

6. Verwandte Aufgaben
Zunächst werden Paare verwandter Aufgaben gerechnet.

70 : 10	90 : 10	60 : 10
70 : 5	90 : 5	60 : 5
72 : 6	54 : 6	66 : 6
72 : 3	54 : 3	66 : 3
72 : 8	88 : 8	96 : 8
72 : 4	88 : 4	96 : 4
72 : 2	88 : 2	96 : 2
99 : 9	81 : 9	72 : 9
99 : 3	81 : 3	72 : 3

Dann werden die Zusammenhänge am Punktfeld veranschaulicht:

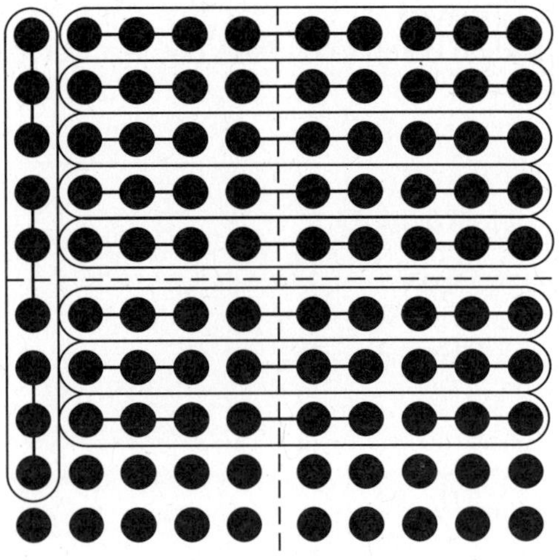

81 : 9 = 9
Jeder Neuner ergibt 3 Dreier, also
81 : 3 = 3 · 9 = 27

Der Zusammenhang zwischen den Aufgaben "geteilt durch 10" und "geteilt durch 5" ist am Hunderterfeld besonders gut zu sehen, denn bei der Umwandlung von Zehnern in Fünfer wird die Anzahl genau verdoppelt.
Bei den übrigen Aufgaben gibt man den Schülern Hunderterfelder vor und läßt die Einteilungen einzeichnen. Mit einer Leerfolie, die auf das Hunderterfeld des Lichtschreibers gelegt wird, kann das Ergebnis vor der Klasse demonstriert werden.

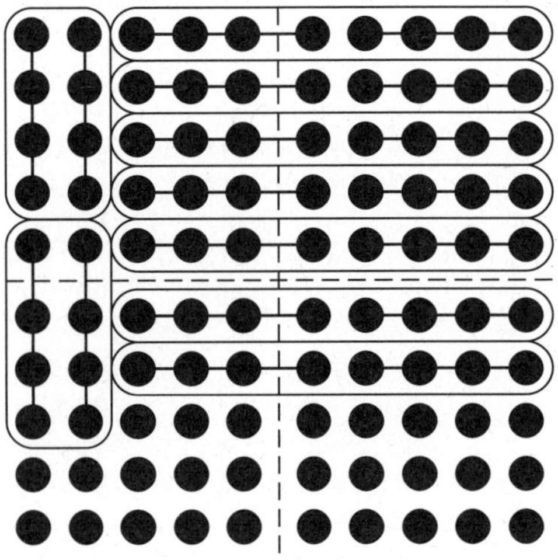

72 : 8 = 9
Jeder Achter ergibt 2 Vierer, also
72 : 4 = 18

Aus der Abbildung wird auch ersichtlich:
75 : 8 = 9 Rest 3 also 75 : 4 = 18 Rest 3
oder 76 : 8 = 9 Rest 4 also 76 : 4 = 18 Rest 4 = 19

Wie könnte es weitergehen?

7. Gleiche Reste

Welche Zahlen haben durch 5 geteilt den Rest 1?
Werden die Zahlen der Größe nach geordnet, so ergibt sich die arithmetische Reihe 6, 11, 16, 21, 26, 31, 36, 41, 46, 51, ...

Welche Zahlen haben durch 7 geteilt den Rest 2? 9, 16, 23, 30, 37, 44, 51, ...

Welche Zahlen haben durch 7 geteilt den Rest 2 und durch 5 geteilt den Rest 1?
Der Vergleich der obigen Reihen ergibt: 16, 51, 86, ...

Analog lassen sich weitere Erkundungsaufgaben stellen.

3.2 Übungen zur halbschriftlichen Multiplikation

Die traditionelle Rechendidaktik vertritt auch bei den halbschriftlichen Verfahren zur Multiplikation im Tausenderraum (3. Schuljahr) ein streng gestuftes Vorgehen:
1) Gemischte Zehnerzahlen werden mit Einern malgenommen, z.B. 37 · 4,
2) gemischte Zehnerzahlen werden mit reinen Zehnern malgenommen, z.B. 26 · 30,
3) gemischte Hunderter, Zehner, Einer werden mit reinen Einern malgenommen, z.B. 294 · 3.

Es fällt auf, daß eine Multiplikationsaufgabe wie z.B. 17 · 19 oder 23 · 37 nicht halbschriftlich behandelt wird, obwohl das Ergebnis im Tausenderraum liegt.
Das in diesem Handbuch zur Berechnung von Malaufgaben vorgeschlagene Malkreuz setzt sich über solche Stufungen und Grenzen hinweg. Es erlaubt den Schülern, aus dem kleinen Einmaleins unter Ausnutzung der Algebra (Distributivgesetz) die weitere multiplikative Struktur des Zahlraumes selbständig zu erobern.

Worum geht es?

Im Anschluß an das kleine Einmaleins sollen die Schüler lernen, unter Ausnutzung von Rechengesetzen auch größere Zahlen **verständnisvoll** zu multiplizieren. Wir haben dies schon bei der **Einführung** des Einmaleins am Hunderterfeld und später bei der **Übung** des Einmaleins unter Verwendung des Malkreuzes bewußt vorbereitet. Obwohl das Malkreuz sehr vielseitig ist, beschränken wir uns nicht darauf, sondern verwenden auch andere Rechenstrategien. Wie bei der halbschriftlichen Addition und Subtraktion benutzen wir zur Abgrenzung der Rechenwegnotation oder der Hilfsaufgabe unter der zu lösenden Aufgabe einen Strich, wie es bei Nebenrechnungen üblich ist. Die Schüler können die Schreibweise flexibel handhaben, indem sie mehr oder weniger ausführlich formulieren oder Nebenrechnungen ganz weglassen. Die folgenden Schreibweisen sind also für die Schüler nichts Neues, sondern stellen nur die konsequente Fortführung bisheriger Schreib- und Verfahrensweisen dar. Halbschriftliche Strategien helfen den Schülern, ihren eigenen Rechenweg und ihre Überlegungen sprachlich zu formulieren, aufzuschreiben und zu diskutieren.

1. Strategie: **"Malkreuz"**
Als wichtigste halbschriftliche Strategie beim Multiplizieren kann das Malkreuz gelten, das aus der distributiven Zerlegung eines Punktfeldes durch ein Folienkreuz und eine Foliengerade erwächst (vgl. Bd.1, S. 113, Arbeitsblätter 2/16, 2/17).
Wir stellen z.B. die Aufgabe 14 · 13 durch ein Punktfeld dar, zerlegen dieses durch ein Folienkreuz in vier Teilfelder und übertragen die Zerlegung in das Malkreuz:

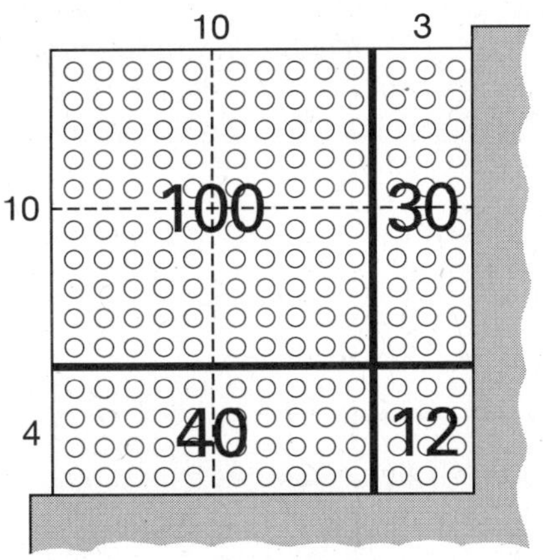

Ikonische Darstellung
(Punktfeld und Folienkreuz)

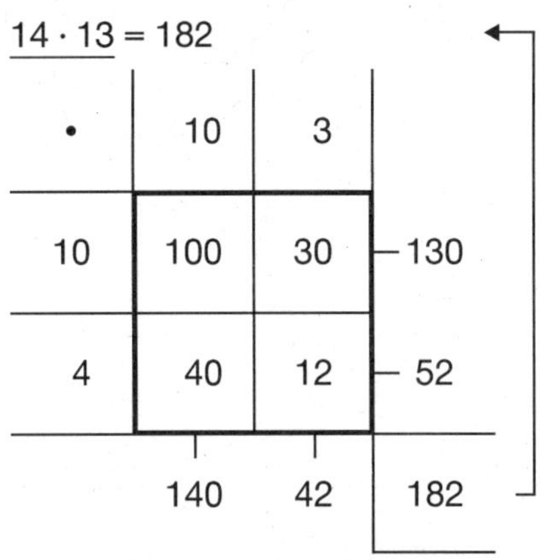

Symbolische Darstellung
(Malkreuz)

Anmerkung: Bei einfachen Aufgaben können die vier Summanden im Kopf addiert werden, ansonsten lassen sie sich schriftlich oder halbschriftlich jeweils **zeilenweise** oder **spaltenweise** addieren. Führt man beides durch, so bedeutet dies eine gute Kontrolle. Den häufigsten Fehler bei der distributiven Ausmultiplikation von Klammern, nämlich bei $(a + b) \cdot (c + d) = a \cdot c + b \cdot c + a \cdot d + b \cdot d$ einige Produkte zu vergessen, tritt beim Malkreuz nicht auf. Denn die leeren Felder weisen unmißverständlich darauf hin, daß **vier** Teilprodukte zu berechnen und aufzusummieren sind.
Da alle Teilergebnisse (im Beispiel: 10 · 10, 10 · 3, 4 · 10 und 4 · 3) Aufgaben des Kleinen Einmaleins darstellen und bekannt sind, kann man beim Malkreuz auf den traditionellen und in vielen Schulbüchern noch vorzufindenden Stufengang bei der Multiplikation verzichten. Es bereitet auch keine Probleme, mit dem Malkreuz gemischte Zehnerzahlen zu multiplizieren.
Wie die folgenden Beispiele zeigen, ist das "Malkreuz" eine sehr schlagkräftige, flexible, von Verständnis begleitete Rechenstrategie. Seine Grenzen findet dieses Verfahren allerdings darin, daß bei sehr großen Zahlen die Ermittlung der Größenordnung schwierig wird und zu viele "Nullen" zu schreiben sind.

Beispiele für die Arbeit mit dem Malkreuz:

18 · 24 = 432

•	10	10	4	
10	100	100	40	240
8	80	80	32	192
				432

•	20	4	
10	200	40	
8	160	32	
	360	72	432

•	20	4	
9	180	36	
9	180	36	
	360	72	432

•	12	12	
10	120	120	
8	96	96	
	216	216	432

Da das Malkreuz von der Idee her auch bei größeren Zahlen angewendet und auf Stellenwerte zugeschnitten werden kann, eignet es sich sehr gut zur Herleitung der schriftlichen Multiplikation im 4. Schuljahr. Der folgende Vergleich deutet schon darauf hin:

117 · 28 = 3276

Halbschriftlich mit Malkreuz:

•	100	10	7	
20	2000	200	140	2340
8	800	80	56	936
				3276

Schriftlich:

```
117 · 28
 234
  936
 3276
```

Schließlich sei noch darauf verwiesen, daß man mit Hilfe des Malkreuzes Ergebnisse von Malaufgaben **sehr gut** abschätzen kann.

2. Strategie **"Schrittweise"**
Die Malkreuzstrategie kann nicht unmittelbar auf das Kopfrechnen übertragen werden. Beim Malkreuz müßte man bei der Berechnung von 13 · 14 die Aufgaben 10 · 10, 3 · 10, 10 · 4, 3 · 4 ausrechnen, die Ergebnisse 100, 30, 40 und 12 im Kopf zwischenspeichern und dann addieren. In der Regel reicht aber das Kurzzeitgedächtnis nicht aus, um mehr als zwei Zahlen im Kopf zu behalten. Die Strategie "Schrittweise" läßt sich dagegen auch für das Kopfrechnen nutzen:

13 · 14 = 130 + 52 = 182
13 · 10
13 · 4

Das "schrittweise" Vorgehen in dieser Form läßt sich immerhin als verkürztes Malkreuz interpretieren und damit an Feldern durch eine Foliengerade verdeutlichen, die zwei Felder anzeigt:

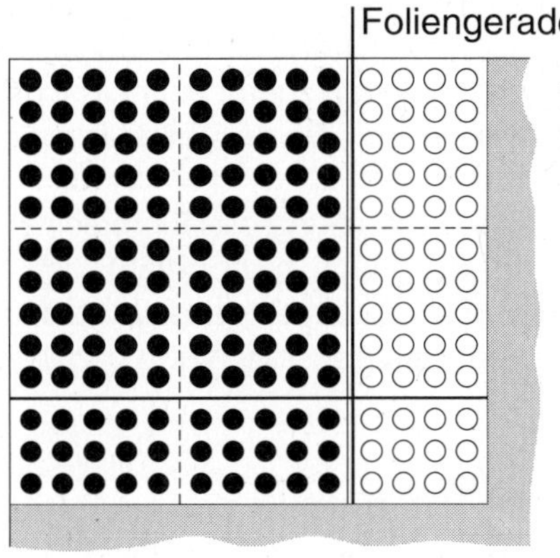

$\underline{13 \cdot 14} = 130 + 52 = 182$
$13 \cdot 10$
$13 \cdot \ \ 4$

Ein anderer Weg der "schrittweisen" Multiplikation wird durch das Assoziativgesetz der Multiplikation $a \cdot (b \cdot c) = (a \cdot b) \cdot c$ eröffnet.

Beispiele:

$\underline{18 \cdot 30} = 540$ oder $\underline{34 \cdot 4} = 68 \cdot 2 = 136$
$18 \cdot 3 \cdot 10$ $\quad$ $34 \cdot 2 \cdot 2$

Auch dies kann man an Feldern, insbesondere am Tausenderfeld, veranschaulichen.

3. Strategie: **"Vereinfachen"**
Analog zu den Gesetzen von der Konstanz der Summe und von der Konstanz der Differenz gibt es auch ein Gesetz von der Konstanz des Produkts: $a \cdot b = (a \cdot c) \cdot (b : c)$.
In Worten: Wenn man einen Faktor verdoppelt, verdreifacht, ..., muß der andere Faktor entsprechend halbiert, gedrittelt, ... werden, damit das Ergebnis gleich bleibt.

Beispiele:

$\underline{16 \cdot 50} = 800$	$\underline{28 \cdot 25} = 700$	$\underline{186 \cdot 5} = 930$
$8 \cdot 100$	$\underline{14 \cdot 50}$	$93 \cdot 10$
	$7 \cdot 100$	

Das Vereinfachen läßt sich anschaulich durch ein Zerlegen und Umordnen von Feldern begründen, z.B.:

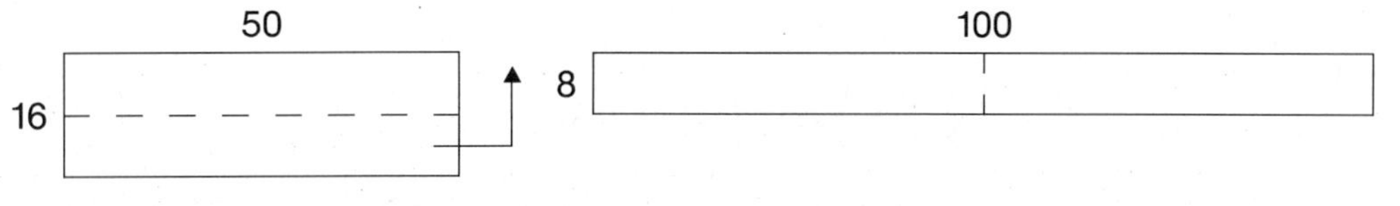

An kleineren Feldern ist diese Zuordnung schon im 2. Schuljahr vorgenommen worden.

4. Strategie **"Hilfsaufgabe"**
Diese Strategie erspart viel Schreibarbeit, da hierbei eine Fülle von algebraischen Rechenvorteilen ausgenutzt werden kann. Unter dem Strich wird als Nebenrechnung jeweils eine einfach zu rechnende Hilfsaufgabe geschrieben, aus der dann das Ergebnis abgeleitet werden kann.

Beispiele:

$\underline{17 \cdot 19} = 340 - 17 = 323$ $\quad$ $\underline{17 \cdot 21} = 340 + 17 = 357$
$17 \cdot 20 = 340$ $\quad$ $17 \cdot 20 = 340$

Erläuterung:
$17 \cdot 19$ muß um 17 kleiner sein als $17 \cdot 20 = 340$, $17 \cdot 21$ um 17 größer.

$\underline{37 \cdot \ \ 5} = \ 185$
$37 \cdot 10 = \ 370$ $\quad$ $37 \cdot 5$ ist die Hälfte von $37 \cdot 10 = 370$

$\underline{197 \cdot 5} = 1000 - 15 = 985$
$200 \cdot 5 = 1000$ $\quad$ $197 \cdot 5$ ist um $3 \cdot 5 = 15$ kleiner als $200 \cdot 5 = 1000$

Auch diese Strategie ist auf Verständnis gegründet und kann an Punktfeldern, insbesondere am Tausenderfeld, veranschaulicht werden.
Die im folgenden vorgeschlagenen Aufgabensequenzen bilden in ihrer Reihenfolge keinen methodischen Stufengang im Sinne der traditionellen Didaktik, sondern können und sollen teilweise auch unabhängig voneinander behandelt werden. Weiter bedeutet die vorgegebene Reihenfolge nicht, daß zuerst nur halbschriftlich multipliziert und dann erst halbschriftlich dividiert werden soll. Beide Operationen müssen vielmehr von Anfang an aufeinander bezogen werden.
Wie im ersten Band bei der Behandlung des Einmaleins und des Einspluseins sind auch die folgenden Unterrichtsvorschläge so abgefaßt, daß sie ein geschlossenes Konzept bilden, das alternativ zum Schulbuch eingesetzt werden kann. Einzelne Vorschläge lassen sich aber auch problemlos herauslösen und parallel zum Schulbuch verwenden.

3.2.1 Malaufgaben am Tausenderfeld

Worum geht es?

Die Strategien zur Berechnung von Malaufgaben im Tausenderraum werden zunächst am Tausenderfeld entwickelt und dann halbschriftlich notiert.

Was soll geübt werden?

Multiplikationsaufgaben sollen am Tausenderfeld anschaulich dargestellt und nach verschiedenen Strategien verständnisvoll gelöst werden.

Was wird benötigt?

Demonstrationsmaterial: Großes Tausenderbuch.
Arbeitsmaterial: "Mein Tausenderbuch", Kartonstreifen (9–10 cm breit) zum Abdecken.

Wie kann man vorgehen?

1. Malaufgaben am Tausenderfeld (Zerlegen des Tausenders)
Zunächst werden die Schüler aufgefordert, am Tausenderfeld Malaufgaben zu finden. Naheliegend sind z. B.:
$10 \cdot 100 = 1000$ (10mal die Hunderterfelder des Tausenderbuches)
$100 \cdot 10 = 1000$ (jede Spalte hat 10 Punkte, auseinandergefaltet erkennt man 100 Zehner)
$40 \cdot 25 = 1000$ (jede Seite des Tausenderbuches zeigt vier Fünfundzwanziger, 10 Seiten zeigen $40 \cdot 25$).

Insgesamt läßt sich der "ganze" Tausender auf 8 Arten multiplikativ zerlegen und am Tausenderfeld veranschaulichen:

$1 \cdot 1000 = 1000 \cdot 1$	$4 \cdot 250 = 250 \cdot 4$
$10 \cdot 100 = 100 \cdot 10$	$8 \cdot 125 = 125 \cdot 8$
$2 \cdot 500 = 500 \cdot 2$	$20 \cdot 50 = 50 \cdot 20$
$5 \cdot 200 = 200 \cdot 5$	$40 \cdot 25 = 25 \cdot 40$

2. Malaufgaben mit 10
Am Tausenderfeld lassen sich gut Malaufgaben mit 10 berechnen.

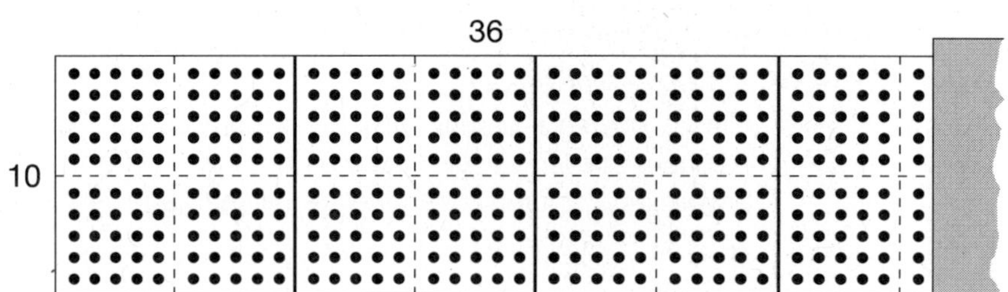

$10 \cdot 36 = 36 \cdot 10 = 360$

Die Malaufgabe $10 \cdot 36$ ist als Feld zu erkennen, wobei senkrecht jeweils ein Zehner zu sehen ist, also insgesamt 36 Zehner = $36 \cdot 10$. Das Ergebnis ist leicht abzulesen: 3 Seiten mit 100 Punkten und die 4. Seite mit 60 Punkten.
Analog lassen sich alle Zahlen des Hunderterraums mit 10 multiplizieren. Die Schüler zeigen zunächst jede Aufgabe am Tausenderfeld und schreiben sie dann mit dem Ergebnis ins Heft. Dies kann direkt, $10 \cdot 36 = 360$, $36 \cdot 10 = 360$, oder halbschriftlich geschehen:

$10 \cdot 36 = 300 + 60 = 360$ (Schrittweise)
$10 \cdot 30$
$10 \cdot 6$

3. Malaufgaben mit 5

Am Tausenderfeld läßt sich zeigen, daß 5 · 36 die Hälfte von 10 · 36 ist. Wir können also aus 10 · 36 die Aufgabe 5 · 36 durch Halbieren berechnen.

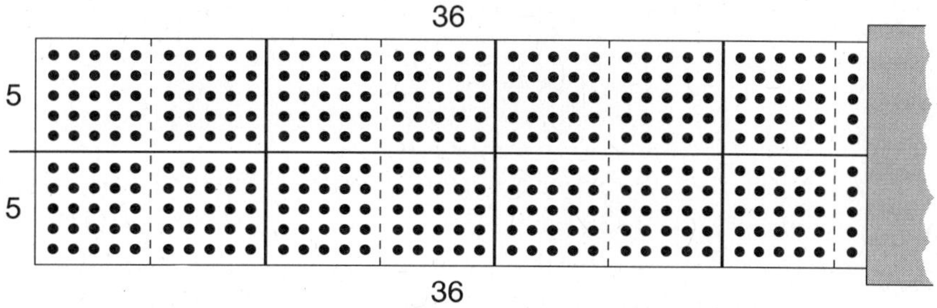

Aufgabe: $\underline{5 \cdot 36 = 180}$ ← Das Ergebnis muß
Hilfsaufgabe: $10 \cdot 36 = 360$ die Hälfte sein.

Nach diesem Verfahren rechnen die Schüler weitere Multiplikationen mit dem Faktor 5.

Beispiele:

$\underline{5 \cdot 78 = 390}$ $\underline{5 \cdot 47 = 235}$
$10 \cdot 78 = 780$ $10 \cdot 47 = 470$

Manchmal wird hier von den Schülern auch eine weitere Strategie ("Vereinfachen") angeboten. Das Feld 5 · 36 wird aufgeteilt in zwei Felder 5 · 18 und neu in ein Feld 10 · 18 zusammengesetzt.

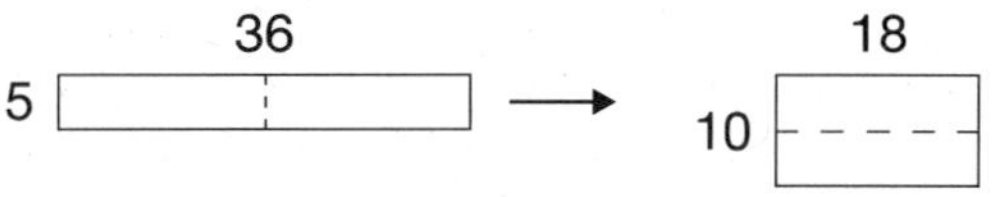

Diese Strategie der **Vereinfachung** könnte man folgendermaßen aufschreiben:

$\underline{5 \cdot 36 = 180}$ oder auch kurz $\underline{5 \cdot 36 = 180}$
$10 \cdot 18 = 180$ $10 \cdot 18$

Dieses Verfahren, das allerdings nur dann funktioniert, wenn der 2. Faktor gerade ist, ist sehr effektiv.

Beispiele:

$\underline{5 \cdot 66 = 330}$ $\underline{5 \cdot 96 = 480}$
$10 \cdot 33 = 330$ $10 \cdot 48$

4. Malaufgaben mit anderen Zahlen

9 · 36 ist 36 weniger als 10 · 36, daraus läßt sich das Produkt leicht berechnen:

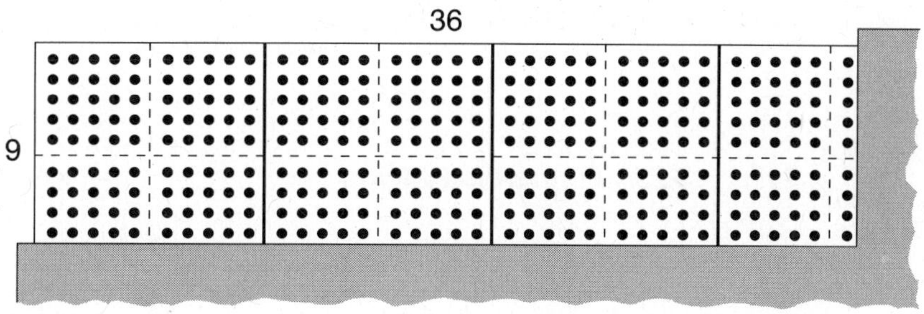

Die untere Reihe von 36 Punkten kann mit Karton abgedeckt werden.

Schreibweise:

Aufgabe: $\underline{9 \cdot 36 = 360 - 36 = 324}$ ← Das Ergebnis
leichte Hilfsaufgabe: $10 \cdot 36 = 360$ ist 36 weniger.

Weitere Beispiele:

$\underline{9 \cdot 77 = 770 - 77 = 693}$ $\underline{11 \cdot 77 = 770 + 77 = 847}$
$10 \cdot 77 = 770$ $10 \cdot 77 = 770$

$\underline{6 \cdot 36 = 180 + 36 = 216}$ $\underline{6 \cdot 48 = 240 + 48 = 288}$
$\underline{5 \cdot 36 = 180}$ $\underline{5 \cdot 48 = 240}$
$10 \cdot 36 = 360$ $10 \cdot 48 = 480$

Damit können analog zur Berechnung der 1x1-Aufgaben aus den Kernaufgaben der 1x1-Reihen alle anderen Malaufgaben berechnet werden, denn das Verdoppeln ist einfach:

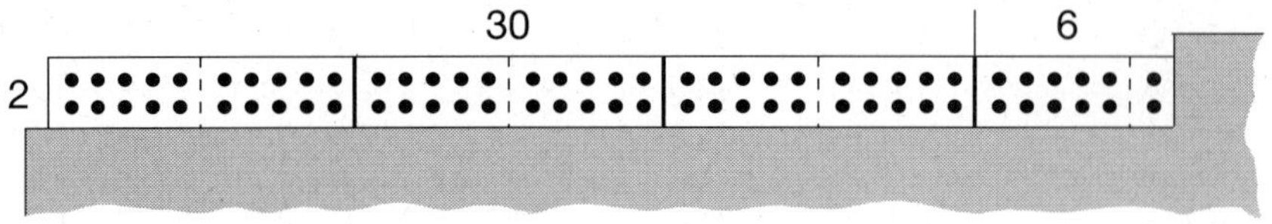

$\underline{2 \cdot 36} = 60 + 12 = 72$ oder $\underline{2 \cdot 36} = 36 + 36 = 72$
$2 \cdot 30 = 60$
$2 \cdot \ \ 6 = 12$

Die Aufgabe $7 \cdot 36$ ließe sich also folgendermaßen berechnen:

$\underline{7 \cdot 36} = 180 + 72 = 252$
$5 \cdot 36 = 180$
$2 \cdot 36 = \ \ 72$

Daneben läßt sich dies auch schrittweise unter Ausnutzung des Distributivgesetzes ausrechnen:

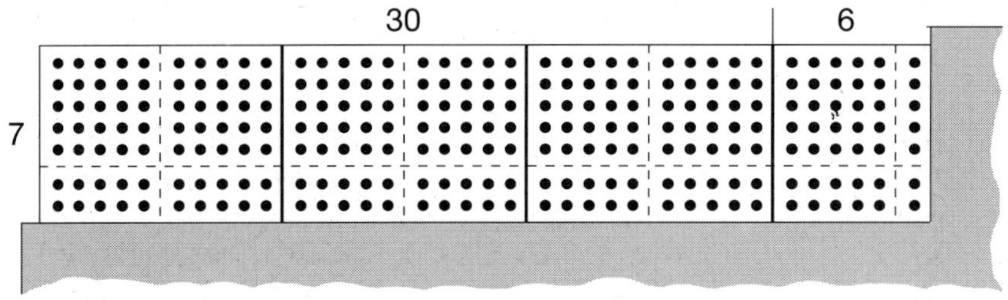

Aufgabe: $\underline{7 \cdot 36} = 210 + 42 = 252$
Schrittweise Berechnung: $7 \cdot 30 = 210$
$7 \cdot \ \ 6 = \ \ 42$

Die 21 Zehner sind am Tausenderfeld ebenso zu sehen wie das Produkt $6 \cdot 7 = 42$ und die Summe $210 + 42$. Die Aufgaben bzw. Felder $7 \cdot 30$ und $6 \cdot 7$ können am großen Tausenderbuch mit wasserlöslichem Folienstift umrahmt werden. Nach diesem Verfahren kann man mit Hilfe des Zehnereinmaleins und des kleinen Einmaleins alle Malaufgaben des Typs "einstellig mal zweistellig" ausrechnen, wobei das Tausenderfeld eine anschauliche Stütze bietet.

Beispiele:

$\underline{7 \cdot 77} = 490 + 49 = 539$	$\underline{6 \cdot 59} = 354$
$7 \cdot 70 = 490$	$6 \cdot 50 = 300$
$7 \cdot \ \ 7 = \ \ 49$	$6 \cdot \ \ 9 = \ \ 54$

3.2.2. Zehnereinmaleins

Worum geht es?

Analog zum kleinen Einmaleins kann man Reihen von Zehnerzahlen betrachten:

$1 \cdot 10,\ 2 \cdot 10,\ 3 \cdot 10,\ \ldots,\ 10 \cdot 10$	10er Reihe
$1 \cdot 20,\ 2 \cdot 20,\ 3 \cdot 20,\ \ldots,\ 10 \cdot 20$	20er Reihe
$1 \cdot 30,\ 2 \cdot 30,\ 3 \cdot 30,\ \ldots,\ 10 \cdot 30$	30er Reihe
.	.
.	.
.	.
$1 \cdot 90,\ 2 \cdot 90,\ 3 \cdot 90,\ \ldots,\ 10 \cdot 90$	90er Reihe
$1 \cdot 100,\ 2 \cdot 100,\ 3 \cdot 100,\ \ldots,\ 10 \cdot 100$	100er Reihe

Diese zehn Reihen des Zehnereinmaleins können einerseits am Tausenderfeld veranschaulicht werden. Bei der 30er-Reihe schiebt man ein Blatt von oben nach unten über drei Hunderterfelder des Tausenderfeldes, wobei eine Aufgabe nach der anderen sichtbar wird. Diese Handlung ist analog zum Verschieben des Malwinkels am Hunderterfeld, das die Schüler im 2. Schuljahr ausführlich geübt haben.

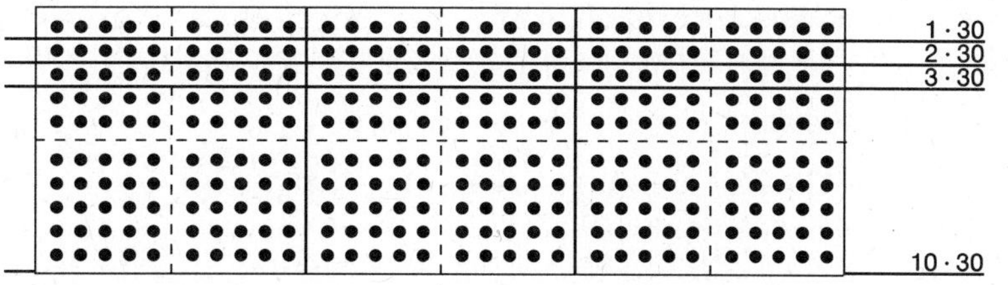

Zum anderen ergeben sich die Reihen einfach dadurch, daß die natürlichen Zahlen einen Größenbereich bilden. Man kann eine neue Größe (z. B. die Zehn oder auch 3 Zehner) einführen und mit der neuen "Größe" als Einheit rechnen. Die traditionelle Didaktik prägte hierfür die treffende Formulierung: "Mit Zehnern rechnen wie mit Einern". Dies führt z. B. zu der Reihe:

1 · 3 Zehner = 3 Zehner	6 · 3 Zehner = 18 Zehner
2 · 3 Zehner = 6 Zehner	7 · 3 Zehner = 21 Zehner
3 · 3 Zehner = 9 Zehner	8 · 3 Zehner = 24 Zehner
4 · 3 Zehner = 12 Zehner	9 · 3 Zehner = 27 Zehner
5 · 3 Zehner = 15 Zehner	10 · 3 Zehner = 30 Zehner

Bei der Umrechnung der Zehner in Einer (siehe auch Tausenderfeld) erhält man das Zehnereinmaleins mit der entsprechenden Reihe: 30, 60, 90, 120, 150, 180, 210, 240, 270, 300. Die operativen Eigenschaften der 1x1-Reihen (vgl. 2. Schuljahr) lassen sich nun übertragen. Wir haben auch hier die **"kurzen Reihen"**, z. B. 1 · 30 = 30, 2 · 30 = 60, 5 · 30 = 150, 10 · 30 = 300, aus denen sich die **langen Reihen** wie gewohnt ermitteln lassen.
Das Zehnereinmaleins wird somit auf das kleine Einmaleins zurückgeführt, was für die gedächtnismäßige Einprägung sehr vorteilhaft ist.
Ein kleiner Unterschied zwischen dem kleinen Einmaleins und dem Zehnereinmaleins bleibt aber bestehen. Wir wollen ihn an einem *Beispiel* betrachten:

60er Reihe:
1 · 6 Z = 60, 2 · 6 Z = 120, 3 · 6 Z = 180, ..., 10 · 6 Z = 600

und 70er Reihe:
1 · 7 Z = 70, 2 · 7 Z = 140, 3 · 7 Z = 210, ..., 10 · 7 Z = 700.

7 · 6 Zehner und 6 · 7 Zehner sind formal keine reinen Vertauschungsaufgaben. Die Vertauschungsaufgabe zu 7 · 6 Zehnern = 7 · 60 wäre 60 · 7 = 6 Zehner · 7. Dennoch besitzen beide Aufgaben das gleiche Ergebnis, nämlich 7 · 6 Zehner = 6 · 7 Zehner = 42 Zehner = 420. Dieser Zusammenhang macht deutlich, daß die Formulierung "Mit Zehnern rechnen wie mit Einern" auch das Assoziativgesetz der Multiplikation einschließt, das ansonsten nur schwer für Schüler zugänglich ist. Rechnet man mit Geld (z. B. mit Zehnmarkscheinen), so wird deutlich, daß man mit Zehnern als neuer Größe rechnet.

Was soll geübt werden?

Zehnereinmaleins.

Was wird benötigt?

Demonstrationsmaterial: Großes Tausenderbuch.
Arbeitsmaterial: Tausenderbuch (Schülerausgabe), Rechengeld, Arbeitsblätter (3/9) und (3/10).

Wie kann man vorgehen?

1. Zehnereinmaleins am Tausenderbuch
Die Reihen des Zehnereinmaleins werden am Tausenderbuch veranschaulicht und ausgerechnet. Ein Blatt wird dabei von oben nach unten über eine entsprechende Anzahl von Hunderterfeldern geschoben.

2. Gedächtnisübungen
Die Schüler versuchen, vorgegebene Reihen mit Spielgeld zu legen und aufzuschreiben und verbinden diese mit der Vorstellung "immer 30 mehr": 30, 60, 90, 120, 150, ... Die Zahlen können auch am Tausenderbuch auf der Zahlseite gezeigt werden (dort entstehen entsprechende Muster).
Dann werden zunächst die **kurzen Reihen** z. B. 30, 60 150, 300 gedächtnismäßig verankert. Die Ergebnisse dieser **Kernaufgaben** bilden die Stützen für das Erlernen der vollständigen Reihen und sind grundlegend für das Verständnis des Zehnereinmaleins.

3. Aus kurz mach lang!
Aus den Ergebnissen der kurzen Reihen lassen sich die anderen Reihen ermitteln.

Beispiel:

70er-Reihe:	Kurze Reihe	Lange Reihe
	70	70
	140	140
		210 (140 + 70)
		280 (140 + 140, 350 – 70)
	350	350
		420 (350 + 70)
		490 (350 + 140)
		560 (700 – 140)
		630 (700 – 70)
	700	700

Vgl. hierzu Arbeitsblatt (3/9).

4. Verwandte Reihen
Die 20er- und 30er Reihe werden miteinander und mit der 50er Reihe verglichen, z. B.:

3 · 20 hat das gleiche Ergebnis wie 2 · 30
oder 9 · 20 hat das gleiche Ergebnis wie 6 · 30.

Welche Ergebnisse kommen in der 20er- und 30er-Reihe gemeinsam vor?

Aber auch andere Muster lassen sich erkennen, z. B.

3 mal 30 verfehlt 100 um 10,
6 mal 30 verfehlt 200 um 20,
9 mal 30 verfehlt 300 um 30.

Neben dem Vergleich **aller** Reihen untereinander ist ihre Beziehung zur 50er und zur 100er Reihe besonders wichtig (vgl. Arbeitsblatt (3/10), "Reih auf, Reih ab").

5. Zahlenhäuser
Analog zu den "1x1-Häusern" erhalten wir Zahlenhäuser mit Zehnereinmaleinszahlen:

120
6 · 20
3 · 40
4 · 30
2 · 60

100
10 · 10
2 · 50
5 · 20

Wenn die Schüler weitere Zerlegungen wie z. B. 12 · 10 oder 24 · 5 anführen, so sollten auch diese als mögliche Zerlegungen anerkannt werden, obwohl wir hauptsächlich an der Zerlegung in Zehnerzahlen interessiert sind.

6. Teilen mit und ohne Rest
45 Zehner : 9 = 5 Zehner
450 : 9 = 50
Das Teilen kann zum einen mit Spielgeld, zum anderen am Malplan veranschaulicht werden. Ein Punkt auf dem Malplan bedeutet hier immer einen Zehner.
Mit dieser Grundvorstellung lassen sich Zehnerzahlen mit und ohne Rest durch 2, 3, 4, …, 9, 10 teilen. Man sollte sich jedoch hier zunächst auf glatte Aufgaben beschränken.

Beispiele:

Eine mögliche Schreibweise ist

210 : 7 = 30	360 : 6 = 60
21 Z : 7 = 3 Z	36 Z : 6 = 6 Z

Die Aufgabe 21 Zehner : 7 = 3 Zehner ist hierbei Hilfsaufgabe für 210 : 7 = 30.
Ist das Vorgehen verstanden, so kann das Aufschreiben der Hilfsaufgabe entfallen. Die Ausführlichkeit der Notation entscheiden die Schüler selbst.

7. Die Zehnereinmaleinszahlen

Abschließend lassen sich im Tausenderbuch alle Zehnereinmaleinszahlen auf der Zahlseite **grün** eintragen. Es sind dies 42 Zahlen:

1. Seite	10	20	30	40	50	60	70	80	90	100
2. Seite		120		140	150	160		180		200
3. Seite	210			240	250		270	280		300
4. Seite		320			350	360				400
5. Seite		420			450			480	490	500
6. Seite				540		560				600
7. Seite			630	640						700
8. Seite		720								800
9. Seite	810									900
10. Seite										1000

Zur Übung sollten die Schüler zu einer gegebenen Zahl immer die entsprechenden multiplikativen Zerlegungen angeben, z. B. $540 = 6 \cdot 90$ oder $540 = 9 \cdot 60$.
Die Einprägung dieser Zahlen ist für die Division besonders wichtig.

3.2.3 Multiplikation durch Addition am 400er-Feld und Übungen am Malkreuz

Worum geht es?

Das 400er-Feld ist ein 20 x 20-Feld mit einem **fest eingearbeiteten Folienkreuz,** das vier Hunderter voneinander abgrenzt.

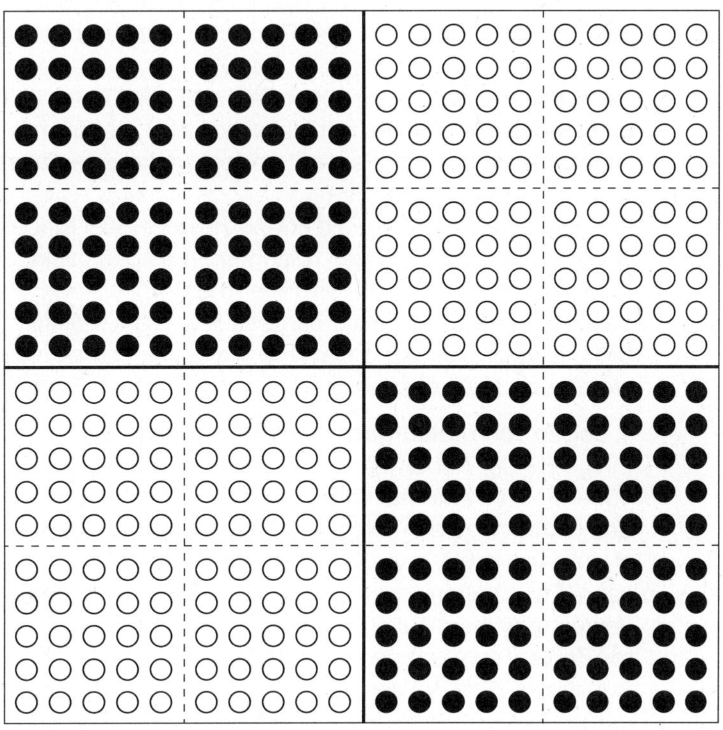

Mit einem Winkel (oder zwei Blättern) können leicht alle **400 Produkte** mit Faktoren aus dem Zwanzigerraum gelegt und durch Summation der Felder im Malkreuz **halbschriftlich** berechnet werden.

Beispiel: 17 · 16

17 · 16

•	10	6	
10			
7			

Ausgerechnet

•	10	6	
10	100	60	160
7	70	42	112
			272

Die Addition der Summanden ist nicht schwierig, da in drei Feldern jeweils nur Zehnerzahlen stehen. Die Summanden können halbschriftlich summiert werden.

Was soll geübt werden?

Addition von Zahlen im 400er-Raum, Malkreuzmultiplikation.

Was wird benötigt?

Demonstrationsmaterial: 400er-Feld als Folie für den Lichtschreiber, Abdeckwinkel in der entsprechenden Größe (vgl. Malwinkel im 2. Schuljahr).
Arbeitsmaterial: 400er-Feld mit Abdeckwinkel oder Tausenderbuch, Arbeitsblatt (3/11).

Wie kann man vorgehen?

Als Ersatz für ein 400er-Feld können jeweils zwei Kinder in Partnerarbeit ihre Tausenderbücher untereinanderlegen. Macht man es geschickt, so wechseln sich rote und blaue Punkte in den Feldern ab. Mit Hilfe eines Winkels oder zweier Blätter werden zu vorgegebenen Aufgaben die Felder dargestellt und am Malkreuz ausgerechnet.
Die Malkreuze kann man zunächst als Leerformat vorgeben. Es sollte aber angestrebt werden, daß sich die Schüler die Malkreuze nach Bedarf im Arbeitsheft selbst skizzieren.

1. Legen von Malaufgaben am 400er-Feld

Einige Kinder haben zunächst Schwierigkeiten, die vier Teilaufgaben im abgedeckten 400er-Feld zu erkennen. Als Hilfe kann deshalb eine zweite Leerfolie auf das 400er-Feld des Lichtschreibers gelegt und entsprechend beschriftet werden. Auf dieser Folie entsteht dann direkt das Malkreuz, das dann abgenommen und daneben gelegt werden kann. Es ist außerordentlich wichtig, daß die Schüler die symbolischen Darstellungen als Verkürzung anschaulicher Darstellungen begreifen. So operieren die Schüler nicht blind mit Zahlen, sondern gehen kontrolliert vor.
Auf dieses Prinzip der fortschreitenden Schematisierung haben wir im "Handbuch" immer wieder hingewiesen. Wir werden es im Zusammenhang mit der schriftlichen Multi-

plikation erneut anwenden, um das Malkreuz in Malstreifen und diese in das schriftliche Verfahren zu überführen.

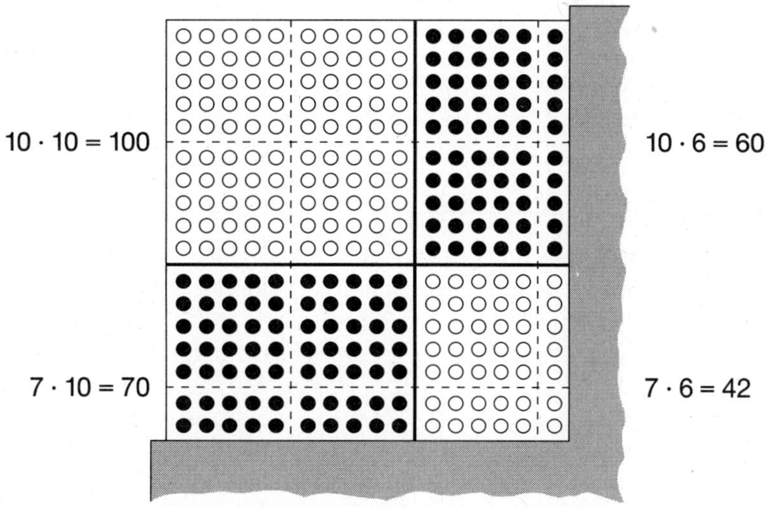

2. Berechnung von Malaufgaben mit dem Malkreuz
Freie Aufgaben werden von den Schülern selbst gestellt, am Vierhunderterfeld gelegt und am Malkreuz ausgerechnet.

17 · 18 = 306

·	10	8	
10	100	80	180
7	70	56	126
	170	136	306

19 · 19 = 361

·	10	9	
10	100	90	190
9	90	81	171
	190	171	361

Die Additionen 180 + 126 (bzw. 190 + 171) können halbschriftlich oder schriftlich durchgeführt werden. Da drei der Summanden Zehnerzahlen sind, ist dies im allgemeinen nicht schwierig.

3. Aufgabenserien
Es werden Aufgabenserien vorgegeben, die mit Hilfe des Malkreuzes oder auch mit Hilfe anderer Strategien angegangen werden können.

Beispiele:
Quadratzahlen: 10 · 10, 11 · 11, 12 · 12, . . . , 20 · 20;
"Quasi-Quadratzahlen": 9 · 11, 10 · 12, 11 · 13, . . . , 19 · 21;
Feste Summe der Faktoren: 15 · 15, 16 · 14, 17 · 13, 18 · 12, 19 · 11, 20 · 10.

Wie ändern sich hierbei die Einträge in das Malkreuz, wenn wir von einer Aufgabe zur Nachbaraufgabe übergehen, und welche Auswirkung hat dies auf das Ergebnis? Betrachten wir z. B. die letztgenannte Serie.

·	10	5
10	100	50
5	50	25

·	10	4
10	100	40
6	60	24

•	10	3
10	100	30
7	70	21

•	10	2
10	100	20
8	80	16

Im linken oberen Feld steht immer 100, in den Diagonalen von links unten nach rechts oben steht als Summe immer 100, nur im letzten Feld stehen verschiedene Produkte, nämlich 5 · 5, 6 · 4, 7 · 3, 8 · 2, ...
Deshalb erhalten wir ein ähnliches Muster wie beim Einmaleins (vgl. Bd.1, S. 125).
Weiter empfiehlt es sich, Reihen wie 11 · 13, 12 · 13, 13 · 13, 14 · 13, 15 · 13, ... und Aufgabenpaare wie 16 · 17 und 17 · 16 am Malkreuz zu vergleichen.

Wie könnte es weitergehen?

Es gibt immer wieder Kinder, die die Idee des Malkreuzes dazu benutzen, auch größere Zahlen zu multiplizieren. Entsprechende Felder können mit mehreren Tausenderfeldern gelegt werden (z. B. 30 · 30, 40 · 30). Dabei kann man verschiedene Methoden der Übertragung beobachten:

35 · 28 = 980

•	20	8	
30	600	240	840
5	100	40	140
			980

oder

35 · 28 = 980

•	10	10	8	
10	100	100	80	280
10	100	100	80	280
10	100	100	80	280
5	50	50	40	140
				980

Da die zusammenfassende Form erheblich kürzer und genauso anschaulich ist, können auf diese Weise selbst im 4. Schuljahr noch größere Multiplikationsaufgaben mit dem Malkreuz berechnet werden.

Beispiel:

147 · 29 = 4263

•	20	9	
100	2000	900	2900
40	800	360	1160
7	140	63	203
			4263

3.2.4 Operative Serien

Worum geht es?

Alle operativen Serien des kleinen Einmaleins (Bd.1, S. 123 ff.) lassen sich auf größere Faktoren übertragen. Auch die Einmaleins-Tafel ist im Prinzip fortsetzbar und liefert für größere Zahlen die gleichen Regelmäßigkeiten. Dies ist nicht verwunderlich, denn diese Regelmäßigkeit beruht auf algebraischen Gesetzen, die nicht an die Grenzen eines Zahlenraumes gebunden sind.

Beispiel: Nachbaraufgaben (vgl. Bd.1, Arbeitsblatt 2/13)

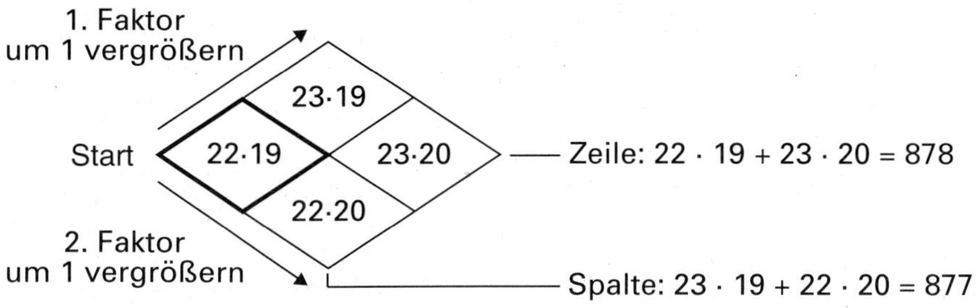

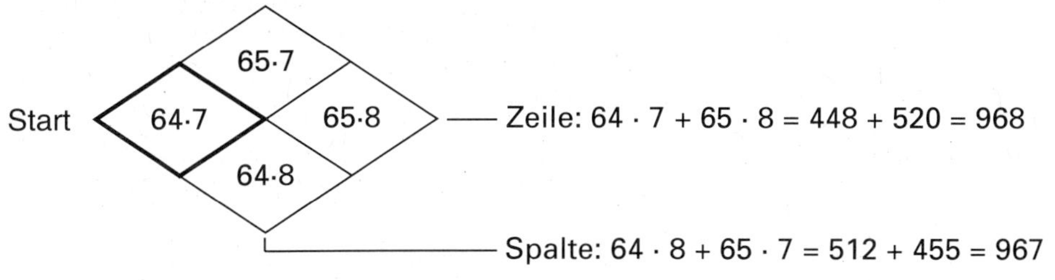

Was soll geübt werden?

Multiplikation im Tausenderraum, Einprägen von Ergebnissen des Zehnereinmaleins.

Was wird benötigt?

Demonstrationsmaterial: 400er-Feld (Folien für den Tageslichtschreiber), Tausenderbuch.
Arbeitsmaterial: Heft, Arbeitsblätter (3/12) und (3/13), Tausenderbuch.

Wie kann man vorgehen?

1. Einfache Reihen

Rechne die folgenden Aufgaben!

10 · 17 =	10 · 19 =	9 · 19 =
11 · 17 =	12 · 19 =	11 · 19 =
12 · 17 =	14 · 19 =	13 · 19 =
13 · 17 =	16 · 19 =	15 · 19 =
...	...	...

2. Nachbaraufgaben

Die folgenden Aufgaben sind verwandt. Beginne mit der leichtesten Aufgabe. Rechne halbschriftlich alle weiteren.

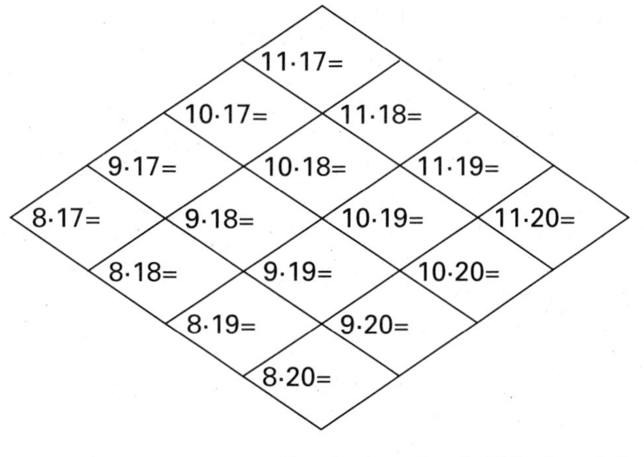

Nach dem Eintrag der Ergebnisse in die Tabelle wird nach Regelmäßigkeiten gesucht. *(Wo sind es jeweils 8, 9, 10, 11 mehr/weniger? Wo 17, 18, 19, 20 mehr bzw. weniger?).*

Verwandte Aufgaben sind auch:

$7 \cdot 18 =$	$9 \cdot 18 =$	$6 \cdot 15 =$
$8 \cdot 17 =$	$8 \cdot 19 =$	$5 \cdot 16 =$
$15 \cdot 15 =$	$17 \cdot 17 =$	$19 \cdot 19 =$
$14 \cdot 16 =$	$16 \cdot 18 =$	$18 \cdot 20 =$
$14 \cdot 14 =$	$13 \cdot 15 =$	$14 \cdot 14 =$
$13 \cdot 15 =$	$14 \cdot 16 =$	$15 \cdot 15 =$
$12 \cdot 16 =$	$15 \cdot 17 =$	$16 \cdot 16 =$
$11 \cdot 17 =$	$16 \cdot 18 =$	$17 \cdot 17 =$
$10 \cdot 18 =$	$17 \cdot 19 =$	$18 \cdot 18 =$
$9 \cdot 19 =$	$18 \cdot 20 =$	$19 \cdot 19 =$
		$20 \cdot 20 =$

Durch Umordnung von Feldern lassen sich die Beziehungen genauso erklären wie beim Einmaleins.

3. Verbindung mit Addition und Subtraktion (Arbeitsblatt 3/12)

Bei der Berechnung des Arbeitsblattes treten folgende Beziehungen in Erscheinung:

$12 \cdot 11 - 10 \cdot 9 = 42$	$12 + 11 + 10 + 9 = 42$
$13 \cdot 12 - 11 \cdot 10 = 46$	$13 + 12 + 11 + 10 = 46$
...	...

Auch hier läßt sich die Übereinstimmung der Ergebnisse wie beim Einmaleins erklären:

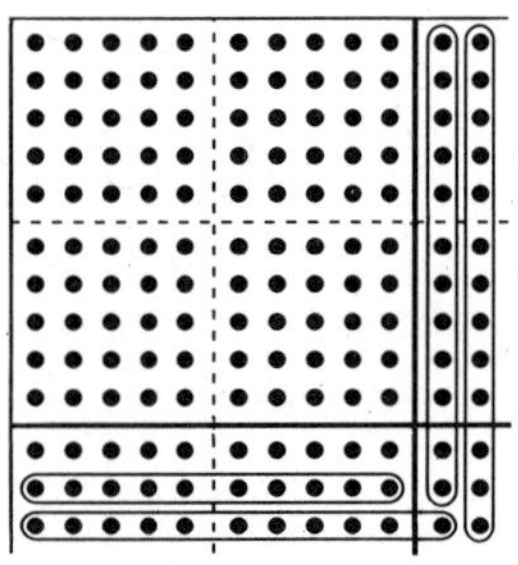

Aus einem $11 \cdot 10$ Feld erhält man durch Hinzufügen von $10 + 11 + 12 + 13$ Plättchen ein $13 \cdot 12$ Feld, d.h. $13 \cdot 12 - 11 \cdot 10 = 13 + 12 + 11 + 10$.
Dieser "Reißverschluß" in der Ecke läßt sich auf alle Felder dieser Art anwenden.
Analog sieht man auch an Punktfeldern: Aus einem $15 \cdot 15$ Feld wird durch Abspalten einer Zeile und Hinzufügen dieser Zeile als Spalte ein $14 \cdot 16$ Feld. Übrig bleibt ein Punkt!

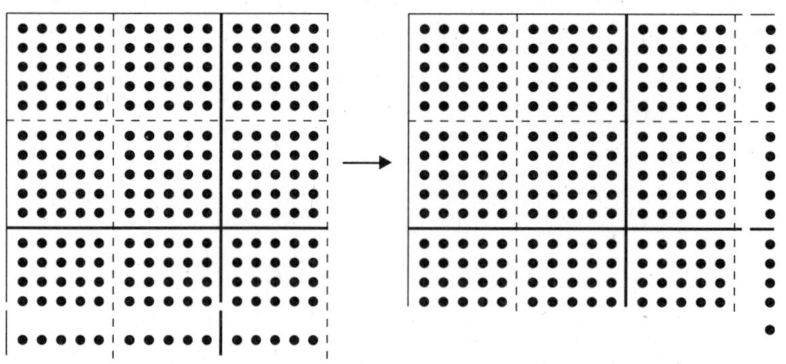

$15 \cdot 15 = 14 \cdot 15 + 15$ also $14 \cdot 16 = 14 \cdot 15 + 14$ 1 Punkt bleibt übrig.

4. Rechenvorteile nutzen (Arbeitsblatt 3/13)
Es werden operative Serien gegeben.

Beispiel:
$9 \cdot 17 =$
$10 \cdot 17 =$
$11 \cdot 17 =$
$20 \cdot 17 =$
$22 \cdot 17 =$

Die Schüler sollen bei der leichtesten Aufgabe anfangen und die anderen im Kopf oder halbschriftlich im Heft rechnen.

In unserem Beispiel:

$10 \cdot 17 = 170$ $\quad$ $9 \cdot 17 = 170 - 17 = 153$

$11 \cdot 17 = 170 + 17 = 187$

$20 \cdot 17 = 170 + 170 = 340$

$22 \cdot 17 = 340 + 34 = 374$

3.2.5 Zifferntausch

Worum geht es?

Die Summe 12 + 34 hat das gleiche Ergebnis wie die Summe 14 + 32. Der Zifferntausch funktioniert aber nicht für die Produkte: 12 · 34 hat ein anderes Ergebnis als 14 · 32. Um die Frage: *Kann man "ohne Rechnen" sagen, welche der Aufgaben das größere/kleinere Ergebnis hat?* geht es in folgender Übung.

Was soll geübt werden?

Halbschriftliche Multiplikation zweier zweistelliger Zahlen, Abschätzen und Vergleichen von Aufgaben.

Was wird benötigt?

Demonstrationsmaterial: Ziffernkärtchen.
Arbeitsmaterial: Eventuell Leerformate von Malkreuzen.

Wie kann man vorgehen?

1. Fragestellung:
Aus den Ziffern [1] [2] [3] [4] sollen je zwei zweistellige Zahlen gebildet und multipliziert werden. *Wieviel verschiedene Aufgaben gibt es?*
Das Problem wird von den Schülern in Gruppenarbeit gelöst. Sie finden 12 Aufgaben.

12 · 34	12 · 43	13 · 24	13 · 42	14 · 23	14 · 32
21 · 34	21 · 43	31 · 24	31 · 42	41 · 23	41 · 32

2. Fragestellung:
Versucht, die Aufgaben nach der Größe ihrer Ergebnisse zu ordnen! Ihr braucht die Ergebnisse nicht unbedingt auszurechnen, wenn ihr es anders entscheiden könnt.
Schon die Suche nach der Aufgabe mit dem größten oder kleinsten Ergebnis ist sehr spannend für die Schüler.
Als Kandidaten für das kleinste Ergebnis kommen 13 · 24 und 14 · 23 in Frage, während 14 · 32, 13 · 42, 12 · 43 und 12 · 34 ausscheiden. Berechnet man die Aufgaben am Malkreuz, so wird schnell ersichtlich, daß die Teilprodukte in der 1. Diagonalen gleich bleiben (200 + 12), während sich die Zahlen in der 2. Diagonalen ändern (4 Zehner werden in 3 Zehner, 3 Zwanziger in 4 Zwanziger eingetauscht). Das Ergebnis von 14 · 23 ist um 10 größer als das von 13 · 24.

13 · 24 =

•	20	4
10	200	40
3	60	12

14 · 23 =

•	20	3
10	200	30
4	80	12

Analog muß man bei den Aufgaben 41 · 32 und 42 · 31 genau prüfen, welche das größere Ergebnis liefert. (Im Abschnitt 3.2.3 für das 4. Schuljahr finden sich Begründungen mit Punktfeldern.)

3. Fragestellung:
Wer kann die Reihenfolge begründen?

13 · 24 14 · 23	Aufgabe mit dem kleinsten Ergebnis. Warum ist der Unterschied hier 10?	312 322
12 · 34 14 · 32	Warum ist der Unterschied hier 40?	408 448
12 · 43 13 · 42	Warum ist der Unterschied hier 30?	516 546
21 · 34 24 · 31	Warum ist der Unterschied hier 30?	714 744
21 · 43 23 · 41	Warum ist der Unterschied hier 40?	903 943
42 · 31 41 · 32	Warum ist der Unterschied hier 10? Aufgabe mit dem größten Ergebnis.	1302 1312

Anmerkung: Bei 6 Aufgabenpaaren mit nah benachbarten Ergebnissen ist die Einstufung nach der Größe schwieriger. Das Malkreuz erklärt, warum der Unterschied immer eine Zehnerzahl ist.

Wie könnte es weitergehen?

Die Übung kann im 4. Schuljahr mit größeren Ziffern bzw. mit vier beliebigen Ziffern (aus 1, 2, 3, 4, 5, 6, 7, 8, 9) wiederholt werden. Dabei stößt man auf ähnliche Fragen. *Was ist größer: 52 · 63 oder 53 · 62? Wer weiß es, ohne zu rechnen?*

3.3 Übungen zur halbschriftlichen Division

Die schriftliche Division steht in der besonderen Gefahr, leicht in eine unverstandene Manipulation von Ziffern abzugleiten. Diesem Problem kann man nur dadurch entgegenarbeiten, daß man die Division auf eine verständnisvolle **halbschriftliche** Division von Zahlen gründet.

Worum geht es?

Auch für die halbschriftliche Division gibt es verschiedene Strategien.

1. Strategie: **"Schrittweise"**
Schon bei den operativen Serien zur Division haben wir gesehen, daß sich das Teilen wie jede andere Operation **schrittweise** durchführen läßt. Auf dieser Strategie basiert letztlich die schriftliche Division. Sie ist unabhängig von der Größe des Dividenden und des Divisors. Ein Stufengang und eine Beschränkung auf einstellige Divisoren ist deshalb nicht notwendig.
Für diese **schrittweise**, an der Handlung des Teilens orientierte Division schlagen wir folgende Schreibweise vor:

```
      425 : 11 = 38  Rest 7
      425
      110 : 11 = 10
Rest  315
      220 : 11 = 20
Rest   95
       88 : 11 =  8
Rest    7
```

Diese Notation ist **genau** an den vorzunehmenden Handlungen orientiert, wenn 425 DM an 11 Personen verteilt werden sollen. Zunächst gibt man vielleicht vorsichtigerweise jedem 10 DM. Es verbleibt ein Rest von 325 DM. Nun wird man noch mutiger und gibt jedem 20 DM. Es ergibt sich ein noch zu verteilender Rest von 95 DM. Wenn man an jeden 8 DM verteilt, verbleibt ein Rest von 7 DM. Insgesamt hat jede Person (10 + 20 + 8) DM erhalten. Der Vorteil dieser halbschriftlichen Division liegt darin, daß sie sich der **individuellen Leistungsfähigkeit** des Benutzers anpaßt und anders als das schriftliche Verfahren die zu teilenden Zahlen bei allen Zwischenergebnissen **nicht zwingend** vorschreibt.

Beispiel: 587 : 17

Zögernde, vorsichtigere Schüler		Mutigere, rechenstarke Schüler	
	587 : 17 = 34 Rest 9		587 : 17 = 34 Rest 9
	587		587
	170 : 17 = 10		510 : 17 = 30
Rest	417	Rest	77
	170 : 17 = 10		68 : 17 = 4
Rest	247	Rest	9
	170 : 17 = 10		
Rest	77		
	34 : 17 = 2		
Rest	43		
	34 : 17 = 2		
Rest	9		

Die Strategie "Schrittweise" führt über fortschreitende Schematisierung zur schriftlichen Division, wie man im Vergleich leicht einsieht:

587 : 17 = 34 + (9 : 17)	oder	587 : 17 = 34 Rest 9
51		51
77		77
68		68
9		9

Das Verfahren ist auch bei beliebigen Dividenden und Divisoren einsetzbar. Man muß also nicht nach einstelligen, zweistelligen, ... Divisoren unterscheiden.
Das folgende Beispiel macht deutlich, daß ein gutes Verständnis dieses Verfahrens die schriftliche Division eigentlich entbehrlich macht:

	179 854 : 160 = 1 124 + (14 : 160)
	179 854
	160 000 : 160 = 1 000
Rest	19 854
	16 000 : 160 = 100
Rest	3 854
	3 200 : 160 = 20
Rest	654
	640 : 160 = 4
Rest	14

2. Strategie: **"Hilfsaufgabe"**
Manchmal existieren einfach zu lösende Hilfsaufgaben, aus denen man das Ergebnis ohne größere Mühe folgern kann.

Beispiele:

896 : 3 = 298 Rest 2	420 : 7 = 60	370 : 5 = 74	425 : 11 = 38 Rest 7
900 : 3 = 300	42 : 7 = 6	370 : 10 = 37	440 : 11 = 40

Das Lösen mit der Strategie "Hilfsaufgabe" erfordert operatives Denken, bei dem letzten Beispiel etwa in folgender Weise:
440 : 11 = 40, also 429 : 11 = 39 (noch zu groß!), also 418 : 11, damit 425 : 11 = 38 Rest 7.
Das Lösen dieser Aufgabe beinhaltet eine kleine mathematische Beweisführung.

3.3.1 Einführende Übungen

Was wird benötigt?

Demonstrationsmaterial: Tausenderbuch, Rechengeld.
Arbeitsmaterial: Tausenderbuch, Rechengeld, Arbeitsblatt (3/14).

Wie kann man vorgehen?

1. An einzelnen Aufgaben werden die Strategien "Schrittweise" und "Hilfsaufgabe" erarbeitet.

2. Arbeitsblatt (3/14)
Die Bearbeitung dieses Arbeitsblattes hilft, das Verständnis für operative Beziehungen zu wecken.

3.3.2 Operative Serien im Tausenderraum

Worum geht es?

Im folgenden soll in Fortsetzung zu den operativen Serien im Hunderterraum (3.1.4) die Division im Tausenderraum geübt werden. Die Rechnungen sollen dabei halbschriftlich im Heft durchgeführt werden.

Was soll geübt werden?

Dividieren von Zahlen im Tausenderraum, Aufspalten von Divisionsaufgaben in leichtere Aufgaben, halbschriftliche Division, Erkennen von operativen Zusammenhängen.

Was wird benötigt?

Arbeitsmaterial: Tausenderbuch, Rechengeld.
Demonstrationsmaterial: Tausenderbuch, Rechengeld für Magnettafel.

Wie kann man vorgehen?

1. Entdecken und Notieren von Divisionsaufgaben im Tausenderraum
Wir kennen bereits viele Divisionsaufgaben:

Beispiele:

1000 : 10 = 100	800 : 8 = 100
1000 : 2 = 500	800 : 4 = 200
1000 : 4 = 250	usw.

Diese Aufgaben und ihre Lösungen können am **Tausenderbuch** und mit **Rechengeld** (800 DM an 4 Personen verteilen) veranschaulicht werden. In Abschnitt 3.2.2 hatten wir die Zehnereinmaleinszahlen behandelt und in unser Tausenderbuch eingetragen. Wir wollen nun diese Zahlen dividieren:

Beispiel: 360

Wir wissen: 36 : 6 = 6. Aus dieser Hilfsaufgabe schließt man: 360 : 6 = 60. Demonstration am Tausenderfeld:

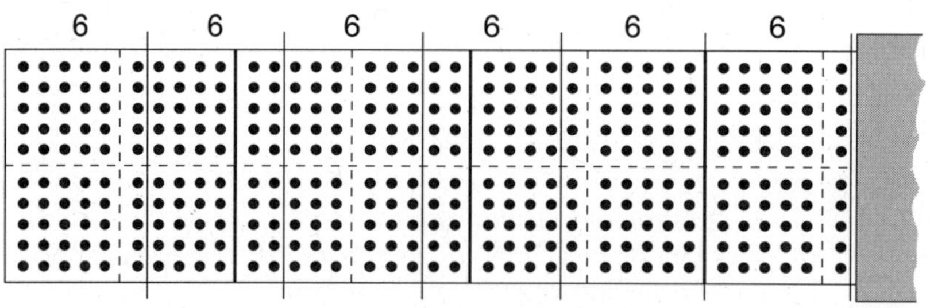

An der oberen Kante des Tausenderbuches erkennt man die Hilfsaufgabe 36 : 6 = 6. Die dadurch bewirkte Aufteilung des Feldes führt zu (10 · 36) : 6 = 10 · 6 = 60.
Dieses Vorgehen wird in Form einer Hilfsaufgabe notiert.

$$\frac{360 : 6 = 60}{36 : 6 = 6}$$

Das Schreiben der Hilfsaufgabe kann entfallen, wenn sie zum Verständnis der Aufgabe nicht benötigt wird. Die gleiche Übertragung wird mit Geld demonstriert: 360 DM an 6 Personen zu verteilen heißt: 36 Zehnmarkscheine an 6 Personen verteilen (Hilfsaufgabe). Analog lassen sich jetzt zu allen Zehnereinmaleinszahlen Divisionsaufgaben lösen und aufschreiben:

560 : 8 = 70	560 : 7 = 80	360 : 9 = 40	360 : 4 = 90
56 : 8 = 7	56 : 7 = 8	36 : 9 = 4	36 : 4 = 9

Am Tausenderfeld wird auch ersichtlich, daß 360 : 60 = 6 (s. o.) oder 360 : 90 = 4 ist, also:

360 : 90 = 4
36 : 9 = 4

Mögliche Fragestellungen: *Schreibe alle Teilaufgaben zu den Zehnereinmaleinszahlen zwischen 700 und 900.*

700 : 7 = 100	720 : 8 = 90	800 : 8 = 100	810 : 9 = 90	900 : 9 = 100
700 : 10 = 70	720 : 9 = 80	800 : 10 = 80	810 : 90 = 9	900 : 10 = 90
700 : 70 = 10	720 : 80 = 9	800 : 80 = 10		900 : 100 = 9
700 : 100 = 7	720 : 90 = 8	800 : 100 = 8		900 : 90 = 10

Natürlich werden auch Lösungen wie 720 : 10 = 72 oder 720 : 20 = 36 akzeptiert. Die letzte Aufgabe könnte man auch gut "schrittweise" rechnen und durch Verteilen von 720 DM an 20 Personen oder am Tausenderfeld demonstrieren:

	720 : 20 = 36
	720
	200 : 20 = 10
Rest	520
	200 : 20 = 10
Rest	320
	200 : 20 = 10
Rest	120
	120 : 20 = 6

Zum Schluß werden die Ergebnisse aller Divisionsaufgaben, die für einen Dividenden gefunden wurden, miteinander verglichen. *Was fällt auf?*

Beispiel: 360 : 6 = 60
360 : 10 = 36
360 : 9 = 40
360 : 4 = 90
360 : 90 = 4
360 : 40 = 9
360 : 20 = 18

Beobachtung: Mit wachsendem Teiler werden die Ergebnisse immer kleiner. Ist der Teiler doppelt so groß, so ist das Ergebnis nur halb so groß usw.

2. Verwandte Zahlen, z. B. 840, 420, 210, werden geteilt

Drei Gruppen von Schülern erhalten Aufgaben.
1. Gruppe: Teile 840 durch die Zahlen 2, 3, 4, 5, 6, 7, 8.
2. Gruppe: Teile 420 durch die Zahlen 2, 3, 4, 5, 6, 7, 8.
3. Gruppe: Teile 210 durch die Zahlen 2, 3, 4, 5, 6, 7, 8.

840 teilen	420 teilen	210 teilen
840 : 2 = 420	420 : 2 = 210	210 : 2 = 105
840 : 3 = 280	420 : 3 = 140	210 : 3 = 70
840 : 4 = 210	420 : 4 = 105	210 : 4 = 52 Rest 2
840 : 5 = 168	420 : 5 = 84	210 : 5 = 42
840 : 6 = 140	420 : 6 = 70	210 : 6 = 35
840 : 7 = 120	420 : 7 = 60	210 : 7 = 30
840 : 8 = 105	420 : 8 = 52 Rest 4	210 : 8 = 26 Rest 2

Die Aufgaben lassen sich halbschriftlich rechnen und am Tausenderbuch oder mit Rechengeld verdeutlichen.

Beispiele:

```
      840 : 8 = 105          420 : 8 = 52      210 : 7 = 30        210 : 6 = 35
      840                    420                21 : 7 =  3        210
      800 : 8 = 100          400 : 8 = 50                          180 : 6 = 30
Rest   40              Rest   20                                    30
       40 : 8 =   5           16 : 8 =  2                           30 : 6 =  5
Rest    0              Rest    4                              Rest   0
```

Die Gruppen notieren ihre Aufgaben und Ergebnisse auf Tapetenrollen und befestigen diese zur Diskussion an der Tafel.
Zwischen den Aufgaben und ihren Ergebnissen lassen sich zahlreiche Beziehungen erkennen und begründen.

Beispiele: 840 : 8 = 420 : 4 = 210 : 2

840 : 7 ist doppelt so groß wie 420 : 7
420 : 7 ist doppelt so groß wie 210 : 7
840 : 7 ist viermal so groß wie 210 : 7 usw.

420 : 6 = 70 Frage: Durch welche Zahl muß man 210 teilen, um 70 zu erhalten?
210 : 3 = 70
420 : 10 = 42 Frage: Durch welche Zahl muß man 210 teilen, um 42 zu erhalten?
210 : 5 = 42

840 : 4 ist doppelt so groß wie 840 : 8
420 : 3 ist doppelt so groß wie 420 : 6
420 : 2 ist dreimal so groß wie 420 : 6
420 : 8 ist doppelt so groß wie 210 : 8
(Hierbei treten auch noch Reste auf).

3. Beliebige Zehnerzahlen werden durch 2, 3, 4, 5, 6, 7, 8, 9 geteilt

Beispiel: 450 : 7
Einerseits läßt sich dies wieder durch Verteilen von 450 DM an 7 Personen oder am Tausenderfeld veranschaulichen und parallel schrittweise notieren.

```
      450 : 7 = 64 Rest 2   oder        450 : 7 = 64 Rest 2
      450                               450
       70 : 7 = 10                      420 : 7 = 60
Rest  380                         Rest   30
      350 : 7 = 50                       28 : 7 =  4
Rest   30                         Rest    2
       28 : 7 =  4
Rest    2
```

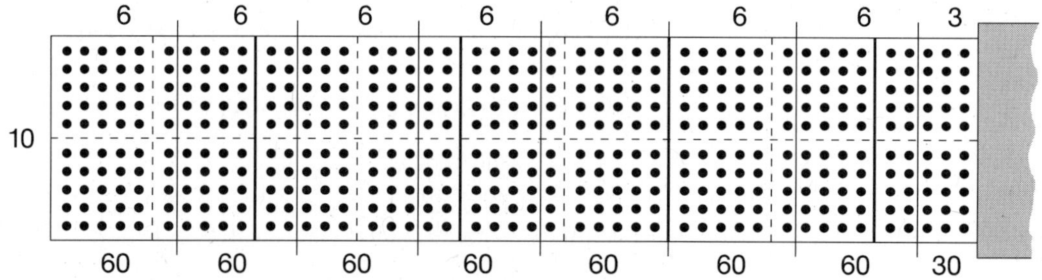

Andererseits kann man die Aufgabe 450 : 7 auch über die Hilfsaufgabe 45 : 7 = 6 Rest 3 erschließen, die an der oberen Kante des Tausenderbuches zu sehen ist.
Daraus ergibt sich ersichtlich 450 : 7 = 60 Rest 30. Die weitere Aufteilung des Restes liefert:
450 : 7 = 64 Rest 2.
Schreibweise: 450 : 7 = 60 Rest 30 = 64 Rest 2
45 : 7 = 6 Rest 3

Beispiele:

a) $\underline{500:7} = 70$ Rest $10 = 71$ Rest 3
   $50:7 = 7$ Rest 1

b) Aufgabe: 300 : 8
Abschätzung des Ergebnisses:

$\underline{320:8} = 40$	$\underline{240:8} = 30$
$32:8 = 4$	$24:8 = 3$

Das Ergebnis von 300 : 8 muß also zwischen 30 und 40 liegen.

"Schrittweise":

```
      300 : 8 = 37 Rest 4
      300           ▲
      240 : 8 = 30──┤
Rest   60           │
       56 : 8 =  7──┘
Rest    4
```

"Hilfsaufgabe":

$\underline{300:8} = 30$ Rest $60 = 37$ Rest 4
$30:8 = 3$ Rest 6

Die Strategie "Hilfsaufgabe" ist folgendermaßen zu erklären:
Werden 300 DM (30 Zehnmarkscheine) an 8 Personen verteilt, so erhält jeder zunächst 3 Zehnmarkscheine (30 DM), und 60 DM (6 Zehnmarkscheine) bleiben als Rest. Diese müssen noch weiter aufgeteilt werden. Dann erhält jeder noch einmal 7 DM, und es bleibt ein Rest von 4 DM.

4. 1000 und 500 sollen durch die Zahlen 2, 3, 4, ..., 20 geteilt werden

Falls die Ergebnisse nicht im Kopf zu ermitteln sind, sollen sie halbschriftlich berechnet werden. Verschiedene Gruppen von Kindern erhalten folgende Aufgaben:
1. Gruppe: 1000 durch 2, 3, ..., 10 teilen
2. Gruppe: 500 durch 2, 3, ..., 10 teilen
3. Gruppe: 1000 durch 11, 12, ..., 20 teilen
4. Gruppe: 500 durch 11, 12, ..., 20 teilen

Beispiele für schwierige Rechnungen:

```
      1000 : 19 = 52 Rest 12          500 : 19 = 26 Rest 6
      1000                            500
       190 : 19 = 10                  190 : 19 = 10
Rest   810                      Rest  310
       380 : 19 = 20                  190 : 19 = 10
Rest   430                      Rest  120
       380 : 19 = 20                   57 : 19 =  3
Rest    50                      Rest   63
        38 : 19 =  2                   57 : 19 =  3
Rest    12                      Rest    6
```

Die Ergebnisse werden wieder auf Plakaten dokumentiert, so daß die Schüler Vergleiche anstellen können.

1000 teilen	500 teilen
1000 : 2 = 500	500 : 2 = 250
1000 : 3 = 333 Rest 1	500 : 3 = 166 Rest 2
1000 : 4 = 250	500 : 4 = 125
1000 : 5 = 200	500 : 5 = 100
1000 : 6 = 166 Rest 4	500 : 6 = 83 Rest 2
1000 : 7 = 142 Rest 6	500 : 6 = 71 Rest 3
1000 : 8 = 125	500 : 8 = 62 Rest 4
1000 : 9 = 111 Rest 1	500 : 9 = 55 Rest 5
1000 : 10 = 100	500 : 10 = 50 usw.

Welche Aufgaben haben gleiche Ergebnisse?
Beispiele:
1000 : 4 = 500 : 2 = 250, 1000 : 8 = 500 : 4 = 125 usw.

Bei welchen Aufgaben sind die Ergebnisse doppelt so groß wie bei welchen anderen?
Beispiele:
1000 : 2 ist doppelt so groß wie 500 : 2, 1000 : 4 ist doppelt so groß wie 500 : 4 usw.

3.4 Vermischte Übungen

3.4.1 "Immer 22"

Worum geht es?

Wenn man aus den Ziffernkärtchen 0, 1, ..., 9 drei beliebige auswählt, lassen sich damit sechs verschiedene zweistellige Zahlen bilden. Die Summe dieser sechs Zahlen wird anschließend durch die Summe der drei ausgewählten Ziffern dividiert.

Beispiel: Ausgewählte Ziffern: 3, 4, 6
Zweistellige Zahlen: 34, 46, 64, 63, 43, 36
Zahlensumme: $34 + 46 + 64 + 63 + 43 + 36 = 286$
Ziffernsumme: $3 + 4 + 6 = 13$
Division: $286 : 13 = 22$
Probe: $22 \cdot 13 = 286$

Überraschenderweise ist das Ergebnis der Divisionsaufgabe **immer** 22, unabhängig davon, welche Ziffern man ausgewählt hat. Dieser Sachverhalt läßt sich leicht einsehen, wenn man die Addition nach der Strategie "Stellenwerte extra" halbschriftlich durchführt: Jede der ausgewählten Ziffern kommt in jedem der beiden Stellenwerte (Zehner und Einer) jeweils **genau zweimal** vor. Daher ergibt sich in jedem Stellenwert die doppelte Ziffernsumme.

Halbschriftliche Rechnung:

Zehner	Einer
3	4
4	6
6	4
6	3
4	3
3	6
2 · 13	2 · 13

Schriftliche Rechnung:

34
46
64
63
43
+ 36
286

$286 = 20 \cdot 13 + 2 \cdot 13 = 22 \cdot 13$

Bei der schriftlichen Rechnung ist dies nicht ohne weiteres ersichtlich, während die halbschriftliche Strategie den Sachverhalt begründen hilft.

Was soll geübt werden?

Übung der Addition (halbschriftlich oder schriftlich), der halbschriftlichen Division und Multiplikation.

Was wird benötigt?

Demonstrationsmaterial: Ziffernkarten.

Wie kann man vorgehen?

1. Vorstellung der Rechenvorschrift an einem Beispiel: An den Ziffern 3, 4, 6 etwa wird erläutert, wie zu rechnen ist. Die Division wird nach der halbschriftlichen Strategie "Schrittweise" durchgeführt, die Probe erfolgt mit Hilfe des Malkreuzes.

286 : 13 = 22
286
260 : 13 = 20
Rest 26
26 : 13 = 2
Rest 0

13 · 22

·	20	2	
10	200	20	220
3	60	6	66
			286

2. Die Schüler rechnen analog mit drei selbst gewählten Ziffern.

3. Man bittet die Schüler, ihre Rechnungen an die Tafel zu schreiben.

	Schüler 1	Schüler 2	Schüler 3
	[1] [4] [5]	[2] [4] [6]	[3] [5] [7]
	14	24	35
	15	46	53
	51	64	57
	45	62	75
	54	42	73
	+ $4_2 1$	+ $2_2 6$	+ $3_3 7$
	220	264	330
	1 + 4 + 5 = 10	2 + 4 + 6 = 12	3 + 5 + 7 = 15
	220 : 10 = 22	264 : 12 = 22	330 : 15 = 22
Probe:	22 · 10 = 220	22 · 12 = 264	22 · 15 = 330

Jeder Schüler erhält sechs verschiedene Zahlen, die Summe der sechs Zahlen und die Ziffernsummen sind alle verschieden. Um so mehr verblüfft es die Schüler, daß schließlich überall 22 herauskommt. Erfahrungsgemäß haben Schüler trotzdem zunächst noch den Ehrgeiz, drei Ziffern zu finden, bei denen sie ein anderes Ergebnis erhalten. (Auftretende Fehler bei der Division werden durch die Malprobe in der Regel selbst entdeckt.) Erst nach vielen vergeblichen Versuchen vermuten sie, daß immer 22 herauskommt. Als mögliche Ursache geben sie häufig an, daß bei den sechs zu addierenden Zahlen jede Ziffer als Zehner wie als Einer genau zweimal vorkommt. Auch wird oft die gemeinsame Struktur der Summen (z. B. 200 + 20 = 220, 240 + 24 = 264, 300 + 30 = 330) erkannt.

Schüler, die sich längere Zeit mit der Aufgabe beschäftigen konnten, haben diese Idee folgendermaßen ausgearbeitet:

3 + 4 + 6 = 13

Zehner	Einer
3	4
4	6
6	4
6	3
4	3
3	6
13 + 13	13 + 13

26 Zehner + 26 Einer = 286
also 286 : 13 = 2 Zehner + 2 Einer
= 22

Dabei waren sie sich im klaren darüber, daß dieses Beispiel **exemplarischen** Charakter hatte, d. h. sich übertragen läßt.
Falls 0 unter den ausgewählten Ziffern ist (z. B. 5, 7, 0), muß man zu den Zahlen 57, 75, 50, 70 noch 5 = 05 und 7 = 07 hinzunehmen, um bei der Division zu 22 zu gelangen. Da dies die Einsicht in die Struktur der Aufgabe erleichtert, wurde die Aufgabenstellung nicht auf die Ziffern 1, ..., 9 beschränkt.

3.4.2 "Tabula rasa"

Worum geht es?

Zugrundegelegt wird wie im zweiten Schuljahr (vgl. Bd.1 S.132) eine (nicht notwendig quadratische) Multiplikationstabelle. Jedoch werden den Schülern zum Ausfüllen nicht ausschließlich Zahlen auf dem Rand vorgegeben, sondern ausgewählte Zahlen im Innern und auf dem Rand. Eine "Tabula rasa" konstruiert man am besten aus einer ausgefüllten Multiplikationstabelle durch Weglassen von Zahlen, möglichst auch von Randzahlen, da dann bei der Berechnung der Lücken auch Divisionsaufgaben gerechnet werden müssen. Dabei dürfen weder zu viele noch zu wenige Zahlen weggelassen werden.

•	34	6	10	17
20	680	120	200	340
12	408	72	120	204
21	714	126	210	357
5	170	30	50	85

•		6		
20	680			
		72		
21				
	170		50	85

Im Beispiel:

680 : 20 = ☐ Randzahl 34
72 : 6 = ☐ Randzahl 12
170 : 34 = ☐ Randzahl 5
50 : 5 = ☐ Randzahl 10
85 : 5 = ☐ Randzahl 17

Neben diesen fünf Divisionsaufgaben sind noch 11 Multiplikationsaufgaben zum Ausfüllen der "Tabula rasa" zu rechnen. Der Wechsel von Multiplikations- und Divisionsaufgaben sowie die Vielfalt der Lösungsmöglichkeiten sind an dieser Übungsform reizvoll.

Was soll geübt werden?

Multiplikation und Division im Tausenderraum.

Was wird benötigt?

Arbeitsmaterial: Arbeitsblatt (3/15).

Wie kann man vorgehen?

Ist die Darstellungsform den Schülern noch nicht oder nicht mehr bekannt, so wird eine "Tabula rasa" von den Schülern unter Anleitung an der Tafel berechnet. Ansonsten erhalten die Schüler sofort das Arbeitsblatt (3/15).

Mögliche Fragestellungen zur Reflexion:

Welche Aufgaben muß man rechnen?
Wo kann man anfangen? Wo weitermachen?
In welcher Zeile (Spalte) stehen 10er, 5er Zahlen?
usw.

Wie könnte es weitergehen?

Die Schüler konstruieren aus einer Multiplikationstabelle selbst eine "Tabula rasa" und geben sie einer Parallelgruppe zur Berechnung.

3.4.3 "Zurück zur Mittelzahl"

Worum geht es?

Im Tausenderbuch lassen sich drei fortlaufende Zahlen in Einer- oder Zehnerabständen leicht identifizieren. Man kann dazu eine Folie mit drei aufgezeichneten oder eine Pappe mit drei ausgeschnittenen Feldern heranziehen.

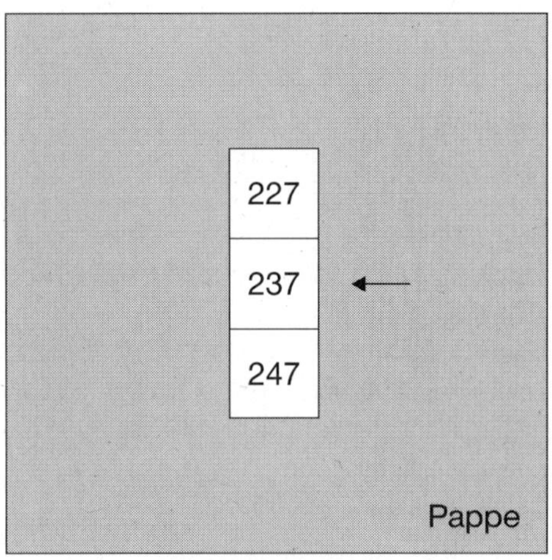

Spaltenweise

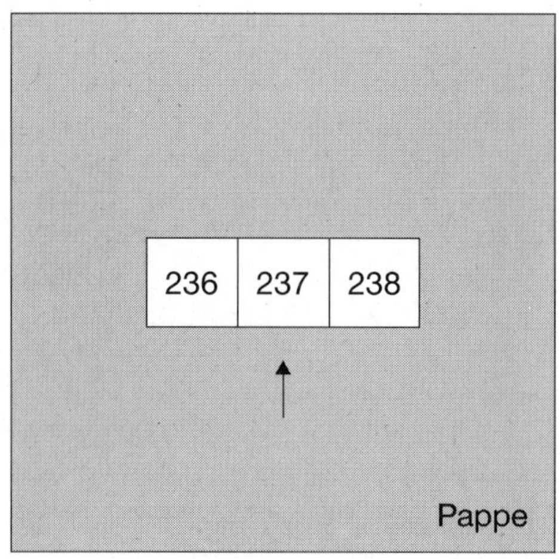

Zeilenweise

Diese drei Zahlen lassen sich stets halbschriftlich addieren und durch geeignete Zahlen halbschriftlich dividieren. Dabei lassen sich zahlreiche Muster erkennen, die sich für strukturiertes Üben eignen.
Die Zeilen- und Spaltensummen sind immer durch 3 teilbar, dabei ergibt sich als Endergebnis genau die mittlere Zahl.

Beispiele: 102 + 103 + 104 = 309   102 + 112 + 122 = 336
309 : 3 = 103   336 : 3 = 112

Ist die mittlere Zahl der Zeilen- bzw. Spaltensumme gerade, so ist diese immer durch 6 teilbar, dabei ist das Endergebnis genau die Hälfte der mittleren Zahl.

Beispiele: $213 + \boxed{214} + 215 = 642$ $\quad$ $642 : 6 = \underline{107}$

$212 + \boxed{222} + 232 = 666$ $\quad$ $666 : 6 = \underline{111}$

Addiert man spaltenweise Fünfer- oder Zehnerzahlen, so ist die Spaltensumme sogar durch 15 oder 30 (60) teilbar. Das Endergebnis ist dann genau die mittlere Zahl geteilt durch 5 oder 10 (20).

Beispiele: $115 + \boxed{125} + 135 = 375$ $\quad$ $375 : 15 = \underline{25}$

$130 + \boxed{140} + 150 = 420$ $\quad$ $420 : 15 = \underline{28}$ $\quad$ $420 : 30 = \underline{14}$ $\quad$ $420 : 60 = \underline{7}$

Was soll geübt werden?

Halbschriftliches Addieren von drei Summanden, halbschriftliches Dividieren durch 3, 6, (15, 30, 60).

Was wird benötigt?

Arbeitsmaterial: Tausenderbuch, Folie oder Pappe mit drei aufgezeichneten oder herausgeschnittenen Feldern.
Demonstrationsmaterial: Tausenderbuch.

Wie kann man vorgehen?

Die Pappe wird jeweils auf einer Seite des Tausenderbuches verschoben. Die drei angezeigten Zahlen werden addiert. Die Summe soll durch 3 oder 6 geteilt werden. *Wie verhält sich das Endergebnis zur mittleren Zahl?* Nach zahlreichen Rechnungen finden die Schüler: Die Summen sind immer durch 3 teilbar, das Ergebnis ist dabei die mittlere Zahl.
Ist die mittlere Zahl gerade, so ist die Summe immer durch 6 teilbar, das Ergebnis ist dabei die Hälfte der mittleren Zahl.

Wie könnte es weitergehen?

Fünfer- oder Zehnerzahlen werden spaltenweise addiert und falls möglich durch 15 (30, 60) dividiert. *Wie verhält sich das Endergebnis zur mittleren Zahl?*

3.4.4 Rechenketten

Worum geht es?

Kettenaufgaben oder Rechenketten haben im Mathematikunterricht eine lange Tradition. Wir schlagen hier vor, ein und dieselbe Rechenkette in Form einer Tabelle immer wieder mit anderen Startzahlen durchzurechnen. Dabei können Zusammenhänge zwischen der Start- und Zielzahl sowie andere Muster entdeckt werden.

Start	27	10	15	100	28	...	...	
·6	162	60	90	600				
+3	165	63	93	603				
:3	55	21	31	201				
−1 Ziel	54	20	30	200		80		

An den einzelnen Rechnungen erkennt man, daß als Zielzahl immer das Doppelte der Startzahl herauskommt. Dies läßt sich folgendermaßen beweisen:[1] Wir wählen eine Startzahl, verraten sie aber nicht. Genau diese Zahl von Plättchen legen wir in einen Beutel. Wir versechsfachen, d.h. wir nehmen fünf Beutel des gleichen Inhalts hinzu. Im nächsten Schritt kommen drei einzelne Plättchen hinzu. Verteilen wir nun sechs Beutel und drei Plättchen an drei Personen, so erhält jeder zwei Beutel und ein Plättchen. Vermindert

[1] Sawyer, W.W., Vision in Elementary Mathematics, London: Penguin Books 1964, S. 65 ff.

man wie verlangt um ein Plättchen, so erhält man zwei Beutel mit je der Zahl von Plättchen, mit der wir angefangen haben. Unabhängig von der Startzahl gelangen wir zur **doppelten** Zielzahl.
Diese Überlegung ist eine sehr gute Vorbereitung für das Rechnen mit Variablen in der Algebra: Mit dem Beutel läßt sich eine **unbekannte** Anzahl von Plättchen darstellen und für Rechnungen verwenden.

Was soll geübt werden?

Addition, Subtraktion, Multiplikation und Division im Tausenderraum.

Wie kann man vorgehen?

Man gibt den Schülern die folgende Rechenkette zum Ausrechnen vor. Die Operationen werden zunächst mündlich beschrieben. Die Ausgangszahlen werden zunächst ebenfalls vorgegeben, später von den Schülern selbst gewählt. Bei der Reflexion versuchen die Schüler, den Zusammenhang zwischen Zielzahl und Startzahl zu beschreiben ("Zielzahl = Startzahl plus 5"). Man sollte versuchen, allgemein das Muster der Rechenkette mit einer unbekannten Zahl von Plättchen in einem Beutel nachzuvollziehen und so zu erklären (vgl. letzte Spalte!). Vielleicht können einige Schüler das Prinzip selbst auf weitere Rechenketten übertragen.

Start	15	100	70	20	200	190	...	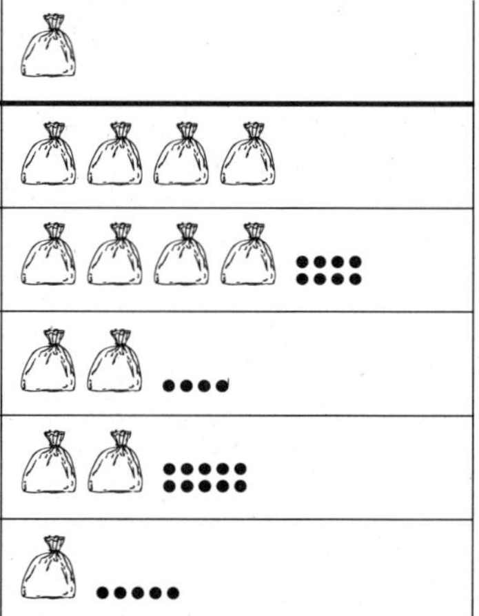
· 4	60	400						
+ 8	68	408						
: 2	34	204						
+ 6	40	210						
: 2 Ziel	20	105						

Weitere Beispiele für Rechenketten:

Start	10	5	100	...
+17	27	22	117	
· 3	81	66	351	
−21	60	45	330	
: 3 Ziel	20	15	110	

Zielzahl = Startzahl plus 10

Start	10	5	100	...
· 6	60	30	600	
+ 6	66	36	606	
: 2	33	18	303	
− 9	24	9	294	
: 3 Ziel	8	3	98	

Zielzahl = Startzahl minus 2

Wie könnte es weitergehen?

Bei einer vorgegebenen Rechenkette wird eine Zielzahl vorgegeben: *Wie heißt die zugehörige Startzahl?*
Sicher werden einige Schüler auf die Idee kommen, daß man nur rückwärts zu rechnen braucht, indem man jede Operation durch ihre Umkehrung ersetzt.

4. Sachstrukturierte Übungen

Im 3. Schuljahr hat man für sachstrukturierte Übungen viel mehr Möglichkeiten als in den beiden ersten Schuljahren, da viele interessante Sachthemen aus der Erfahrungswelt der Schüler mit Zahlkenntnissen des Tausenderraums erschließbar sind. Die folgenden Übungen erfassen die Größenbereiche Zeit, Geld, Längen und Gewichte und führen z. T. Themen aus den vorhergehenden Schuljahren fort.

4.1 Zeit

4.1.1 "Wie lange dauern...?"

Worum geht es?

Im Sachunterricht und im Sachrechnen des 3. Schuljahres wird mit Sekunden, Minuten, Stunden, Tagen, Wochen gerechnet, und diese Einheiten werden ineinander umgewandelt. Es liegt daher nahe, dieses Thema auch zur Übung des Rechnens im Tausenderraum heranzuziehen und die Frage zu stellen:
Wie lange dauern 1000 Sekunden, 1000 Minuten, 1000 Stunden, 1000 Tage, 1000 Wochen, 1000 Monate, 1000 Pulsschläge, 1000 Atemzüge?

Was soll geübt werden?

Rechnen mit verschiedenen Zeiteinheiten, Addieren und Multiplizieren im Tausenderraum, Gewinnen von Größenvorstellungen zur Zeit.

Was wird benötigt?

Demonstrationsmaterial: Uhr, Kalender.
Arbeitsmaterial: Evtl. Armbanduhren, Taschenkalender.

Wie kann man vorgehen?

1. Wie lange dauern 1000 Stunden?
Als Antwort auf diese Frage schlagen die Kinder vor, diese Zeit in Tage umzurechnen.
Mögliches halbschriftliches Vorgehen:
1 Tag = 24 Stunden
10 Tage = 240 Stunden
20 Tage = 480 Stunden
40 Tage = 960 Stunden
41 Tage = 984 Stunden
42 Tage = 1008 Stunden
1 Woche dauert 7 Tage, d. h.
6 Wochen = 1008 Stunden.
Dem Kalender entnehmen wir, daß die Sommerferien etwa 6 Wochen, also etwa 1000 Stunden dauern. Die Zeit zwischen Ostern und Pfingsten dauert 50 Tage, d. h. 1200 Stunden. Weiter gehen Grundschulkinder etwa 1000 Stunden pro Jahr in die Schule (vgl. 4.1.2).

2. Weitere Aufgaben:
Man kann fragen:
Wie lange dauern 1000 Sekunden, 1000 Minuten, 1000 Tage, 1000 Wochen, 1000 Monate, 1000 Pulsschläge, 1000 Atemzüge?
Die Kinder dürfen selbst entscheiden, welche Aufgaben sie lösen wollen. Natürlich stehen ihnen auch die Lösungswege frei.

Lösungsmöglichkeiten: 1000 Sekunden:
600 Sekunden = 10 Minuten
300 Sekunden = 5 Minuten
60 Sekunden = 1 Minute
60 Sekunden = 1 Minute
1020 Sekunden = 17 Minuten

Ein "gutes Viertelstündchen" sind also etwa 1000 Sekunden.

Wie könnte es weitergehen?

Im 4. Schuljahr können Teile der Übung auf 1 Million übertragen werden:
Wie lange dauern 1 000 000 Pulsschläge, 1 000 000 Stunden?
Wird der Mensch überhaupt so alt, daß er diese Zahlen erreichen kann?

4.1.2 Schultage und schulfreie Tage

Worum geht es?

Es gibt Tage, an denen die Kinder zur Schule gehen müssen, und Tage, an denen sie schulfrei haben. Man kann dieses Thema dazu benutzen, um den Gebrauch des Kalenders zu besprechen.

Was soll geübt werden?

Ausrechnen von Zeitspannen am Kalender (in Tagen),
Addieren von Zahlen im Tausenderraum,
Lesen und Auswerten von Tabellen.

Was wird benötigt?

Demonstrationsmaterial: Jahreskalender in übersichtlicher Form, aktueller Ferienplan (als Folie oder an der Tafel).
Arbeitsmaterial: Kleiner Jahreskalender, Arbeitsblatt (3/16).
Anmerkung: Oft sind auch auf den kleinen Kalendern, die man als Werbegeschenke erhält, auf der Rückseite die Ferienpläne der einzelnen Bundesländer eingetragen.

Wie kann man vorgehen?

1. *An wie vielen Tagen im Jahr gehen wir zur Schule?*
Anhand eines aktuellen auf örtliche Gegebenheiten abgestimmten Ferienkalenders und mit Hilfe eines kleinen Kalenders, in dem auch die Ferientage gekennzeichnet sind, rechnen die Kinder die Anzahl der Schultage und schulfreien Tage eines Jahres aus.

Beispiel: Ferienplan 1993 für Nordrhein-Westfalen

Weihnachtsferien 92/93	23.12. – 6. 1.
Ostern 93	29. 3. – 17. 4.
Pfingsten 93	1. 6.
Sommer 93	8. 7. – 21. 8.
Herbst 93	11.10. – 16.10.
Weihnachtsferien 93/94	24.12. – 6. 1.

Außerdem stehen den einzelnen Schulen **drei** bewegliche Ferientage zur Verfügung. Im folgenden wurden hierfür je ein Tag im Februar/Mai und Juni berücksichtigt (Rosenmontag, Tag nach Christi Himmelfahrt und Tag nach Fronleichnam).
Die Schüler entwickeln verschiedene Strategien, etwa indem sie die schulfreien Tage am Kalender farbig markieren. Die Anzahlen der Schultage und schulfreien Tage werden nach Monaten aufgeschlüsselt ermittelt und zur Probe addiert:

Monat	Schultage	freie Tage	Probe
Januar	17	6 + 2 + 2 + 2 + 12 = 14	31
Februar	19	9	28
März	20	2 + 2 + 2 + 2 + 3 = 11	31
April	10	17 + 3 = 20	30
Mai	19	10 + 1 + 1 = 12	31
Juni	18	1 + 1 + 10 = 12	30
Juli	5	26	31
August	7	22 + 2 = 24	31
September	22	8	30
Oktober	16	10 + 5 = 15	31
November	20	1 + 8 + 1 = 10	30
Dezember	17	8 + 6 = 14	31
Summe	190	175	365

Das Ergebnis ist überraschend: Die Anzahlen der Schultage und der freien Tage sind nahezu gleich groß. Die Ergebnisse werden in die 1. Spalte des Arbeitsblattes eingetragen.

2. *In welchem Land leben die „fleißigsten Schüler"?*
Das Arbeitsblatt (3/16) wird bearbeitet. Hierzu müssen die Kinder eine Reihe von Additionen (bzw. Ergänzungen) durchführen. Die Probe, daß die Anzahl der Schultage und der freien Tage zusammen 365 ergibt, darf nicht fehlen.
Was kann man an der Tabelle noch ablesen?
Welche Kinder müssen an 6 Tagen in der Woche zur Schule?

3. *Wieviele Tage gehen die Kinder in den einzelnen Ländern in eine vierjährige Grundschule?*
Während bei uns die Kinder etwa an 760 Tagen (190 + 190 + 190 + 190 = 760) zur Grundschule gehen, sind es in Japan 960 Tage (240 + 240 + 240 + 240) und in der Türkei 640 Tage (160 + 160 + 160 + 160).

4.1.3 Tageslängen im Jahreslauf

Worum geht es?
Was soll geübt werden?

Im Laufe eines Jahres ändert sich die (echte) Tageslänge (Zeit von Sonnenaufgang, [SA] bis Sonnenuntergang, [SU]). Der kürzeste Tag (Winteranfang, 21. Dezember) ist in unseren Breiten etwa 8 Stunden, der längste Tag (Sommeranfang, 21. Juni) über 16 Stunden lang. Am 21. März (Frühlingsanfang) und am 23. September (Herbstanfang) sind Tag und Nacht gleich lang.
Die Berechnung der Tagesdauer zwischen Sonnenaufgang und Sonnenuntergang im Abstand von jeweils 14 Tagen ist das Thema dieser Übung.

Was wird benötigt?

Arbeitsmaterial: Arbeitsblatt (3/17),
eventuell: Kalender, Tageszeitung.

Wie kann man vorgehen?

1. Kurze Einführung und Übung
In einem Einführungsgespräch wird mit den Schülern darüber gesprochen, welche Informationen uns ein Kalender gibt. Da in vielen Kalendern auch jeweils der SA (Sonnenaufgang) bzw. SU (Sonnenuntergang) für einen zentralen Ort in Deutschland (z. B. Kassel) verzeichnet ist, stellt sich die Frage, wie sich hieraus die Tageslänge berechnen läßt. Es liegt nahe, zunächst die Tageslänge für das jeweilige Datum zu berechnen. Dabei hilft folgendes Tafelbild:

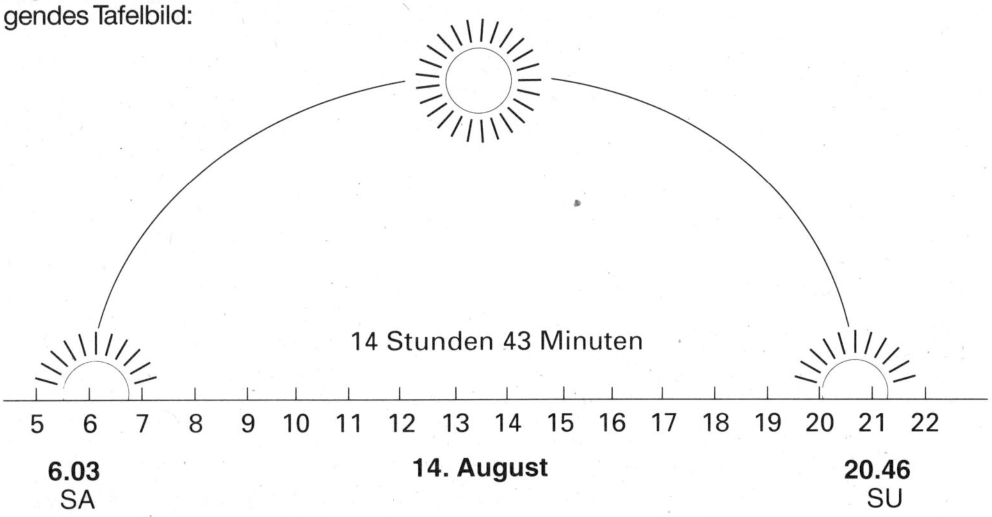

Für die Berechnung der Tageslänge gibt es folgende Strategien:
"Von Stunde zu Stunde"

SA [6.03] – 57 Min. – [7.00] – 13 Std. – [20.00] – 46 Min. – [20.46] SU

"Im Stundentakt weiter"

SA [6.03] – 14 Std. – [20.03] – 43 Min. – [20.46] SU

"Schriftlich"

$$\begin{array}{r} 20.46 \\ -\ 6.03 \\ \hline 14.43 \end{array}$$

also 14 Stunden 43 Minuten. Diese Methode ist fehleranfällig, da die Schüler beim Übertrag leicht vergessen, daß eine Stunde nur 60 Minuten hat.

Nach der Berechnung von zwei oder drei Beispielen an der Tafel erhalten die Schüler den Auftrag, für verschiedene Jahreszeiten die Tageslängen auszurechnen. Hierfür sind auf dem Arbeitsblatt (3/17) die Daten im Abstand von 14 Tagen aufgeschrieben. Die Schüler markieren die Zeiten SA und SU mit Bleistiftstrichen in einer danebenstehenden Stundenskala und färben die Nacht dunkel ein. Dabei wird schon deutlich, daß sich die Tageszeiten verändern.

Tageslängen im Jahreslauf

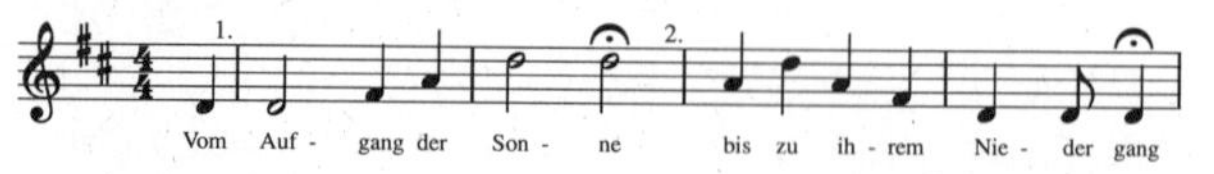

Kassel				
Datum	Aufgang	Untergang	Tageslänge Std	Min
1. Jan.	8.27	16.23	7	56
15. Jan.	8.21	16.42	8	21
29. Jan.	8.06	17.05	8	59
12. Feb.	7.42	17.31	9	49
26. Feb.	7.15	17.56	10	41
12. März	6.45	18.20	11	35
26. März	7.13	19.44	12	31
9. April	6.41	20.07	13	26
23. April	6.12	20.30	14	18
7. Mai	5.45	20.54	15	09
21. Mai	5.24	21.14	15	50
4. Juni	5.09	21.32	16	23
18. Juni	5.05	21.41	16	36
2. Juli	5.10	21.41	16	31
16. Juli	5.23	21.32	16	09
30. Juli	5.42	21.14	15	32
13. Aug.	6.03	20.49	14	46
27. Aug.	6.25	20.21	13	56
10. Sept.	6.48	19.49	13	01
24. Sept.	7.10	19.18	12	08
8. Okt.	6.33	17.46	11	13
22. Okt.	6.57	17.16	10	19
5. Nov.	7.21	16.50	9	29
19. Nov.	7.45	16.29	8	44
3. Dez.	8.06	16.17	8	11
17. Dez.	8.22	16.14	7	52

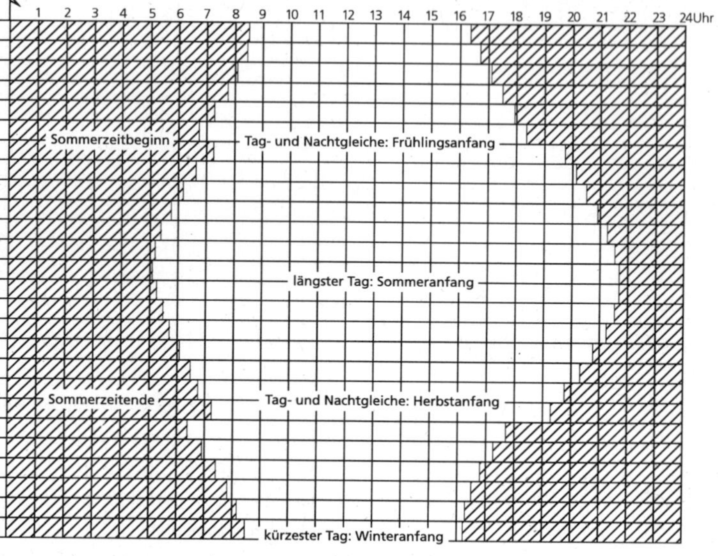

Die meisten Schüler beginnen jeweils mit der ersten (nicht einfachsten) Aufgabe und rechnen zunächst die einzelnen Zeitspannen isoliert voneinander aus. Erst im Laufe der Übung merken einige, daß die Aufgaben zusammenhängen und nutzen dies auch schon aus.

2. Reflexion

Für die reflektive Phase werden zunächst die Ergebnisse zusammengetragen und überprüft, so daß exakte Tageslängen während des ganzen Jahres vorliegen. Spontan erkennen die Schüler sachliche und fachliche Zusammenhänge:

1. Im Winter sind die Tage kurz.
2. Im Sommer sind die Tage lang.
3. Von Januar, Februar, ... bis Ende Juni werden die Tage immer länger. (Anmerkung: Das Anwachsen der Tageslängen ist eine gute Selbstkontrolle für die Schüler).
4. Von Juli, August, ... bis Ende Dezember werden die Tage immer kürzer.
5. Die Sonne geht im Zeitraum Januar bis Ende Juni immer früher auf und immer später unter. Die Einführung der Sommerzeit Ende März verschiebt allerdings die Uhrzeiten.
6. Die Sonne geht von Juli bis Ende Dezember immer später auf und früher unter. Ende September/Anfang Oktober verschiebt das Ende der Sommerzeit wiederum die Uhrzeiten.

3. Mögliche weiterführende Fragen:

Wann ist der längste Tag? Unsere Berechnungen und unser Kalender führen uns auf den Sommeranfang 20./21. Juni. Die kürzeste Nacht ist dann 7 Stunden 24 Minuten lang.

Wann ist der kürzeste Tag? Unsere Berechnungen und unser Kalender führen uns auf den Winteranfang, den 21. Dezember. Der kürzeste Tag ist dann 7 Stunden und 51 Minuten lang.

Wann sind Tag und Nacht gleich lang (Tag- und Nachtgleiche)? Dies scheint um den 19. März und 24. September der Fall zu sein. Im Kalender finden sich die genauen Daten 20./21. März und 23. September, der Frühlings- bzw. Herbstanfang.

Wie verändert sich die Tageslänge im Laufe eines Jahres? Im Winter ist der Tag etwa 8 Stunden, im Frühjahr 12 Stunden, im Sommer ist der Tag über 16 Stunden, zum Herbstbeginn ist er wieder 12 Stunden lang.

Können wir an unseren Ergebnissen (Arbeitsblättern) auch für andere Tage den SA und SU ablesen (z. B. für Geburtstage)? Mögliche Antwort: Am 25. Januar muß die Sonne zwischen 8.06 und 8.14 aufgehen und zwischen 16.42 und 16.53 untergehen, d. h. der Tag ist länger als 8 Stunden 39 Minuten und kürzer als 8 Stunden 59 Minuten. Bestätigt wird dies durch Kontrolle am Kalender.

Können wir die Tagesmitte (den sog. "wahren Mittag") bestimmen? Hier hilft das Tafelbild:

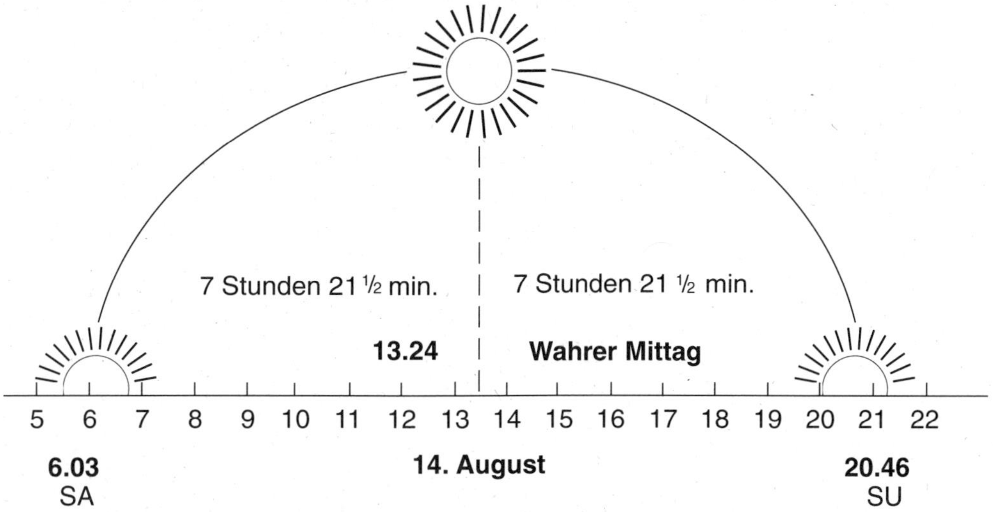

Am 14. August war der Tag 14 Stunden 43 Minuten lang, die Hälfte davon sind 7 Stunden 21½ Minuten, d. h., der wahre Mittag war um 13.24 Uhr. Die Sonne stand um diese Uhrzeit am höchsten.
Erfahrungsgemäß nutzen die Schüler bei der Reflexion zunehmend operative Zusammenhänge aus.

Beispiel:

Wenn die Sonne 12 Minuten später aufgeht und 16 Minuten früher untergeht, ist der Tag 28 Minuten kürzer. Der wahre Mittag verschiebt sich um 2 Minuten.

Wie könnte es weitergehen?

Die Schüler vergleichen die Daten für Städte innerhalb Deutschlands. Die stärksten Unterschiede zwischen Sommer und Winter finden sich im Norden:
– Die Tageslänge im Winter ist im Norden kürzer als im Süden.
– Die Tageslänge im Sommer ist im Norden länger als im Süden.

Beispiele:

München

Datum	Aufgang	Untergang	Tageslänge Std.	Min.
1. Jan.	8.04	16.30		
15. Jan.	7.59	16.47		
26. März	7.06	19.35		
18. Juni	5.13	21.16		
2. Juli	5.28	21.17		

Hamburg

Datum	Aufgang	Untergang	Tageslänge Std.	Min.
1. Jan.	8.37	16.10		
15. Jan.	8.28	16.31		
26. März	7.14	19.44		
18. Juni	4.50	21.51		
2. Juli	4.56	21.52		

Dies ist für Schüler Anlaß, von ihren Erfahrungen, die sie durch Urlaub im Norden oder Süden gemacht haben, zu berichten.
Zwischen Osten und Westen finden sich ebenfalls Zeitunterschiede, die aber das ganze Jahr über gleich bleiben.
Das Thema läßt sich lebendig erhalten, wenn man der Tageszeitung hin und wieder die örtlichen Zeiten für den Sonnenaufgang und Sonnenuntergang entnimmt und durch die Schüler die Tageslänge berechnen läßt. Diese Übung empfiehlt sich vor allem am Beginn einer neuen Jahreszeit, wo ja die Tages- und Nachtlängen Besonderheiten aufweisen.

4.2 Geld

4.2.1 Summen schätzen

Worum geht es?

Wer im Supermarkt einkauft, fragt sich oft, ob das mitgenommene Geld ausreichen wird. Dazu muß der Warenwert im Korb abgeschätzt werden. Im folgenden wird eine Rundungsmethode betrachtet, die auf der „Kraft der 5" beruht und sehr gute Schätzwerte liefert.
Wer mit Metern mißt, findet nichts dabei, auf halbe Meter zu runden. Das Zimmer ist etwa 5½ Meter lang oder 2½ Meter hoch (nicht etwa 2 Meter oder 3 Meter hoch). In derselben Weise beziehen wir beim Geld „halbe Einheiten" ein. Das erste Viertel einer Deutschen Mark von 0,01 bis einschließlich 0,25 wird auf 0,00 abgerundet, die beiden nächsten Viertel von 0,26 bis 0,75 einschließlich werden auf **eine halbe Deutsche Mark** (also 0,50 DM) gerundet, die nächste halbe Deutsche Mark, also von 0,76 bis 1,25, wird auf eine ganze Deutsche Mark (also 1,00 DM) gerundet, von 1,26 DM bis 1,75 DM wird auf 1,50 DM gerundet usw.
Wendet man dieses Verfahren auf Preise von Waren an, so sind nur „ganze" und „halbe" Deutsche Mark-Beträge zu addieren.
Ein Test bei Kassenbons läßt schnell erkennen, daß die Rechnung phantastisch gute Näherungswerte liefert. Die folgende Beispiele zeigen dies deutlich:

007	DM	gerundet DM
NON FOOD	1,50	1,50
LEBENMITTEL	1,95	2,00
LEBENMITTEL	0,95	1,00
ZITRONEN	1,59	1,50
ZW-SUMME	5,99	6,00
ZAHLGELD	6,00	Unterschied 0,01 DM
RÜCKGELD	0,01	
ARTIKEL	4	
VIELEN DANK		

007	DM	gerundet DM
LEBENMITTEL	2,29	2,50
MOPRO	1,25	1,00
LEBENMITTEL	2,59	2,50
OBST/GEMÜSE	1,09	1,00
DROGERIE	1,99	2,00
KÄSE	7,24	7,00
LEBENMITTEL	2,89	3,00
OBST/GEMÜSE	1,74	1,50
LEBENMITTEL	5,69	5,50
MÖHREN	1,99	2,00
LEBENMITTEL	2,39	2,50
DROGERIE	4,49	4,50
ZW-SUMME	35,64	35,00
ZAHLGELD	40,00	Unterschied 0,64 DM
RÜCKGELD	4,36	
ARTIKEL	12	
VIELEN DANK		

007	DM	gerundet DM
LEBENMITTEL	2,49	2,50
KÄSE	1,90	2,00
KÄSE	10,32	10,50
LEBENMITTEL	3,80	4,00
LEBENMITTEL	1,89	2,00
MOPRO	0,99	1,00
LEBENMITTEL	0,89	1,00
MOPRO	1,25	1,00
GETRÄNKE	0,95	1,00
GETRÄNKE	0,95	1,00
OBST/GEMÜSE	0,92	1,00
LEBENMITTEL	1,39	1,50
KARTOFFELN	1,89	2,00
LEBENMITTEL	5,29	5,50
LEBENMITTEL	3,99	4,00
MÖHREN	2,29	2,50
LEBENMITTEL	1,49	1,50
LEBENMITTEL	1,59	1,50
LEBENMITTEL	0,59	0,50
LEBENMITTEL	0,79	1,00
OBST/GEMÜSE	1,09	1,00
ZW-SUMME	46,75	48,00
ZAHLGELD	50,00	Unterschied 1,25 DM
RÜCKGELD	3,25	
ARTIKEL	21	
8553 02 13:07	#02	
	46,75	
VIELEN DANK		

Was soll geübt werden?

Runden von DM-Beträgen.

Was wird benötigt?

Verschiedene Kassenbons, die von Schülern mitgebracht werden, Klebestift.

Wie kann man vorgehen?

Zunächst wird die Einkaufssituation besprochen, und die zugrundegelegten Prinzipien des Rundens werden an der Tafel klargestellt:

Betrag (Ware)	gerundet
von 0,01 DM ⋮ bis 0,25 DM	0,00 DM
von 0,26 DM ⋮ bis 0,75 DM	0,50 DM (eine halbe Mark)
von 0,76 DM ⋮ bis 1,25 DM	1,00 DM (eine Mark)
von 1,26 DM ⋮ bis 1,75 DM	1,50 DM (eineinhalb Mark)
...	...

Jeder Schüler klebt einen der mitgebrachten Kassenbons ins Arbeitsheft. Daneben wird der gerundete Betrag geschrieben und anschließend mündlich in der angegebenen Weise summiert. Anschließend wird der Unterschied berechnet.

007	DM	Schätzung DM	
DROGERIE	2,29	2,50	zweieinhalb
LEBENMITTEL	2,49	2,50	fünf
MOPRO	1,25	1,00	sechs
LEBENMITTEL	0,89	1,00	sieben
GETRÄNKE	0,95	1,00	acht
GETRÄNKE	0,95	1,00	neun
LEBENMITTEL	1,29	1,50	zehneinhalb
LEBENMITTEL	0,79	1,00	elfeinhalb
OBST/GEMÜSE	1,81	2,00	dreizehneinhalb
OBST/GEMÜSE	0,62	0,50	vierzehn
ZW-SUMME	13,33	14,00	
ZAHLGELD	50,00	Unterschied 0,67 DM	
RÜCKGELD	36,67		
ARTIKEL	10		
VIELEN DANK			

Die Schüler stellen ihre gerundeten Beträge vor der Klasse dar. Weitere Kassenbons können nach Bedarf in dieser Art bearbeitet werden. Die Schüler können das Gelernte gut anwenden, wenn sie Mutter oder Vater beim Einkaufen im Supermarkt begleiten.

Wie könnte es weitergehen?

Die Schüler schätzen den Endpreis auf mitgebrachten Kassenbons analog im Kopf ab.

4.2.2 Pony-Hof

Worum geht es?
Was soll geübt werden?

Viele Kinder übernachten auf Reisen oder im Urlaub in einer Pension, einem Gasthof, einem Hotel, einer Jugendherberge oder in einer Ferienwohnung. Sie erfahren dabei, daß in allen diesen Fällen pro Tag (oder besser pro Übernachtung) ein bestimmter Betrag gezahlt werden muß.

Im folgenden sollen für solche Dienstleistungen Rechnungen erstellt werden. Zugrundegelegt werden der Hausprospekt eines Ponyhofes mit 6 Zimmern und 3 Wohneinheiten sowie ein Datenblatt in Form eines Kalenders, in das in übersichtlicher Weise Übernachtungen und Reitstunden eingetragen sind (Arbeitsblätter 3/18a und 3/18b).

Beispiel: Herr Schmidt hat 6 Übernachtungen und 7 Reitstunden.

Für die Erstellung der Rechnungen sind Tabellen und Preislisten auszuwerten und entsprechende Multiplikationen und Summationen durchzuführen.

Beispiel:

Rechnung für Familie Busch	Zeit: 1.10. - 6.10.
5 Übernachtungen, Wohneinheit 2 à 170 DM	850,00 DM
Kurtaxe für 6 Tage und 4 Personen	24,00 DM
18 Reitstunden für Hausgäste à 9 DM	162,00 DM
	1.036,00 DM

Was wird benötigt?

Demonstrationsmaterial: Preisliste des Ponyhofes als Folie für den Lichtschreiber (Arbeitsblatt 3/18a).
Arbeitsmaterial: Arbeitsblatt 3/18 b (Datenblatt) für je 2–3 Schüler.

Wie kann man vorgehen?

Zuerst wird die Sachsituation "Übernachtungen in einer Pension" bzw. "Mieten von Ferienwohnungen" im Klassengespräch erörtert. Dabei bringen die Schüler ihre eigenen Erfahrungen ein.
Die Preisliste des Ponyhofes Meier wird als Folie auf den Lichtschreiber gelegt. Jeweils zwei oder drei Schüler erhalten das Datenblatt (Kalender), in das Übernachtungen |–| und Reitstunden -|-|-|- übersichtlich eingetragen sind. Gemeinsam erstellen die Schüler eine Rechnung, z.B. für Familie Becker. Die notwendigen halbschriftlichen Multiplikationen werden im Heft durchgeführt:

Rechnung für Familie Becker	Zeit: 6.10. - 13.10.
7 Übernachtungen mit Vollpension, Zimmer 5 mit Balkon	
Preis für 2 Erwachsene: 14 mal 52 DM	728,00 DM
Preis für 2 Kinder: 14 mal 42 DM	588,00 DM
Kurtaxe für 8 Tage und 4 Personen: 32 mal 1 DM	32,00 DM
24 Reitstunden für Hausgäste à 9 DM	216,00 DM
	1.564,00 DM

Bei den Rechnungen für die Wohneinheiten ist die Angabe einer Personenzahl zunächst nicht erforderlich. Üblicherweise werden die Wohneinheiten als Ganzes bezahlt. Die Gäste versorgen sich in einer kleinen Küche selbst. Bei der Kurtaxe muß die Personenzahl jedoch berücksichtigt werden.

Wie könnte es weitergehen?

Bei einer Übernachtung der Klasse in der Jugendherberge, auf einem Ponyhof oder in einem Naturfreundehaus können die Schüler selbst die Kosten vorher ausrechnen.

4.2.3 Bio-Hof

Worum geht es?

Das Einkaufen von Lebensmitteln gehört zum täglichen Leben. Im folgenden soll das Einkaufen anhand der Preisliste eines Bio-Hofes geübt werden.

Was soll geübt werden?

Lesen von Preislisten, Berechnen von Preisen aus kg-Preisen, 100g-Preisen, Stückpreisen, Flaschenpreisen, ... Berechnen des Gesamtpreises.

Was wird benötigt?

Arbeitsmaterial: Preisliste des Bio-Hofes Hagenberg, Arbeitsblatt (3/19).

Wie kann man vorgehen?

Den Schülern werden ein Einkaufszettel (an der Tafel) und die Preisliste des Bio-Hofes Hagenberg (als Arbeitsblatt) vorgelegt.

Einkaufszettel

2 ltr. Milch	2,80 DM	150 g Feldsalat	3,00 DM
50 g Ziegenkäse	1,50 DM	1½ kg Kohlrabi	6,00 DM
1 Pfund Butter	8,40 DM	4 kg Äpfel	18,00 DM
1½ Zentner Kartoffeln zum Einkellern	66,00 DM	1 Mischbrot	5,00 DM
2 Bund Möhren	5,00 DM	6 Brötchen	3,00 DM
3 Gurken	6,00 DM	20 Eier	10,00 DM
500 g Zwiebeln	1,60 DM	1 Glas Honig	8,50 DM
		2 Flaschen Apfelsaft	4,20 DM

Die Kinder berechnen – was nicht immer einfach ist – aus der Preisliste die Einzelpreise. Beim Addieren sollte man halbschriftlich vorgehen:

Zunächst werden die glatten DM-Beträge addiert:
66 DM + 5 DM + 6 DM + 3 DM + 6 DM + 18 DM + 5 DM + 3 DM + 10 DM = 122 DM

Dann "passende" DM-Beträge
2,80 DM + 4,20 DM = 7 DM
1,50 DM + 8,50 DM = 10 DM
8,40 DM + 1,60 DM = 10 DM

Insgesamt also 122 DM + 27 DM = 149 DM.

Probe: Wir haben 9 + 2 + 2 + 2 = 15 Positionen berücksichtigt.

4.3 Längen

4.3.1 Zugbegleiter

Worum geht es?

In den meisten Fernzügen der Deutschen Bundesbahn liegen sogenannte Zugbegleiter aus, hier ein Auszug:

***ICE* Lessing** (Zug-Nr. 367)
Hamburg - Hannover - Kassel - Frankfurt - Stuttgart - München

Ankunft	km	Abfahrt
Hamburg-Altona		**7.53**
	5	
7.59 Hamburg-Dammtor		**8.00**
	2	
8.03 Hamburg Hbf		**8.07**
	178	
9.18 Hannover Hbf		**9.20**
	99	
9.52 Göttingen		**9.54**
	45	
10.14 Kassel-Wilhelmshöhe		**10.16**
	90	
10.46 Fulda		**10.47**
	103	
11.42 Frankfurt Hbf		**11.46**
	79	
12.25 Mannheim Hbf		**12.28**
	107	
13.08 Stuttgart Hbf		**13.12**
	94	
14.06 Ulm		**14.08**
	84	
14.48 Augsburg Hbf		**14.50**
	62	
15.20 München Hbf		

Ein solcher Zugbegleiter enthält viele Angaben, die für den Reisenden interessant sind. Z.B. kann man berechnen, daß der neue ICE "Lessing" die Strecke Mannheim–München (Länge 107 km + 94 km + 84 km + 62 km = 347 km) in etwa 3 Stunden zurücklegt.

Was soll geübt werden?

Addieren und Subtrahieren von Längen (Kilometerangaben im Tausenderraum), Addieren und Subtrahieren von Zeitspannen, Berechnen von Zeitspannen, vielleicht auch Abschätzen von Geschwindigkeiten.

Was wird benötigt?

Demonstrationsmaterial: Landkarte von Deutschland (evtl. Lichtschreiberfolie des Arbeitsblattes 3/21).
Arbeitsmaterial: Auszüge aus Zugbegleiter der DB (siehe Arbeitsblätter 3/20a und 3/20b).

Wie kann man vorgehen?

Der Zugbegleiter wird den Schülern vorgestellt und besprochen (Was bedeuten die verschiedenen Zahlen?).

1. Berechnung verschiedener Aufgaben

Beispiele:

1. *Wie groß ist die Entfernung Hamburg–Frankfurt?*
2. *Wie lange braucht der ICE „Lessing" für die Strecke?*
3. *Wie groß ist die Entfernung Hamburg–München? (Nord-Südentfernung in der Bundesrepublik)*
4. *Wie groß ist die Entfernung Aachen–Frankfurt/Oder? (Ost-Westentfernung in der Bundesrepublik)*
5. *Wie kann man die reine Fahrzeit (ohne Pausen) von Hamburg bis München ausrechnen? usw.*

2. Besprechung verschiedener Lösungsstrategien

Aus dem Sachzusammenhang heraus ergeben sich verschiedene Lösungsmöglichkeiten. Als Beispiel betrachten wir die Ermittlung der Entfernung Aachen–Frankfurt/Oder aus dem Zugbegleiter des D 243.

a) "Immer eine Stadt weiter"
Start: Aachen
70 km : Köln
70 km + 40 km = 110 km : Düsseldorf
110 km + 24 km = 134 km : Duisburg, usw.

b) "Streckenteilung"

Aachen–Essen:	70 + 40 + 24 + 19 = 153
Essen–Gütersloh:	16 + 18 + 31 + 50 = 115
Gütersloh–Hamm:	17 + 14 + 16 + 15 + 65 = 127
Hamm–Potsdam:	61 + 36 + 48 + 112 = 257
Potsdam–Frankfurt (Oder):	12 + 15 + 5 + 4 + 82 = 118

Dann werden alle Werte addiert (schriftlich oder halbschriftlich):

153 + 115 + 127 + 257 + 118 = 600 + 140 + 30 = 770

100 + 100 + 100 + 200 + 100
50 + 10 + 20 + 50 + 10
3 + 5 + 7 + 7 + 8

c) "Kühne Strategie"
Alle Kilometerangaben werden auf einmal aufgeschrieben und z.B. durch geschicktes Zusammenfassen addiert:

70 + 40 + 24 + 19 + 16 + 18 + 31 + 50 + 17 + 14 + 16
+ 15 + 65 + 61 + 36 + 48 + 112 + 12 + 15 + 5 + 4 + 82

70 + 40 + 50 = 160 (reine Zehner)
24 + 16 = 40
19 + 31 = 50
18 + 82 = 100
14 + 16 = 30
15 + 65 = 80
112 + 48 = 160
15 + 5 + 4 + 36 = 60
17 + 61 + 12 = 90 Addition ergibt: 770 km

Will man die Entfernung von Köln nach Berlin ausrechnen, so könnte man 20 Summanden addieren. Man kann aber auch die Entfernung Aachen–Köln und die Entfernung Berlin–Frankfurt von der Entfernung Aachen-Frankfurt/Oder subtrahieren und erhält (770 – 70 – 82) = 618, also 618 km. Bei dieser Strategie werden bereits berechnete Ergebnisse ausgenutzt. Bei weiteren Aufgaben können diese Strategien erprobt werden.

3. Vergleich von Zügen
Der Neue ICE "Lessing" benötigt für die 941 km zwischen Hamburg und München nur 7 Stunden 17 Minuten Fahrzeit, der alte D 243 hingegen für die kleinere Entfernung 770 km zwischen Aachen und Frankfurt/Oder 12 Stunden und 46 Minuten, d. h. er braucht 5 Stunden und 29 Minuten mehr.

Vergleicht man etwa gleiche Streckenabschnitte,
D 243: Berlin–Frankfurt (Oder) 82 km: 52 min und ICE: Ulm–Augsburg 84 km: 30 min oder
D 293: Helmstedt–Magdeburg 48 km: 45 min und ICE: Göttingen–Kassel 45 km: 20 min,
so sieht man, daß der ICE fast nur die Hälfte der Zeit benötigt: Er ist doppelt so schnell.

Vergleicht man gleiche Zeitabschnitte, etwa
D 243: Köln–Düsseldorf 28 Min: 40 km und ICE: Ulm–Augsburg 30 min: 84 km,
so sieht man: Bei gleicher Zeit wird etwa die doppelte Strecke zurückgelegt. Auf andere Weise zeigt sich, daß der ICE doppelt so schnell ist.
Der D 243 hält öfters und in kürzeren Abständen und hat manchmal auch einen längeren Aufenthalt. Der ICE hat dagegen insgesamt nur 27 Minuten Aufenthalt in den Bahnhöfen. Die reine Fahrzeit für die 941 km lange Strecke beträgt somit 6 Stunden und 50 Minuten.

Wie könnte es weitergehen?

Bei der nächsten Urlaubsreise mit dem Bus, dem eigenem Auto, dem Flugzeug oder der Eisenbahn stellen die Schüler **selbst einen Fahrtbegleiter** mit Zeit- und Kilometerangaben her. Es macht Sinn, die gefahrenen Kilometer am Tachometer, auf der Karte oder dem Autobahnschild abzulesen und mit den entsprechenden Uhrzeiten zu protokollieren.
Fragen: *Wie groß ist die Entfernung zwischen Heimat- und Urlaubsort? Wie lange war die Fahrzeit?*

4.3.2. Entfernungen auf der Autobahn

Worum geht es?

Wenn man mit dem Auto eine Reise plant, so orientiert man sich zunächst an einer Autobahnübersichtskarte. Dort sind die großen Fernstraßen skizziert und die Entfernungen zwischen den Autobahnkreuzen, Autobahndreiecken, Autobahnenden angegeben. Auf unserer Karte sind alle Entfernungen auf 5 km auf- bzw. abgerundet. Eine einfache Addition liefert dann z. B. die Entfernung Köln–Hamburg (vgl. Arbeitsblatt 3/21) (65 + 15 + 10 + 35 + 55 + 70 + 60 + 75) km = 385 km. Für die genaue Fahrtstrecke müssen noch etwa 15 km Anfahrt und 15 km Abfahrt zu den Stadtzentren berücksichtigt werden. Vergleicht man diesen Wert mit der Luftlinie zwischen den Stadtzentren – auf der Karte messen wir 88 mm und 1 mm entspricht etwa 4 km in Wirklichkeit –, so erhalten wir 88 · 4 km = 352 km. Die Autobahn stellt also eine recht kurze Verbindung zwischen den Großstädten her.

Was soll geübt werden?

Orientieren und Lesen von Autobahnübersichtskarten, Ausrechnen von Entfernungen mit Hilfe der Karte, Entfernungen innerhalb der Bundesrepublik Deutschland.

Was wird benötigt?

Demonstrationsmaterial: Lichtschreiberfolie.
Arbeitsmaterial: Arbeitsblatt (3/21), Lineal von 30 bis 40 cm Länge.

Wie kann man vorgehen?

1. Man zeigt den Kindern auf dem Lichtschreiber die Übersichtskarte von Arbeitsblatt 3/21. Die Schüler orientieren sich zunächst an dieser Karte, indem sie die Heimatstadt einzeichnen und exemplarisch einige Entfernungen ausrechnen. Dabei sind manchmal verschiedene Wege möglich, z. B.:
Dortmund (Kamener Kreuz) über Kassel nach Würzburg:
(10 + 150 + 55 + 145) km = 360 km
Dortmund (Kamener Kreuz) über Gambacher Kreuz nach Würzburg:
(10 + 15 + 165 + 70 + 75 + 25) km = 360 km

2. Anschließend sollen Entfernungen innerhalb Deutschlands ausgerechnet werden. Die Schüler zeichnen eine Tabelle in ihr Heft.

Hamburg	Berlin	Frankfurt/M	Köln	München	*Heimatstadt*	Autobahn Kilometer
—	270	500	385	770		Hamburg
	—					Berlin
		—				Frankfurt/M
			—			Köln
				—		München
					—	*Heimatstadt*

Die Entfernungen zwischen Hamburg, Berlin, Frankfurt, Köln, München und der Heimatstadt (hier kann man die Entfernung zum nächsten Autobahnentfernungspunkt angeben) können nun zur Übung berechnet und in die Tabelle eingetragen werden. Dabei müssen 15 Summen ausgerechnet werden.

Beispiele:

Hamburg–Berlin: 90 + 75 + 65 + 40 = 270
Hamburg–Frankfurt a.M.: 25 + 75 + 50 + 45 + 120 + 55 + 80 + 50 = 500
Hamburg–Köln: 75 + 60 + 70 + 55 + 35 + 10 + 15 + 65 = 385
Hamburg–München: 25 + 75 + 50 + 45 + 120 + 55 + 145 + 105 + 110 + 30 + 10 = 770
usw.

Wie könnte es weitergehen?

Natürlich lassen sich an dieser Karte viele weitere Aufgaben und Problemstellungen (z. B. Reisezeit) behandeln, etwa:

Wenn man pro Stunde etwa 100 km fährt: Wie lange benötigt man dann von Hamburg nach Berlin?
Welche Zeit muß man für die An- bzw. Abfahrt zur Autobahn einplanen?
Wie verläuft die kürzeste Route von Dortmund nach Augsburg?

Schließlich kann man die Luftlinie mit den Autobahnkilometern vergleichen. Damit der Vergleich sinnvoll wird, muß man **wieder** zwischen den Autobahnpunkten messen.

Messungen und Rechnungen für die Luftlinie
Der Einfachheit halber rechnen wir mit der Formel:
1 mm auf der Karte entspricht 4 km in Wirklichkeit.

Hamburg–Berlin:
Karte 65 mm
65 · 4 km = 260 km

Hamburg–Frankfurt:
Karte 100 mm
100 · 4 km = 400 km

Hamburg–München:
Karte 155 mm
155 · 4 km = 620 km

Diese Werte können in einen unteren Teil der Tabelle eingetragen und mit den Autobahnkilometern verglichen werden.

Hamburg	—					
Berlin	260	—				
Frankfurt/M	400		—			
Köln	352			—		
München	620				—	
Heimatstadt						—
Luftlinie Kilometer	Hamburg	Berlin	Frankfurt/M	Köln	München	*Heimatstadt*

Noch günstiger ist es, die Luftlinien an einer großen Karte mit dem Lineal zu messen und umzurechnen.

4.3.3 DIN-Formate

Worum geht es?

Sehr oft erhalten Schüler in der Schule den Auftrag, sich ein Heft im Format DIN A4 bzw. DIN A5 oder auch einen Zeichenblock im Format DIN A3 zu besorgen (DIN = Deutsche Industrie Normung, jetzt gedeutet als: Das ist Norm).
Es gibt die DIN-Formate von A0 bis A10. Das Format A1 geht aus A0 durch Halbieren hervor, ebenso A2 aus A1 usw. Viele Formate des täglichen Lebens (Paßfotos, Banküberweisungen, Fahrscheine usw.) haben DIN-Format.

Schnitt der DIN-Formate

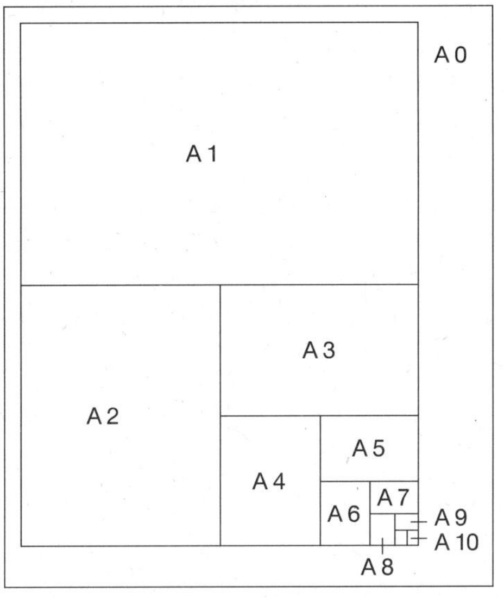

Maße der DIN-Formate

	Breite x Länge in mm	
A 0	841 x 1189	
A 1	594 x 841	
A 2	420 x 594	
A 3	297 x 420	Zeichenblock
A 4	210 x 297	großes Heft
A 5	148 x 210	kleines Heft
A 6	105 x 148	Postkarte
A 7	74 x 105	
A 8	52 x 74	
A 9	37 x 52	Paßfoto
A 10	26 x 37	

Unser Auge hat sich an die DIN-Formate gewöhnt, denn alle DIN-Formate sind zueinander ähnlich, d. h. das Verhältnis k

$$k = \frac{\text{Länge der größeren Seite}}{\text{Länge der kleineren Seite}}$$

ist **konstant.** Falls ein DIN-Format die Seitenlängen A und B hat, so ergeben sich für das nächstkleinere DIN-Format die Seitenlängen B und $\frac{A}{2}$:

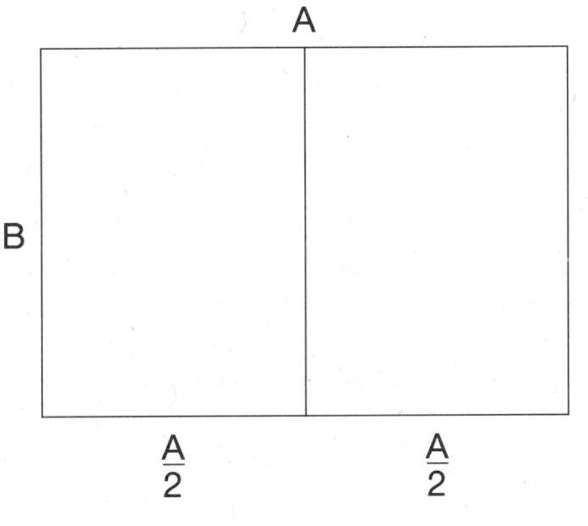

Damit gilt:

$$k = \frac{A}{B} = \frac{B}{\frac{A}{2}} = \frac{2}{k} \quad \text{oder} \quad k^2 = 2,\ k = \sqrt{2}$$

Aus $k = \sqrt{2}$ und der Vorgabe, daß DIN A0 die Fläche 1 m^2 = 1 000 000 mm^2 haben soll, ergeben sich die etwas "krummen" Seitenlängen:

Aus $A_0 = \sqrt{2}\, B_0$ und $A_0 \cdot B_0 = \sqrt{2} \cdot B_0 \cdot B_0 = 1\,000\,000\ mm^2$
folgt $B_0 = 840{,}9$ mm $\approx$ 841 mm und $A_0 \approx$ 1189 mm.

Damit sind alle anderen Seitenlängen bestimmt.
Der Zusammenhang der DIN-Formate wird bei der folgenden Übung ausgenutzt.

Was soll geübt werden?

Messen von Längen in mm,
Verdoppeln und Halbieren von Längen (im Tausenderraum).

Was wird benötigt?

Hefte, Formulare, Zeichenblöcke, Postkarten, Packpapierbogen in verschiedenen Papierformaten, Arbeitsblatt (3/22).

Wie kann man vorgehen?

1. Messen und Vergleichen von verschiedenen Formaten

Zunächst bekommen die Schüler den Auftrag, verschiedene Formate in Millimetern auszumessen:

Beispiele:

Gegenstände	Breite × Länge in Millimetern
Zeichenblock	297 × 420
Großes Heft	210 × 297
Kleines Heft	148 × 210
Postkarte	105 × 148

Selbst wenn sich die Meßwerte um ± 1 mm unterscheiden, erkennt man das Muster, nach dem sich die Maße durch Halbieren bzw. Verdoppeln einer Seite ergeben. Durch Falten bzw. Aneinanderlegen von entsprechenden Blättern kann man dies verdeutlichen.

2. Berechnen der DIN-Formate

Man schreibt dazu die DIN-Formate, in unserem Beispiel DIN A3, DIN A4, DIN A5 und DIN A6 auf und gibt den Schülern den Auftrag, die anderen DIN-Formate nach dem gefundenen Muster (Halbieren, Verdoppeln einer Seite) zu berechnen. (Arbeitsblatt 3/22). Die notwendigen Rechnungen werden halbschriftlich im Heft ausgeführt. Startet man z.B. bei Postkarten (DIN A6), so erhält man:

Beispiele	DIN-Format	Breite	Länge	
	A 0	840	1184	592 verdoppelt
	A 1	592	840	420 verdoppelt
	A 2	420	592	296 verdoppelt
	A 3	296	420	210 verdoppelt
	A 4	210	296	148 verdoppelt
	A 5	148	210	105 verdoppelt
Postkarte (gemessen)	A 6	105	148	**Start**
	A 7	74	105	148 halbiert
	A 8	52	74	105 halbiert
	A 9	37	52	74 halbiert
	A 10	26	37	52 halbiert

Bei der Rechnung entstehen kleinere Rundungsfehler. Die exakten Maße ergeben sich aus dem fortlaufenden Halbieren der Seiten von DIN A0 (841 mm und 1189 mm). Halbe Millimeter werden abgerundet. Die berechneten Maße werden mit den Meßwerten und den vorgeschriebenen (normierten) Maßen in der Tabelle verglichen.

Wie könnte es weitergehen?

Man zeigt den Schülern ein DIN-A0 Papierformat (Packpapierbogen) und läßt darauf durch fortlaufendes Halbieren **alle** DIN-Formate einmal aufzeichnen (s. o.).

Problemaufgabe: Ein DIN-A0 Blatt wird ausschließlich in DIN A4-(DIN A5, DIN A6, ...)Blätter zugeschnitten. *Wie viele neue Blätter entstehen? Gibt es ein Muster?*

Ergebnis: Aus einem DIN-A0-Blatt lassen sich DIN-Formate folgendermaßen herausschneiden:

DIN	A 1	A 2	A 3	A 4	A 5	A 6	A 7	A 8	A 9	A 10
Anzahl der Blätter	2	4	8	16	32	64	128	256	512	1024

Dies sind gerade die Zweierpotenzen, die man durch fortlaufendes Verdoppeln erhält. Zur Bestätigung können Schüler ein DIN A0-Blatt mit 16 DIN A4-Heften oder 32 DIN A5-Heften auslegen. Die Folge der Zweierpotenzen ist leicht zu berechnen, wenn man beachtet, daß 128 nahe bei 125 liegt:

$2 \cdot 128 = 2 \cdot 125 + 6 = 256$, $2 \cdot 256 = 2 \cdot 250 + 12 = 512$, $2 \cdot 512 = 2 \cdot 500 + 24 = 1024$.

4.4 Biologie in Zahlen

Biologische Sachthemen haben wir schon im ersten Band des Handbuches für sachstrukturierte Übungen herangezogen, weil wir überzeugt sind, daß man auch im Mathematikunterricht die Sensibilität der Schüler für Natur und Umwelt wecken muß.

4.4.1. Wachstum eines Panzernashorns

Worum geht es?

In Bd.1, S.140ff. haben wir die durchschnittliche Gewichtszunahme von Menschen von der Geburt bis zum Alter von 18 Jahren rechnerisch betrachtet. Als Gegenstück sollen ähnliche Wachstumstabellen für Panzernashörner dienen[1].

Was soll geübt werden?

Berechnung der Gewichtszunahme über verschiedene Zeiträume.

Was wird benötigt?

Demonstrationsmaterial: Folienkopie des Arbeitsblattes (3/23).
Arbeitsmaterial: Arbeitsblatt (3/23).

Wie kann man vorgehen?

1. Die Wachstumstabellen der Panzernashörner Ravi (männlich) und Maya (weiblich) werden am Lichtschreiber vorgegeben und mit den Schülern besprochen. Dabei fällt auf, daß Panzernashörner schon bei der Geburt das Gewicht erwachsener Menschen erreichen und im ausgewachsenen Zustand gut 1½ bis 2 Tonnen wiegen. Weiter sieht man, daß Maya ein höheres Geburtsgewicht besitzt, von Ravi aber nach 3 Jahren überholt wird. An *Beispielen* wird gezeigt, wie die Gewichtszunahme zu berechnen ist:

	Gewicht	Zunahme
Geburt	60 kg	
1. Woche	70 kg	10 kg
2. Woche	84 kg	14 kg
⋮	⋮	⋮

Dabei wird deutlich, daß die Zunahme immer auf das vorhergehende Gewicht zu beziehen ist: Ravi wiegt nach 2 Wochen 84 kg und hat seit der letzten Wägung 14 kg zugenommen.

2. Bearbeitung des Arbeitsblattes (3/23)
Nach dem besprochenen Muster bearbeiten die Schüler das Arbeitsblatt.

3. Diskussion der Ergebnisse
Die Ergebnisse werden in die Folienkopie auf dem Lichtschreiber eingetragen und dann diskutiert. Fragen:

Wie ist die Gewichtszunahme der beiden Tiere im Vergleich?
Wie lange dauert es, bis Ravi und Maya das doppelte (zehnfache) ihres Geburtsgewichtes erreicht haben?
Wievielmal schwerer als die neugeborenen Babies sind die erwachsenen Tiere?
Wie ist das beim Menschen?

4.4.2 Anzahl der Säugetierarten

Worum geht es?
Was soll geübt werden?

In dieser Übung soll die Anzahl der Säugetierarten rechnerisch ermittelt werden. Bevor dies geschehen kann, sind jedoch einige sachliche Klärungen erforderlich. Im Lexikon findet man für "Säugetiere" folgende Erklärung: "Mit einem Haarkleid versehene warmblütige Wirbeltiere, die lebende Junge gebären und sie mit ihrem Brustsekret ernähren... Die Säugetiere haben fast alle Lebensräume der Erde erobert; einige Ordnungen sind völlig zum Wasser- und Luftleben übergegangen, obwohl die ersten Säugetiere Landtiere waren.

[1] Entsprechende Unterlagen hat uns Herr Dr. D. Rüedi, Direktor des für seine Panzernashornzucht weltberühmten Basler Zoos, freundlicherweise zur Verfügung gestellt. Wir möchten ihm dafür sehr herzlich danken. Die Originalkontrollblätter gehen über ein bestimmtes Gewicht nicht hinaus, da es immer schwieriger wird, Panzernashörner zu wiegen, je größer sie werden. Wir haben daher die Daten mit Hilfe anderer zoologischer Quellen extrapoliert.

Als Stammväter werden die Insektenfresser angesehen, die sich im Laufe der Stammesgeschichte in Arten aufspalteten, an Körpergröße zunahmen und immer differenziertere Gruppen ausbildeten. Die heutigen Säugetiere umfassen die eierlegenden Säugetiere, die Beuteltiere und die Höheren Säugetiere mit den Ordnungen Insektenfresser, Riesengleitflieger, Flattertiere, Herrentiere, Hasentiere, Nagetiere, Raubtiere, Wale, Röhrenzähner, Rüsseltiere, Klippdachse, Seekühe, Paarhufer, Unpaarzeher, Schuppentiere, Zahnarme".
Die Biologen rechnen Tiere dann zu einer gleichen Art, wenn sie fortpflanzungsfähige Junge zeugen können. Esel und Hauspferde gehören in diesem Sinn nicht zu einer Art, da man sie zwar kreuzen kann, die Kreuzungen (Mulis bzw. Maultiere) aber keine Jungen zeugen können. Alle Menschen gehören zur gleichen Art.
In der Realität ist die Frage, ob Tiergruppen als Unterarten zur gleichen Art gehören oder selbst Arten bilden, nicht ohne weiteres zu entscheiden. Daher gibt es verschiedene biologische Systematiken, die zu unterschiedlichen Zahlen kommen und teilweise auch unterschiedliche Bezeichnungen verwenden. Viele Arten sind überdies vom Aussterben bedroht, so daß es sinnlos ist, die Zahl der Säugetierarten genau angeben zu wollen.
Diese Unschärfen sind überhaupt kein Grund, das Thema im Unterricht nicht zu behandeln, da biologische Einzelheiten hier keine Rolle spielen. Für die Schüler des 3. Schuljahres ist es eine gute und lehrreiche Übung, die Anzahl der Säugetierarten aus der Anzahl der Arten in verschiedenen Ordnungen zu berechnen. Die sehr unterschiedlichen Zahlen (z. B. nur 2 Arten von Elefanten gegenüber 230 Arten von Landraubtieren und etwa 900 Arten von Mäusen) sind ein zahlenmäßiger Ausdruck für die wunderbare Vielfalt der Natur.

Was wird benötigt?

Arbeitsmaterial: Arbeitsblatt (3/24).

Wie kann man vorgehen?

1. Besprechung des Arbeitsblattes
Das Arbeitsblatt "Säugetiere" stellt die verschiedenen Arten nicht gleichförmig dar. Ausführlicher in Erscheinung treten solche Arten, die den Kindern besser bzw. eher bekannt sind. Unter der Rubrik "Sonstige" werden wenig bekannte Arten zusammengefaßt.
Wenn das Arbeitsblatt verteilt ist, sollen sich die Schüler spontan dazu äußern, z. B. darüber, welche Tierarten sie kennen. Im Gespräch muß deutlich werden, daß die Zahlen die Anzahlen der Tierarten, nicht die Anzahlen der Tiere überhaupt, angeben.

2. Bearbeitung des Arbeitsblattes
Nachdem geklärt ist, wie die Artenzahlen Ordnung für Ordnung aufsummiert werden können, bearbeiten die Schüler das Arbeitsblatt. Man erhält als Endergebnis 4226, d. h. es gibt etwa 4200 Säugetierarten. Somit reichen 4 Tausenderbücher fast aus, um alle Säugetierarten festzuhalten.

3. Diskussion
Das Arbeitsblatt regt die Schüler, die durch Sachbücher und Fernsehsendungen über Säugetiere allerlei wissen bzw. aufgeschnappt haben, zu allen möglichen Fragen an, die man im Klassengespräch diskutieren kann. Es ist überhaupt nicht erforderlich, daß alle diese Fragen abschließend beantwortet werden.
Auf jeden Fall muß ausführlich auf die akute Bedrohung auch der Säugetierwelt durch die Zerstörung von Lebensräumen durch den Menschen eingegangen werden.
Die "Rote Liste" gefährdeter Tierarten hat in den 80er Jahren für die Anzahl der Säugetiere in der Bundesrepublik folgende Zahlen ausgewiesen:

Artenzahl lebender Säugetiere	vom Aussterben bedroht	stark gefährdet	gefährdet
87	10	16	11

37 der 87 Arten, das ist weit mehr als ein Drittel, sind mehr oder weniger stark gefährdet!

4.5 Zahlen aus Archiven

Worum geht es?

Zum Abschluß unserer Beispiele für sachstrukturiertes Üben bringen wir Anregungen für die Verwendung von historischem Zahlenmaterial.
Die Entwicklung des Rechnens ist seit den ersten Hochkulturen (Babylonier, Ägypter, Mayas) in enger Beziehung mit der Herausbildung immer ausgedehnterer Staats- und Wirtschaftsverbände verlaufen. Seit Beginn der schriftlichen Überlieferung gibt es daher

Dokumente für die rechnerische Bewältigung von Planungs-, Versorgungs-, Handels-. und Besteuerungsaufgaben. Im Laufe der Jahrhunderte sind diese Aufgaben immer vielfältiger und komplexer geworden, und sie werden heute durch ein differenziertes System von privater Wirtschaft und öffentlicher Verwaltung unter Einsatz der elektronischen Datenverarbeitung wahrgenommen.
Die Verwendung von historischem Material dient nicht nur dazu, das geschichtliche Bewußtsein der Schüler zu fördern, sondern hilft auch, die Prinzipien der Wirtschaftsführung besser zu verstehen, da die betrachteten historischen Kontexte viel leichter zu überschauen sind.

Was soll geübt werden?

Im Rahmen geeigneter Dokumente sollen die Schüler Rechenaufgaben nachvollziehen und dadurch die Grundoperationen üben.

Was wird benötigt?

Demonstrationsmaterial: Zeitleiste (Zahlenstrahl).
Arbeitsmaterial: Kopie eines historischen Dokuments bzw. eine für die Schüler zugänglichere Bearbeitung.

Wie kann man vorgehen?

1. Das Dokument wird zuerst zeitlich und geschichtlich eingeordnet, indem man in kurzen Zügen die damalige politische Situation und die Stellung des Verfassers erläutert.

2. Die Schüler versuchen dann, aus dem Text die Bedeutung der Zahlen und die durchgeführten Rechnungen zu rekonstruieren und prüfen die Ergebnisse (bei umfangreicherem Zahlenmaterial stichprobenartig) mit heutigen Verfahren nach.

Wie könnte es weitergehen?

3. Mit den Schülern könnte überlegt werden, wo und wie ähnliche Aufgaben heute behandelt werden.
Im folgenden betrachten wir vier Dokumente:
- ein altägyptisches Dokument aus dem 18. Jhdt. v. Chr.
- den Cämmerei-Etat der Stadt Orsoy aus dem Rechnungsjahr 1767/1768
- den Bericht des Amtsvogtes Nieberg über den Hanfanbau in Glandorf (bei Osnabrück) aus dem Jahr 1851
- eine Tabelle über die Verteilung von Grund und Boden im Landgerichtsbezirk Schwabach (Mittelfranken) aus dem Jahr 1860.

Das erste dieser Dokumente ist sicherlich von allgemeinem kulturhistorischem Interesse. Die anderen Dokumente sollen den Lesern als Beispiele und als Anregung dienen, mit den Archivaren **ihrer eigenen Kommunen** in Verbindung zu treten und nach ähnlichen Dokumenten zu "graben". Solche **ortsbezogenen** Dokumente lassen sich in Verbindung mit dem heimatkundlichen Sachkundeunterricht erschließen und finden so bei den Kindern mehr Resonanz als Dokumente, die von irgendeinem fremden Ort stammen.

4.5.1 Altägyptisches Dokument

Die Abbildung zeigt eine Seite aus dem Rechnungsbuch des ägyptischen Königshofes um 1800 v. Chr.[1]. Die linke Seite erläutert in Hieroglyphenschrift die rechts stehenden Rechnungen.

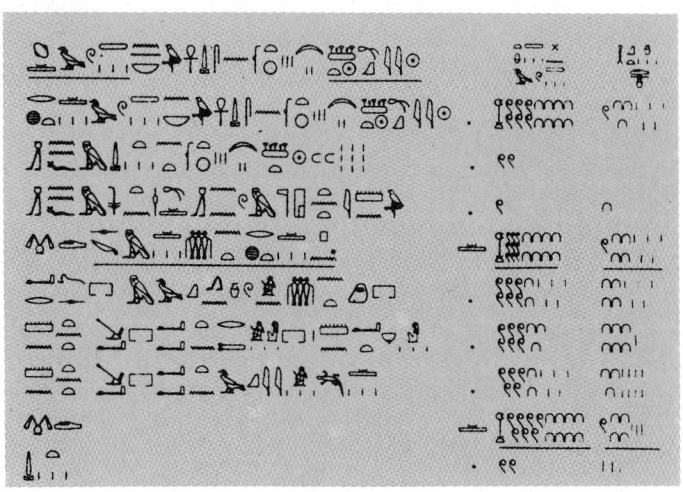

[1] Zeichnung nach Papyrus Boulaq XVIII, 31 nach A. H. Gardiner: Egyptian grammar. Oxford 1927. S. 201.

Die Bedeutung der Seite wird in heutiger Darstellung so wiedergegeben.[1]

Konto der **Einnahmen** des Königs vom Jahre drei, zweiter Monat der Überschwemmung, letzter Tag		Laibe Brot	Krüge Bier
Einnahmen des Königs vom Jahre drei, zweiter Monat der Überschwemmung, letzter Tag		1680	135
wurden ihm gebracht als Überschuß vom Jahre drei, zweiter Monat der Überschwemmung, Tag 29		200	
wurden ihm als des Königs Lebensmittel gebracht, die von dem Amun-Tempel gebracht werden		100	10
	Summe	1980	145
Ausgaben von diesem Betrag			
wurden in den Palast am Eingang des Hausmeisters des Harems gegeben		625	45
Zuteilung für das Arbeitshaus, die den Leuten des Hauses der Kinderfrauen gegeben wird		630	61
Zuteilung für das Arbeitshaus, die den gewöhnlichen Mitgliedern des Haushalts gegeben wird.		525	38
	Summe	1780	143
	Saldo	200	2

Die rechtsstehende Rechnung ist von den Schülern leicht nachzuvollziehen, wenn ihnen die Grundsymbole erklärt werden:

 bedeutet 1000  bedeutet 100  bedeutet 10 bedeutet 1

Sie werden dann feststellen, daß der Schreiber sich bei den Bierausgaben um einen Krug verrechnet hat, weshalb auch der Saldo bei den Bierkrügen nicht stimmt. Unterrichtspraktisch scheint es am sinnvollsten, den Schülern eine Kopie des Originals und die Übersetzung der linken Seite zur Verfügung zu stellen, die Bedeutung der Zahlsymbole zu erklären und die Schüler die rechte Seite in heutiger Symbolik ergänzen zu lassen.

4.5.2 "Cämmerei-Etat" der Stadt Orsoy 1767/1768

Das folgende Dokument[2] gibt den Haushalt ("Cämmerei-Etat") der Stadt Orsoy am Niederrhein (heute Ortsteil der Stadt Rheinberg), aufgeteilt in Einnahmen und Ausgaben wieder, wobei der Einfachheit halber die Rubrik "Pf" (Pfennig) weggelassen wurde, da sie nur 5 Einträge enthält. Die verbleibenden Geldwerte sind "Rthl." (Reichsthaler) und "St." (Stüber, eine damals benutzte Einheit mit der Umrechnung 60 Stüber = 1 Reichsthaler).

Die Unterpunkte jedes Postens werden in einer linken Spalte zunächst für sich notiert, die Teilsumme wird dann in die rechte Hauptspalte übertragen. Die Berechnungen zeigen, daß der Etat in den Einnahmen und Ausgaben ausgeglichen ist.
Einzelne Posten sind für uns heute nicht mehr verständlich. Andere, insbesondere bei den Ausgaben, sind mit den Vorstellungen, die wir von einer mittelalterlichen Stadt (Stadttore, Nachtwächter) haben, gut vereinbar. Daß 60 Stüber = 1 Reichsthaler gilt, läßt sich aus dem Zahlenmaterial ohne weiteres erschließen.
Bemerkenswert ist, daß das Rechnungsjahr nicht wie heute üblich vom 1. 1. bis zum 31. 12. reicht, also nicht mit dem Kalenderjahr übereinstimmt, sondern sich nach dem Kirchenjahr richtet, das jeweils am Dreieinigkeitssonntag (Trinitatis, 1. Sonntag nach Pfingsten) beginnt.

1 Vgl. Lindner, R. u. a.: Planen, Entscheiden, Herrschen. Vom Rechnen zur elektronischen Datenverarbeitung. Hamburg 1984. S. 27.
2 Ottsen, O., Alt-Orsoy, Beiträge zu der Geschichte und des Amtes Orsoy: Selbstverlag des Verfassers, 1935

Cämmerei-Etat
der Stadt Orsoy von Trinitatis 1767 bis Trinitatis 1768.

Einnahmen.

	Rthl.	St.	Pf.	Rthl.	St.
1. Von Cämmerey Stücken, so in Erbpacht ausgetan sind					
a) von Grunland	320				
b) von der Landwehr	37				
				357	
2. An Canones aus Häusern und Gärtens				3	14
3. An Hütungs-Geldern in der Feld Marck, so die Eversaalsche Hauß Leuthe, wegen treibung ihres Viehes, in bemeldter Feld Marck jährlich pro Fixo bezahlen				10	
4. An Interessen von außenstehenden Capitalien:					
1. vom Ludenscheidschen Capital aus der Ober-Steuer-Kasse von 2000 Rthl. a 5%	100				
2. von der Stadt Hamm 500 Rthl. à 4%	20				
3. von der Stadt Cleve 737 36 St. à 4%	29	30	2		
4. aus der Stadts Zinsen Casse von 416 Rthl. 40 St. Capital à 4%	16	40			
5. aus der Landes Credit Casse von einem Capital ad 608 Rthl. 48 St. 1 Pf.	24	21			
				190	31
5. Von Weggeld				26	15
6. Von der Stadts Wage				6	
7. Von verpachteten Gründen				5	55
8. Von verkauftem Holtze				3	9
9. Vom Bier Baum oder ehemaligen Trage Geld vom Getränke					
10. Vom Stand Geld auf den Jahr Märckten					20
11. Vom Zoll Zeichen oder an Gebühren, so die allhier Bürger seyende Schiffer, für das jährliche Attestatum von ihrer Bürgerschaft, zu Genießung der Zoll Freyheit, erlegen				1	7
12. Von Brüchten und Schütt Geld				2	
13. Vom Zwölften Pfenning, oder Abzugs Geld				3	
14. Von neuen Bürgern und Einwohnern				26	
15. An Neglecten Geld (Strafgelder wegen Dienstversäumnis)				1	
16. Von Hafen Geldern					
17. An Zuschub zu den Interessen				175	
18. Von dem in Erbpacht genommenen Fehr				100	
19. An extraordinairem Empfang				4	
				914	27

Ausgabe.

	Rthl.	St.	Pf.	Rthl.	St.
I. ad Salaria.					
1. dem Bürgermeister Haentjens	50				
2. dem 2. Bürgermeister Beyer	25				
3. dem Scheffen Kochius	8				
4. dem Scheffen Lüps	8				
5. dem Rentmeister und Secret. von Oven	110				
6. dem Stadt Boten Weßels	27	30			
7. dem Schulmeister Schunrmann, fürs Vorlesen in der Kirche	5				
8. dem Küster Nimwegen für Stellung der Uhr 48 St. fürs Abend Leuten 4 R. noch wegen eines Hausplatzes am Stadts Hauße 1 „	5	48			
9. dem Pförtner am Kuhtor Henrich Breil	2				
10. dem Pförtner am Rheintor Hagen	2				
11. dem Pförtner am Binsheimer Thor Seewen	1	30			
12. dem Pförtner am Eger Thor Straßmann	1	30			
13. dem Nachtwächter Freeswick	25	30			
14. dem Schweinshirten Breil	5				
15. denen 3. Registratoribus zu Berlin	1				
16. dem Oberbrandmeister Reindering	7			284	48
II. Zum Hafen					
III. Zur Stadts Bau Casse				110	
IV. Zu Schreibmaterialien und Canzley Juribus, Incl. Intelligentz-Zettels				16	
V. Zu Feuerung und Licht				10	
VI. Zu Diäten, Reise- und Zehrungs-Kosten				8	
VII. An Post-Geld und Bothenlohn				6	
VIII. An Höhe Gelder					
IX. An Processe-Kosten				3	
X. An Almosen				2	
XI. An Interessen					
a) Zur Stadts-Zinsenkasse	327	20			
b) Von 163 Rthl. 30 St. Capital à 4%	6	32	3	333	52
XII. An Canones				3	13
XIII. Zur Königl. Rentey Dinslacken, an Erbpacht vom Rhein Fehr				100	
VIX. ad Extraordinaria, woraus aber der Rentmeister Felderhoff, während seiner Pacht-Jahre, 25 Rthl. erhält, so nach deßen Ablauf dem Bürgermeister zufallen				37	33
Summa Ausgabe				914	27

4.5.3 Hanfanbau in Glandorf 1851

Glandorf (ca. 20 km südlich von Osnabrück gelegen) gehörte im 19. Jhdt. zum Königreich Hannover und galt als Zentrum des Hanfanbaus sowie der Verarbeitung des Hanfes zu Seilen und Segeltuch. Am 27. März 1851 gab der damalige Amtsvogt Nieberg dem Königlich-Hannoverschen Amt Iburg (heute Bad Iburg im Teutoburger Wald) einen "Bericht den Hanfanbau im Kirchspiele Glandorf betreffend". Da das in deutscher Schrift verfaßte Originaldokument nur sehr schwer lesbar ist, wird im folgenden ein Auszug angegeben[1]:

„Der Zustand des Hanfanbaues steht in hiesiger Gemeinde in bester Blüte, und ein jeder Einwohner richtet auf den Hanfanbau, da dieser hier eigentlich die hauptsächlichste Erwerbsquelle ist, ein besonderes Augenmerk.
Die Ausdehnung des Hanfanbaues in hiesiger Gemeinde ist daher ziemlich groß.
Es wohnen hier

1.	88 Bauern, von denen jeder 8 Scheffel Hanf sät	704 Scheffel
2.	72 Erbkötter, von denen jeder 5 Scheffel Hanf sät	360 Scheffel
3.	103 Markkötter, von denen jeder 4 Scheffel Hanf sät	412 Scheffel
4.	133 Neubauern, von denen jeder 3 Scheffel Hanf sät	399 Scheffel
5.	200 Heuerleute, von denen jeder 3 Scheffel Hanf sät	600 Scheffel
	auf 1113 Morgen Ackerland. Summa	2475 Scheffel

Die Qualität des gewonnenen Hanfes ist gut, jedoch jährlich nicht gleich und hängt nach dem Urteil Sachkundiger von der Witterung ab.
Von den 1113 Morgen mit Hanf bestelltem Ackerland werden – nachdem der Eigenbedarf für die Haushalte abgezogen worden ist – eingenommen:
1. aus fabrizierten Segeltüchern 24 000 bis 25 000 Reichsthaler
2. aus gebrochenem und gesponnenem Hanf 5000 bis 6000 Reichsthaler.

Durch den Ertrag des Hanfbaues werden daher dem hiesigen Kirchspiel jährlich 30 000 Reichsthaler zugeführt."
Den rechnerischen Kern des Dokumentes bildet die Aufstellung über die jährliche Hanfaussaat, die fünf (halbschriftliche) Multiplikationen und eine (schriftliche) Addition umfaßt. Darauf kann sich die unterrichtliche Behandlung konzentrieren.
Als Flächenmaß wird hier der Morgen verwendet. Das ist ein Stück Land, das ein Gespann an einem Morgen (Vormittag) pflügen kann. Je nach Landschaft betrug ein Morgen 24 bis 34 Ar ≈ 1/3 Hektar.

4.5.4 Tabelle über die Verteilung von Grund und Boden im Landgerichtsbezirk Schwabach 1860

Die Stadt Schwabach (ca. 15 km südlich von Nürnberg gelegen) war bis zur Gebietsreform in den siebziger Jahren Verwaltungszentrum eines Kreises, der zahlreiche Ortschaften umfaßte. Das folgende Dokument aus dem Jahre 1860 gibt eine Übersicht über Grund und Boden in den 28 Gemeinden des damaligen Landgerichtsbezirks nach folgenden Gesichtspunkten[2] aufgeschlüsselt wieder:

Fortlaufende Nummer; Name der Gemeinde; Steuerbare Flächen; Kultiviert/unkultiviert in Tagwerk, Parzellen, davon Wald in Tagwerk; Unsteuerbare Flächen in Tagwerk; Gesamte Fläche in Tagwerk ("Tagwerk" ist ein seinerzeit in Bayern verwendetes Flächenmaß [= 34,07 Ar = 3407 m² ≈ 1/3 Hektar]).
Die Aufstellung enthält zahlreiche Additionsaufgaben.

In jeder Zeile werden die Anzahlen der Tagwerke kultivierten und unkultivierten Landes addiert, und dazu wird die Anzahl der Tagwerke unkultivierten Landes addiert.
Beispiel: Büchenbach, 2012 + 1013 = 3025, 3025 + 60 = 3085
Außerdem werden spaltenweise Summen gebildet. Die Zahlen gehen weit über 1000 hinaus, so daß sich dieser Teil besser für das 4. Schuljahr eignet. Andere Daten des Berichtes (z. B. über die Anzahl der "Seelen", d. h. Einwohner) eignen sich aber durchaus schon für das 3. Schuljahr.

---
[1] Quelle: Staatsarchiv Osnabrück, Rep. 350 Iburg, Amt Iburg, Nr. 4190.
[2] Plank, Sieglinde: Bericht über den königlichen Landgerichtsbezirk Schwabach von 1860. Schriftenreihe des Geschichts- und Heimatvereins Schwabach und Umgebung. Bd. IV. Schwabach 1988.

lfd. №	Name der Gemeinden	Steuerbare Flächen: Cultivirt Tagw.	Parz.	Uncultivirt Tagw.	Parz.	davon Wald	Sa. Tagw.	Unsteuerbare Flächen Tagw.	Gesamt-Summa Tagw.
1.	Büchenbach	2012	1742	1013	437	889.	3025.	60.	3085.
2.	Deutenbach	1571	683	296.	152.	180.	1867.	46.	1913.
3.	Dietersdorf	2262.	1080	1546	278	1441.	3508	96	3604.
4.	Eibach	1141.	724.	5210.	205.	5120.	6351.	214.	6565.
5.	Großschwarzenlohe	1491	1168.	516.	219.	447.	2007.	62.	2069.
6.	Günzersreuth	1823.	1053.	1944.	434.	1826.	3767.	81.	3848.
7.	Gustenfelden	2134.	1468	668.	207.	635.	2802	73.	2875.
8.	Kammerstein	2259.	915.	2095.	271.	1901	4354.	107.	4461.
9.	Katzwang	1498.	982	683.	148	540.	2181.	95.	2276.
10.	Kleinschwarzenlohe	1177.	911.	5472.	273.	5435.	[illegible]	159	6808
11.	Kornburg.	1099.	791.	113.	24.	102.	1212.	42.	1254.
12.	Leerstetten	2244.	1764.	3738.	564.	3677.	5982.	82.	6064.
13.	Ottersdorf.	1728.	1448	2310.	423.	2227.	4038.	64.	4102.
14.	Penzendorf	1695.	1009.	729.	183.	671.	2424.	78.	2502.
15.	Prünst.	2469.	1052.	1824.	307.	1777.	4293.	80.	4373.
16.	Raubersried	1003.	800	5206.	552.	5187.	6209.	70.	6279.
17.	Rednitzhembach	1098.	1047.	571.	275.	517.	1669.	69.	1738.
18.	Regelsbach.	2898.	1252.	1229.	313.	1172.	4127.	80.	4207.
19.	Reichelsdorf.	779.	440.	175.	57.	149.	954.	66.	1020.
20.	Röthenbach b. [illegible]	885.	506.	13.	10.	11.	848.	30.	878
21.	Röthenbach b. [illegible]	728.	399.	2336.	241.	2308.	3064.	73	3137.
22.	Rohr.	2234.	1359.	1023.	365.	914.	3257.	73.	3330.
23.	Schwabach.	2063.	1382	161.	32.	13.	2224.	182.	2406.
24.	Schwand.	1110.	994.	2606.	356.	2504.	3716.	66.	3782.
25.	Unterreichenbach	2581.	1119.	1228.	247.	1152.	3809.	85.	3894.
26.	Walpersdorf.	1281.	1163.	770.	261.	731.	2051.	87.	2138.
27.	Wendelstein.	995.	1204.	1025.	353.	1014.	2020.	94.	2114.
28	Worzeldorf	1399.	810.	514.	132.	476.	1913.	42.	1955.
		45603.	29288	45015.	7319.	43167.	90623.	2358.	92981.

das Landgericht allein

5. Blitzrechnen

Als Abschluß unserer Übungsvorschläge zum 3. Schuljahr möchten wir zehn Blitzrechenübungen anführen, die eine Fortsetzung des entsprechenden Kurses der ersten beiden Schuljahre darstellen. An dieser Stelle sei nochmals daran erinnert, daß wir in unserem Konzept dem Kopfrechnen und dem halbschriftlichen Rechnen eine **zentrale Bedeutung** – unabhängig von den schriftlichen Rechenverfahren – beimessen. Damit der etwas diffuse Bereich "Kopfrechnen" besser greifbar wird, haben wir von Anfang an einen Kernbereich von genau definierten Fertigkeiten, pro Schuljahr 10 an der Zahl, ins Auge gefaßt, die durch systematische Übung möglichst bis zur „blitzartigen" Verfügbarkeit verankert werden sollen.
Damit diese "Blitzrechenfertigkeiten" von Verständnis getragen sind, darf ihre gezielte Einübung erst dann beginnen, wenn eine sichere Anschauungsgrundlage geschaffen worden ist, und sie muß anfänglich noch von anschaulichen Stützen begleitet sein.

B 1 "Verdoppeln und Halbieren (im Hunderter)"

Im 2. Schuljahr wurde unter dieser Überschrift nur das Verdoppeln von Fünfer- und Zehnerzahlen (5, 10, 15, 20, 25, ...) und das Halbieren von reinen Zehnern behandelt. Jetzt wird diese Fertigkeit auf das Verdoppeln beliebiger Zahlen mit leichter Überschreitung des Hunderters und das Halbieren gerader Zahlen ausgedehnt.

1. Man zeigt mit Hilfe des Zahlwinkels an der Hunderterfeld-Folie Zahlen. Die Schüler nennen jeweils das Doppelte.
2. Man zeigt an der Hunderterfeld-Folie mit dem Zahlwinkel eine **gerade** Zahl. Die Schüler nennen jeweils die Hälfte.
3. Übung des "Verdoppelns" und "Halbierens" ohne Stütze unter operativer Variation der Aufgaben.

Beispiel: Halbieren

Lehrer	100	50	52	72	70	80	78
Schüler	50	25	26	36	35	40	39

B 2 "Einmaleins (Umkehrung)"

Die Blitzrechenfertigkeit "Einmaleins" im 2. Schuljahr umfaßte auch schon die Nennung von 1x1-Aufgaben zu vorgegebenen Ergebnissen.

Beispiel: L.: 24
S.: $8 \cdot 3$, $3 \cdot 8$, $6 \cdot 4$, $4 \cdot 6$

Nun wird die Fertigkeit auf Divisionsaufgaben ausgedehnt.

Beispiel:

L.:	24 : 8	40 : 8	40 : 4	20 : 4	20 : 5
S.:	3	5	10	5	4

Anfänglich dürfen die Schüler noch den 1x1-Plan als Stütze heranziehen.

B 3 "Zählen in Schritten"

Beginnend bei vorgegebenen Zahlen sollen die Schüler vorwärts bzw. rückwärts in 1er, 5er, 10er, 20er, 25er, 50er und 100er Schritten zählen, bis sie durch "Stop" angehalten werden. Bei 1er Schritten darf die Startzahl beliebig sein, bei 10er Schritten muß sie eine Zehnerzahl, bei 20er Schritten eine "20er Zahl" (20, 40, 60, 80, 100, 120, ...), bei 25er Schritten eine "25er Zahl" (25, 50, 75, 100, 125, ...) usw. sein.
Die Schüler dürfen anfänglich das Tausenderbuch benutzen.

Beispiele: L.: "Zählen in 25er Schritten, vorwärts, von 150 aus"
S.: "150, 175, 200, 225, 250, 275, 300"
L.: "Stop"
"Zählen in 100er Schritten, rückwärts, von 600 aus"
S.: "600, 500, 400, 300, 200, 100, (0)"

Diese Übung ist sehr wichtig für die Einsicht in Untergliederungen des Tausenderraums, die durch die zehn Hunderter vorgegeben sind (vgl. 2. Schj., Blitzrechenübung B 3).

B 4 "1000 teilen"

Bereits bei der Orientierung im Tausender haben die Schüler gesehen, daß sich 1000 ohne Rest in 2, 4, 5, 8 und 10 Teile teilen läßt: 1000 = 2 mal 500, 1000 = 4 mal 250, 1000 = 5 mal 200, 1000 = 8 mal 125, 1000 = 10 mal 100.
Diese Zerlegungen müssen von der Anschauung ausgehend (Tausenderfeld oder Tausenderstrahl) in die automatisch verfügbare innere Vorstellung überführt werden. Es empfehlen sich auch Sprechweisen wie "Die Hälfte von 1000", "Ein Fünftel von 1000", "Ein Achtel von 1000", "Ein Zehntel von 1000".

B 5 "Ergänzen bis 1000"

Die Schüler ergänzen vorgegebene Zahlen bis 1000.

Beispiel: L.: 326 ?
S.: 326 + 674 = 1000

Eine sehr gute anschauliche Stütze bieten hier die Vorder- und Rückseite des Tausenderbuchs. Es ist sehr hilfreich, der Sprechweise folgend zuerst die Hunderter, dann die Einer und zuletzt die Zehner der Ergänzungszahl zu bestimmen und gleichzeitig zu sprechen: Sechshundert ______ vierund ______ siebzig". Den Schülern kann anhand einiger Beispiele deutlich werden, daß sie den jeweils "angefangenen" Hunderter (bei 326 etwa ist dies der 4. Hunderter) nicht zu den ergänzten Hundertern rechnen dürfen. Die Ergänzungszahl von 326 beginnt nämlich nicht mit 7, sondern mit 6.

B 6 "Leichte Plus- und Minusaufgaben"

In Fortsetzung der entsprechenden Fertigkeit des 2. Schuljahrs geht es hierbei um die Addition/Subtraktion von Einern, **reinen** Zehnern und **reinen** Hundertern innerhalb des Tausenderraumes, z. B. 356 + 5, 356 + 70, 356 + 400.
Wenn die Schüler bei solchen Aufgaben eine gewisse Geläufigkeit besitzen, kann man Kettenaufgaben stellen:

$356 \xrightarrow{+5} \_\_\_ \xrightarrow{+400} \_\_\_ \xrightarrow{-40} \_\_\_ \xrightarrow{+6} \_\_\_$

B 7 "Verdoppeln und Halbieren (im Tausender)"

Im Rahmen des Blitzrechnens werden das Verdoppeln und das Halbieren im Zahlenraum von 100 bis 1000 auf reine Zehnerzahlen eingeschränkt (10, 20, 30, ..., 100, 110, ...). Zur anfänglichen Abstützung wird das Tausenderfeld herangezogen. Es ist sinnvoll, bei der Aufgabenstellung operativ zu variieren, damit die Schüler Zahlen in Beziehung zueinander setzen.

Beispiele:

Verdoppeln	L.:	100	110	220	210	310	410	400	390	
	S.:	200	220	440	420	620	820	800	780	
Halbieren	L.:	100	200	400	420	300	320	310	300	290
	S.:	50	100	200	210	150	160	155	150	145

B 8 "Einer mal Zehner"

Diese Aufgaben sollten analog zum 1x1 entwickelt werden, d.h. von den kurzen Reihen aus (vgl. Bd.1, S.151).

Beispiel:

Kernaufgaben: 1 · 40 = 40, 2 · 40 = 80, 5 · 40 = 200, 10 · 40 = 400

Abgeleitete Aufgaben: 3 · 40 = 80 + 40 = 120, 4 · 40 = 200 − 40 = 160, 6 · 40 = 200 + 40 = 240
7 · 40 = 200 + 80 = 280, 8 · 40 = 400 − 80 = 320, 9 · 40 = 400 − 40 = 360

Die Analogie zu den 1 · 1-Aufgaben ergibt sich aus der Gegenüberstellung

1·4Z,	2·4Z,	3·4Z,	4·4Z,	5·4Z,	6·4Z,	7·4Z,	8·4Z,	9·4Z,	10·4Z
4Z	8Z	12Z	16Z	20Z	24Z	28Z	32Z	36Z	40Z
40	80	120	160	200	240	280	320	360	400

B 9 "Mal 10"

Die Schüler sollen die Multiplikation zweistelliger Zahlen mit 10 vorstellungsmäßig im Kopf ausführen können, indem sie von der Darstellung dieser Aufgaben am Tausenderfeld ausgehen.

B 10 "Quadratzahlen bis 400"

Unterstützt durch das 400er-Feld kann die Reihe der Quadratzahlen, die im 2. Schuljahr bis 10 · 10 = 100 gelernt wurde, fortgesetzt werden:

11 · 11 = 121, 12 · 12 = 144, 13 · 13 = 169, 14 · 14 = 196, 15 · 15 = 225, 16 · 16 = 256, 17 · 17 = 289, 18 · 18 = 324, 19 · 19 = 361, 20 · 20 = 400.

Die Darstellung des 400er-Feldes läßt sich zum Malkreuz verkürzen, und in dieser Form können die Quadratzahlen berechnet werden.

•	10	1
10	100	10
1	10	1

120 + 1

•	10	2
10	100	20
2	20	4

140 + 4

•	10	5
10	100	50
5	50	25

200 + 25

•	10	10
10	100	100
10	100	100

400

Man sieht daran, daß die Folge der Einerziffern dieselbe ist wie bei der Quadratzahlreihe bis 100: 1, 4, 9, 6, 5, 6, 9, 4, 1, 0.

Viertes Schuljahr: Der Zahlraum bis 1 Million und darüber hinaus

In der traditionellen Didaktik wird die Erweiterung des Zahlraumes über Tausend hinaus im wesentlichen nur anhand der Stellentafel behandelt, wobei in Schritten vorgegangen wird: zunächst bis 10000 (oft noch als quadratisches Punktmuster dargestellt), dann bis 100000 und schließlich bis 1000000. Dieses Vorgehen findet sich in der Regel auch in den Schulbüchern.
Im Gegensatz dazu halten wir es für unbedingt notwendig, auch den Millionraum **anschaulich und in einem Zug** einzuführen, damit er als ganzheitliche Vorstellung verfügbar ist. Das geeignete Mittel hierzu ist das **Millionbuch,** in dem die Million über Tausend, Zehntausend und Hunderttausend genauso aufgebaut wird wie im Tausenderbuch der Tausender über Einer, Zehner, Hunderter:

	Einzelfeld	Zeile	Seite
Tausenderbuch:	Einer	Zehner	Hunderter
Millionbuch:	Tausender	Zehntausender	Hunderttausender
Milliardebuch:	Million	Zehnmillionen	Hundertmillionen

Jedesmal werden 10 Einheiten zu einer Zeile, 10 Zeilen zu einer Seite und 10 Seiten zu dem nächstgrößeren Buch vereinigt, das die nächste Einheit verkörpert. Es werden also immer 1000 Einheiten zu einer neuen großen Einheit vereinigt: Wie man aus 1000 Tausendern eine Million erhält, so ergeben sich die Milliarde aus tausend Millionen, die Billion aus tausend Milliarden usw. Beim Schreiben und Sprechen großer Zahlen tritt diese Dreigliederung deutlich hervor.
Die Übertragung der Tausenderstruktur auf immer größere Zahlräume erlaubt eine nahtlose Fortführung der halbschriftlichen und schriftlichen Verfahren aus dem Tausenderraum auf größere Zahlen. Bei größeren Zahlen gewinnt das Runden und Schätzen insbesondere auf volle Tausender an Bedeutung. Da sich mit vollen Tausendern genauso rechnen läßt wie mit Einern, kann hier das Kopfrechnen und das halbschriftliche Rechnen des 3. Schuljahrs nutzbringend angewandt werden.
Unsere Vorschläge für das vierte Schuljahr beginnen wie gewohnt mit Orientierungsübungen. Wie in den früheren Kapiteln folgen dann längere Abschnitte über Addition und Subtraktion sowie über Multiplikation und Division. Nach sachstrukturierten Übungen zu allen wichtigen Größenbereichen setzt der fünfte Abschnitt „Blitzrechnen“ den Schlußpunkt.

1. Orientierungsübungen

Das quadratisch zusammengefaltete **Tausenderbuch** ist eine plastische Veranschaulichung der Einheit "1 Tausend". Ausgehend von dieser Einheit stellen wir ein **Millionbuch** her, in dem alle Zahlen von 1 bis 1 Million geordnet ihren Platz finden.
Das Operieren am Millionbuch, das nicht völlig im Rahmen der Anschauung erfolgen kann, sondern z.T. in der Vorstellung erfolgen muß, findet Parallelen im Operieren aller Schüler an der Stellentafel und an geeigneten Ausschnitten des Zahlenstrahles.
Die bereits im 4. Schuljahr durchgeführten Orientierungs- und Koordinierungsübungen können dabei auf den Zahlraum bis 1 Million übertragen werden.

1.1 Übungen am Millionbuch

Worum geht es?

In Analogie zum Tausenderbuch soll eine anschauliche Vorstellung vom Zahlraum bis zu einer Million gegeben werden.

Was soll geübt werden?

Orientierung im Zahlraum bis zu einer Million: Aufbau und Zerlegen von Zahlen bis zu einer Million (z.B. 139347 = 139 T + 347 E), Ordnen von Zahlen bis zu einer Million, Aufbau und

Einteilung der Million durch Z, H, T, ZT, HT, Zerlegung der Million (Hunderttausend, Zehntausend) in 2, 3, 4, ..., 10 Teile, Benennung von Nachbartausendern (ZT, HT), Ergänzen von Zahlen zum nächsten T (ZT, HT, M).

Was wird benötigt?

Demonstrationsmaterial: Kreide bzw. 10 Packpapierbögen (Größe 1 m × 1 m) mit dicken Filzstiften zur Herstellung des Millionbuches, Lineal (länger als 1 Meter), Pappe (1 m × 1 m) zur Herstellung einer Schablone, Zeigestock. Packpapierrollen von 1 m Breite sind im Handel erhältlich.
Arbeitsmaterial: Tausenderbücher.

Wie kann man vorgehen?

1. Herstellung des Millionbuches
Das Millionbuch entsteht dadurch, daß 1000 quadratische zusammengeklappte Tausenderbücher genauso angeordnet werden wie die Einer im Tausenderbuch. Aufgeklappt bedeckt das Millionbuch daher eine Fläche von $1\ \text{m} \cdot 10\ \text{m} = 10\ \text{m}^2$. Das Klassenzimmer reicht zum Aufmalen eines Millionbuches in der Regel nicht aus. Wir empfehlen daher, es auf dem Schulhof mit Kreide oder in der Turnhalle (Pausenhalle) mit einem Filzstift auf Packpapier aufzuzeichnen. Erleichtert wird die Konstruktion dadurch, daß man vorher aus Karton oder Sperrholz eine Schablone des Formats $1\ \text{m} \cdot 1\ \text{m}$ anfertigt und deren Rand mit Marken im Abstand von 10 cm versieht bzw. sofort die Zerlegung in $100 = 10 \cdot 10$ Teilquadrate aufprägt.

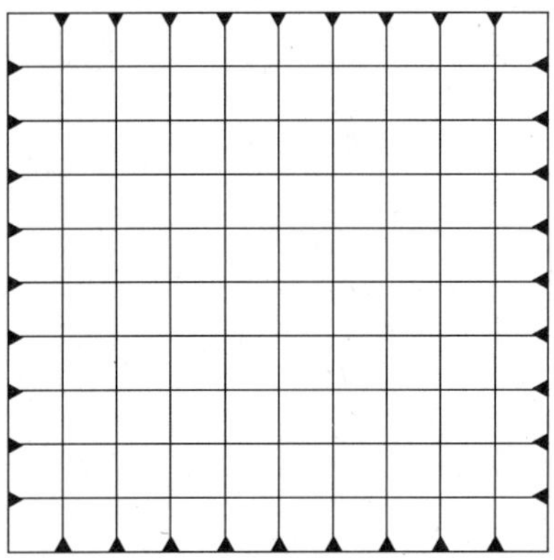

Schablone
mit Einkerbungen
am Rand
(1 m x 1 m)

Für die folgende Unterrichtseinheit ist sicherlich mehr als eine Schulstunde zu veranschlagen. Die beschriebene Konstruktion kann an verschiedenen Stellen unterbrochen und später wieder aufgenommen werden.

1. Schritt: Herstellung eines Hunderttausenderquadrats
Die erste Stunde (Konstruktion der 1. Seite des Millionbuchs, also des Hunderttausenders) kann noch im Klassenzimmer stattfinden.
Man teilt den Kindern zu Beginn mit, daß ein Millionbuch hergestellt werden soll, in dem alle Zahlen von 1 bis 1 Million geordnet ihren Platz finden können. Mit der Schablone wird nun das erste Quadrat gezeichnet und mit Hilfe der Randmarken und eines Lineals oder einer geraden Latte in 100 Teilquadrate zerlegt.
Damit sind die Plätze für die ersten 100 Tausender geschaffen. Man nimmt das erste Tausenderbuch, faltet es auf und zählt, natürlich nur andeutungsweise, bis 1000. Wenn 1000 erreicht ist, faltet man es zusammen und legt es auf den 1. Platz. Dann nimmt man das zweite Tausenderbuch: *"Wer kann weiterzählen?"* Wieder wird andeutungsweise diesmal von 1001 bis 2000 gezählt, bevor das Tausenderbuch auf den 2. Platz gelegt wird. Dann zeigt man den Kindern, daß man Tausenderbuch um Tausenderbuch durchzählen und ablegen kann.
Sind etwa schon 23 Tausenderbücher gelegt, und ist das 24. Tausenderbuch (das letzte in der Klasse) einzuordnen, so können wir zählen: 23 001, 23 002, 23 003, ..., 23 099, 23 100, 23 101, ..., 23 699, 23 700, 23 701, ..., 23 998, 23 999 und 24 000.
Die Kinder erkennen zunehmend, daß der Zählprozeß ganz systematisch abläuft und z.B. beim Kilometerzähler des Autos realisiert ist. Sind die Tausenderbücher der Klasse erschöpft, so müssen sich die Kinder die weitere Konstruktion vorstellen. Um die Tausenderbücher wieder verfügbar zu machen, schreiben wir für das erste Tausenderbuch (den ersten vollen Tausender) 1 T, für das zweite Tausenderbuch (den zweiten vollen Tausender) 2 T usw. auf die entsprechenden Plätze im Millionbuch. Nun kann man z.B. den Platz von 38 943 finden. Man muß den 38. Tausender suchen (38 volle Tausenderbücher), dann den 39. Tausender an einem aufgelegten Tausenderbuch auffalten und dort 943 suchen.

Auffinden von 38 943 im Millionbuch

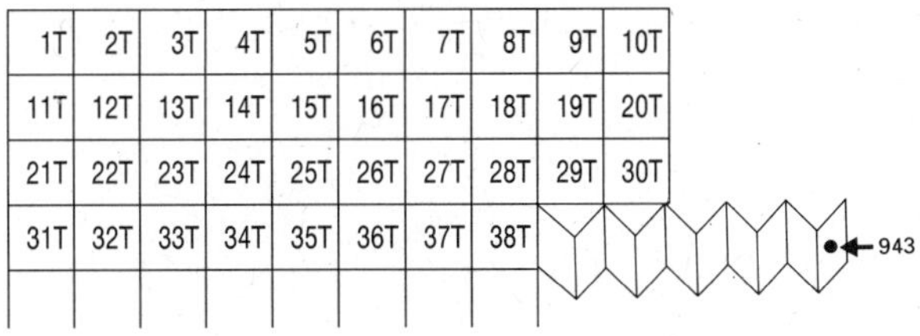

Dies führen wir dann exemplarisch an einigen Zahlen im Zahlraum bis 100 000 durch, bis es von den Kindern verstanden worden ist.

2. Schritt: Herstellung des vollen Millionbuchs
Nach der Konstruktion der 1. Seite geht man mit den Schülern auf den Schulhof bzw. in die Pausen- oder Turnhalle und konstruiert nach dem obigen Schema die weiteren Seiten des Millionbuches. Zur besseren Orientierung sollten einige Plätze, insbesondere die wichtigen Schwellen: 100 T, 101 T, ..., 199 T, 200 T, 201 T, ..., 299 T, 300 T, 301 T usw., ähnlich wie im kleinen Tausenderbuch bezeichnet werden. Ist das Millionbuch fertig, dann können alle Zahlen bis 1 000 000 eingeordnet werden. Für 137 759 etwa stellen wir uns 137 volle Tausender(-bücher) vor (eine volle Seite Tausender und 37 auf der zweiten Seite), nehmen den 138. Tausender, angedeutet durch ein Tausenderbuch, falten ihn auf und suchen dort die Zahl 759.

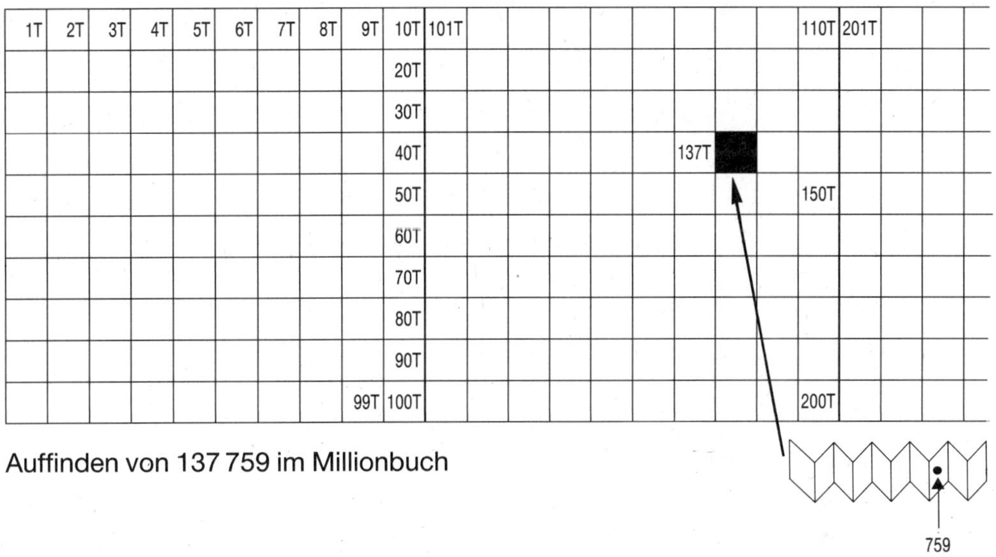

Auffinden von 137 759 im Millionbuch

Hinweis: Es ist ratsam, für den Schulhof Ölkreide zu verwenden. Das Millionbuch ist dann haltbarer und kann auch in späteren Schulstunden noch zu Hilfe gezogen werden. Außerdem können sich die Kinder in der Pause mit ihm beschäftigen.

2. Zählen in Schritten
Am Millionbuch sollte in Tausender-, Zehntausender-, Fünfzigtausender-, Hunderttausenderschritten vorwärts und rückwärts gezählt werden.
Zunächst ist es sinnvoll, mit ganzen Tausendern zu zählen:

1000, 2000, 3000, ..., 99 000, 100 000, 101 000, ... oder auch 10 000, 20 000, ..., 90 000, 100 000, 110 000, ... oder 7000, 17 000, 27 000, 37 000, ..., 97 000, 107 000, ... oder rückwärts 1 000 000, 990 000, 980 000, ..., 900 000, 890 000, ...

Besonderes Augenmerk muß auf die Übergänge von einer Seite des Millionbuches zur anderen gerichtet werden. Beim Zählen können die Felder durch die Schüler jeweils mit einem Zeigestock angetippt werden. Die Orientierung am Millionbuch sind die Schüler vom Tausenderbuch her gewohnt. Wenn die Schüler mit dem Millionbuch schon etwas vertraut sind, ist es auch möglich, von einer „krummen" Zahl aus weiterzählen zu lassen.

Beispiel: 150, 1150, 2150, 3150, ...
13 400, 23 400, 33 400, ...
99 400, 100 400, ...
11 111, 21 111, 31 111, 41 111, ...

Das Vorgehen kann am Millionbuch mit Hilfe von Tausenderbüchern erklärt werden.

3. Wieviele Z, H, T, ZT, HT hat eine Million?

Jeder Stellenwert hat im Millionbuch seine Bedeutung:

Z (= Zehn) ist eine Zeile im Tausenderbuch,
H (= Hundert) ist eine Seite im Tausenderbuch,
T (= Tausend) ist ein volles Tausenderbuch,
ZT (= Zehntausend) ist eine Zeile im Millionbuch, also zehn Tausenderbücher,
HT (= Hunderttausend) besteht aus einer Seite im Millionbuch, d.h. aus hundert Tausenderbüchern oder aus zehn Zeilen im Millionbuch, d.h. aus zehn Zehntausendern,
M (= Million) ist das volle Millionbuch.

Es besteht aus 10 Seiten, d.h. 10 Hunderttausendern,
10 · 10 = 100 Zeilen, d.h. 100 Zehntausendern,
1000 Tausenderbüchern, d.h. 1000 Tausendern,
10 · 1000 = 10000 Tausenderbuchseiten, d.h. 10000 Hundertern,
100 · 1000 = 100000 Tausenderbuchzeilen, d.h. 100000 Zehnern.

Zusammengefaßt: 1 M = 10 HT = 100 ZT = 1000 T = 10000 H = 100000 Z
1 HT = 10 ZT = 100 T = 1000 H = 10000 Z
1 ZT = 10 T = 100 H = 1000 Z

Anmerkung: Zehntausend läßt sich noch dadurch veranschaulichen, daß man zehn kleine Tausenderbücher ausgebreitet untereinander legt. Es ergibt sich ein Quadrat von 1 Meter Seitenlänge mit 100 · 100 Punkten, auf dem 10 · 10 = 100 Hunderterfelder zu sehen sind. Da jeder Hunderter aus zehn Zehnern besteht, erhält man 100 · 10 = 1000 Zehner.

4. Zerlegungsübungen

Ähnlich wie im Tausenderbuch können am Millionbuch Zerlegungsübungen durchgeführt werden. Wir schlagen vor, Zehntausend, Hunderttausend sowie eine Million in 2, 4, 5, 8, 10, aber auch in 3, 6, 9 Teile zu zerlegen und illustrieren dies an ausgewählten Beispielen:

Zerlegung von Zehntausend (ZT):
Mit Hilfe von 10 Tausenderbüchern wird klar:
1 ZT : 10 = 1000
1 ZT : 5 = 2000
1 ZT : 2 = 5000

Aufgabe: 1 ZT : 4 (10000 : 4)
Zuerst werden 8 Tausenderbücher aufgeteilt, man erhält 2 T. Dann werden 2 Tausender aufgeteilt, man erhält 500, also 1 ZT : 4 = 2500.

Zerlegung von einer Million (M):
Aufgabe: 1 M : 8 (1000000 : 8)
Zunächst werden 8 Seiten des Millionbuches aufgeteilt, man erhält 1 Seite, also 1 HT. Dann werden 2 Seiten des Millionbuches (also 200 T) aufgeteilt, man erhält 25 T, d.h. 1 M : 8 = 125 T.

Aufgabe: 1 M : 9 (1000000 : 9)
Zunächst werden 9 Seiten aufgeteilt, man erhält 1 Seite, also 1 HT. Dann wird 1 Seite (100 T) aufgeteilt, man erhält 11 T, es bleibt ein Rest von 1 T. 1000 haben wir bereits im 3. Schuljahr am Tausenderbuch in 9 Teile zerlegt und wir erhielten 111 Rest 1.
Insgesamt ergibt sich somit:
1 Million : 9 = 1 HT + 11 T + 111 Rest 1 = 111 111 Rest 1.

5. Nachbartausender, -zehntausender, -hunderttausender

Zu einer vorgegebenen Zahl sollen die Schüler den Nachbartausender, -zehntausender, -hunderttausender bestimmen können:

Beispiel:

138951	Nachbartausender	138000 = 138 T 139000 = 139 T
138951	Nachbarzehntausender	130000 = 13 ZT 140000 = 14 ZT
138951	Nachbarhunderttausender	100000 = 1 HT 200000 = 2 HT

Dies wird durch die Stellung der Zahl im Millionbuch verdeutlicht.

6. Ergänzungsübungen
Schließlich kann am Millionbuch eine vorgegebene Zahl leicht zum nächsten Tausender, Zehntausender, Hunderttausender bzw. zur Million ergänzt werden.

Beispiel: 138951 zur Million ergänzen
Die Ergänzung zum nächsten Tausender erfolgt wie im 3. Schuljahr im angefangenen Tausender (Tausenderbuch). Die Ergänzung zum nächsten Zehntausender muß eine volle Zeile im Millionbuch ergeben, die Ergänzung zum nächsten Hunderttausender eine volle Seite. Über die fehlenden Seiten (Hunderttausender) gelangen wir leicht zur Million.

$138951 \underbrace{+ 49}_{\text{Ergänzung im Tausenderbuch}} + \underbrace{1\,T + 6\,ZT + 8\,HT}_{\text{Ergänzung im Millionbuch}} = 1\,M$

oder 138951 + 861 049 = 1000000

Die vollen Tausenderbücher, Zeilen und Seiten können jeweils am Millionbuch mit dem Zeigestock angetippt werden.

1.2 Übungen am Leerstrahl

Worum geht es?

Es ist unmöglich, die Million auf dem Zahlenstrahl darzustellen. Würden wir 1 mm als Einheit nehmen, so ergäbe sich für eine Million eine 1000 m = 1 km lange Strecke. Wir müssen uns deshalb mit Ausschnitten bzw. vergrößerten Ausschnitten des Zahlenstrahls begnügen. Sehr nützlich ist hierfür der sog. "Leerstrahl". Die 13 Striche des Leerstrahls können je nach Bedarf als Einer, Zehner, Hunderter, Tausender, Zehntausender, ... gedeutet werden, so daß verschiedene Untergliederungen des Zahlenstrahls sichtbar werden.

Was soll geübt werden?

Die Übungen von Abschnitt 1.1 sollen soweit wie möglich auch am Leerstrahl durchgeführt werden, insbesondere:
Zählen in Schritten, Ordnen von Zahlen, Zerlegungsübungen.

Was wird benötigt?

Demonstrationsmaterial: Leerstrahl an der Tafel oder Magnettafel.
Arbeitsmaterial: Arbeitsheft.

Wie kann man vorgehen?

Am Leerstrahl (Tafel bzw. Magnettafel) werden Aufgaben des folgenden Typs behandelt:
a) *Zähle weiter!*

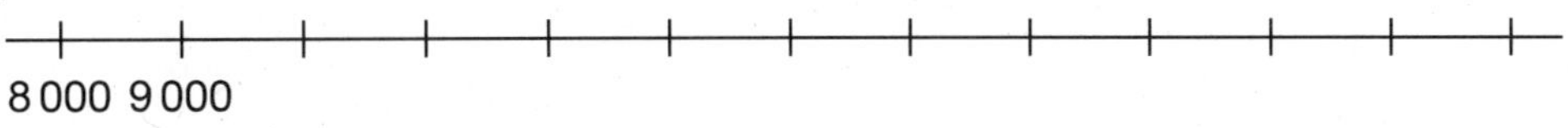

b) *Ergänze die fehlenden Zahlen!*

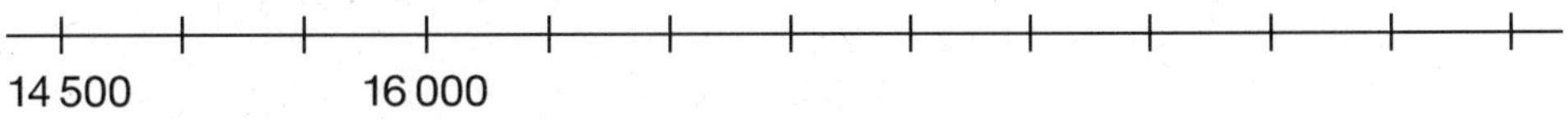

c) *Ergänze die fehlenden Zahlen!*

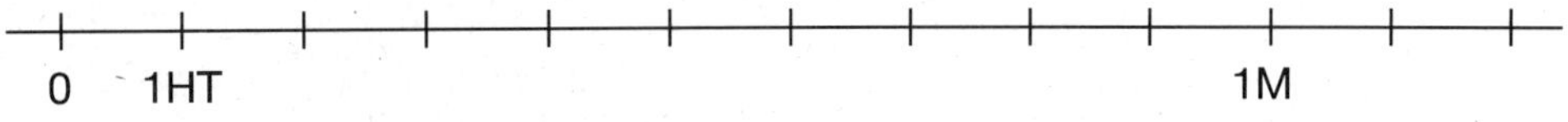

In welchem Abschnitt steht 790 000?

d) *Wie heißen die fehlenden Zahlen?*
Nenne jeweils Vorgänger und Nachfolger!

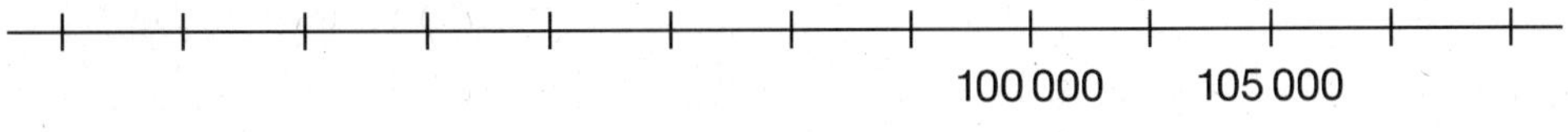

e) *Für welche Zahlen stehen die Buchstaben?*

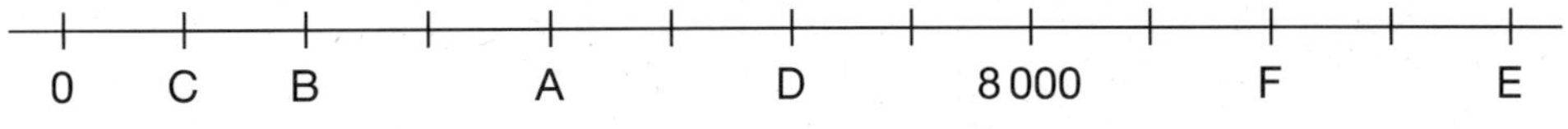

f) *Welche Zahlen gehören dazwischen?*

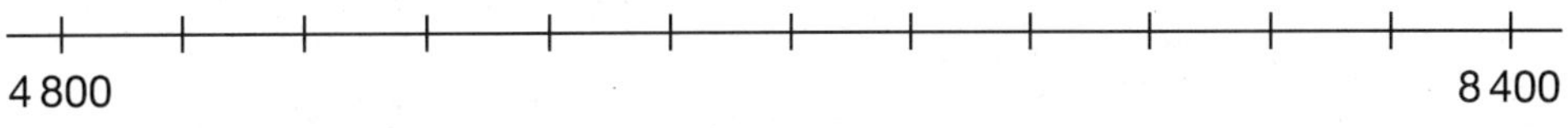

1.3 Übungen an der Stellentafel und mit Ziffernkärtchen

Worum geht es?

Die Stellentafel wird auf sieben Stellenwerte E, Z, H, T, ZT, HT, M erweitert, und die entsprechenden Übungen des 3. Schuljahrs werden übertragen.

Was soll geübt werden?

Darstellen von Zahlen mit Plättchen und mit Ziffern an der Stellentafel.

Was wird benötigt?

Demonstrationsmaterial: Große Stellentafel an der Magnettafel, Magnetwendeplättchen, Ziffernkarten für die Magnettafel.
Arbeitsmaterial: Kleine Stellentafeln für die Schüler mit Wendeplättchen, Ziffernkärtchen.

Wie kann man vorgehen?

1. Einführende Lege- und Schiebeübungen
Vorgegebene Zahlen werden in der Stellentafel dargestellt, und umgekehrt werden Darstellungen in Zahlen übersetzt. Dabei können Zahlen durch Verschieben, Hinzufügen oder Wegnehmen eines Plättchens variiert werden.

Beispiele: Lege 517 162! Lösung:

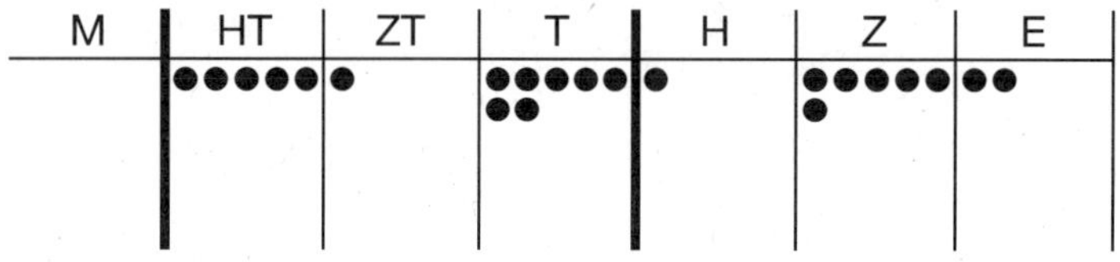

Welche Zahl ist hier gelegt?

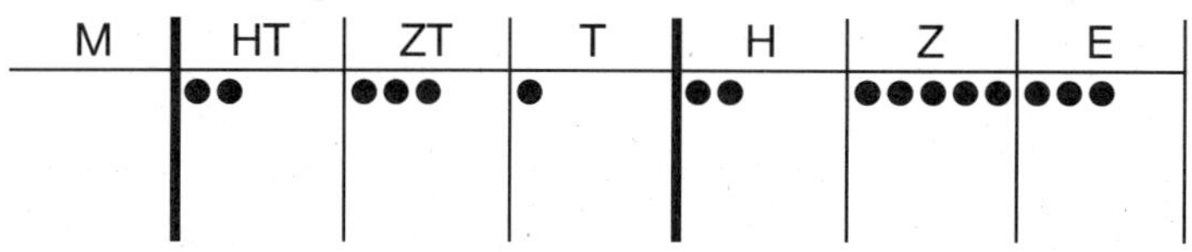

Lösung: 231 253

Welche Zahl kann man ausgehend von 231 253 durch Wegnehmen, Hinzufügen, Verschieben eines einzigen Plättchens erhalten?

Hinzufügen:	Wegnehmen:	Verschieben:	
331 253	131 253	131 254	321 253
241 253	221 253	131 263	222 253
232 253	230 253	131 353	221 353
231 353	231 153	132 253	221 263
231 263	231 243	141 253	221 254
231 254	231 252	usw. (Es gibt 20 weitere Möglichkeiten.)	

2. Wechselübungen
Eine Zahl, z. B. 231 253, kann auf verschiedenste Weise in Stellenwerte zerlegt werden, z. B.

231 253 = 231 T + 253 E
= 23 ZT + 12 H + 53 E
= 2312 H + 53 E = …

Hierzu decken die Schüler bestimmte Stellenwerte ab und können dann die Zahlgruppe ablesen. Das Verständnis hierfür wurde am Millionbuch erarbeitet.

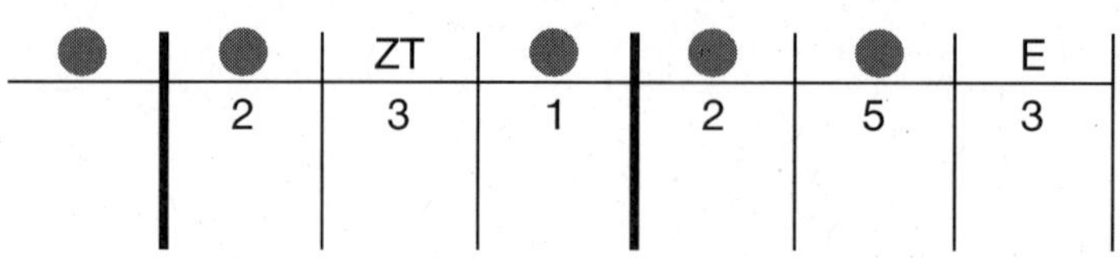

231 253 =
23 ZT + 1253 E

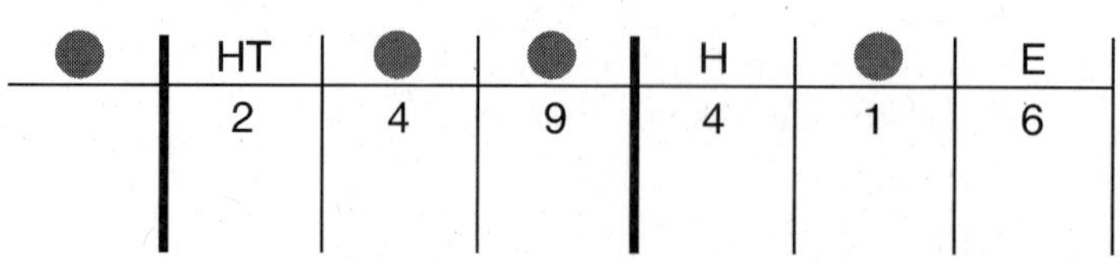

249 416 =
2 HT + 494 H + 16 E

3. Kombinatorische Übungen
Welche Zahlen sind mit einem Plättchen darstellbar?
Lösung:
1 000 000, 100 000, 10 000, 1000, 100, 10, 1
Mit genau zwei Plättchen?
Lösung:
2 000 000, 200 000, 20 000, 2 000, 200, 20, 2,
aber auch
1 000 001, 1 000 010, 1 001, 101 usw.

4. Übungen mit Ziffernkärtchen
Aus den zehn Ziffern 0, 1, 2, 3, 4, 5, 6, 7, 8, 9, die jedoch alle **nur einmal** vorhanden sind, kann man Zahlen legen. Mögliche Aufgabenstellungen:
- *Lege die kleinste Zahl größer als 10 000 (100 000, 1 Million)!*
  Lösung: 10 234 (102 345, 1 023 456)
- *Lege die größte Zahl kleiner als 10 000 (100 000, 1 Million)!*
  Lösung: 9876 (98 765, 987 654)
- *Lege eine Zahl möglichst nahe bei 20 000!*
  Lösung: 19 876 (Unterschied ist 124)
- *Lege Zahlen aus den Ziffern 3, 4, 5, 6!*
  Lösung: 24 Möglichkeiten zwischen 3456 und 6543

1.4 Wieviel ist 1 Million?

Worum geht es?

Die Million und ihr Aufbau aus Hunderttausendern, Zehntausendern und Tausendern kann auch bei dezimal strukturierten Größen veranschaulicht und bei Umrechnungen im Verlauf des 4. Schuljahres und auch später immer wieder benutzt werden.

Was soll geübt werden?

Parallele Betrachtung von Größen und Zahlen, Umrechnen dezimal strukturierter Größen.

Was wird benötigt?

Demonstrationsmaterial: Landkarte der Bundesrepublik Deutschland.

Wie kann man vorgehen?

Eintausend Tausender ergeben eine Million, und da 1 Kilometer genau aus 1000 Metern besteht, ergeben 1000 Kilometer genau 1000 mal 1000, also 1 Million Meter. Dies ist etwa die Nordsüdausdehnung der Bundesrepublik Deutschland. Anschaulich: Wenn sich 1 Million Kinder an der Hand fassen, so ergibt dies eine Kette von Flensburg nach Berchtesgaden. *Wie viele Meter (Kilometer), von Flensburg aus in Richtung Süden gerechnet, stünde das 10., 100., 1000., 10 000., 100 000., 200 000., ... Kind?*
Ein Zahlenstrahl von 0 bis 1 Million, bei dem die Zahlen im Abstand von nur 1 Millimeter stünden, hätten immer noch die Länge von einem Kilometer (vgl. Unterrichtseinheit "1000 Meter" im 3. Schuljahr), 1 km = 1000 m, 1 m = 1000 mm, 1 km = 1 Million Millimeter.

Wo müßten an diesem Zahlenstrahl die Markierungen für 1, 10, ... angebracht werden?
Lösung:

Zahlenstrahl	0	1 cm	1 dm	1 m	10 m	100 m	200 m	...	1 km
Markierung	0	10	100	1 000	10 000	100 000	200 000	...	1 000 000

Bei einem halben, einem viertel, ... Kilometer steht die Markierung "eine halbe Million" = 500 000, "eine viertel Million" = 250 000, usw.

Auch das entsprechende Umrechnen der Stellenwerte läßt sich auf Größen anwenden bzw. an Größen veranschaulichen.

Beispiel: 13 647 m

Lösung: Stellentafel für "Meter"

10 km	km	100 m	10 m	m
1	3	6	4	7

	km			m
1	3	6	4	7

Durch "Abdecken" liest man ab 13 647 m = 13 km 647 m.

Wie könnte es weitergehen?

Als weitere Umrechnungen kommen in Frage:

1 Meterwürfel besteht aus 1000 Dezimeterwürfeln 1 Dezimeterwürfel besteht aus 1000 Zentimeterwürfeln	1 Meterwürfel besteht aus 1000 mal 1000, also aus 1 Million Zentimeterwürfeln

oder

1 Tonne = 1000 kg 1 kg = 1000 g	1 Tonne = 1 Million Gramm (PKW mit Grammgewichten ausgewogen)

2. Übungen zur Addition und Subtraktion

Wie im 3. Schuljahr bieten wir eine Reihe von strukturierten Übungen zur Addition und Subtraktion an, die jeweils halbschriftlich oder schriftlich gerechnet werden können. Bedingt durch die größere Stellenzahl werden halbschriftliche und schriftliche Rechnungen leicht unübersichtlich, so daß man die Zahlen besonders sorgfältig in Tausender und Einer gliedern muß.

2.1 Halbschriftliche Strategien und Überschlagsrechnen

Worum geht es?

Die Aufgabe 4394 + 7103 wollen wir in Anlehnung an die Strategie "Stellenwerte extra" folgendermaßen berechnen:

$\underline{4394 + 7103} = 11\,000 + 497 = 11\,497$
4 T + 7 T
394 + 103

Wir nennen diese modifizierte Strategie "Tausender extra". Sie läßt sich auch bei einem Stellenübertrag anwenden:

$\underline{54\,619 + 27\,420} = 81\,000 + 1039 = 82\,039$
54 T + 27 T
619 + 420

Die erste Zeile unter dem Strich liefert im übrigen eine gute Überschlagsrechnung.
Auch wenn die Zahlen schriftlich untereinander geschrieben werden, kann man beim Überschlagsrechnen die kleinen Stellenwerte abdecken und lediglich mit den Tausendern rechnen:

$$\begin{array}{r} 54\,619 \\ +\ 27\,420 \\ \hline \end{array} \qquad \begin{array}{r} 54 \\ +\ 27 \\ \hline \end{array}$$

Überschlag: 54 T + 27 T = 81 T

Analog läßt sich dies bei der Subtraktion durchführen:

$\underline{34\,198 - 17\,065} = 17\,000 + 133 = 17\,133$
34 T − 17 T
198 − 65

Diese Strategie läßt sich auch bei einem Übertrag anwenden:

$\underline{34\,198 - 17\,210} = 17\,000 - 12 = 16\,988$
34 T − 17 T
198 − 210

Wiederum liefert die erste Zeile unter dem Strich eine gute Überschlagsrechnung:

34 198 – 17 210	34 – 17	Überschlag: 34 T – 17 T = 17 T

Rundet man zusätzlich die kleinen Stellenwerte auf 0, 500 oder 1 T, so erhält man eine noch bessere Überschlagsrechnung.

Beispiel:

4 338 12 119 + 863	4 12 +	338 119 863	→ 500 → 0 → 1 T

Die Zahlen von 0 bis 250 (1. Viertel des Tausenders) werden dabei abgerundet auf 0.
Die Zahlen von 251 bis 750 werden auf halbe Tausender (500) auf- bzw. abgerundet.
Die Zahlen von 751 bis 999 werden auf volle Tausender (1 T) aufgerundet.
Damit ergibt sich als Überschlagsrechnung: 4 T + 12 T + 500 + 1 T = 17 500.
Bei dem Vergleich mit dem exakten Ergebnis 17 320 zeigt sich die Güte dieser Überschlagsrechnung mit vollen und halben Tausendern.

Was soll geübt werden?

Halbschriftliches und schriftliches Addieren und Subtrahieren, Überschlagsrechnen.

Was wird benötigt?

Demonstrationsmaterial: Stellentafel an der Magnettafel.
Arbeitsmaterial: Arbeitsblätter (4/1) und (4/2).

Wie kann man vorgehen?

Verschiedene Aufgaben werden schriftlich und halbschriftlich nach verschiedenen Strategien gerechnet. Dabei wird auch die etwas abgewandelte Strategie "Tausender extra" besprochen und an der Stellentafel erläutert.

Aufgabe: 34 198 + 17 065

Schriftlich:	Strategie "Vereinfachen"	Strategie "Tausender extra"
34 198 + 17 065 51 263	34 198 + 17 065 = 51 263 34 263 + 17 000	34 198 + 17 065 = 51 263 34 T + 17 T 198 + 65

Die Zeile 34 T + 17 T = 51 T dient gleichzeitig als Überschlagsrechnung in den Tausendern.

Analog wird die Subtraktion behandelt.
Auf die robuste Überschlagsrechnung (Abrunden auf volle Tausender) sollte zunächst nicht verzichtet werden.
Die Aufgaben des Arbeitsblattes (4/1) können halbschriftlich gelöst werden und stehen untereinander in einem operativen Zusammenhang. Die Aufgaben des Arbeitsblattes (4/2) sollen schriftlich gelöst werden. Dabei soll vorher eine Überschlagsrechnung mit vollen und halben Tausendern durchgeführt werden.

Wie könnte es weitergehen?

Sowohl die halbschriftliche Strategie "Tausender extra" als auch das Runden auf halbe Tausender kann auf Größen (kg, g), (km, m), (t, kg) usw. übertragen werden. Im Sachzusammenhang erhalten diese Strategien ihre volle Bedeutung.

2.2 Zifferntreppen

Worum geht es?

Muster bei Ausgangszahlen führen zu Mustern bei Summe und Differenz. Wählt man etwa "Zifferntreppen aufwärts" (12345, 23456, ...) und addiert dazu immer die Zahl 41 976, so erhält man "Zifferntreppen abwärts" (54321, 65432, ...).

12 345 + 41 976 54 321	23 456 + 41 976 65 432	34 567 + 41 976 76 543

Diese Merkwürdigkeit läßt sich leicht erklären.

Wir legen die Zahlen 12345 und 54321 an zwei Stellentafeln:

Zifferntreppe aufwärts — Zifferntreppe abwärts

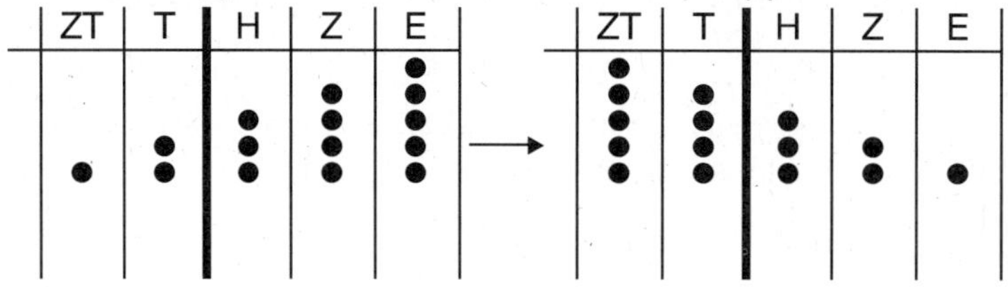

Die "Zifferntreppe abwärts" erhält man aus der ersten Zahl dadurch, daß man beim Stellenwert "ZT" 4 Plättchen, beim Stellenwert "T" 2 Plättchen dazulegt, jedoch beim Stellenwert "Z" 2 Plättchen und beim Stellenwert "E" 4 Plättchen wegnimmt, d. h. die Zahl muß um 40 000 + 2000 − 20 − 4 = 41 976 verändert werden. Die weiteren Ergebnisse erhält man dadurch, daß man jeweils 1 weiteres Plättchen zu jedem Stellenwert dazulegt.

Natürlich läßt sich das auch halbschriftlich gut einsehen:

54 321 − 12 345 = 40 000 + 2000 − 20 − 4 = 41 976.
50 000 − 10 000
4000 − 2000
300 − 300
20 − 40
1 − 5

Diese Methode kann man dazu benutzen, um weitere Aufgaben mit "merkwürdigen Ergebnissen" zu konstruieren:

Wir wollen bei einer Zifferntreppe

[1 2 3 4] 5 oder [3 4 5 6] 7 immer die Umstellung

5 [1 2 3 4] bzw. 7 [3 4 5 6] erreichen.

Welche Zahl ist zu addieren?

An der Stellentafel wird dies verdeutlicht.

Zahl — umgestellte Zahl

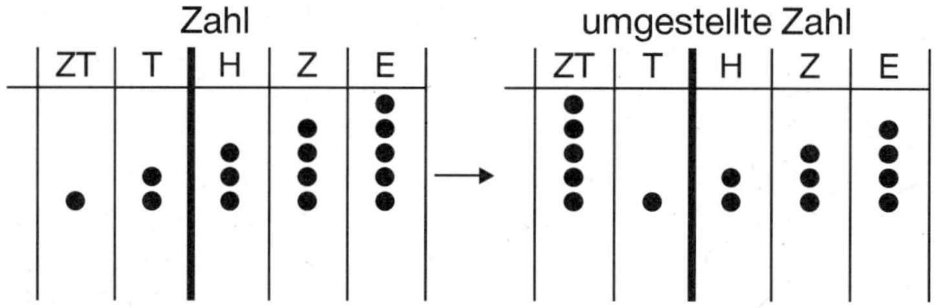

Die umgestellte Zahl erhält man dadurch, daß man beim Stellenwert "ZT" 4 Plättchen dazulegt, bei den Stellenwerten T, H, Z, E je ein Plättchen wegnimmt, d. h. die zu addierende Zahl muß 40 000 − 1000 − 10 − 1 = 38 889 sein.

Die Rechnung bestätigt dies:

12 345	23 456	34 567
+ 38 889	+ 38 889	+ 38 889
51 234	62 345	73 456

Was soll geübt werden?

Legen und Interpretieren von Zahlen, Aufgaben und Umstellungen an der Stellentafel, Schriftliches Addieren und Subtrahieren.

Was wird benötigt?

Demonstrationsmaterial: Stellentafel an der Magnettafel.
Arbeitsmaterial: Arbeitsblätter (4/3) und (4/4), Stellentafel mit Wendeplättchen.

Wie kann man vorgehen?

1. Rechnen von Aufgabenserien im Tausenderraum
Zunächst werden jeweils einige Päckchen auf dem Arbeitsblatt (4/3) schriftlich gerechnet. Die Muster werden dabei von den Schülern erkannt und beschrieben.

Beispiel: "Die Ziffernfolge kehrt sich um."

2. Legen und Überlegen von Aufgabenserien an der Stellentafel
Die Schüler werden aufgefordert, die Aufgaben an der Stellentafel zu legen und die Muster bzw. ihre Legehandlungen mündlich oder schriftlich zu beschreiben und zu begründen.

Beispiel 1:

123	234
+210,	+210, ...
333	444

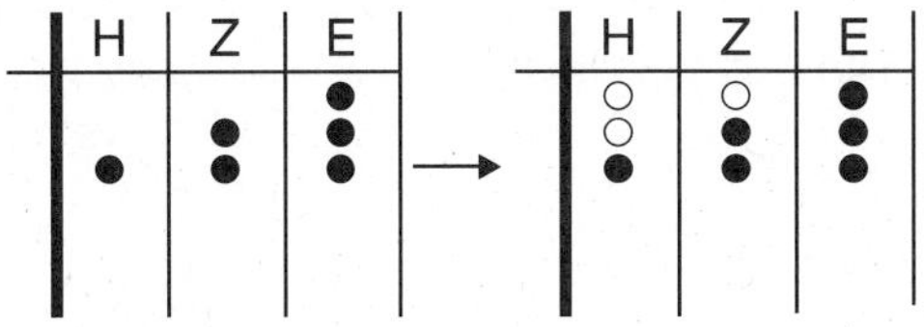

Durch das Hinzulegen (Addieren) von zwei Hundertern und einem Zehner erhält man immer eine gleiche Anzahl von Hundertern, Zehnern, Einern (Ausgleich der Treppe). Dies bedeutet gerade die Addition von 210.

Beispiel 2:

321	432
− 198,	− 198, ...
123	234

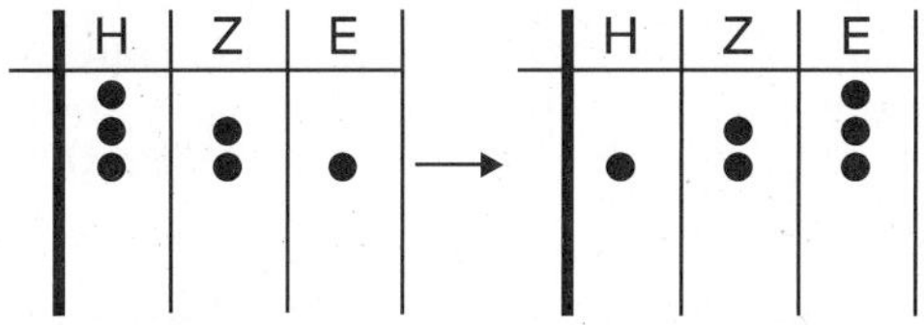

Von der "Abwärts"-Treppenzahl kommt man zur "Aufwärts"-Treppenzahl, indem man 2 Hunderter wegnimmt und 2 Einer dazulegt (Umkehrung der Treppe), was gerade die Subtraktion von 198 bedeutet.
Alle weiteren Aufgaben erhält man in ähnlicher Weise durch Hinzulegen von 1 Hunderter, 1 Zehner und 1 Einer (letzteres bedeutet gerade + 111).

3. Reflexion
Die Ergebnisse der Schüler werden an der Stellentafel vor der Klasse gelegt, und auf dieser Grundlage wird überlegt. Muster beim Legen ergeben Muster bei den Zahlen und umgekehrt.

4. Rechnen von Aufgaben mit größeren Zahlen
Hier wird analog wie im Tausenderraum vorgegangen (Arbeitsblatt 4/4). *Wie gelangt man durch Legen von der Zifferntreppe aufwärts 1234 zur Zifferntreppe abwärts 4321?*
Antwort: Hinzulegen von 3 T, 1 H und Wegnehmen von 1 Z und 3 E, also Addition von 3000 + 100 − 10 − 3 = 3087.
Zur Erklärung kann auch auf halbschriftliche Rechnungen zurückgegriffen werden.
Es sollte bei der Reflexion jedoch nicht vergessen werden, daß auf dem Arbeitsblatt auch einzelne Päckchen in einem operativen Zusammenhang stehen.

Beispiele:

4321		1234		1234		4444
−3087	und	+3087		+3210	und	−3210
1234		4321		4444		1234

Wie könnte es weitergehen?

Schülergruppen versuchen selbst, "schöne Aufgaben" zu konstruieren und geben sie einer anderen Gruppe zur Bearbeitung.

2.3 "Möglichst nahe an..."

Worum geht es?

Aus den zehn Ziffern 0, 1, 2, ..., 9 lassen sich bei einmaliger Verwendung zwei fünfstellige Zahlen, z.B. 32478 und 16059 bilden. Diese beiden Zahlen lassen sich addieren und subtrahieren. In Fortsetzung der Übungen mit Ziffernkärtchen im 3. Schuljahr schließen sich hier zahlreiche Fragestellungen an, die die Schüler zum operativen Abändern der Zahlen anregen.

Beispiele:
1) *Wähle die beiden fünfstelligen Zahlen so, daß die Summe möglichst nahe an 100000, 50000, ... liegt!*
2) *Wähle die beiden fünfstelligen Zahlen so, daß die Differenz möglichst groß bzw. klein wird!*

Was soll geübt werden?

Schriftliches Addieren von fünfstelligen Zahlen (mit und ohne Übertrag), schriftliches Subtrahieren von fünfstelligen Zahlen (mit und ohne Übertrag), Vergrößern und Verkleinern von Summen sowie Differenzen durch Abändern der Stellenwerte.

Was wird benötigt?

Demonstrationsmaterial: Ziffernkärtchen an der Magnettafel.
Arbeitsmaterial: Ziffernkärtchen.

Wie kann man vorgehen?

Die zehn Ziffernkärtchen werden an eine Magnettafel geheftet. Die Schüler bilden zwei fünfstellige Zahlen und addieren.

Beispiel:

$$\begin{array}{r} 32478 \\ +\ 16059 \\ \hline 48537 \end{array}$$

Aufgabe 1: *Findet eine möglichst große Summe!*
Für das Maximum 183951 gibt es mehrere Lösungen.

Beispiele:

$$\begin{array}{r} 96521 \\ +\ 87430 \\ \hline 183951 \end{array} \quad \text{oder} \quad \begin{array}{r} 97421 \\ +\ 86530 \\ \hline 183951 \end{array}$$

Aufgabe 2: *Findet eine möglichst kleine Summe!*
Auch hier gibt es zum Minimum 16047 mehrere Lösungen.

Beispiele:

$$\begin{array}{r} 13568 \\ +\ 02479 \\ \hline 16047 \end{array} \quad \text{oder} \quad \begin{array}{r} 12478 \\ +\ 03569 \\ \hline 16047 \end{array}$$

Nachdem die Schüler durch operatives Abändern die Lösungen gefunden haben, stellen wir ein etwas weiter gestecktes Erkundungsproblem.

Aufgabe 3: *Versucht, möglichst nahe an 100000 zu kommen!*
Alle Schüler versuchen, durch Abändern der Ziffern ein möglichst gutes Ergebnis zu finden. Die besten Ergebnisse werden an der Tafel gesammelt:

$$\begin{array}{r} 56879 \\ +\ 43210 \\ \hline 100089 \end{array}, \quad \begin{array}{r} 57689 \\ +\ 42301 \\ \hline 99990 \end{array}, \quad \begin{array}{r} 65789 \\ +\ 34210 \\ \hline 99999 \end{array}, \quad \begin{array}{r} 56798 \\ +\ 43210 \\ \hline 100008 \end{array}, \ \ldots$$

Es fällt auf, daß die erreichten Zahlen Neunerzahlen sind: ..., 99990, 99999, 100008, ...
Dies liegt daran, daß die Summe der zehn Ziffern 0 + 1 + ... + 9 = 45 eine Neunerzahl ist und durch Verschieben der Einer in die anderen Stellenwerte immer nur 9, 99, 999, 9999, also Neunerzahlen, addiert werden. Dies ist eine gute Kontrollmöglichkeit für den Lehrer:
Die Quersumme der erreichten Summe muß eine Neunerzahl sein!
Daher ist 99999 das bestmögliche Ergebnis.

Aufgabe 4: *Versucht nun, möglichst nahe an 50000 zu kommen!*

Einige Versuche:

$$\begin{array}{r} 32964 \\ +\ 17085 \\ \hline 50049 \end{array}, \quad \begin{array}{r} 32946 \\ +\ 17085 \\ \hline 50031 \end{array}, \quad \begin{array}{r} 32946 \\ +\ 17058 \\ \hline 50004 \end{array}, \quad \begin{array}{r} 32496 \\ +\ 17508 \\ \hline 50004 \end{array}, \quad \begin{array}{r} 32486 \\ +\ 17509 \\ \hline 49995 \end{array}, \ \ldots$$

Auch hier liegen die Ergebnisse in Neunerabständen, 50004 ist das beste, 49995 das zweitbeste Ergebnis.
Anmerkung: 90000 kann erreicht werden, wie das Beispiel zeigt:

$$\begin{array}{r} 75968 \\ +\ 14032 \\ \hline 90000 \end{array}$$

Aufgabe 5: *Wer findet die größte (kleinste) Differenz?*
Auch das ist ein Thema für eine Erkundung. Die größte Differenz ist relativ leicht zu finden, denn von einer möglichst großen Zahl muß eine möglichst kleine subtrahiert werden:

$$\begin{array}{r} 98765 \\ -\,01234 \\ \hline 97531 \end{array}$$

Dagegen gestaltet es sich zu einer spannenden Suche, die kleinste Differenz ausfindig zu machen. *Versuch:*

$$\begin{array}{r} 30145 \\ -\,29876 \\ \hline 269 \end{array}$$

Geht es noch kleiner? Vielleicht findet ein Schüler:

$$\begin{array}{r} 40125 \\ -\,39876 \\ \hline 249 \end{array} \quad \text{oder} \quad \begin{array}{r} 60123 \\ -\,59874 \\ \hline 249 \end{array}$$

Geht es noch kleiner? Ja, denn:

$$\begin{array}{r} 50123 \\ -\,49876 \\ \hline 247 \end{array}$$

2.4 Streichquadrate am Tausenderbuch

Worum geht es?

Streichquadrate eignen sich als Übungsform zur halbschriftlichen Addition und Subtraktion auch im erweiterten Zahlraum. Z.B. kann ein 4 × 4 Streichquadrat mit der Summe 99999 konstruiert werden. In diesem Abschnitt wollen wir ausnutzen, daß die bekannte Hundertertafel und die Zahlseiten im Tausenderbuch Streichquadrate sind.

Beispiel:

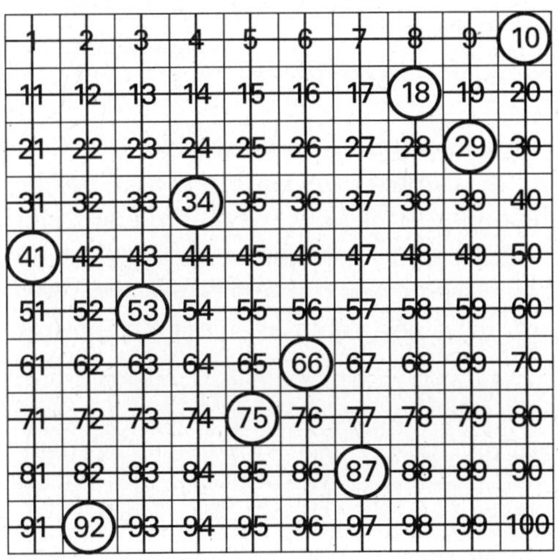

Nimmt man die Hundertertafel als Streichquadrat und rechnet die Summe aus, so ergibt sich in unserem Beispiel:

1. Methode: "Vereinfachen", d.h. hier, geschickt zu Zehnerzahlen zusammenfassen:

41 + 92 + 53 + 34 + 75 + 66 + 87 + 18 + 29 + 10

= 70 + 110 + 140 + 100 + 75 + 10 = 505

2. Methode: "Zehner extra, Einer extra":

Summe: (1 + 2 + 3 + 4 + 5 + 6 + 7 + 8 + 9) Zehner
+ (1 + 2 + 3 + 4 + 5 + 6 + 7 + 8 + 9) Einer + 1 Zehner extra
= 450 + 45 + 10 = 505

Dies ist übrigens gerade ein Zehntel der Summe **aller** Zahlen von 1 bis 100 ("Gaußsumme", vgl. Abschnitt 2.5).
Der Zusammenhang mit der Konstruktion von Streichquadraten (vgl. 3. Schuljahr, Abschnitt 2.2.2) mit Hilfe quadratischer Additionstabellen wird aus der Hundertertafel, als Additionstabelle geschrieben, deutlich:

+	1	2	3	4	5	6	7	8	9	10
0	1	2	3	4	5	6	7	8	9	10
10	11	12	13	14	15	16	17	18	19	20
20	21	22	23	24	25	26	27	28	29	30
30	31	32	33	34	35	36	37	38	39	40
40	41	42	43	44	45	46	47	48	49	50
50	51	52	53	54	55	56	57	58	59	60
60	61	62	63	64	65	66	67	68	69	70
70	71	72	73	74	75	76	77	78	79	80
80	81	82	83	84	85	86	87	88	89	90
90	91	92	93	94	95	96	97	98	99	100

Alle Seiten des Tausenderbuches lassen sich folglich als Streichquadrate interpretieren, was wir im folgenden zur Übung ausnutzen wollen. Im Gegensatz zu den selbst irgendwie konstruierten Streichquadraten finden sich bei den Streichquadratsummen der Tafeln Muster, die zu einer geschickten Addition genutzt werden können. Es ist deshalb möglich, hier auch größere Streichquadrate heranzuziehen.

Was soll geübt werden?

Geschickte halbschriftliche Berechnung von Summen.

Was wird benötigt?

Demonstrationsmaterial: Hundertertafel, Tausenderbuch (groß), wasserlöslicher Folienstift.
Arbeitsmaterial: Tausenderbuch.

Wie kann man vorgehen?

1. Die Hundertertafel als Streichquadrat

Zunächst kann die normale Hundertertafel als Streichquadrat benutzt werden. Die ausgewählten Zahlen werden jeweils mit einem wasserlöslichen Stift auf dem großen Tausenderbuch markiert und nach den verschiedenen Methoden von den Schülern halbschriftlich addiert. Es ergibt sich immer 505. Neben den unregelmäßigen Streichquadratmustern fallen regelmäßige Zahlmuster mit der Summe 505 besonders auf:

1	2	3	4	5	6	7	8	9	10
11	**12**	13	14	15	16	17	18	19	20
21	22	**23**	24	25	26	27	28	29	30
31	32	33	**34**	35	36	37	38	39	40
41	42	43	44	**45**	46	47	48	49	50
51	52	53	54	55	**56**	57	58	59	60
61	62	63	64	65	66	**67**	68	69	70
71	72	73	74	75	76	77	**78**	79	80
81	82	83	84	85	86	87	88	**89**	90
91	92	93	94	95	96	97	98	99	**100**

1	2	3	4	5	6	7	8	9	**10**
11	12	13	14	15	16	17	18	19	20
21	**22**	23	24	25	26	27	28	29	30
31	32	**33**	34	35	36	37	38	39	40
41	42	43	**44**	45	46	47	48	49	50
51	52	53	54	**55**	56	57	58	59	60
61	62	63	64	65	**66**	67	68	69	70
71	72	73	74	75	76	**77**	78	79	80
81	82	83	84	85	86	87	**88**	89	90
91	92	93	94	95	96	97	98	**99**	100

Bei diesen Beispielen sind die Zahlen einer Diagonalen und die Zahlen einer Nebendiagonale ergänzt durch eine Ecke ausgewählt worden.
Nebendiagonalen kann man auch geeignet kombinieren:

1	2	3	4	**5**	6	7	8	9	10
11	12	13	**14**	15	16	17	18	19	20
21	22	**23**	24	25	26	27	28	29	30
31	**32**	33	34	35	36	37	38	39	40
41	42	43	44	45	46	47	48	49	50
51	52	53	54	55	56	57	58	59	**60**
61	62	63	64	65	66	67	68	**69**	70
71	72	73	74	75	76	77	**78**	79	80
81	82	83	84	85	86	**87**	88	89	90
91	92	93	94	95	**96**	97	98	99	100

1	2	3	4	5	**6**	7	8	9	10
11	12	13	14	15	16	**17**	18	19	20
21	22	23	24	25	26	27	**28**	29	30
31	32	33	34	35	36	37	38	**39**	40
41	42	43	44	45	46	47	48	49	**50**
51	52	53	54	55	56	57	58	59	60
61	**62**	63	64	65	66	67	68	69	70
71	72	**73**	74	75	76	77	78	79	80
81	82	83	**84**	85	86	87	88	89	90
91	92	93	94	**95**	96	97	98	99	100

2. Die Seiten des Tausenderbuches als Streichquadrate

Jede Seite des Tausenderbuches läßt sich als Streichquadrat benutzen:

101	**102**	103	104	105	106	107	108	109	110
		113				117			120
121						127			130
						137			**140**
141	142	143	**144**	145	146	147	148	149	150
						157			160
				165		167			170
						177		**179**	180
						187	**188**		190
					196	197			200

Summe 1505

Die Seiten des Tausenderbuches ergeben nacheinander die Streichquadratsummen: 505, 1505, 2505, 3505, …, 9505.

Die Begründung für diese Regelmäßigkeit ist einfach, denn jeder der 10 Summanden einer Seite ist jeweils um einen Hunderter größer. Daraus folgt, daß die Summe um 1000 größer ist. "Regelmäßige" Zahlenauswahlen auf der Seite eines Tausenderbuches können von den Schülern berechnet werden:

701									**710**
								719	
							728		
731	732	733	734	735	736	**737**	738	739	740
					746				
				755					
			764						
		773							
	782								
791									800

710 + 719 + 728 + 737 + 746 + 755 + 764 + 773 + 782 + 791

1510 + 1510 + 1510 + 1510 + 1465 = 7505

2.5 Addition an Tafeln

„Merkwürdig ist es immer, daß alle diejenigen, die diese Wissenschaft (Mathematik) studieren, eine Art Leidenschaft dafür fassen. Wahrlich, es ist nicht das Wissen, sondern das Lernen, nicht das Besitzen, sondern das Erwerben, nicht das Da-Sein, sondern das Hinkommen, was den größten Genuß gewährt."

Carl Friedrich Gauß (1777–1855)

Von Carl Friedrich Gauß, dem wohl bedeutendsten Mathematiker aller Zeiten (abgebildet auf den neuen Zehnmarkscheinen) erzählt man sich folgende Anekdote:
Als der kleine Carl Friedrich in der Schule unartig war, gab ihm der Lehrer als Strafarbeit die Aufgabe, die Zahlen von 1 bis 100 zu addieren, und glaubte, den Jungen damit einige Zeit beschäftigt zu haben. Dieser aber betrachtete die Zahlen, erkannte ein Muster und rechnete fast mühelos:

$$\left.\begin{array}{r} 100 = 100 \\ 1 + 99 = 100 \\ 2 + 98 = 100 \\ 3 + 97 = 100 \\ \vdots \\ 48 + 52 = 100 \\ 49 + 51 = 100 \end{array}\right\} \quad 50 \cdot 100 = 5000$$
$$50$$

$$5000 + 50 = 5050.$$

Gauß wurde später Professor für Mathematik und Direktor der Sternwarte an der Universität Göttingen. Obwohl er in fast allen Gebieten der Mathematik und der Astronomie arbeitete, galt seine Liebe der Zahlentheorie, die er als "Königin der Mathematik" bezeichnete. Im folgenden soll die Gaußaufgabe: *"Addiere alle Zahlen der Hundertertafel!"* dazu benutzt werden, um mit den Schülern zu erarbeiten, wie man Summen geschickt berechnen kann. Für die Lösung gibt es eine Reihe von Wegen, die ein ideales Feld für aktiv-entdeckendes Lernen eröffnen.[1]

Was soll geübt werden?

Halbschriftliches Addieren von Summen mit vielen Summanden, Erkennen von Rechenvorteilen durch das Ausnutzen von Mustern.

Was wird benötigt?

Demonstrationsmaterial: Hundertertafel.
Arbeitsmaterial: Hundertertafel bzw. Tausenderbuch.

Wie kann man vorgehen?

Die Schüler erhalten die Aufgabe, alle Zahlen von 1 bis 100 (der Hundertertafel) zu addieren. Die Schüler dürfen sich dabei die Arbeit in Gruppen aufteilen. Deshalb muß zunächst die Strategie besprochen werden. Die Hundertertafel legt es nahe, zunächst zeilenweise zu addieren.

1. Zeilenweises Addieren (an der Hundertertafel)
Die Summe der Zahlen in der 1. Zeile wird geschickt oder weniger geschickt ausgerechnet, Ergebnis: 55.
1. Möglichkeit: Fortlaufendes Addieren
2. Möglichkeit: Immer zu 10 zusammenfassen

1	2	3	4	5	6	7	8	9	10

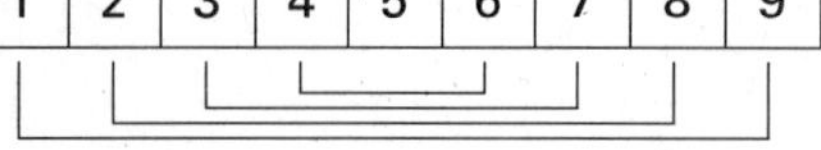

$5 \cdot 10 + 5$

3. Möglichkeit: Immer zu 11 zusammenfassen

1	2	3	4	5	6	7	8	9	10

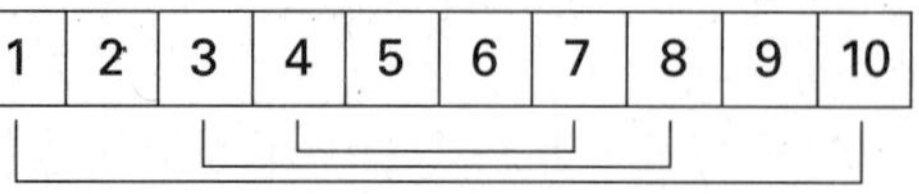

$5 \cdot 11$

[1] Vgl. hierzu auch Winter, H., Die Gauß-Aufgabe als Mittelwertaufgabe, mathematik lehren 8/1985, 20–23

Die Summe der Zahlen in der 2. Zeile wird folgendermaßen ermittelt:
1. Möglichkeit: Fortlaufendes Addieren
2. Möglichkeit: Zehnerzahlen zusammenfassen

11	12	13	14	15	16	17	18	19	20

30 + 30 + 30 + 30 + 20 + 15 = 155

3. Möglichkeit: Immer zu 31 zusammenfassen

11	12	13	14	15	16	17	18	19	20

$5 \cdot 31 = 155$

4. Möglichkeit: "Einer extra" und "Zehner extra"

1 + 2 + 3 + 4 + 5 + 6 + 7 + 8 + 9 = 45
10 + 10 + 10 + 10 + 10 + 10 + 10 + 10 + 10 + 20 = 110

Alle Zeilensummen werden auf die Gruppen verteilt berechnet, überprüft und an der Tafel neben der Hundertertafel aufgeschrieben.

										Summe
1	2	3	4	5	6	7	8	9	10	55
11	12	13	14	15	16	17	18	19	20	155
21	22	23	24	25	26	27	28	29	30	255
31	32	33	34	35	36	37	38	39	40	355
41	42	43	44	45	46	47	48	49	50	455
51	52	53	54	55	56	57	58	59	60	555
61	62	63	64	65	66	67	68	69	70	655
71	72	73	74	75	76	77	78	79	80	755
81	82	83	84	85	86	87	88	89	90	855
91	92	93	94	95	96	97	98	99	100	955

Es fällt natürlich auf, daß das Ergebnis von Zeile zu Zeile um 100 ansteigt. Die Erklärung dieser Auffälligkeit ist einfach, denn jede der zehn Zahlen wächst um 10 an.

31	32	33	34	35	36	37	38	39	40	Summe	355
+10	+10	+10	+10	+10	+10	+10	+10	+10	+10	Erhöhung der Summe um	+100
41	42	43	44	45	46	47	48	49	50	Summe	455

Um die ursprünglich gestellte Aufgabe zu lösen, müssen noch die Zahlen 55 + 155 + 255 + ... + 955 addiert werden. Auch hierfür gibt es verschiedene Möglichkeiten:

1. Möglichkeit: Einer, Zehner, Hunderter extra

Einer: $5 \cdot 10 = 50$
Zehner: $50 \cdot 10 = 500$
Hunderter: 100 + 200 + ... + 900 = 4500
Zusammen: 5050

2. Möglichkeit: Immer 1010

55	155	255	355	455	
+ 955	+ 855	+ 755	+ 655	+ 555	
1010	1010	1010	1010	1010	Zusammen: $5 \cdot 1010 = 5050$

Anmerkung: Die Gaußsumme 5050 ist das Zehnfache der Streichquadratsumme 505 der Hundertertafel. Der Grund liegt darin, daß sich die Hundertertafel mit zehn Streichquadratsummen genau überdecken läßt (vgl. Abschnitt 2.4).

2. Spaltenweise Addition (an der Hundertertafel)

Wenn es von den Schülern nicht selbst vorgeschlagen wird, fordert man sie auf, die Zahlen an der Hundertertafel spaltenweise zu addieren. Dabei ist die Strategie "Zehner extra, Einer extra" günstig. Die Ergebnisse werden wieder an der Hundertertafel, diesmal unterhalb der Spalten, gesammelt.

1	2	3	4	5	6	7	8	9	10	
11	12	13	14	15	16	17	18	19	20	
21	22	23	24	25	26	27	28	29	30	
31	32	33	34	35	36	37	38	39	40	
41	42	43	44	45	46	47	48	49	50	
51	52	53	54	55	56	57	58	59	60	
61	62	63	64	65	66	67	68	69	70	
71	72	73	74	75	76	77	78	79	80	
81	82	83	84	85	86	87	88	89	90	
91	92	93	94	95	96	97	98	99	100	
460	470	480	490	500	510	520	530	540	550	Summe

Das Muster "Immer 10 mehr" kann leicht erklärt werden, da jeder Summand von Spalte zu Spalte um 1 anwächst.

Um die Gaußaufgabe zu lösen, müssen noch die Ergebnisse addiert werden. Geschicktes Zusammenfassen liefert unser bekanntes Ergebnis 5050.

$460 + 540 = 1000$ $\quad 480 + 520 = 1000$
$470 + 530 = 1000$ $\quad 490 + 510 = 1000$ $\quad 500 + 550 = 1050$

Anmerkung: Faßt man vor dem Addieren je zwei Spalten geeignet zusammen, so ergeben sich besonders glatte Zwischensummen:

1	9	2	8	3	7	4	6	5	10
11	19	12	18	13	17	14	16	15	20
21	29	22	28	23	27	24	26	25	30
31	39	32	38	33	37	34	36	35	40
41	49	42	48	43	47	44	46	45	50
51	59	52	58	53	57	54	56	55	60
61	69	62	68	63	67	64	66	65	70
71	79	72	78	73	77	74	76	75	80
81	89	82	88	83	87	84	86	85	90
91	99	92	98	93	97	94	96	95	100
1000		1000		1000		1000		500	550

Die Summe jeder Doppelspalte beträgt 1000, denn es gilt

$$10 + 30 + 50 + 70 + 90 + 110 + 130 + 150 + 170 + 190 = 5 \cdot 200 = 1000$$

3. Addieren nach Gauß

Man erzählt den Kindern die Anekdote von C. F. Gauß und stellt die Gaußsche Lösung vor. Zusammengefaßte Zahlen 1 + 99, 2 + 98, ... werden auf einer Hundertertafel farbig markiert. Zur Illustration der Gaußschen Idee, geeignete Zahlen zusammenzufassen, kann auf die Hundertertafel eine zweite, gleichgroße Hundertertafel auf Folie gelegt werden. Die

Hundertertafel wird dann um 180° gedreht. Auf jedem Feld liegen dann zwei Zahlen übereinander als Summe: 101 = 1 + 100, 101 = 2 + 99, 101 = 3 + 98, …, 101 = 100 + 1. Insgesamt als Summe von **zwei** Hundertertafeln: 100 · 101 = 10 100.

1	2	3	4	5	6	7	8	9	10
11	12	13	14	15	16	17	18	19	20
21	22	23	24	25	26	27	28	29	30
31	32	33	34	35	36	37	38	39	40
41	42	43	44	45	46	47	48	49	50
51	52	53	54	55	56	57	58	59	60
61	62	63	64	65	66	67	68	69	70
71	72	73	74	75	76	77	78	79	80
81	82	83	84	85	86	87	88	89	90
91	92	93	94	95	96	97	98	99	100

Auch andere Muster sind leicht berechenbar, z. B. können jeweils vier diametral liegende Zahlen 1 + 10 + 91 + 100, 2 + 92 + 9 + 99, 11 + 20 + 81 + 90, …, 45 + 55 + 46 + 56 addiert werden. Man erhält 25 mal die Summe 202, also insgesamt wiederum 5050.

Wie könnte es weitergehen?

Man stellt den Schülern die Aufgabe, die Summe aller Zahlen einer Seite des Tausenderbuches zu berechnen, zum Beispiel der 3. Seite (Zahlen von 201 bis 300).

Es entstehen dabei neue Muster, denn auf jeder neuen Hunderterseite wächst die Summe um 100 mal 100, also um 10 000, an.
In unserem Beispiel ergibt sich somit: 5050 + 10 000 + 10 000 = 25 050.
Dies bestätigt auch die Rechnung nach Gauß:

201 + 299 = 500
202 + 298 = 500
…
249 + 251 = 500
250 + 300 = 550, d. h. 49 · 500 + 250 + 300 = 25 050

Frage: *Wer schafft es, die Zahlen von 1 bis 1 000 zu addieren?*
Es ergibt sich 500 500. (Vergleiche mit 5050).

2.6 "Plus und Minus"

Worum geht es?

Diese Übung haben wir bereits im Tausenderraum als integrierende Übung der schriftlichen Addition und Subtraktion benutzt (vgl. 3. Schuljahr, Abschnitt 2.5.3). Sie läßt sich ohne weiteres auf größere Zahlen übertragen.

Was wird benötigt?

Arbeitsmaterial: Arbeitsblatt (4/5).

Wie kann man vorgehen?

1. Erklärung der Rechenvorschrift

Man läßt die Schüler beliebige Zahlen nennen und davon jeweils 1788 subtrahieren sowie 8212 dazu addieren.

2 499	8 643	147 193
− 1 788	− 1 788	− 1 788
711	6 855	145 405
2 499	8 643	147 193
+ 8 212	+ 8 212	+ 8 212
10 711	16 855	155 405

Zu jeder gewählten Zahl wird also eine Plus- **und** eine Minusaufgabe gerechnet.

2. Arbeitsblatt
Die Schüler bearbeiten das Arbeitsblatt (4/5) und rechnen auch im Arbeitsheft.

3. Reflexion
Die Schüler beschreiben ihre Beobachtungen. Im 1. Päckchen sind die Ergebnisse der Plusaufgaben immer um 10000, im 2. Päckchen um 100000, im 3. Päckchen um 1000000, im 4. Päckchen um 500000 und im letzten Päckchen um 111 111 (Ziffernerhöhung um 1) größer. Die Schüler werden aufgefordert, das Ergebnis zu begründen. Dabei werden die Zahlen addiert und eventuell am Zahlenstrahl interpretiert.

Beispiel:

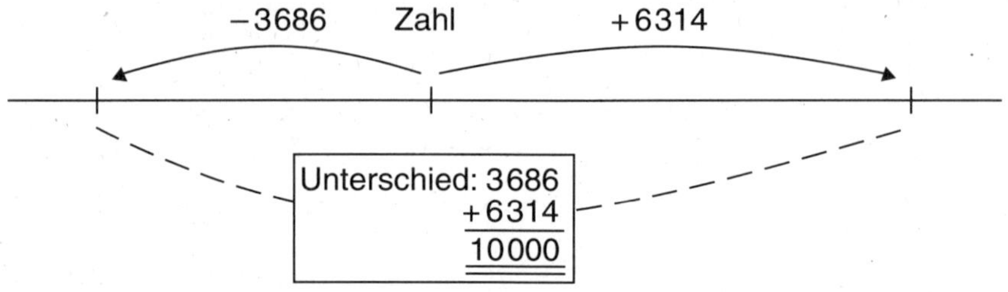

Wie könnte es weitergehen?

Man erklärt den Schülern, daß der Computer dieses Verfahren benutzt, um mit den elektronischen Bausteinen der Addition auch die Subtraktion zu bewerkstelligen.

Aufgabe:

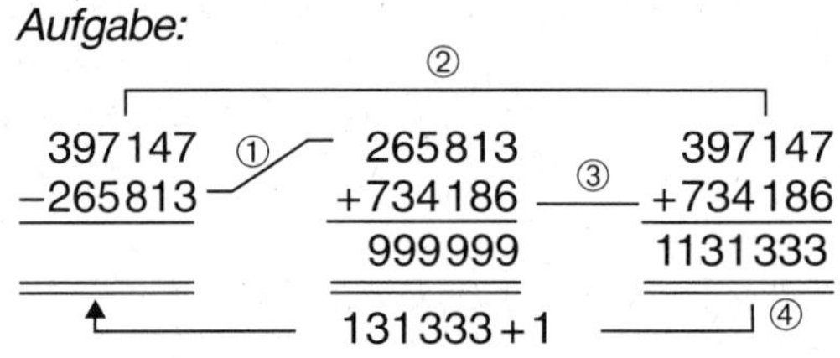

Erklärung: Der Computer ergänzt 265 813 zu 999999. Dies ist besonders einfach, da es ziffernweise ohne Überträge geht. Dann addiert er 734 186 zu 397 147. Das Ergebnis ist um 999999 größer als die ursprünglich zu berechnende Differenz. Deshalb muß noch 1 addiert und die Million(-Ziffer) gestrichen werden, um auf das Ergebnis der Subtraktionsaufgabe zu kommen.

1 131 333 ⟶ 131 333

1 131 333 $\xrightarrow{-1\,M}$ 131 333 $\xrightarrow{+1}$ 131 334

2.7 "Minustürme"

Worum geht es?

Der indische Mathematiker Kaprekar hat 1949 eine interessante Entdeckung gemacht, als er eine für dreistellige Zahlen bekannte Rechnung (3. Schuljahr, Abschnitt 4.3) auf vierstellige Zahlen übertrug. Er bildete aus einer vierstelligen Zahl mit nicht gleichen Ziffern durch Umstellen der Ziffern zwei neue Zahlen, nämlich die größtmögliche und die kleinstmögliche Zahl und berechnete deren Differenz. Auf das Ergebnis wandte er die Berechnungsvorschrift erneut an, usw.

Beispiele:

1. Zahl: 9990

9990	9981	8820	8532	7641	
− 0999	− 1899	− 0288	− 2358	− 1467	…
8991	8082	8532	6174	6174	

2. Zahl: 8499

9984	8550	9972	7731	6543	8730	8532	
− 4899	− 0558	− 2799	− 1377	− 3456	− 0378	− 2358	…
5085	7992	7173	6354	3087	8352	6174	

3. Zahl: 7344

7443	9963	6642	7641	
– 3447	– 3699	– 2466	– 1467	…
3996	6264	4176	6174	

4. Zahl: 8851

8851	7632	6552	9963	
– 1588	– 2367	– 2556	– 3699	weiter siehe 3. Zahl
7263	5265	3996	6264	

Vermutung von Kaprekar: Das Verfahren führt in allen Fällen auf die Zahl 6174 und zwar spätestens nach sieben Schritten.

Zum Beweis der Vermutung könnte man alle 9990 in Frage kommenden Zahlen überprüfen. Dies wäre natürlich sehr aufwendig und unmathematisch. Ein richtiger Beweis nützt dagegen mathematische Beziehungen aus. Der folgende Beweis für die Kaprekar-Vermutung ergibt sich auf so natürliche Weise aus der Rechenvorschrift, daß er auch für Schüler zugänglich ist.[1] Selbst wenn man im Unterricht nicht bis zum Beweis vorstößt, lohnt sich diese Einheit trotzdem. Auch bei einer Beschränkung auf die unten angegebenen Aktivitäten 1, 2, 3 ist schon viel erreicht.

1. Muster: Vertauschte Ziffern führen zur gleichen Kette von Minusaufgaben

Die Zahlen 8499, 4899, 8949, … führen alle durch Bildung der größtmöglichen und kleinstmöglichen Zahl zur gleichen Kette von Minusaufgaben, beginnend mit 9984 – 4899 = 5085.

Aufgrund des 1. Musters müssen wir nur noch solche Zahlen betrachten, bei denen die Ziffern der Größe nach geordnet sind:

9984, 7443, 8532 usw.

2. Muster: Unterscheidung von zwei Typen

Schon nach der ersten Substraktion und erst recht bei allen weiteren Subtraktionen ergeben sich als Ergebnisse nur Zahlen zweierlei verschiedener Bauart.

1. Typ: Gleiche Zehner- und Hunderterziffer im Minuend (und Subtrahend)

Beispiele:

7 443	8 331	7 221
– 3 447	– 1 338	– 1 227
3 996	6 993	5 994

Hier erhält man als Ergebnis eine Zahl mit Zehner- und Hunderterziffer 9; die Summe der Tausender- und Einerziffer ist ebenfalls 9. Damit kommen als Ergebnis nur die Zahlen 0999, 1998, 2997, 3996, 4995, 5994, 6993, 7992, 8991 und 9990 in Betracht. Ordnet man die Ziffern – wie verabredet gemäß erstem Muster – zur größtmöglichen Zahl um, so verbleiben nur 5 weiter zu untersuchende Zahlen: 9990, 9981, 9972, 9963, 9954.

Anmerkung: Für die unterstrichenen Zahlen wurde die Kaprekar-Vermutung bereits nachgeprüft. (s. oben)

2. Typ: Verschiedene Zehner- und Hunderterziffer im Minuend (und Subtrahend)

Beispiele:

6 642	9 954	7 720
– 2 466	– 4 599	– 0 277
4 176	5 355	7 443

Hier erhält man als Ergebnis der Subtraktion eine Zahl mit der Eigenschaft:

Die Summe der Zehner- und Hunderterziffer ist 8,
die Summe der Einer- und Tausenderziffer ist 10.

[1] Jansson, L. C. / Beardslee, E. C., Conjecturing with Kaprekar. Mathematics Teaching 61 (1972), 31–39

Hier bleiben nur 25 Möglichkeiten übrig, wenn man von Umordnungen der Ziffern absieht (vgl. Muster 1):

9801	8802	7803	6804	5805
9711	8712	7713	6714	5715
9621	8622	7623	6624	5625
9531	8532	7533	6534	5535
9441	8442	7443	6444	5445

Anmerkung: Die unterstrichenen Zahlen wurden oben bereits überprüft.
Beide Muster lassen sich erklären, indem man die halbschriftliche bzw. schriftliche Rechnung analysiert. Bei der halbschriftlichen Rechnung erkennt man: Sind Zehner- und Hunderterziffer gleich, so muß das Ergebnis ein Vielfaches von 999 sein.

Beispiel: 7443 – 3447 = 4000 – 4 = 4 · 999 = 3996
7000 – 3000
3 – 7

Analyse der schriftliche Rechnung an Beispielen:

Da die Ziffern der Größe nach geordnet und nicht alle gleich sind, tritt in jedem Fall sowohl bei den Zehnern als auch den Hundertern ein Übertrag auf.

1. Typ:
7443
– 3447 (Überträge: 1 1 1)
3996

Da Zehner- und Hunderterziffer im Minuenden und Subtrahenden gleich sind, müssen die Zehner- und Hunderterziffer des Ergebnisses beide 9 sein. Außerdem tritt ein Übertrag in den Tausendern auf. Ohne diesen Übertrag wären die Ergänzungszahlen von 7 bis 13 und von 3 bis 7 zusammen 10 (= 6 + 4). Mit dem Tausenderübertrag ist die Summe der Ergänzungszahlen aber 1 kleiner, nämlich 6 + 3 = 9.
Also: Zehnerziffer = Hunderterziffer = 9, Tausenderziffer + Einerziffer = 9.

2. Typ:
7541
– 1457 (Überträge: 1 1)
6084

In diesem Fall ist die Hunderterziffer des Minuenden mindestens um 1 größer als die Hunderterziffer des Subtrahenden. Es tritt also **kein** Übertrag in den Tausendern auf. Die Summe der Ergänzungszahlen in den Einern und den Tausendern beträgt folglich 10 (= 4 + 6). Gäbe es in den Zehnern und den Hundertern keine Überträge, so wäre die Summe der Ergänzungszahlen von 5 bis 14 und von 4 bis 5 zusammen ebenfalls 10 (= 9 + 1). Die beiden Überträge reduzieren diese Summe aber auf 8 (= 8 + 0).
Also: Tausenderziffer + Einerziffer = 10, Zehnerziffer + Hunderterziffer = 8.

3. Muster: Verschiedene Rechenketten münden in gleichen Ergebniszahlen zusammen.
Wir schaffen uns eine Übersicht, die aus Platzgründen nicht vollständig ist:

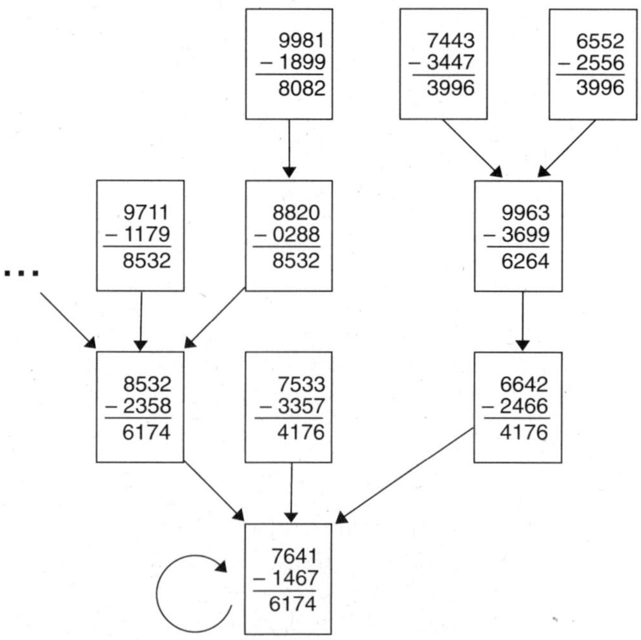

Schreibt man jeweils nur die Zahlen, deren Ziffern der Größe nach geordnet sind, so entsteht eine vollständige Übersicht:

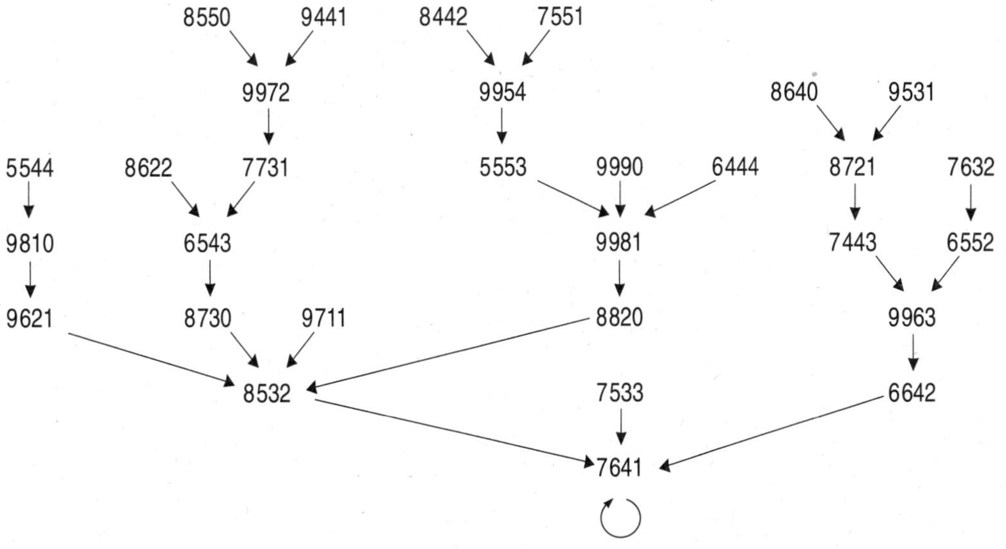

In dieser Übersicht finden sich genau die 25 + 5 = 30 Zahlen, die **nach** dem 1. Subtraktionsschritt überhaupt vorkommen können und auf die man sich zum Nachweis der Kaprekar-Vermutung beschränken kann. Nimmt man also irgendeine Zahl, z. B. 7123, so erhält man nach der 1. Subtraktion ein Ergebnis (im Beispiel: 8640), das in der Übersicht vorkommen muß. Der weitere Verlauf der Rechenkette läßt sich an der oberen Abbildung ablesen:

7 321	8 640 →	8 721 →	7 443 →	9 963 →	6 642 →	7 641
− 1 237	− 0 468	− 1 278	− 3 447	. . .		
6 084	8 172	7 443	3 996			

Alle genannten Muster (einschließlich der Übersicht) helfen bei der Korrektur und beim Aufspüren von Fehlern.

Was soll geübt werden?

Schriftliche Subtraktion mit Übertrag von vier- und fünfstelligen Zahlen, Ordnen von Zahlen nach ihren Ziffern.

Was wird benötigt?

Arbeitsmaterial: Packpapierbogen bzw. Tapetenrolle und Klebestift.

Wie kann man vorgehen?

1. Stellung der Aufgabe
Den Schülern wird an einem Beispiel folgende Rechenvorschrift erklärt (vgl. auch 3. Schuljahr, Abschnitt 2.4.3): Als Dach ("Zinne") eines Minusturms wird eine beliebige Zahl gewählt, bei der nicht alle vier Ziffern gleich sind. Aus den vier Ziffern wird die größte und die kleinste Zahl sowie deren Differenz gebildet. Damit ist das oberste Stockwerk fertig. Ausgehend vom Ergebnis der Subtraktion wird analog das nächste Stockwerk gebaut. Kein Stockwerk darf doppelt vorkommen.
Auftrag an die Schüler: *Wählt selbst Zahlen und baut "Minustürme"!*
Fragen: *Wer findet einen Turm mit 1, 2, 3, 4, 5 . . . Stockwerken? Wer schafft den höchsten Turm?*

2. Darstellung der Ergebnisse
Die Schüler übertragen ihre markantesten Türme auf Papierbögen bzw. Tapetenrollen und schneiden sie aus (Beispiele siehe S.132 oben).

3. Vorstellung der Ergebnisse vor der Klasse
Einige der Türme werden so an der Tafel befestigt, daß die untersten Stockwerke auf einem Niveau liegen.

4. Beschreibung der Muster durch die Schüler
Gegenüber der mündlichen Beschreibung hat die schriftliche Fixierung der beobachteten Muster den Vorteil, daß alle Schüler zum Zuge kommen. Außerdem kann der/die Lehrer/in die "mathematischen Aufsätze" nach dem Unterricht in Ruhe studieren.

Anke	Merle	Hans	Ivo
			2357
			7532 − 2357 = 5175
			7551 − 1557 = 5994
9990			9954 − 4599 = 5355
9990 − 0999 = 8991	7344		5553 − 3555 = 1998
9981 − 1899 = 8082	7443 − 3447 = 3996	6218	9981 − 1899 = 8082
8820 − 0288 = 8532	9963 − 3699 = 6264	8621 − 1268 = 7353	8820 − 0288 = 8532
8532 − 2358 = 6174	6642 − 2466 = 4176	7533 − 3357 = 4176	8532 − 2358 = 6174
7641 − 1467 = 6174	7641 − 1467 = 6147	7641 − 1467 = 6147	7641 − 1467 = 6147

Mögliche Beobachtungen:

- Im untersten Stockwerk steht immer die Aufgabe 7641 – 1467 = 6174.
- "Vertauschte" Zahlen (z. B. 7344 und 7434) ergeben den gleichen Minusturm (die gleichen Aufgaben).
- Einige Aufgaben (einige Zahlen) kommen immer wieder vor.
- Im 2. Stockwerk von unten treten folgende Aufgaben auf:

  8532 − 2358 = 6174, 6642 − 2466 = 4176, 7533 − 3357 = 4176, aber auch 8754 − 4578 = 4176, ...

- Im 3. Stockwerk kommen folgende Aufgaben vor:

  9621 − 1269 = 8352, 8730 − 0378 = 8352, 9711 − 1179 = 8532, 8820 − 0288 = 8532, 9963 − 3699 = 6264, 7600 − 0067 = 7533, ...

  Bei der sorgfältigen Analyse von Beispielaufgaben wird deutlich, wo jeweils Überträge entstehen und wie diese die Ziffern des Ergebnisses beeinflussen. In der Zehner- und Hunderterspalte tritt wegen der Ziffernanordnung immer ein Übertrag auf, in der Tausenderspalte genau dann, wenn die Hunderter- und Zehnerziffer des Minuenden und Subtrahenden gleich sind.

- Bei den Ergebniszahlen finden sich folgende Muster:

  5 553 − 3 555 = 1 998, 7 443 − 3 447 = 3 996, ... Tausender – plus Einerziffer ergibt 9, dazwischen steht "99"

  8 820 − 0 288 = 8 532, 9 954 − 4 599 = 5 355, ... Tausender – plus Einerziffer ergibt 10, Zehner – plus Hunderterziffer ergibt 8

– Diese Aufgabe kommt in mehreren Türmen vor, aber immer im 4. Stockwerk:

$$\begin{array}{r} 9981 \\ -\ 1899 \\ \hline 8082 \end{array}$$

– Der höchste Turm hat acht Stockwerke.

usw.

Besprechung der Muster

Die Muster werden mit der Klasse besprochen. Hierbei muß man mehr oder weniger stark führen. Die Tapetenrolle mit den vielen Minustürmen hilft bei der Erklärung. Die Schüler sollen die Muster begründen, so weit sie können. Hierfür besteht aber keinerlei Zwang.

Anmerkung: Es ist ratsam, die Stockwerke nach der Aufgabe oder dem Minuenden (größte Zahl) zu bezeichnen und **nicht** nach dem Ergebnis. Aus der größten Zahl (z.B. 6642) läßt sich nämlich die gesamte Aufgabe und das Ergebnis herleiten (6642 – 2466 = 4176).
Aus dem Ergebnis 4176 läßt sich dagegen nicht auf die Aufgabe schließen. Es gibt u.U. mehrere Lösungen, z.B. auch 7533 – 3357 = 4176 oder 8754 – 4578 = 4176.

5. Information

Man erzählt den Kindern von der Entdeckung des indischen Mathematikers Kaprekar, nach der spätestens nach 7 Aufgaben das Ergebnis mit den Ziffern 6, 1, 7, 4 erzielt wird. Das letzte Stockwerk lautet dann: 7641 – 1467 = 6174.
Für die Kinder ist es sicherlich interessant zu erfahren, daß man mit den von ihnen teilweise gefundenen Mustern die Entdeckung von Kaprekar beweisen kann.

Wie könnte es weitergehen?

6. Wenn Interesse besteht, kann die Klasse in Arbeitsteilung alle 30 wesentlichen Minustürme rechnen. Dabei ist auch zu erkennen, daß es auf nur **30 Aufgaben** ankommt.

9810	8820	8730	8640	8550	9990
9711	8721	7731	7641	7551	9981
9621	8622	7632	6642	6552	9972
9531	8532	7533	6543	5553	9963
9441	8442	7443	6444	5544	9954

7. Fünfstellige Zahlen

Die Schüler untersuchen die Frage, ob die Vermutung von Kaprekar auch für fünfstellige Zahlen gilt:

87 542 – 24 578 = 62 964 → 96 642 – 24 669 = 71 973 → 97 731 – 13 779 = 83 952 → 98 532 – 23 589 = 74 943 → 97 443 – 34 479 = 62 964 → 96 642 – 24 669 … (Zyklus)

Hier enden die Aufgaben nicht bei einer einzelnen Aufgabe, sondern in einem **Zyklus** von sich immer wiederholenden Aufgaben. Auch hier gibt es viel zu erforschen.

Fragen: *a) Wer erkennt an der folgenden Ergebniskette Muster?*

	Antwort: ZT/E	T/Z
62 964	6 + 4 = 10	2 + 6 = 8
71 973	7 + 3 = 10	1 + 7 = 8
83 952	:	:
62 964	:	:
74 [9]43	7 + 3 = 10	4 + 4 = 8

b) Wie viele verschiedene Aufgabenzyklen findet ihr?

Hier kann auch der Taschenrechner zur Untersuchung herangezogen werden.

3. Übungen zur Multiplikation und Division

Das wichtigste Kapitel zur Multiplikation und Division, nämlich die halbschriftlichen Strategien, haben wir bereits im 3. Schuljahr behandelt. Zusammen mit guten Zahlvorstellungen und sicheren Kopfrechenfertigkeiten bilden sie eine Verständnisbasis, von der aus die Schüler in der Sekundarstufe I unter Benutzung des Taschenrechners die Teilbarkeitslehre, die Bruchrechnung und die Algebra in Angriff nehmen können. Man kann gar nicht oft genug betonen, daß der **mathematisch** weiterführende Rechentyp keineswegs das schriftliche, sondern das **halbschriftliche** Rechnen ist.
Gleichwohl ist die Behandlung der schriftlichen Multiplikation und Division in den heutigen Lehrplänen vorgeschrieben, und wir wollen uns der didaktischen Aufgabe, einen Weg von den halbschriftlichen Strategien zu den schriftlichen Verfahren aufzuzeigen, keineswegs entziehen. Es wird sich dabei zeigen, daß sich die schriftliche Multiplikation und die schriftliche Division ebenso natürlich aus geeigneten halbschriftlichen Strategien herleiten lassen, wie die schriftliche Addition und die schriftliche Subtraktion.

3.1 Einführende Übungen zur schriftlichen Multiplikation

Worum geht es?

Wie bei der schriftlichen Addition und Subtraktion stellt sich die Frage, von welcher halbschriftlichen Strategie aus man am besten zur schriftlichen Multiplikation gelangt. Nach reiflicher Überlegung scheint es uns am günstigsten, vom Malkreuz auszugehen und über die im Mittelalter verbreitete Methode der Neperschen Streifen ("Malstreifen") zum schriftlichen Verfahren vorzustoßen.

1. Malkreuz

Beispiele:

•	20	7	
30	600	210	810
5	100	35	135
			945

35 · 27 = 945
(gerundet 30 · 30 = 900)

•	300	60	7	
20	6000	1200	140	7340
7	2100	420	49	2569
				9909

27 · 367 = 9909
(gerundet 30 · 350 = 10 500)

Je größer die Zahlen werden, als desto unhandlicher erweist sich das Malkreuz, da es immer schwieriger wird, die Stellenwerte richtig zu bestimmen und zusammenzufassen.

2. Malkreuz mit Stellenwerten
Die vielen Nullen lassen sich vermeiden, wenn man mit den Stellenwerten arbeitet.

Beispiel:

•	3 H	6 Z	7 E
2 Z	6 T	12 H	14 Z
7 E	21 H	42 Z	49 E

T	H	Z	E
6	12	14	
+ $_3$	21_6	42_4	49
9	9	0	9

Hier läßt sich zwar das "1 × 1" leicht anwenden, aber man muß auch das "Stellenwerteinmaleins" beherrschen, und es erscheint etwas mühsam, die Teilrechnungen zu addieren. Trotzdem ist diese Rechnung in ihrer Struktur sehr übersichtlich. Die Stellenwerte treten in den jeweiligen Zeilen diagonal versetzt auf, was bei größeren Zahlen eine große Erleichterung darstellt.

Beispiel:

•	3T	6H	5Z	2E
6H	18HT	36ZT	30T	12H
5Z	15ZT	30T	25H	10Z
4E	12T	24H	20Z	8E

umgeordnet:

M	HT	ZT	T	H	Z	E
	18	36	30	12	10	8
		15	30	25	20	
	5	7	12_6	24_3		
2	3	8	8	4	0	8

Trotzdem ist das Verfahren in dieser Form nicht praktikabel, weil es ein ständiges Berechnen auch der Stellenwerte erfordert.

3. "Malstreifen"

Die "Streifenmultiplikation" vermeidet alle Nachteile des vorhergehenden Verfahrens, behält aber dessen Übersichtlichkeit bei. Da sich die Stellenwerte **automatisch** ergeben und auch ihre Zusammenfassung durch die Diagonalstruktur äußerlich festgelegt ist, handelt es sich bei der "Malstreifen"-Multiplikation um ein schriftliches Verfahren, das allein mit den **Ziffern** arbeitet. Gleichwohl ist die halbschriftliche Strategie des Malkreuzes noch erkennbar. Daß in den Malstreifen der eine Faktor von links auf die rechte Seite gerückt worden ist, hat seinen Grund darin, daß der Platz links für höhere Stellenwerte benötigt wird, die sich beim Multiplizieren einstellen. Die Ziffern in den schrägen Streifen haben den gleichen Stellenwert und müssen Stelle für Stelle von den Einern her aufaddiert werden.

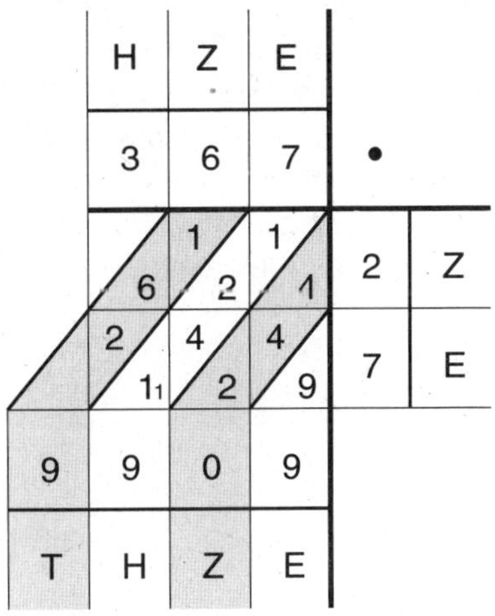

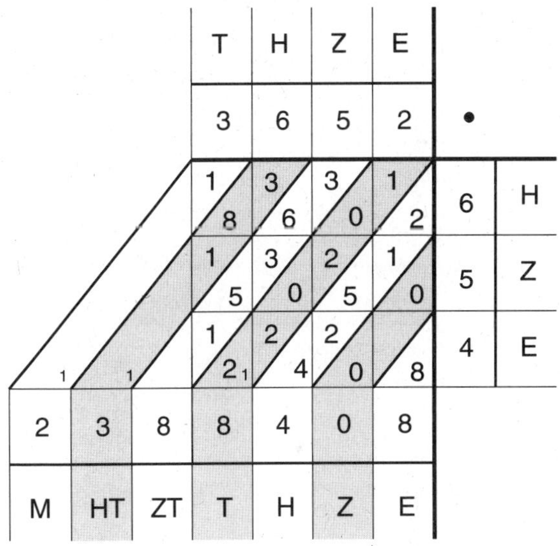

Kurzschreibweise:

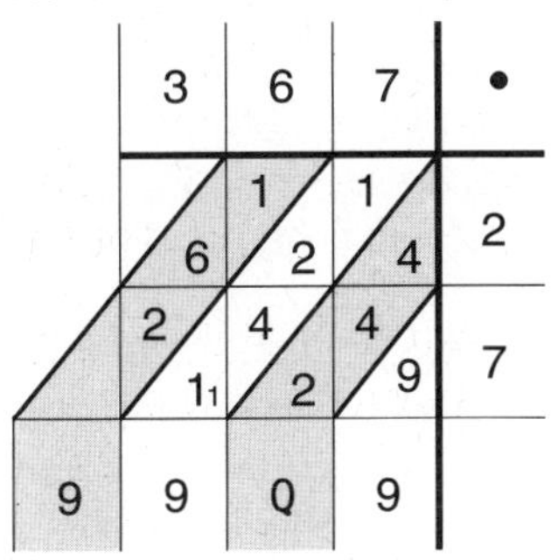

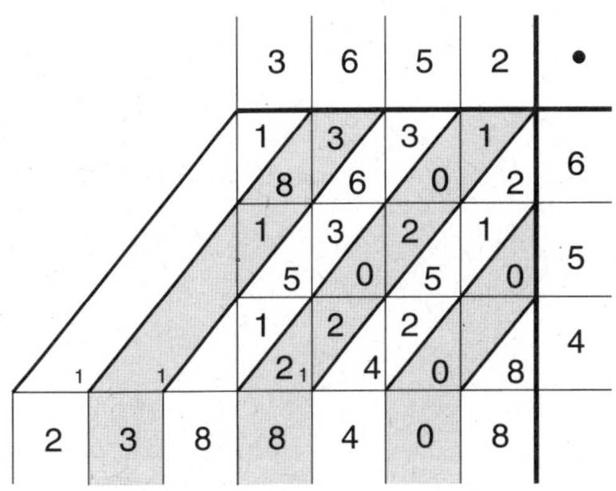

Wie Stelle für Stelle mit Hilfe des kleinen Einmaleins berechnet wird, und wie die Überträge zu behandeln sind, wird besonders deutlich, wenn ein Faktor einstellig ist:

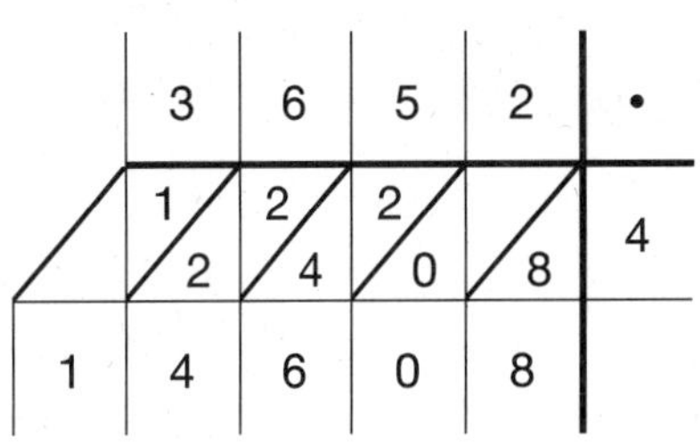

Die begriffliche Nähe dieser Form zur schriftlichen Multiplikation ist offenkundig.

4. Schriftliche Multiplikation
Bei der schriftlichen Multiplikation werden Zeile für Zeile stellengerecht die Teilsummen bestimmt, wobei man die Überträge im Kopf behält und der nächsten Stelle zuschlägt, bevor abschließend die Teilsummen addiert werden.

Beispiele:	3652 · 4	367 · 27	3652 · 654
	14608	734	21912
		2569	18260
		9909	14608
			2388408

Anmerkung: Die Fehleranfälligkeit der schriftlichen Multiplikation ist bekannt und macht auch vor guten Rechnern nicht Halt. Es ist überhaupt keine Frage, daß der Taschenrechner verbunden mit Schätzungen (im obigen Beispiel etwa 3000 · 700 = 2 100 000 ≈ 2 Mill.) erheblich sicherere Rechenergebnisse liefert als sie "menschliche Rechner" je erreichen können.
Bei der Einführung der schriftlichen Multiplikation folgen wir dem **Prinzip der fortschreitenden Schematisierung:** Den Schülern werden sofort komplexe Multiplikationsaufgaben gestellt, die sie **zunächst mit halbschriftlichen** Strategien lösen. Die Schülerlösungen werden im weiteren immer stärker "schematisiert", bis am Schluß das schriftliche Multiplikationsverfahren erreicht ist. Während die Schüler bei einer ersten Auseinandersetzung mit den gestellten Problemen nur wenig Anleitung benötigen und die Freiheit haben, sich ihre eigenen Lösungswege auszudenken, erscheint in den späteren Phasen der Schematisierung die Hilfe des Lehrers unentbehrlich. Es handelt sich zunehmend um Darstellungsweisen, die sich keineswegs zwingend ergeben, sondern um **Konventionen,** die **mitgeteilt** werden müssen, wie man ja schon daran sieht, daß in anderen Ländern andere Endformen vorgeschrieben sind. Die spontanen halbschriftlichen Strategien der Schüler sind aber für ein Verständnis der schematisierten Verfahren unverzichtbar, und es wäre in diesem Zusammenhang nicht günstig, letztere **sofort** vorzustellen und einzuüben.

Was soll geübt werden?

Die einführenden Übungen sollen den Schülern Gelegenheit geben, komplexe Multiplikationsaufgaben in handliche Teilaufgaben zu zerlegen und aus deren Lösung das Gesamtergebnis zu ermitteln. Diese Zerlegung, die auf der Anwendung bestimmter Rechengesetze beruht, ist grundlegend, und im weiteren geht es nur noch um eine immer geschickter angelegte, kürzere äußere Form.

3.1.1 Telefonkosten

Worum geht es?

Wenn man mehrere Monatsrechnungen für den gleichen Anschluß nebeneinanderlegt, so fällt auf, daß sich – abgesehen vom Datum – nur die Zahlen und Beträge in Spalten unterscheiden. Die Struktur der Fernmelderechnung ist so einfach, daß sich Zehnjährige recht leicht in sie "einlesen" können: Pro Monat muß man eine Grundgebühr entrichten. Für jede Einheit, die über 10 Einheiten hinausgeht, sind z.Z. 0,23 DM zu zahlen. Wenn man also 330 kostenpflichtige Einheiten "vertelefoniert" hat, sind dies 330 · 0,23 DM = 75,90 DM.

Was soll geübt werden?

Der Zusammenhang zwischen den Spalten "Kostenpflichtige Einheiten" und "Betrag (DM)" eignet sich gut als einführende Übung in die schriftliche Multiplikation, weil deren Grundideen vielfach zur Anwendung kommen. Abgesehen davon, daß es sich um ein lebensweltlich bedeutsames Thema handelt, besteht ein großer Vorteil darin, daß die Multiplikation mit den Stufenzahlen 10, 100, 1000 wegen der Kommazahlen nicht durch ein blindes "Nullenanhängen" erledigt werden kann, sondern Einsicht in die Multiplikation erfordert.

Was wird benötigt?

Demonstrationsmaterial: Folienkopie einer Fernmelderechnung, Tausenderbuch.

Wie kann man vorgehen?

1. Telefonrechnung
Anhand der Folienkopie wird die Struktur einer Fernmelderechnung besprochen, wobei die Kinder ihre Erfahrungen einbringen können. Die Aufmerksamkeit wird dann auf die hier wichtigen Spalten gelenkt, und es wird, falls es die Kinder nicht selbst erklären können, mitgeteilt, daß eine Einheit 0,23 DM kostet und beispielsweise 330 Einheiten dementsprechend 75,90 DM.

2. "Wieviel kosten ... Einheiten?"
An der Tafel wird eine Tabelle erstellt.

Zahl der kostenpflichtigen Einheiten	Betrag DM
1	0,23
2	0,46
3	0,69
4	0,92
5	1,15
10	...
16	
...	

Anfangs wird die Tabelle gemeinsam ausgefüllt. Dann werden als weitere Einheiten-Zahlen etwa 10, 16, 20, 27, 30, 51, 100, 131, 198, 226, 270, 300, 330 oder 1000 vorgegeben, und die Kinder erhalten die Aufgabe, einzeln, mit dem Partner oder in der Gruppe die entsprechenden Beträge zu ermitteln. Nach unserer Erfahrung ist es für die Kinder dabei ganz natürlich, die jeweils vorhandenen Resultate zu benutzen, was in unterschiedlicher Weise der Fall sein kann.

Beispiele:

16 Einheiten	98 Einheiten
2,30	11,50
1,15	11,50
0,23	23,00
3,68	− 0,46
	22,54

An dieser Stelle besteht keine Notwendigkeit, auf einer bestimmten äußeren Form zu bestehen. Es muß nur zum Ausdruck kommen, wie jeweils gerechnet wurde.

3. Sammlung der Ergebnisse
Die Ergebnisse werden nun in der Klasse gesammelt und in die Tabelle eingetragen, wobei jedes Kind erklärt, wie es zu seinem Ergebnis gekommen ist.

4. Diskussion der Tabelle
In Rückschau auf die Tabelle (am besten erst in der nächsten Stunde) fallen einige Beziehungen auf. Sie führen zu Vermutungen, insbesondere zur Zehnermultiplikation, die man mit der Tabelle bestätigen kann.

1	0,23 DM	3	0,69 DM	27	6,21 DM
10	2,30 DM	30	6,90 DM	270	62,10 DM
100	23,00 DM	300	69,00 DM		
1000	230,00 DM				
4	0,92 DM	5	1,15 DM	51	11,73 DM
40	? DM	50	? DM	510	?
		500	?		

5. Herausarbeitung einer Regel
Den gemeinsamen Hintergrund aller Beispiele bildet die folgende äußerst wichtige Regel:
Die Multiplikation mit 10 bewirkt ein Aufrücken der Ziffern um eine Stufe.
Diese Erkenntnis läßt sich mit den Kindern besonders gut anhand der nachstehenden operativen Serie erarbeiten. Die Kinder berechnen Ergebnis für Ergebnis und machen es mit Hilfe von Geld am Tausenderbuch und am Millionbuch deutlich.

$0{,}01 \cdot 10 = 0{,}10$	$0{,}10 \cdot 10 = 1{,}00$	$1 \cdot 10 = 10$
$0{,}02 \cdot 10 = 0{,}20$	$0{,}20 \cdot 10 = 2{,}00$	$2 \cdot 10 = 20$
⋮	⋮	⋮
$0{,}10 \cdot 10 = 1{,}00$	$1{,}00 \cdot 10 = 10{,}00$	$10 \cdot 10 = 100$
$10 \cdot 10 = 100$	$100 \cdot 10 = 1000$	$10000 \cdot 10 = 100000$
$20 \cdot 10 = 200$	$200 \cdot 10 = 2000$	$20000 \cdot 10 = 200000$
⋮	⋮	⋮
$100 \cdot 10 = 1000$	$1000 \cdot 10 = 10000$	$100000 \cdot 10 = 1000000$

Was geschieht, wenn eine mehrstellige Zahl mit 10 multipliziert wird? Die Antwort ist nun nicht mehr schwierig: Jede Ziffer rückt um eine Stufe auf. Dies wird an der Stellentafel besonders plastisch.

Beispiele: 237 · 10 = 2370 oder 4,35 DM · 10 = 43,50 DM

6. Schnelle Berechnung der Telefonkosten

Nun sind die Schüler in der Lage, die Kosten für eine größere Anzahl von Einheiten schnell zu berechnen:

Beispiele:	6 Einheiten	6 · 0,23 DM =	1,38 DM
	62 Einheiten	60 · 0,23 DM =	13,80 DM
		2 · 0,23 DM =	0,46 DM
			14,26 DM
	9 Einheiten	9 · 0,23 DM =	1,80 DM + 0,27 DM = 2,07 DM
	97 Einheiten	90 · 0,23 DM =	20,70 DM
		7 · 0,23 DM =	1,61 DM
			22,31 DM

Diese Rechnung läßt sich folgendermaßen verdeutlichen: Der Posten 60 · 0,23 DM läßt sich in der Form 10 · 6 · 0,23 DM als Rechteck darstellen:

0,23	0,23	0,23	0,23	0,23	0,23	1. Zeile
0,23	0,23	0,23	0,23	0,23	0,23	2. Zeile
0,23	.	.	.	.	.	.
0,23	.	.	.	.	.	.
0,23	.	.	.	.	.	.
0,23	.	.	.	.	.	.
0,23	.	.	.	.	.	.
0,23	.	.	.	.	.	.
0,23	.	.	.	.	.	.
0,23	0,23	0,23	0,23	0,23	0,23	10. Zeile

In einer Zeile ergibt dies 6 · 0,23 DM = 1,38 DM, in 10 Zeilen 10 · 1,38 DM = 13,80 DM.

Dieses rechteckige Schema liefert auch eine Erklärung dafür, warum die Multiplikation (· 100) durch zweimalige Anwendung von (· 10) bewirkt werden kann, also auf ein Aufrükken der Ziffern um 2 Stufen hinausläuft: Um eine Zahl mit 100 zu multiplizieren, muß man jedes Feld des Hunderterquadrates mit dieser Zahl belegen. Das Aufaddieren erfolgt zunächst **zeilenweise,** was in jeder Zeile das 10fache der Zahl ergibt. Das Aufaddieren der 10 Zeilen ergibt das 10fache des 10fachen der Zahl. Mit Hilfe des Tausenderbuchs sieht man analog ein, daß die Multiplikation einer Zahl mit 1000 durch die dreifache Ausführung der Multiplikation mit 10 bewerkstelligt werden kann, also ein Aufrücken der Ziffern um 3 Stufen bewirkt.

Weiteres Beispiel: 257 Einheiten

2 · 0,23 DM =	0,46 DM	
200 · 0,23 DM =	46,00 DM	46,00 DM
5 · 0,23 DM =	1,15 DM	11,50 DM
50 · 0,23 DM =	11,50 DM	1,61 DM
7 · 0,23 DM =	1,61 DM	59,11 DM

Die Telefonkosten lassen sich somit sehr leicht berechnen, wenn man eine Tabelle für die Kosten von 1, 2, ..., 9 Einheiten zur Verfügung hat.

Einheiten	1	2	3	4	5	6	7	8	9
Beitrag in DM	0,23	0,46	0,69	0,92	1,15	1,38	1,61	1,84	2,07

Eine abschließende Anmerkung: Bei dieser Unterrichtseinheit handelt es sich um eine Einführung in die schriftliche Multiplikation im Sinne einer **Vorbereitung**. Wesentlich ist, daß die Schüler sehen, wie man Komplexe Malaufgaben in einfachere zerlegen kann. Die Überlegungen müssen immer inhaltlich abgestützt sein. Jeder voreilige Schematismus ist zu vermeiden, weil er eine von Verständnis getragene Handhabung der schriftlichen Multiplikation untergraben würde.

3.1.2 "Wie viele Stunden hat...?"

Worum geht es?

Die folgende einführende Übung wurde angeregt durch einen Unterrichtsversuch von G. Walther, der Schülern eines 4. Schuljahres die komplexe Aufgabe *"Wie viele Stunden hat ein Jahr?"* stellte und aus den spontanen Lösungen der Schüler den Algorithmus der schriftlichen Multiplikation ableitete.[1] Wir erweitern im folgenden die Aufgabenstellung, indem wir auch andere Zeitspannen einbeziehen.

Folgende Sachinformationen werden benötigt:
1 normales Jahr = 365 Tage = 52 Wochen + 1 Tag
1 Schaltjahr = 366 Tage = 52 Wochen + 2 Tage

Verteilung der Tage auf die Monate:
31 Tage: Januar, März, Mai, Juli, August, Oktober, Dezember
30 Tage: April, Juni, September, November
28 Tage: Februar

Verteilung der Wochen auf die Monate:
28 Tage = 4 Wochen, 29 Tage = 4 Wochen + 1 Tag, 30 Tage = 4 Wochen + 2 Tage, 31 Tage = 4 Wochen + 3 Tage.

Was soll geübt werden?

Wie in 3.1.1 geht es um die Zerlegung komplexer Malaufgaben in einfachere.

Was wird benötigt?

Demonstrationsmaterial: Evtl. Kalender.

Wie kann man vorgehen?

1. Vorstellung von Malaufgaben
Unter der Voraussetzung, daß die Schüler die nötigen Sachinformationen über den Kalender weitgehend besitzen, werden sofort folgende Aufgaben gestellt:
Wie viele Stunden hat eine Woche? Ein Monat? Ein Jahr?
Die Schüler beschäftigen sich mit diesen Aufgaben erst einzeln und besprechen dann ihre Ergebnisse und Rechenwege in der Gruppe.

2. Vorstellung der Lösungen
Jede Gruppe erstellt ein Poster, auf dem die verschiedenen Lösungen der Aufgabe dargestellt sind. Die Gruppen müssen jeweils nacheinander versuchen, die Rechenwege einer anderen Gruppe zu erklären. Daran anschließend werden die unterschiedlichen Wege verglichen. Im folgenden werden mögliche Lösungswege gezeigt, Stundenzahlen einer Woche, eines Monats und eines Jahres zu berechnen.

Woche:

•	7
20	140
4	28
	168

Monat mit 30 Tagen:

•	30
20	600
4	120
	720

Normales Jahr:

•	300	60	5	
20	6000	1200	100	7300
4	1200	240	20	1460
				8760

Monat mit 31 Tagen:

$24 \cdot 31 = 720 + 24$
$= 744$

Februar:

$24 \cdot 28 = 720 - 48$
$= 672$

Schaltjahr:

$8760 + 24 = 8784$

Sind die Schüler vom 3. Schuljahr her den Umgang mit dem Malkreuz gewohnt, so kann dieses Vorwissen für die Lösung genutzt werden.

[1] Walther, G., Acquiring Mathematical Knowledge. Mathematics Teaching 101 (1982), 10–12

Als Kontrolle kann empfohlen werden, von den Monaten und von den Wochen auf das Jahr hochzurechnen.

Monate mit 30 Tagen

•	700	20
4	2800	80

2880

Monate mit 31 Tagen

•	700	40	4
7	4900	280	28

```
   4900
    280
+  1 1 28
   ----
   5208
```

Jahr

```
   5208
   2880
+   672
    111
   ----
   8760
```

Wie könnte es weitergehen?

3. "Wie viele Stunden bin ich auf der Welt?"
Diese Frage interessiert Schüler erfahrungsgemäß sehr stark. Aufgrund der vorherigen Rechnungen können sie diese Lösung bestimmen. Es erscheint sinnvoll, die Schaltjahre während der letzten 12 Jahre anzugeben. Natürlich müssen die Schüler ihre Mütter fragen, zu welcher Stunde sie das Licht der Welt erblickt haben.

3.1.3 Ein Weg zur schriftlichen Multiplikation

Auf der Grundlage der einführenden Übungen sollten die Schüler verstanden haben, wie man schwierige Malaufgaben in einfachere zerlegt und Stufenzahlen zu multiplizieren hat. Damit sind die Voraussetzungen gegeben, die fortschreitend ökonomischere Lösung von Malaufgaben aufzuzeigen.
Wie eingangs erwähnt, müssen die "Malstreifen"-Multiplikation und die bei uns übliche Form der schriftlichen Multiplikation **vorgestellt** werden, da sie als Konventionen von den Schülern ja nicht entdeckt werden können. Dennoch handelt es sich um einen aktiven Nachvollzug, da sich die Schüler bemühen, die einzelnen Verfahren zu verstehen und zu erklären.

Was wird benötigt?

Arbeitsmaterial: Arbeitsblätter (4/6) und (4/7).

Wie kann man vorgehen?

1. Vorstellung des Malkreuzes mit Stellenwerten
Die Schüler werden bei ihren Rechnungen gesehen haben, daß die Berechnung der einzelnen Felder des Malkreuzes und die Zusammenfassung der Ergebnisse wegen der vielen Nullen leicht zu Fehlern führen kann. Als Beispiel für ein verbessertes Verfahren stellt man ihnen das Malkreuz mit Stellenwerten vor, mit dem auch schwierige Malaufgaben gerechnet werden können.

•	9 H	7 Z	3 E
4 H	36 ZT	28 T	12 H
3 Z	27 T	21 H	9 Z
6 E	54 H	42 Z	18 E

→

HT	ZT	T	H	Z	E
	36_6	55_9	87_5	51_1	18
4	2	4	2	2	8

•	3 H	6 Z	5 E
2 Z	6 T	12 H	10 Z
4 E	12 H	24 Z	20 E

→

T	H	Z	E
6_2	24_3	34_2	20
8	7	6	0

2. Vorstellen der "Malstreifen"
Die Schüler werden das Malkreuz mit Stellenwerten immer noch als umständlich empfinden. Eine gewisse Neugier kann dadurch erzeugt werden, daß ein über 500 Jahre altes Verfahren zur Arbeitserleichterung angekündigt wird, bei dem ausgenutzt wird, daß beim Malkreuz mit Stellenwerten die Stufenzahlen in den Feldern schräg versetzt auftreten (Malstreifen).
Es ist für die Schüler sehr hilfreich, die Rechnungen mit dem Malkreuz und mit den Malstreifen zu vergleichen. Sie werden dabei eine prinzipielle Übereinstimmung feststellen und gleichzeitig erkennen, daß die Malstreifen automatisch die Ordnung der Ziffern nach dem gleichen Stellenwert liefern und damit ohne weiteres die Anwendung der schriftlichen Addition ermöglichen.

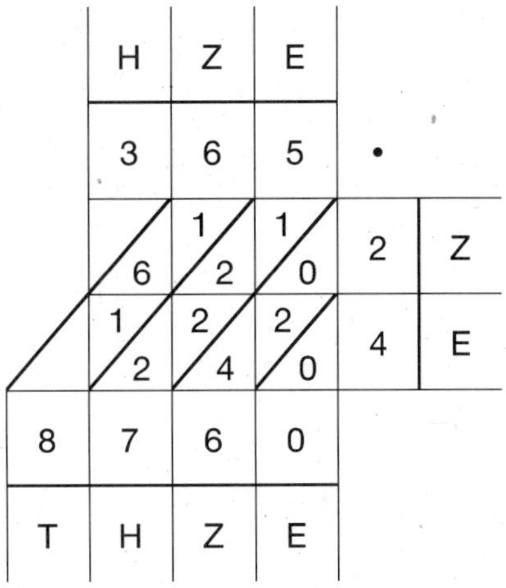

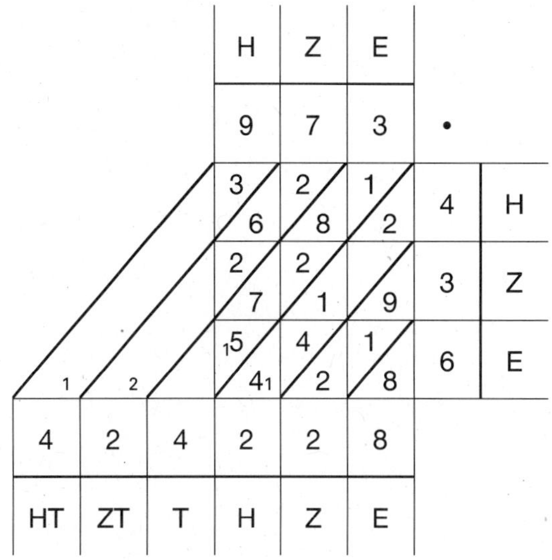

3. Übung der "Malstreifen"-Multiplikation

Mit Hilfe der Arbeitsblätter (etwa 4/6) können die Schüler den Umgang mit den Malstreifen einüben und sich mit ihnen vertraut machen. Für ein- und zweistellige Multiplikatoren können die Schüler auch selbst Malstreifen auf kariertes Papier zeichnen (1 Feld = 1 cm^2). Die operative Variation der Aufgaben ermöglicht wieder einen Vergleich und damit eine Kontrolle der einzelnen Lösungen. Die Arbeitsblätter (4/6) und (4/7) zeigen, wie dabei Rechnen, Kontrollieren und Denken verbunden werden können. Bereits bei der Betrachtung der Ergebnisse auf dem Arbeitsblatt (4/7), die für die Diskussion und die weiteren Rechnungen mit A1, ..., A6, B1, ..., B6 benannt sind, fällt eine besondere Beziehung auf: A4 = B1, d.h. $576 \cdot 8 = 4608 = 2304 \cdot 2$. Die Erklärung ergibt sich daraus, daß $576 \cdot 4 = 2304$ ist, was von den Schülern vermutet und nachgerechnet werden kann.
Weitere Beziehungen ergeben sich, wenn die Ergebnisse auf das Arbeitsblatt (4/7) übertragen und die angegebenen Rechnungen durchgeführt werden.
Ziel bei dieser (typisch reflektiven) Übung ist, daß "höhere" Lernziele zusammen mit "niederen" verfolgt werden, d. h. daß sich aus der Übung einer Fertigkeit an einer Serie gleichartiger Aufgaben Anlässe zum Entdecken, Beschreiben und Begründen von Mustern ergeben. Dabei besteht keinerlei Zwang, restlos alle Beziehungen zu besprechen!

A1	1 152	B1	4 608
A4	+ 4 608	B4	+ 18 432
	5 760		23 040

(Das Zehnfache von 576) (Das Zehnfache von 2304)

A2	1 728	B2	6 912
A3	+ 4 032	B3	+ 16 128
	5 760		23 040

(Ebenfalls das Zehnfache) (Ebenfalls das Zehnfache)

A5	7 488	B5	29 952
A6	+ 50 112	B6	+ 200 448
	57 600		230 400

(Das Hundertfache von 576) (Das Hundertfache von 2304)

A5	7 488	B5	29 952
A3	+ 4 032	B3	+ 16 128
	11 520		46 080

(Das Zehnfache von A 1, d. h. das Zwanzigfache von 576)

(Das Zehnfache von A 4 und B 1, d. h. das Zwanzigfache von 2304)

B1 4608
B2 + 6912
11 520

(gleiches Ergebnis wie A 5 + A 3)

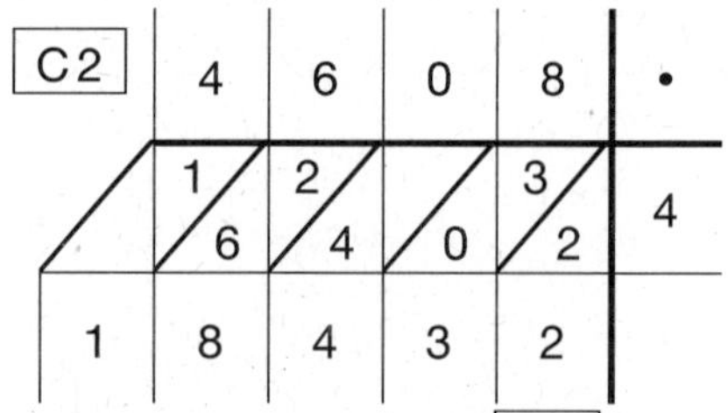

(gleiches Ergebnis wie B 4)

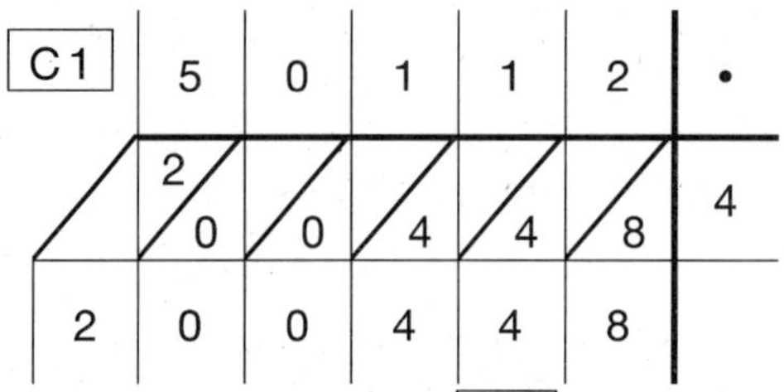

(gleiches Ergebnis wie B 6)

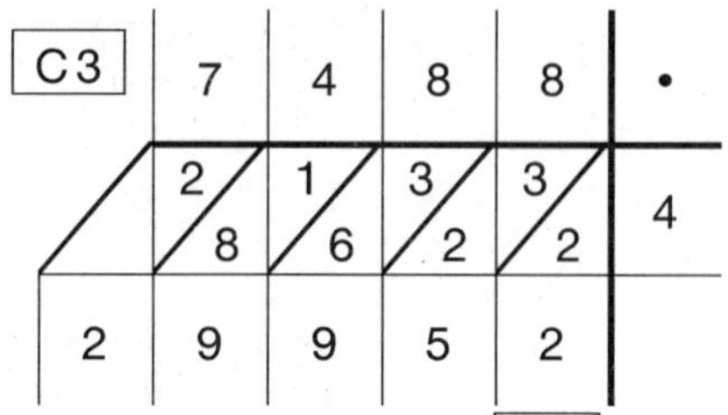

(gleiches Ergebnis wie B 5)

4. Vorstellung des heutigen Normalverfahrens der schriftlichen Multiplikation

An Aufgaben mit einstelligem Multiplikator wird gezeigt, wie die Methode der Malstreifen zum Normalverfahren verkürzt werden kann. Dieses Verfahren erfordert zwar weniger Platz, Zeichen- und Schreibarbeit, dafür aber viel mehr Konzentration, weil man sich die Überträge im Kopf merken und dazu addieren muß.

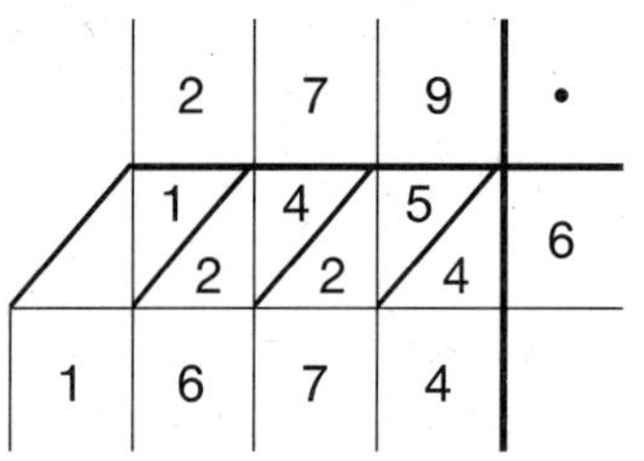

279 · 6
1674

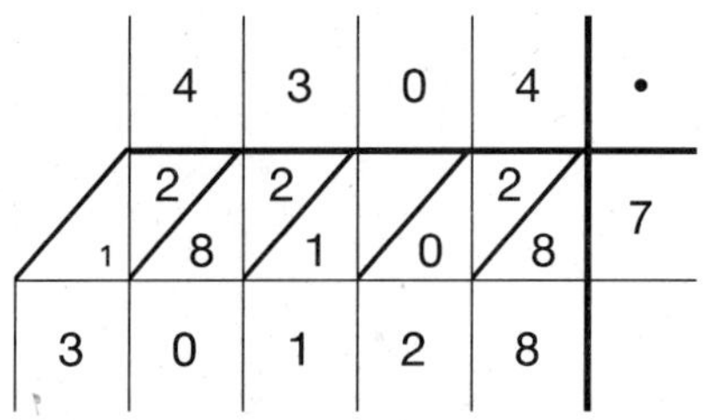

4304 · 7
30128

Die Malstreifen stützen auch Aufgaben mit mehrstelligen Multiplikatoren ab.

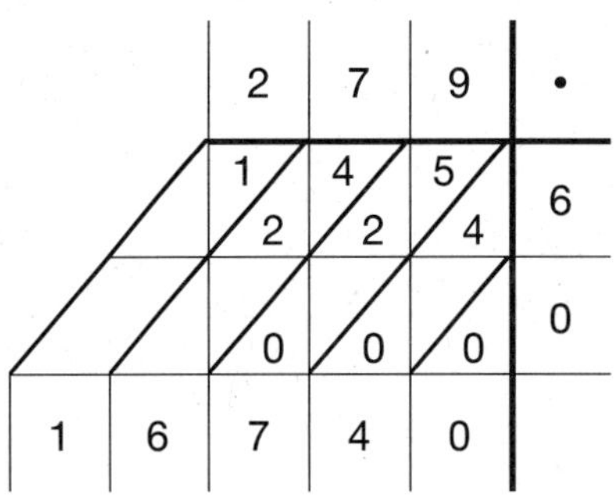

279 · 60
16740

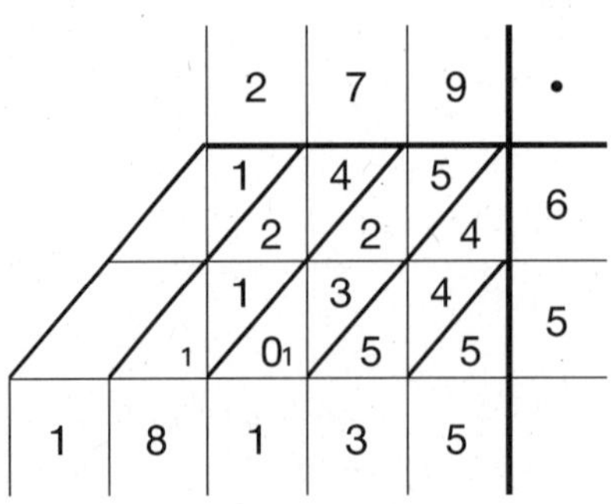

279 · 65
1674
+ 1395
1 1
18135

Dabei ist aber zu beachten, daß bei der schriftlichen Multiplikation anders als bei den Malstreifen zuerst zeilenweise Teiladditionen vorgenommen werden. Von den Malstreifen her ist ersichtlich, daß die Stellenwerte des Ergebnisses bei der schriftlichen Multiplikation durch den Multiplikator, **nicht** durch den Multiplikanden der Malaufgabe bestimmt sind.

5. Gemeinsame Übung der Malstreifen- und der schriftlichen Multiplikation
Nach dem Vorbild des Arbeitsblattes (4/8) soll zunächst eine gemeinsame Übung der beiden Multiplikationsverfahren erfolgen, ehe man sich ganz auf die schriftliche Multiplikation konzentriert, wie es die Lehrpläne nahelegen. In dem Arbeitsblatt (4/8) steckt eine Reihe von Beziehungen, die wir diesmal unseren Lesern zur Entdeckung überlassen. Wie viele von ihnen durch die Schüler herausgefunden werden, hängt sicherlich vom Leistungsniveau der Klasse ab. In jedem Fall ist das Arbeitsblatt ein Angebot, das die Schüler nutzen können.

Schlußbemerkung
Die Verfügbarkeit der schriftlichen Multiplikation darf im Unterricht keinesfalls zu einer Vernachlässigung oder gar Unterdrückung der halbschriftlichen Strategien führen, die bei vielen Multiplikationsaufgaben, insbesondere im Tausenderraum und bei Überschlagsrechnungen, die sinnvollere Methode darstellen.

3.2 Operative Serien zur Multiplikation

Was soll geübt werden?

Im Mathematikunterricht darf man sich keineswegs damit zufrieden geben, daß die Schüler Rechenverfahren nur lernen, um damit Ergebnisse von Aufgaben berechnen zu können. Vielmehr muß darüber hinaus auf **Einsicht** in die Operationen hingewirkt werden, indem die Grundvorstellungen zur Addition, Subtraktion, Multiplikation und Division präsent bleiben, und die Schüler ständig dazu angeregt werden, die Ergebnisse zu den Aufgaben selbst in Beziehung zu setzen. Ein optimales Mittel hierfür stellen operativ strukturierte Übungsserien dar.
In einem Produkt etwa kann man jeden Faktor vergrößern, verkleinern, vervielfachen oder teilen, man kann die Faktoren vertauschen und man kann diese Veränderungen untereinander kombinieren. Das Ergebnis vergrößert bzw. verkleinert sich dementsprechend, oder es bleibt konstant.

Wie kann man vorgehen?

Da es sich in allen Fällen um reflektives Üben handelt, weist jedes Beispiel eine zweiphasige Struktur auf, die wir nicht jedesmal ausführen, sondern hier vorausschicken wollen:
1. Berechnung der Ergebnisse,
2. Beschreibung und Begründung der beobachteten Gesetzmäßigkeiten.

Es genügt, den Anfang jeder Serie an der Tafel oder auf dem Arbeitsblatt vorzugeben, um den Schülern die Gelegenheit zu geben, diese selbständig fortzusetzen.
Die Verständigung über beobachtete Auffälligkeiten wird stark erleichtert, wenn man Aufgaben und Ergebnisse zu Beginn der zweiten Phase auf einer Folie im Zusammenhang präsentiert.
Zur Begründung der Gesetzmäßigkeiten muß man auf die Bedeutung der Multiplikation als wiederholte Addition zurückgreifen. Manchmal sind hierbei Punktmuster hilfreich, die allerdings bei großen Zahlen nur angedeutet werden können.

3.2.1 Quadratzahlen bis 1024

Worum geht es?

Das Aufsagen der Quadratzahlreihe bis $400 = 20 \cdot 20$ gehört zum Blitzrechenkurs des dritten, bis $1024 = 32 \cdot 32$ zum Blitzrechenkurs des vierten Schuljahres. Ohne Kenntnis gewisser Beziehungen, die als Gedächtnisstützen dienen können und die Rekonstruktion der Reihe erleichtern, ist es aber sehr schwierig, sich die vielen Quadratzahlen in der richtigen Reihenfolge zu merken. Daher wollen wir sie im Rahmen einer strukturierten Übung genauer unter die Lupe nehmen.

Was soll geübt werden?

Die Berechnung der Quadratzahlen bis 1024 ist eine gute Übung für halbschriftliche Strategien und die schriftliche Multiplikation.

Was wird benötigt?

Demonstrationsmaterial: 400er-Punktfeld.
Arbeitsmaterial: Tausenderbuch.

Wie kann man vorgehen?

1. Am 400er-Feld sollte zunächst die Quadratzahlreihe bis $20 \cdot 20 = 400$ wieder in Erinnerung gebracht werden.

2. Zur weiteren Berechnung der Quadratzahlen von 21 · 21 bis 32 · 32 sollten bei jeder Aufgabe verschiedene Multiplikationsmethoden herangezogen werden.

Beispiele:

•	20	1	
20	400	20	420
1	20	1	21
			441

21 · 21 = 420 + 21 = 441
21 · 20
21 · 1

```
21 · 21
     42
+    21
    441
```

•	20	5	
20	400	100	500
5	100	25	125
			625

	20	5	
20	400	100	500
5	100	25	125
			625

```
25 · 25
     50
+   125
    625
```

3. Auflistung der Ergebnisse
Alle Quadratzahlen von 1 bis 1024 werden in Zehnerreihen angeschrieben und mit rotem Stift im Tausenderbuch markiert.

1	**4**	**9**	**16**	**25**	**36**	**49**	**64**	**81**	**100**
12**1**	14**4**	16**9**	19**6**	22**5**	25**6**	28**9**	32**4**	36**1**	40**0**
44**1**	48**4**	52**9**	57**6**	62**5**	67**6**	72**9**	78**4**	84**1**	90**0**
96**1**	102**4**								

Auffälligkeiten:
(1) Die Folge der Einerziffern wiederholt sich periodisch.
(2) Die Lücken zwischen den Quadratzahlen werden immer größer.
(3) Symmetrisch zu 625 liegende Quadratzahlpaare unterscheiden sich nur in den Hundertern (576/676, 529/729, 484/784, 441/841, 361/961, 324/1024).

Die erste Auffälligkeit erklärt sich daraus, daß die Einerziffer des Produkts zweier Zahlen gleich der Einerziffer des Produkts der Einerziffern der Faktoren ist, wie aus jedem der angewandten Verfahren ersichtlich ist.
Wenn die Schüler die Differenzen zwischen benachbarten Quadratzahlen berechnen und eintragen, entsteht die lückenlose Folge der **ungeraden** Zahlen:

1	3	4	5	9	7	16	9	25	11	36	13	49	15	64	17	81	19	100	21
121	23	144	25	169	27	196	29	225	31	256	33	289	35	324	37	361	39	400	41
441	43	484	45	529	47	576	49	625	51	676	53	729	55	784	57	841	59	900	61
961	63	1024																	

Für die Quadratzahlen bis 400 ist dies schon bekannt und am 400er-Feld einsichtig gemacht worden. Die grundlegende Operation, nämlich die Hinzufügung eines Winkels beim Übergang von einer Quadratzahl zur nächsten, kann bei größeren Zahlen schematisch angedeutet werden.

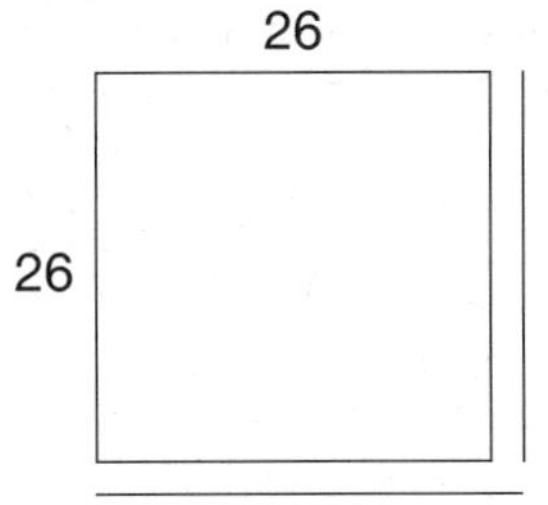

$27 \cdot 27 = 26 \cdot 26 + 26 + 27 = 26 \cdot 26 + 53$

Die Begründung von (3) ist nun sehr einfach:
576 und 676 müssen sich um 49 + 51 = 100,
529 und 729 müssen sich um 47 + 49 + 51 + 53 = 200,
484 und 784 müssen sich um 45 + 47 + 49 + 51 + 53 + 55 = 300,
441 und 841 müssen sich um 43 + 45 + 47 + 49 + 51 + 53 + 55 + 57 = 400
unterscheiden, usw.

4. Gedächtnismäßige Einprägung
Folgende Stützen kann man heranziehen:

(1) **Markante Quadratzahlen**
$10 \cdot 10 = 100$, $15 \cdot 15 = 225$, $20 \cdot 20 = 400$, $25 \cdot 25 = 625$, $30 \cdot 30 = 900$

(2) **Einerziffern**
Die Einerziffern der Quadratzahlfolge wiederholen sich in folgender Periode: 1, 4, 9, 6, 5, 6, 9, 4, 1, 0

(3) **Zehnerziffern**
Die Zehnerziffern nehmen von 9 bis 49 jeweils um 1 zu, von 49 bis 169 jeweils um 2 zu, von 169 bis 289 jeweils um 3, von 289 bis 529 jeweils um 4, von 529 bis 729 um 5 und von 729 bis 1024 um jeweils 6.

9 $_{1Z}$ 16 $_{1Z}$ 25 $_{1Z}$ 36 $_{1Z}$ 49 $_{2Z}$ 64 $_{2Z}$ 81 $_{2Z}$ 100 $_{2Z}$
121 $_{2Z}$ 144 $_{2Z}$ 169 $_{3Z}$ 196 $_{3Z}$ 225 $_{3Z}$ 256 $_{3Z}$ 289 $_{4Z}$ 324 $_{4Z}$ 361 $_{4Z}$ 400 $_{4Z}$
441 $_{4Z}$ 484 $_{4Z}$ 529 $_{5Z}$ 576 $_{5Z}$ 625 $_{5Z}$ 676 $_{5Z}$ 729 $_{6Z}$ 784 $_{6Z}$ 841 $_{6Z}$ 900 $_{6Z}$
961 $_{6Z}$ 1024 $_{6Z}$ 1089 $_{7Z}$ 1156

Der Sprung um 1 Zehner **mehr** erfolgt bei **jeder** Quadratzahl mit der Endziffer 9.

(4) **Hunderterziffern**
Die Quadratzahlen verteilen sich folgendermaßen auf die einzelnen Hunderter des Tausenderbuches:
1. Hunderter: 10 Quadratzahlen
2. Hunderter: 4 Quadratzahlen (121, 144, 169, 196)
3. Hunderter: 3 Quadratzahlen (225, 256, 289)
4. Hunderter: 3 Quadratzahlen (324, 361, 400)
5. Hunderter: 2 Quadratzahlen (441, 484)
6. Hunderter: 2 Quadratzahlen (529, 576)
7. Hunderter: 2 Quadratzahlen (625, 676)
8. Hunderter: 2 Quadratzahlen (729, 784)
9. Hunderter: 2 Quadratzahlen (841, 900)
10. Hunderter: 1 Quadratzahl (961)
Dazu $1024 = 32 \cdot 32$

(5) **Symmetrie bezüglich 625**
Symmetrisch zu 625 liegende Quadratzahlen besitzen die gleiche Einer- und die gleiche Zehnerziffer.

3.2.2 Operative Doppelserien

Worum geht es?

In Bd.1., S.125, haben wir operative Serien betrachtet, die durch die Zeilen der Einmaleins-Tafel definiert sind. Besonders ergiebig war dabei die Gegenüberstellung je zweier solcher Zeilen.

Beispiele: Quadratzahlreihe und Zeile (0 · 2), 1 · 3, 2 · 4, 3 · 5;
Zeile 1 · 2, 2 · 3, 3 · 4, ... und Zeile (0 · 3), 1 · 4, 2 · 5, ...

1 · 1 = 1	(0 · 2 = 0)	1 · 2 = 2	(0 · 3 = 0)
2 · 2 = 4	1 · 3 = 3	2 · 3 = 6	1 · 4 = 4
3 · 3 = 9	2 · 4 = 8	3 · 4 = 12	2 · 5 = 10
4 · 4 = 16	3 · 5 = 15	4 · 5 = 20	3 · 6 = 18
5 · 5 = 25	4 · 6 = 24	5 · 6 = 30	4 · 7 = 28
6 · 6 = 36	5 · 7 = 35	6 · 7 = 42	5 · 8 = 40
7 · 7 = 49	6 · 8 = 48	7 · 8 = 56	6 · 9 = 54
8 · 8 = 64	7 · 9 = 63	8 · 9 = 72	7 · 10 = 70
9 · 9 = 81	8 · 10 = 80	9 · 10 = 90	8 · 11 = 88
10 · 10 = 100	9 · 11 = 99	10 · 11 = 110	9 · 12 = 108

Diese Doppelserien haben die bemerkenswerte Eigenschaft, daß sich die beiden Ergebnisse jeder Zeile um einen festen Wert unterscheiden (in der linken Serie um 1, in der rechten um 2). Zur Begründung deutet man die Malaufgaben als Punktmuster.

1. Weg: Um etwa von 9 · 10 (= 90) zur "Partneraufgabe" 8 · 11 (= 88) zu gelangen, nimmt man die letzte Zeile (= 10 Punkte) weg und legt 8 von diesen Punkten als weitere Spalte dazu. Es bleiben 10 – 8 = 2 Punkte übrig.

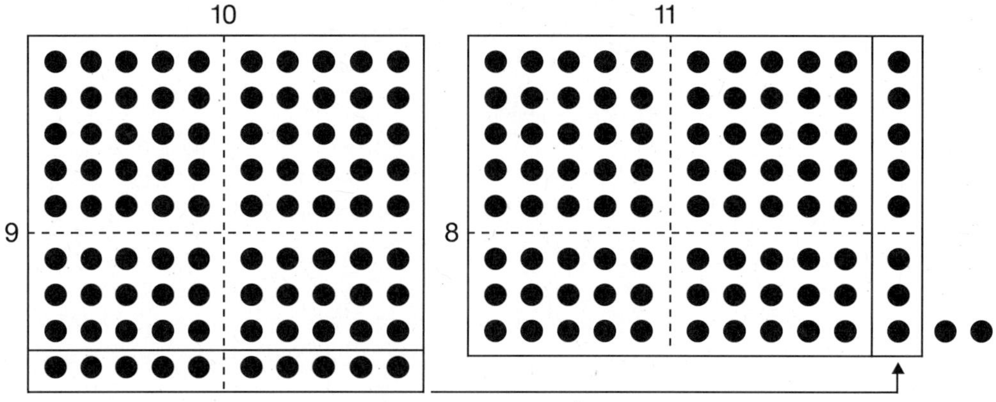

Allgemein erhält man die Zahl der übrigbleibenden Punkte als Differenz des großen Faktors des größeren Produkts und des kleinen Faktors des kleineren Produkts. Da von Zeile zu Zeile alle Faktoren um 1 zunehmen, ist diese Differenz konstant. Umgekehrt könnte man auch vom kleineren Produkt die letzte Spalte wegnehmen und als weitere Zeile anfügen. Dann würden entsprechend viele Punkte fehlen.

2. Weg: Man baut die Punktmuster, mit dem ersten Aufgabenpaar beginnend, parallel zueinander auf und überlegt, wie viele Punkte von Aufgabenpaar zu Aufgabenpaar hinzukommen.
Die Antwort ist sofort ersichtlich: Es kommt jeweils ein „Winkel" dazu, dessen Punktzahl gleich der um 1 verminderten Summe der Faktoren ist. Dies ist, wie schon bekannt, die Folge der ungeraden Zahlen. Es entsteht entsprechend die Folge 4, 6, 8, ...

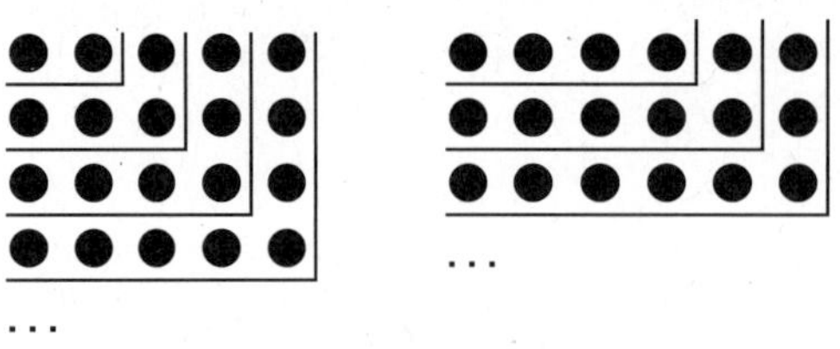

Da sich die Ergebnisse beider Aufgaben jeweils um den gleichen Wert erhöhen, bleibt die Differenz der Ergebnisse konstant.
Operative Serien dieser Art kann man sofort mit größeren Faktoren bilden. Das Bauprinzip ist einfach: Von einem beliebigen Produkt aus bildet man eine linke Spalte, indem man Schritt für Schritt beide Faktoren um 1 erhöht. Die rechte Aufgabenspalte erhält man, indem man den größeren Faktor jeweils um 1 erhöht, den kleineren um 1 erniedrigt. Die Differenz zwischen den Ergebnissen jedes Aufgabenpaares ist nach den obigen Überlegungen konstant, nämlich gleich der Differenz des größeren Faktors des größeren Produkts und des kleineren Faktors des kleineren Produkts.

70 · 70 =	71 · 69 =	161 · 51 =	162 · 50 =
71 · 71 =	72 · 70 =	162 · 52 =	163 · 51 =
72 · 72 =	73 · 71 =	163 · 53 =	164 · 52 =
73 · 73 =	74 · 72 =	164 · 54 =	165 · 53 =
74 · 74 =	75 · 73 =	165 · 55 =	166 · 54 =
75 · 75 =	76 · 74 =	166 · 56 =	167 · 55 =
76 · 76 =	77 · 75 =	167 · 57 =	168 · 56 =
77 · 77 =	78 · 76 =	168 · 58 =	169 · 57 =
78 · 78 =	79 · 77 =	169 · 59 =	170 · 58 =
79 · 79 =	80 · 78 =	170 · 60 =	171 · 59 =
80 · 80 =	81 · 79 =	171 · 61 =	172 · 60 =

Links hat die Differenz zwischen den Ergebnissen jeder Zeile den Wert 1, rechts den Wert 111. Im Unterricht sollte man den Um- bzw. Ausbau der Punktmuster **an allen zehn Paaren** einer Serie **in Ruhe** ausdiskutieren, damit die Gleichartigkeit der Argumentation im Verlauf der Diskussion von immer mehr Schülern eingesehen und an den weiteren Beispielen demonstriert werden kann.
Man beginnt z. B. bei 70 · 70 und baut das zweckmäßigerweise durch ein Rechteck angedeutete Punktmuster zu 71 · 69 um:

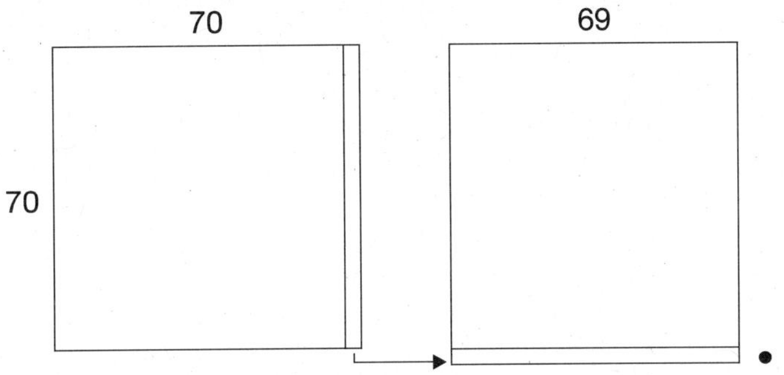

Aus einer Spalte mit 70 Punkten entsteht eine Zeile mit 69 Punkten **und ein "freier" Punkt.**
Analog entsteht aus einem 71 · 71-Muster ein 72 · 70-Muster und ein "freier" Punkt.
Alternativ kann man die Punktmuster 70 · 70 und 71 · 69 parallel zueinander erweitern zu 71 · 71 bzw. 72 · 70. Dabei kommen 71 + 70 bzw. 72 + 69 (also gleichviele) Punkte hinzu, und die Differenz 1 bleibt erhalten. Im nächsten Schritt kommen 72 + 71 bzw. 73 + 70 (also erneut gleichviele) Punkte hinzu, was die Differenz ebenfalls konstant hält usw.
Analog kann man für die rechte Serie begründen, daß die Differenz der Aufgabenpaare jeder Zeile 111 (= 162 – 51) beträgt.
Die reflektive Phase bei Übungen dieser Art zielt somit genau auf den Gewinn von Einsicht in die Multiplikation ab. An Beispielen operieren die Schüler mit Produkten und überlegen, wie sich das Ergebnis jeweils ändern muß. Ob dabei alle Schüler die Allgemeinheit der Argumentation verstehen oder nicht, ist nicht entscheidend. Auch das allgemeine Lernziel "Argumentieren" fällt unter das Spiralprinzip und das Prinzip von der "Zone der nächsten Entwicklung".

Anmerkung: Die Ermittlung der Ergebnisse der Aufgaben durch die schriftliche Multiplikation weckt für sich genommen keine Einsicht in die Multiplikation. Daher behält die Übung ihren Wert bei, wenn die Ergebnisse mit dem Taschenrechner ermittelt und dann einer Reflexion unterzogen werden.

3.2.3 Operative Serien an der Hundertertafel

Worum geht es?

Auf den Arbeitsblättern (4/9a) und (4/9b) sind alle Malaufgaben systematisch aufgelistet, die entstehen, wenn man von 1 · 100 beginnend den ersten Faktor fortlaufend um 1 erhöht, den zweiten fortlaufend um 1 erniedrigt, bis man schließlich bei 100 · 1 angelangt ist. Beide Faktoren durchlaufen also alle Zahlen der Hundertertafel; der erste Faktor von unten nach oben, der zweite von oben nach unten: 1 · 100, 2 · 99, 3 · 98, 4 · 97, ..., 98 · 3, 99 · 2, 100 · 1. Diese Gesamtheit von hundert Aufgaben kann nicht jeder Schüler bewältigen. Es empfiehlt sich daher, zehn Gruppen zu bilden.

1. Gruppe: 1 · 100, 2 · 99, ... , 10 · 91
2. Gruppe: 11 · 90, 12 · 99, ... , 20 · 81
3. Gruppe: 21 · 80, 22 · 79, ... , 30 · 71
4. Gruppe: 31 · 70, 32 · 69, ... , 40 · 61
5. Gruppe: 41 · 60, ... , 50 · 51
6. Gruppe: 51 · 50, ... , 60 · 41
7. Gruppe: 61 · 40, ... , 70 · 31
8. Gruppe: 71 · 30, ... , 80 · 21
9. Gruppe: 81 · 20, ... , 90 · 11
10. Gruppe: 91 · 10, ... , 100 · 1

Die Arbeitsblätter (4/9a) und (4/9b) können entsprechend in 10 Streifen zugeschnitten werden. Jede Gruppe bearbeitet einen Streifen und muß dann zwar immerhin noch zehn Aufgaben rechnen. Gleichwohl lohnt sich die Mühe, weil eine Gesetzmäßigkeit erarbeitet werden kann, die von weitreichender Bedeutung ist:
Wenn ein Produkt so verändert wird, daß der eine Faktor um genausoviel zunimmt, wie der andere abnimmt, die Summe der Faktoren also konstant bleibt, dann wird das Produkt um so größer, je mehr die Faktoren einander angenähert werden. Das Produkt erreicht den Maximalwert, wenn die Faktoren einander gleich sind.
Geometrisch bedeutet dies z. B.: Der Inhalt eines Rechtecks nimmt zu, wenn die beiden Seiten bei **festem Umfang** einander angenähert werden, und er erreicht den Maximalwert, wenn die Seiten gleichlang sind, das Rechteck also zu einem Quadrat geworden ist.

Für ganzzahlige Faktoren ist diese Gesetzmäßigkeit leicht zu begründen. Wenn man in einem Punktmuster, dessen Spaltenzahl mindestens um 2 größer ist als die Zeilenzahl, die letzte Spalte wegnimmt und unten als weitere Zeile dazulegt, muß eine Anzahl weiterer Punkte hinzugefügt werden, um die Zeile voll zu machen. Diese Anzahl ist die um 1 verminderte Differenz zwischen Spalten- und Zeilenzahl. Das neue Punktmuster hat eine Spalte weniger und eine Zeile mehr, d. h. der größere Faktor wurde um 1 erniedrigt, der kleinere um 1 erhöht. Dieser Umbau kann solange durchgeführt werden, bis die Differenz von Spalten- und Zeilenzahl 1 oder 0 beträgt (Fastquadrat bzw. Quadratzahl). Beim weiteren Umbau nimmt der Wert des Produkts wieder ab, da die weggenommenen Spalten mehr Punkte haben als die neu benötigten Spalten, was nach dem Kommutativgesetz auch zu erwarten ist.

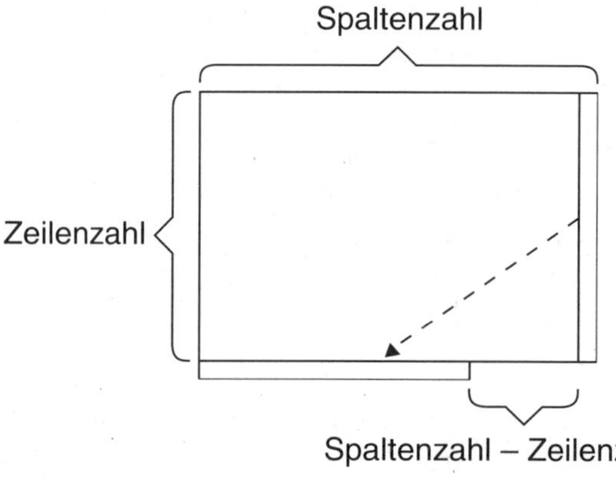

Die Verteilung der Aufgaben auf 10 Gruppen hat den Vorteil, daß sich die Gruppen 1 und 10 bzw. 2 und 9 usw. gegenseitig kontrollieren können, da sich ihre Aufgaben nur durch die Reihenfolge der Faktoren unterscheiden.
Die Arbeitsblätter (4/9a) und (4/9b) verlangen zusätzlich, den Unterschied zwischen den Ergebnissen je zweier Nachbaraufgaben zu berechnen, was wegen des Kommutativgesetzes ebenfalls symmetrische Werte ergibt.
Damit für die Diskussion allen Schülern alle Ergebnisse in übersichtlicher Form zur Verfügung gestellt werden können, ist das Ergebnisblatt (4/10) beigefügt.

Folgende Gesetzmäßigkeiten sind augenfällig:
1. Die Ergebnisse nehmen von 100 bis zum Maximum 2550 (= 50 · 51 = 51 · 50) zu und dann wieder ab, wobei dieselben Werte, nur in umgekehrter Reihenfolge, durchlaufen werden.
2. Die Differenz nimmt, bei 98 beginnend, um je 2 bis 0 ab und dann umgekehrt wieder um je 2 zu, bis am Schluß wieder 98 erreicht wird.

Die Begründung ergibt sich, wenn man den entsprechenden Umbau der Punktmuster genau analysiert:

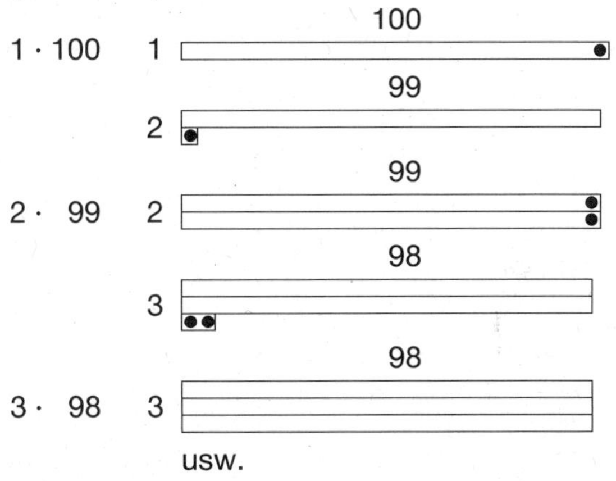

Der letzte Punkt eines 1 · 100-Punktmusters wird weggenommen und als Anfang einer zweiten Zeile unten angefügt.
Zur Vervollständigung des Musters 2 · 99 fehlen dann noch 99 – 1 = 98 Punkte.

Vom Muster 2 · 99 wird die letzte Spalte mit 2 Punkten weggenommen und als Anfang einer dritten Zeile gelegt, zu

deren Vervollständigung 98 – 2 = 96 Punkte fehlen.

Entsprechend werden z. B. zum Umbau von 40 · 61 zu 41 · 60 zwanzig (= 60 – 40) weitere Punkte benötigt.
Beim Umbau von 50 · 51 zu 51 · 50 ergibt die letzte Spalte von 50 · 51 sofort die volle letzte Zeile von 51 · 50, wie es sein muß. Im weiteren haben die weggenommenen Spalten **mehr** Punkte als die anzufügenden Spalten, d. h. die Ergebnisse werden wieder kleiner.
Auch diese Konstruktion sollte mit den Schülern zumindestens abschnittweise in aller Ruhe nachvollzogen werden, wobei sich die Einsicht von Beispiel zu Beispiel weiter über die Klasse verbreiten wird.

Anmerkung: Leistungsstarke Schüler kann man zu der Überlegung anregen, wie das maximale Produkt 2550 noch vergrößert werden kann. Vielleicht kommen sie auf die Idee, 50,5 · 50,5 zu rechnen und zu überlegen, was beim Umlegen einer "halben Spalte" geschieht: 50 · 51 ist 0,25 = ¼ weniger als 50,5 · 50,5.

Wie könnte es weitergehen?

Die Übung könnte auf größere Zahlräume übertragen werden (1 · 1000, 2 · 999, 3 · 998, ..., 1000 · 1), wobei man sich auf Stichproben und die Umgebung des Maximums bei 500 · 501 = 250 500 beschränken sollte. Diese Übung "ruft" geradezu nach einem Taschenrechnereinsatz.

3.2.4 Aufgaben mit "schönen" Ergebnissen

Worum geht es?

Aufgaben mit merkwürdigen Ergebnissen sind seit altersher Gegenstand der Unterhaltungsmathematik. Die Arbeitsblätter (4/11) und (4/12) repräsentieren eine Auswahl von Malaufgaben dieser Art. Natürlich möchten die Schüler herausfinden, woran es liegt, daß sich auffällige Gesetzmäßigkeiten ergeben, und sie werden daher besonders motiviert sein.

Wie kann man vorgehen?

Die Aufgaben werden im Rechenheft gerechnet, und die Ergebnisse werden ins Arbeitsblatt übertragen. Auf diese Weise lassen sich die Rechnungen kontrollieren, und die Systematik der Ergebnisse wird deutlich.

1.	2.	3.
37 037 · 3 = 111 111	77 · 13 = 1 001	271 · 41 = 11 111
37 037 · 6 = 222 222	77 · 26 = 2 002	271 · 82 = 22 222
37 037 · 9 = 333 333	77 · 39 = 3 003	271 · 123 = 33 333
37 037 · 12 = 444 444	77 · 52 = 4 004	271 · 164 = 44 444
37 037 · 15 = 555 555	77 · 65 = 5 005	271 · 205 = 55 555
37 037 · 18 = 666 666	77 · 78 = 6 006	271 · 246 = 66 666
37 037 · 21 = 777 777	77 · 91 = 7 007	271 · 287 = 77 777
37 037 · 24 = 888 888	77 · 104 = 8 008	271 · 328 = 88 888
37 037 · 27 = 999 999	77 · 117 = 9 009	271 · 369 = 99 999
37 037 · 30 = 1 111 110	77 · 130 = 10 010	271 · 410 = 111 110

Diese drei Serien unterliegen einem gemeinsamen Prinzip: Man wählt eine ziffernmäßig interessante Zahl, die nicht Primzahl ist, und verdoppelt, verdreifacht, ..., einen der beiden Faktoren. Dadurch wird das Ergebnis verdoppelt, verdreifacht, ..., was sich ziffernmäßig "schön" auswirkt.

4.
$$
\begin{aligned}
9 \cdot 9 &= 81\\
98 \cdot 9 &= 882\\
987 \cdot 9 &= 8\,883\\
9\,876 \cdot 9 &= 88\,884\\
98\,765 \cdot 9 &= 888\,885\\
987\,654 \cdot 9 &= 8\,888\,886\\
9\,876\,543 \cdot 9 &= 88\,888\,887\\
98\,765\,432 \cdot 9 &= 888\,888\,888\\
987\,654\,321 \cdot 9 &= 8\,888\,888\,889
\end{aligned}
$$

5.
$$
\begin{aligned}
1 \cdot 8 + 1 &= 9\\
12 \cdot 8 + 2 &= 98\\
123 \cdot 8 + 3 &= 987\\
1\,234 \cdot 8 + 4 &= 9\,876\\
12\,345 \cdot 8 + 5 &= 98\,765\\
123\,456 \cdot 8 + 6 &= 987\,654\\
1\,234\,567 \cdot 8 + 7 &= 9\,876\,543\\
12\,345\,678 \cdot 8 + 8 &= 98\,765\,432\\
123\,456\,789 \cdot 8 + 9 &= 987\,654\,321
\end{aligned}
$$

6.
$$
\begin{aligned}
0 \cdot 9 + 1 &= 1\\
1 \cdot 9 + 2 &= 11\\
12 \cdot 9 + 3 &= 111\\
123 \cdot 9 + 4 &= 1\,111\\
1\,234 \cdot 9 + 5 &= 11\,111\\
12\,345 \cdot 9 + 6 &= 111\,111\\
123\,456 \cdot 9 + 7 &= 1\,111\,111\\
1\,234\,567 \cdot 9 + 8 &= 11\,111\,111\\
12\,345\,678 \cdot 9 + 9 &= 111\,111\,111\\
123\,456\,789 \cdot 9 + 10 &= 1\,111\,111\,111
\end{aligned}
$$

7.
$$
\begin{aligned}
12\,345\,679 \cdot 9 &= 111\,111\,111\\
12\,345\,679 \cdot 18 &= 222\,222\,222\\
12\,345\,679 \cdot 27 &= 333\,333\,333\\
12\,345\,679 \cdot 36 &= 444\,444\,444\\
12\,345\,679 \cdot 45 &= 555\,555\,555\\
12\,345\,679 \cdot 54 &= 666\,666\,666\\
12\,345\,679 \cdot 63 &= 777\,777\,777\\
12\,345\,679 \cdot 72 &= 888\,888\,888\\
12\,345\,679 \cdot 81 &= 999\,999\,999\\
12\,345\,679 \cdot 90 &= 1\,111\,111\,110
\end{aligned}
$$

Die Systematik der drei ersten und des letzten Päckchens von (4/11) ist leicht zu erklären, da das Ergebnis der zweiten Zeile doppelt so groß sein muß wie das Ergebnis der ersten, das Ergebnis der dritten Zeile dreimal so groß wie das der ersten usw.

Bei dem sechsten Päckchen sieht man, daß beim Übergang von der ersten zur zweiten Zeile $1 \cdot 9 + 1 = \mathbf{10}$ dazukommt, beim Übergang von der zweiten Zeile zur dritten $11 \cdot 9 + 1 = \mathbf{100}$, dann $111 \cdot 9 + 1 = \mathbf{1000}$ usw.

Die Systematik des vierten Päckchens ergibt sich aus der schriftlichen Multiplikation, wobei das Neunereinmaleins gerade für passende Überträge sorgt. Am schwierigsten erweist sich die Begründung für das fünfte Päckchen. Hier kommt von Zeile zu Zeile $11 \cdot 8 + 1 = 89$, $111 \cdot 8 + 1 = 889$, $1111 \cdot 8 + 1 = 8889$ usw. dazu, so daß die folgende Additionskette entsteht, aus der man die Systematik ablesen kann. Durch die Überträge entsteht im zweiten Summanden fortlaufend $8 + 1 = 9$, so daß alle Ziffern des ersten Summanden um 1 reduziert werden und ganz vorne eine 9 erscheint.

$$
\begin{array}{lr}
 & 9\\
+ & 89\\ \hline
 & 98\\
+ & 889\\ \hline
 & 987\\
+ & 8\,889\\ \hline
 & 9\,876\\
+ & 88\,889\\ \hline
 & 98\,765
\end{array}
\qquad
\begin{array}{lr}
 & 98\,765\\
+ & 888\,889\\ \hline
 & 987\,654\\
+ & 8\,888\,889\\ \hline
 & 9\,876\,543\\
+ & 88\,888\,889\\ \hline
 & 98\,765\,432\\
+ & 888\,888\,889\\ \hline
 & 987\,654\,321
\end{array}
$$

Bei dem Arbeitsblatt (4/12) treten nur die Ergebnisse 30 030 und 29 700 auf. Die Aufgaben beruhen auf den Primzahlzerlegungen $2 \cdot 3 \cdot 5 \cdot 7 \cdot 11 \cdot 13 = 30030$ und $2 \cdot 2 \cdot 3 \cdot 3 \cdot 3 \cdot 5 \cdot 5 \cdot 11 = 29700$. Die Primfaktoren werden jeweils in unterschiedlicher Weise zu zwei Gruppen zusammengefaßt, wodurch Aufgaben mit gleichen Ergebnissen entstehen müssen.

Beispiele:

$$\underbrace{33}_{3 \cdot 11} \cdot \underbrace{900}_{2 \cdot 5 \cdot 2 \cdot 5 \cdot 3 \cdot 3} = 29700 = \underbrace{66}_{2 \cdot 3 \cdot 11} \cdot \underbrace{450}_{3 \cdot 3 \cdot 2 \cdot 5 \cdot 5}$$

$$\underbrace{110}_{2 \cdot 5 \cdot 11} \cdot \underbrace{273}_{3 \cdot 7 \cdot 13} = 30030 = \underbrace{22}_{2 \cdot 11} \cdot \underbrace{1365}_{3 \cdot 5 \cdot 7 \cdot 13}$$

Da sich einige Aufgaben nur leicht unterscheiden, können die Schüler ohne weiteres Beziehungen herstellen. Hierbei muß wiederum keinesfalls Vollständigkeit angestrebt werden.

Beispiele:

22 · 1 350 = 29 700 11 · 2 700 = 29 700	gleich, da 22 : 2 = 11 und 1 350 · 2 = 2700
6 · 5 005 = 30 030 30 · 1 001 = 30 030	gleich, da 6 · 5 = 30 und 5 005 : 5 = 1 001
33 · 900 = 29 700 33 · 910 = 30 030	+ 33 · 10 = 330

Wie könnte es weitergehen?

Ein Produkt, z.B. 440 · 60, wird vorgegeben, und die Schüler erhalten den Auftrag, weitere Aufgaben mit dem gleichen Ergebnis zu suchen, z.B. 44 · 600, 22 · 1200, 88 · 300, 11 · 2400, 110 · 240, 55 · 480, ...

3.3 Übungen zur schriftlichen Division

Die schriftliche Division gilt zu Recht als das anspruchsvollste schriftliche Rechenverfahren. Die folgenden Beispiele, in denen die halbschriftliche und schriftliche Division gegenübergestellt werden, bezeugen die Komplexität des schriftlichen Verfahrens.

```
     49 806 : 9 = 5 534            49 806 : 9 = 5 534
     49 806                        45
     45 000 : 9 = 5 000             48
Rest  4 806                         45
      4 500 : 9 =   500              30
Rest    306                          27
        180 : 9 =    20               36
Rest    126
         90 : 9 =    10
Rest     36 : 9 =     4

     94 981 : 37 = 2 567 Rest 2    94 981 : 37 = 2 567 Rest 2
     94 981                        74
     74 000 : 37 = 2 000           209
Rest 20 981                        185
     18 500 : 37 =   500            248
Rest  2 481                         222
      1 850 : 37 =    50             261
Rest    631                          259
        370 : 37 =    10               2
Rest    261
        185 : 37 =     5
Rest     76
         74 : 37 =     2
          2
```

Bei einstelligen Divisionen ist die schriftliche Division noch einigermaßen zu bewältigen, obwohl das genaue Untereinanderschreiben der versetzten Ziffern und das optimale Einpassen des Divisoren – der Rest muß jeweils kleiner sein als der Divisor – keineswegs unproblematisch sind.

Bei mehrstelligen Divisionen reicht die Kenntnis des kleinen Einmaleins aber nicht mehr aus. Die Bestimmung der einzelnen Ziffern des Quotienten verlangt genaue Schätzungen, für die oftmals mehrere Anläufe benötigt werden. Für die Berechnung der optimalen Schätzprodukte muß jeweils der Algorithmus der schriftlichen Multiplikation angewandt werden, wobei man sich sehr leicht verrechnen kann. Es ist daher mehr als verständlich, daß die schriftliche Division durch mehrstellige Divisoren fast ausnahmslos aus den Lehrplänen der Grundschule verschwunden ist.

Die halbschriftliche Division hingegen ist auch bei mehrstelligen Divisoren durchaus durchführbar. Die Zahlen werden als Ganzes, nicht wie bei der schriftlichen Division Ziffer für Ziffer zerlegt, wobei keineswegs optimale Abspaltungen nötig sind. Als eine besonders große Hilfe erweist es sich, daß man mit relativ leicht zu berechnenden Schätzprodukten auskommt: nämlich dem Doppelten, 5-fachen, 10-fachen, 20-fachen, 50-fachen, 100-fachen, 200-fachen, ... usw. Von sehr großem Vorteil ist weiterhin, daß der erste Schritt bereits eine gute Abschätzung der Größenordnung ermöglicht; er liefert eine **Zahl** und nicht – wie bei der schriftlichen Division – eine **Ziffer**.
Zu einem vollen Bild der Division gehört natürlich noch die Tatsache, daß man **außerhalb der Schule** Divisionen mit größeren Zahlen unter Zuhilfenahme des Taschenrechners löst und zur Kontrolle eine Abschätzung der Größenordnung vornimmt. Bei 49 806 : 9 würde man beispielsweise die Schätzung 50 000 : 10 = 5 000 heranziehen, bei 94 797 : 37 die Schätzung 100 000 : 40 = 10 000 : 4 = 2 500.
Diese Analyse zeigt erneut, was in diesem Handbuch immer wieder herausgestellt worden ist: **Der Kern des Rechnens besteht in gründlichen Zahlvorstellungen, sicheren Kopfrechenfertigkeiten ("Blitzrechnen") und flexiblen halbschriftlichen Strategien.** Wenn dieser Kern in der Grundschule bewußt entwickelt wird, haben die Schüler bei Rechnungen, die darüber hinaus gehen, eine **Grundlage für einen kontrollierten Gebrauch des Taschenrechners.** Unter dem Strich wird dies zu einer Erhöhung der Rechenfähigkeit und der mathematischen Bildung führen.
Die gegenwärtige Situation bei der schriftlichen Division erweist sich als völlig unbefriedigend: Die Lehrpläne schreiben sie vor, schränken sie aber gleichzeitig auf einstellige Divisoren ein – eine für das Sachrechnen geradezu lächerliche Reduktion. Wir können nur dringend dazu raten, neben der schriftlichen die halbschriftliche Division weiter zu pflegen (damit die Schüler etwa ausrechnen können, welchen Preis jedes von 23 Kindern bezahlen muß, wenn eine Klassenfahrt 1 236,00 DM kostet).
Um ein Verständnis für die schriftliche Division zu erzeugen, kann man unmittelbar auf die halbschriftliche Division zurückgreifen. Das schriftliche Verfahren unterscheidet sich dadurch vom halbschriftlichen, daß mit Stellenwerten gearbeitet wird und die schrittweisen Aufspaltungen des Dividenden optimal gewählt werden, so daß pro Schritt eine Ziffer des Quotienten entsteht.

Beispiel:

ZT	T	H	Z	E		T	H	Z	E
4	9	8	0	6	: 9 =	5	5	3	4
4	5								
	4	8							
	4	5							
		3	0						
		2	7						
			3	6					
			3	6					
				0					

Kommentar: 4 ZT lassen als ganze ZT keine Teilung durch 9 zu. Daher verwandelt man sie in T und hat dann insgesamt 49 T. Von den 49 T kann man 45 T durch 9 teilen (5 T, Probe: 5 T · 9 = 45 T). Es bleibt ein Rest von 4 T, der zusammen mit den 8 H, die "heruntergeholt" werden, 48 H ergibt. Von diesen lassen sich 45 H durch 9 teilen (5 H, Probe: 5 H · 9 = 45 H). Der Rest 3 H ergibt 30 Z, die sich aufteilen lassen (3 Z, Probe: 3 Z · 9 = 27 Z). Der Rest 3 Z wird in Einer verwandelt. Zusammen mit den vorhandenen 6 E erhält man 36 E, die man durch 9 teilen kann, 36 : 9 = 4.
Das Verfahren läßt sich unter Rückgriff auf 1.3 noch dadurch verdeutlichen, daß man bei jeder Verwandlung die betreffende Bezeichnung in der Stellentafel löscht.

Beispiel:
Durch Löschung von ZT geht

ZT	T	H	Z	E
4	9	8	0	6

in

●	T	H	Z	E
4	9	8	0	6

über,

womit 49 T erzeugt werden.

Die Löschung von T führt

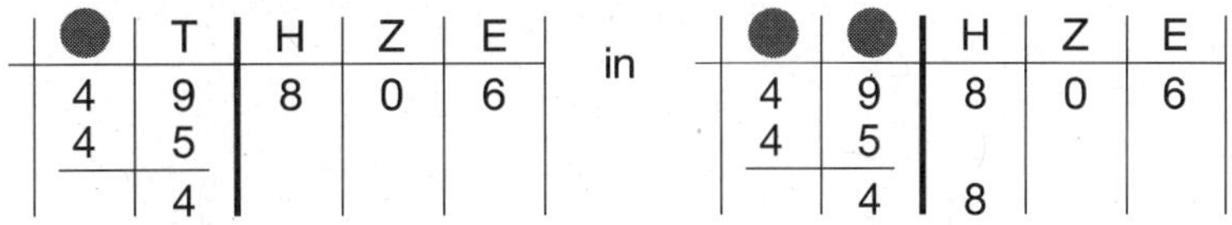

über,

wodurch 498 H erkennbar werden usw. Das Streichen der Stellenbezeichnungen deutet auch an, daß die entsprechenden Stellenwerte verteilt worden sind.
Die Stellentafeln sollten als Stützen solange verwendet werden, bis die Schüler das Verfahren beherrschen.

Was soll geübt werden?

Die folgenden Übungen gehören sämtlich dem Typ des strukturierten, reflektiven Übens an. Sie bieten viele Möglichkeiten zum Entdecken, Beschreiben und Begründen, unabhängig davon, ob man die Ergebnisse halbschriftlich, schriftlich oder mit dem Taschenrechner ermittelt.

3.3.1 "Tausche und teile!"

Worum geht es?

Den Hintergrund dieser Übung bilden die Teilbarkeitsregeln:

Endstellenregeln
Eine Zahl ist genau dann teilbar durch:
5, wenn sie die Einerziffer 0 oder 5 hat,
2, wenn die Einerziffer gerade ist,
4, wenn ihr zweistelliges Ende durch 4 teilbar ist,
8, wenn ihr dreistelliges Ende durch 8 teilbar ist.

Quersummenregeln
Eine Zahl ist genau dann durch 3 bzw. 9 teilbar, wenn die Quersumme der Zahl durch 3 bzw. 9 teilbar ist.
Für 6 benötigt man keine eigene Teilbarkeitsregel, da eine Zahl genau dann durch 6 teilbar ist, wenn sie durch 2 und durch 3 teilbar ist. Die Teilbarkeitsregeln für 7 sind unhandlich und für die Grundschule zu schwierig.
Die Begründung der Endstellenregel ist recht einfach: Alle Stufenzahlen von 10 aufwärts sind durch 2 und 5 teilbar, alle Stufenzahlen von 100 aufwärts durch 4 und alle Stufenzahlen von 1 000 aufwärts durch 8. Daher erkennt man die Teilbarkeit einer Zahl durch 2 und 5 an der Einerstelle, die Teilbarkeit durch 4 an den beiden letzten und die Teilbarkeit durch 8 an den drei letzten Stellen.
Die Begründung der Quersummenregeln ist nach H. Winter[1] am einfachsten mit Hilfe der Stellentafeln zu führen. Wenn man nämlich eine Zahl mit Hilfe von Plättchen an der Stellentafel darstellt und die Plättchen beliebig in den Stellen hin- und herschiebt, ändert sich der Dreier- bzw. Neunerrest nicht, da jede Verschiebung eines Plättchens von einer Stelle zur Nachbarstelle eine Vergrößerung bzw. Verkleinerung der Zahl um 9, 90, 900, ... bedeutet.

Beispiel: Die Verschiebung eines Plättchens von Z nach E bedeutet die Veränderung $-10 + 1 = -9$, von Z nach H die Veränderung $+100 - 10 = +90$.

Der Dreier- bzw. Neunerrest kann also bestimmt werden, indem man **alle** Plättchen in die Einerspalte schiebt. Die Gesamtzahl der Plättchen, die zur Darstellung der Zahl benötigt werden, ist aber gerade die Quersumme.

Beispiel: Ist 3417 durch 3 (bzw. 9) teilbar?

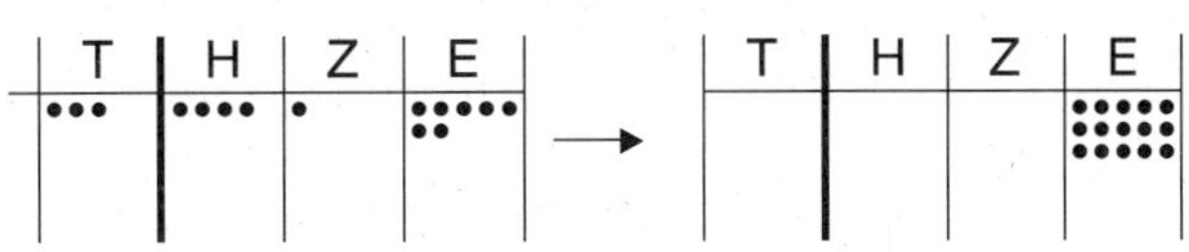

Die Zahl wird an der Stellentafel dargestellt und $3 + 4 + 1 + 7 = 15$ Plättchen werden in die Einerspalte geschoben, was einer Verkleinerung der Zahl um $3 \cdot 999 + 4 \cdot 99 + 1 \cdot 9 =$

[1] Winter, H., Neunerregel und Abakus – schieben, denken, rechnen. mathematik lehren 11/1985, 22 – 26

9 · (333 + 44 + 1) = 9 · 379, also in der Tat einem Vielfachen von 3 und 9, entspricht. 15 ist durch 3 teilbar, durch 9 jedoch nicht, also ist auch 3 417 durch 3 ohne Rest und durch 9 mit Rest 6 teilbar.

Was wird benötigt?

Demonstrationsmaterial: Ziffernkärtchen, Stellentafel.

Wie kann man vorgehen?

1. Kombinatorische Aufgaben
Vorgegeben werden 3 Ziffern (z. B. 2, 7, 9) bzw. 4 Ziffern (z. B. 3, 4, 5, 6). Welche drei- bzw. vierstelligen Zahlen kann man mit den Ziffern bilden? Die Zahlen lassen sich folgendermaßen systematisch, der Größe nach geordnet, aufzählen:

972	bzw.	6543	5643	4653	3654
927		6534	5634	4635	3645
792		6453	5463	4563	3564
729		6435	5436	4536	3546
297		6354	5364	4365	3465
279		6345	5346	4356	3456

Es ist einfach zu überlegen, daß es 3 · 2 · 1 = 6 bzw. 4 · 3 · 2 · 1 = 24 Zahlen sein müssen. Im vierstelligen Fall kann man für die Tausenderstelle aus vier Ziffern, für den Hunderter jeweils aus drei verbleibenden und, bei ausgewählten Tausendern und Hundertern, den Zehner aus zwei verbleibenden Ziffern auswählen. Der Einer ist dann jeweils festgelegt.

2. Divisionsaufgaben
In Gruppenarbeit, verteilt auf mehrere Stunden, werden nun alle 6 bzw. 24 Zahlen zuerst durch 2, dann durch 4, 5 und 3 dividiert. Es fällt auf, daß alle Zahlen durch 3 teilbar sind.

	: 2	: 4	: 5	: 3
972	486	243	194 Rest 2	324
927	463 Rest 1	231 Rest 3	185 Rest 2	309
792	396	198	158 Rest 2	264
729	364 Rest 1	182 Rest 1	145 Rest 4	243
297	148 Rest 1	74 Rest 1	59 Rest 2	99
279	139 Rest 1	69 Rest 3	55 Rest 4	93
6 543	3 271 Rest 1	1 635 Rest 3	1 308 Rest 3	2 181
6 534	3 267	1 633 Rest 2	1 306 Rest 4	2 178
6 453	3 226 Rest 1	1 613 Rest 1	1 290 Rest 3	2 151
6 435	3 217 Rest 1	1 608 Rest 3	1 287	2 145
6 354	3 177	1 588 Rest 2	1 270 Rest 4	2 118
6 345	3 172 Rest 1	1 586 Rest 1	1 269	2 115
5 643	2 821 Rest 1	1 410 Rest 3	1 128 Rest 3	1 881
5 634	2 817	1 408 Rest 2	1 126 Rest 4	1 878
5 463	2 731 Rest 1	1 365 Rest 3	1 092 Rest 3	1 821
5 436	2 718	1 359	1 087 Rest 1	1 812
5 364	2 682	1 341	1 072 Rest 4	1 788
5 346	2 673	1 336 Rest 2	1 069 Rest 1	1 782
4 653	2 326 Rest 1	1 163 Rest 1	930 Rest 3	1 551
4 635	2 317 Rest 1	1 158 Rest 3	927	1 545
4 563	2 281 Rest 1	1 140 Rest 3	912 Rest 3	1 521
4 536	2 268	1 134	907 Rest 1	1 512
4 365	2 182 Rest 1	1 091 Rest 1	873	1 455
4 356	2 178	1 089	871 Rest 1	1 452
3 654	1 827	913 Rest 2	730 Rest 4	1 218
3 645	1 822 Rest 1	911 Rest 1	729	1 215
3 564	1 782	891	712 Rest 4	1 188
3 546	1 773	886 Rest 2	709 Rest 1	1 182
3 465	1 732 Rest 1	866 Rest 1	693	1 155
3 456	1 728	864	691 Rest 1	1 152

3. Diskussion

Warum sind bestimmte Zahlen durch 2, 4 oder 5 teilbar, andere aber nicht? Kann man verstehen, wann eine Zahl durch 2, 3, 4, 5 teilbar ist?

Diese Fragen sollen von den Schülern so weit wie möglich selbständig beantwortet werden, wobei sie als Hilfestellung vor allem die Stellentafel heranziehen können. Die Teilbarkeitsregeln werden erst im 5. Schuljahr systematisch behandelt, gehören also für die Grundschule nur zur "Zone der nächsten Entwicklung". Aus diesem Grund besteht hier keinerlei "Erfolgsdruck". Die naheliegende Erklärung für die Teilbarkeit durch 2 und 5 stützt sich auf das Zählen in 2er- und 5er-Schritten. Derselbe Gedanke läßt sich auch für die Teilbarkeit durch 4 nutzen. Die Schüler müssen "nur" sehen, daß sich hier das Teilbarkeitsmuster des Hunderterraums in den höheren Hundertern periodisch wiederholt, und es somit nur auf die beiden letzten Ziffern ankommt.

Hinweise auf die Teilbarkeit durch 3 liefern "Nachbaraufgaben" der Tabelle, wie etwa:

3456 : 3 = 1152	3465 : 3 = 1155
3546 : 3 = 1182	3564 : 3 = 1188

Sie zeigen, daß sich als Differenzen zweier Nachbarzahlen die Zahlen 9, 81, 90, 18, 99, ... ergeben, was sich aus den Ziffernvertauschungen erklären läßt: 3465 ist ein Zehner mehr, aber ein Einer weniger als 3456, also 9 mehr usw. Damit ist die Grundidee der Dreier- und Neunerregel entdeckt. Die Differenz der Zahlen schlägt sich in der Differenz der Quotienten nieder: 3564 ist 99 mehr als 3465. Da 99 : 3 = 33 ist, muß 3564 : 3 ein um 33 größeres Ergebnis liefern als 3465 : 3 = 1155. In der Tat: 1155 + 33 = 1188.

Genau auf Überlegungen dieser Art kommt es an, um ein vertieftes Verständnis der Division erwerben zu können. Dies rechtfertigt die Behandlung solcher strukturierter Übungen in der Grundschule jenseits von Teilbarkeitsregeln.

Wie könnte es weitergehen?

4. Man kann die Rechnungen und Überlegungen analog mit anderen Ziffern (z. B. 2, 3, 4, 5 oder 6, 7, 8, 9) durchführen.

5. Man kann die Teilbarkeit auch für andere Divisoren (6, 7, 8, 9) beleuchten, insbesondere für 8 und 9.

3.3.2 "Immer 222"

Worum geht es?
Wie kann man vorgehen?

Diese Übung ist eine Verallgemeinerung der Übung "Immer 22" des 3. Schuljahres (vgl. Abschnitt 3.4.1).

Aus 3 vorgegebenen, verschiedenen Ziffern kann man 6 verschiedene dreistellige Zahlen bilden. Diese Zahlen werden addiert, und das Ergebnis wird durch die Quersumme der Ziffern dividiert.

Beispiele:

a) Ziffern 4, 7, 9 — Quersumme: 4 + 7 + 9 = 20

974		4 440 : 20 = 222	oder 4 440 : 20 = 222
947		4 440	4 440 : 10 = 444
794		4 000 : 20 = 200	
749	Rest	440	
479		400 : 20 = 20	
+ 497 (Übertrag 4 4)	Rest	40 : 20 = 2	
4440			

b) Ziffern 3, 4, 6 — Quersumme: 3 + 4 + 6 = 13

436		2 886 : 13 = 222
643		2 886
463		2 600 : 13 = 200
634	Rest	286
346		260 : 13 = 20
+ 364 (Übertrag 2 2)	Rest	26 : 13 = 2
2886		

Weitere Beispiele führen immer auf das Ergebnis 222.

Wie kommt das?
Bei der Berechnung der Quersumme wird jede Ziffer einmal addiert. Bei der Addition der 6 Zahlen tritt jede Ziffer in jeder Spalte doppelt auf. Wenn man keine Überträge ausführt, sieht man, daß in der Endsumme doppelt so viele Einer, doppelt so viele Zehner und doppelt so viele Hunderter stecken, wie die Quersumme angibt. Wenn man durch die Quersumme dividiert, erhält man somit notwendigerweise 222. Für die Schüler wird das am deutlichsten, wenn man zur Stellentafel zurückgeht, so wie man für Begründungen immer auf bedeutungsträchtige Darstellungen zurückgreift.

Beispiel: Ziffern 3, 4, 5 Quersumme 3 + 4 + 6 = 13

H	Z	E
4	3	6
6	4	3
4	6	3
6	3	4
3	4	6
3	6	4
26	26	26

(26 H + 26 Z + 26 E) : 13 = 2 H + 2 Z + 2 E

3.3.3 "Zurück zur Mittelzahl"

Worum geht es?
Wie kann man vorgehen?

Man addiert drei aufeinanderfolgende Zahlen und dividiert die Summe durch 3.

Beispiele:

1 417	4 254 : 3 = 1 418	21 520	64 563 : 3 = 21 521
1 418	3	21 521	6
1 419	12	21 522	04
1 2		1	
4 254	12	64 563	3
	05		15
	3		15
	24		06
			6
			03

Als Ergebnis erhält man jeweils die mittlere Zahl, was die Schüler zunächst sicherlich nicht vermuten. Die Erklärung erweist sich als recht einfach: Man verkleinert die größte Zahl zugunsten der kleinsten Zahl um 1 und hat dann unter Beibehaltung des Wertes der Summe 3 mal die mittlere Zahl da stehen. Die Division der Summe durch 3 muß also die mittlere Zahl ergeben.

3.4 Vermischte Übungen

Wir beschließen den Reigen der Übungen zur Multiplikation und Division mit drei Übungen, die den Schülern ein Gefühl dafür vermitteln sollen, wie Zahlräume durch fortgesetzte Multiplikation von unten nach oben und durch fortgesetzte Division von oben nach unten "durchmessen" werden.

3.4.1 "Auf und ab in der Million"

Worum geht es?

Diese Übung beruht auf der Primfaktorzerlegung der Million:
$1\,000\,000 = 10^6 = (2 \cdot 5)^6 = 2^6 \cdot 5^6 = 2 \cdot 2 \cdot 2 \cdot 2 \cdot 2 \cdot 2 \cdot 5 \cdot 5 \cdot 5 \cdot 5 \cdot 5 \cdot 5.$

Wie kann man vorgehen?

1. Man schreibt 1 000 000 an die Tafel und läßt fortgesetzt durch 5 teilen. Wenn dies ohne Rest nicht mehr möglich ist, wird im weiteren fortgesetzt durch 2 geteilt (linke Kolonne auf S.157 oben).

1 000 000	1 000 000	1 000 000
200 000	500 000	500 000
40 000	250 000	100 000
8 000	125 000	50 000
1 600	62 500	10 000
320	31 250	5 000
64	15 625	1 000
32	3 125	500
16	625	100
8	125	50
4	25	10
2	5	5
1	1	1

Dann dividiert jeder Schüler für sich zuerst immer durch 2, bis es nicht mehr geht, anschließend durch 5 (vgl. mittlere Kolonne).

2. Gruppenarbeit
Die einzelnen Gruppen entscheiden selbst, in welcher "gemischten" Reihenfolge sie durch 2 und durch 5 dividieren wollen und fertigen ein Plakat mit je zwei verschiedenen Rechnungen an.

Beispiel:

Man kann erst durch 2, dann zweimal durch 5, dann zweimal durch 2, dann einmal durch 5 dividieren usw., bis insgesamt sechsmal durch 2 und sechsmal durch 5 dividiert wurde.

3. Diskussion
Die Plakate werden vorgestellt und verglichen.
Ergebnis: Man benötigt immer sechs Divisionen durch 2 und sechs Divisionen durch 5, bis man beim Schlußergebnis 1 angelangt ist. Die Reihenfolge ist gleichgültig. Am Schluß hat man immer durch 1 000 000 geteilt. Unter den Schülerlösungen findet sich sicherlich auch die Lösung der rechten Kolonne, bei der abwechselnd durch 2 und 5 dividiert worden ist.

4. Zusammenhang mit der Multiplikation
In der nächsten Stunde werden diese Rechnungen nochmals durchgeführt. Anschließend werden die Zahlen der linken Kolonne mit den Zahlen der mittleren Kolonne, nur in umgekehrter Reihenfolge genommen, multipliziert. Als Ergebnis erhält man immer 1 000 000.

Beispiele:

$1\,000\,000 \cdot 1 = 1\,000\,000$
$200\,000 \cdot 5 = 1\,000\,000$
$40\,000 \cdot 25 = 1\,000\,000$
$8\,000 \cdot 125 = 1\,000\,000$

Wie ist das zu erklären? Einmal wird von oben nach unten zuerst fortgesetzt durch 5 dividiert, zum anderen **von unten nach oben** fortgesetzt mit 5 multipliziert. Diese Operationen kompensieren sich. Entsprechend heben sich (: 2) und (· 2) auf.

3.4.2 "Im Sauseschritt zur Million"

Worum geht es?

Durch fortgesetzte Multiplikation mit natürlichen Zahlen größer 1 wächst eine Zahl sehr viel schneller als durch fortgesetzte Addition dieser Zahlen. Die Übung soll an mathematisch wichtigen Folgen (Fakultät, Zweierpotenzen) ein Gefühl für "multiplikatives Wachstum" vermitteln. Dieses Gefühl ist wichtig, um in den Sekundarstufen die Besonderheiten des exponentiellen Wachstums von Umweltzerstörungen verstehen zu können.

Wie kann man vorgehen?

1. Von 1 ausgehend multiplizieren die Schüler mit 2, dann mit 3, 4, 5, ... usw.
Wie lange dauert es, bis die Million überschritten wird? (vgl. linke Kolonne S.158)

2. Entsprechend wird von 10 ausgehend fortgesetzt mit 9, 8, 7, ... multipliziert, bis die Million überschritten wird (vgl. rechte Kolonne S.158).

	1		10
1 · 2 =	2	10 · 9 =	90
2 · 3 =	6	90 · 8 =	720
6 · 4 =	24	720 · 7 =	5 040
24 · 5 =	120	5 040 · 6 =	30 240
120 · 6 =	720	30 240 · 5 =	151 200
720 · 7 =	5 040	151 200 · 4 =	604 800
5 040 · 8 =	40 320	604 800 · 3 =	1 814 400
40 320 · 9 =	362 880		
362 880 · 10 =	3 628 800		

3. Vergleich der beiden Rechnungen
In beiden Rechnungen treten die Zwischenergebnisse 720 und 5 040 auf.

$$\underbrace{10 \cdot 9 \cdot 8}_{720} = 2 \cdot 5 \cdot 3 \cdot 3 \cdot 2 \cdot 4 = \underbrace{1 \cdot 2 \cdot 3 \cdot 4 \cdot 5 \cdot 6}_{720}$$

Also gilt: $10 \cdot 9 \cdot 8 \cdot 7 = 1 \cdot 2 \cdot 3 \cdot 4 \cdot 5 \cdot 6 \cdot 7$

Wie hängen die Endergebnisse der beiden Rechnungen zusammen?
Antwort: 1 814 400 ist die Hälfte von 3 628 800, weil rechts die Multiplikation mit 2 nicht mehr ausgeführt zu werden brauchte, denn die Million war bereits überschritten.

Wie könnte es weitergehen?

4. Aufgabe: *Wie lange dauert es, bis man ausgehend von 1 durch fortgesetzte Multiplikation mit 2 eine Zahl erreicht, die größer ist als 1 000 000?*

	1	1 024 · 2 =	2 048
1 · 2 =	2	2 048 · 2 =	4 096
2 · 2 =	4	4 096 · 2 =	8 192
4 · 2 =	8	8 192 · 2 =	16 384
8 · 2 =	16	16 384 · 2 =	32 768
16 · 2 =	32	32 768 · 2 =	65 536
32 · 2 =	64	65 536 · 2 =	131 072
64 · 2 =	128	131 072 · 2 =	262 144
128 · 2 =	256	262 144 · 2 =	524 288
256 · 2 =	512	524 288 · 2 =	1 048 576
512 · 2 =	1 024		

Erforderlich sind 20 Schritte, davon nicht weniger als zehn, um knapp über 1 000 zu kommen. Wegen 1 024 ≈ 1 000 = 1T sind die Zahlen in der rechten Kolonne jeweils etwa das Tausendfache der entsprechenden Zahlen in der linken Kolonne.

3.4.3 Aufgabe aus einem alten Rechenbuch

Worum geht es?

In einem Rechenbuch von 1793, handgeschrieben von Johann Berend in Harpenau, findet sich folgende Aufgabe[1] :
Ein Mann hat 4 Söhne, gibt jedem Sohn 5 Häuser, in jedem Haus sind 6 Kammern, in jeder Kammer stehen 7 Kisten, in jeder Kiste 8 Laden, in jeder Lade 9 Beutel. Ein jeder Beutel hat 10 kleine Beutel, in jedem kleinen Beutel sind 11 Pfennige.

Wie viele Pfennige sind insgesamt vorhanden?
Die Abbildung auf S.159 gibt ein Facsimile der Lösung. Die beiden Rechnungen oben sind Divisionen, mit denen ausgerechnet wird, daß 6 652 800 Pfennige = 554 400 Silbergroschen und 554 400 Silbergroschen = 26 400 Reichstaler sind (12 Pfennige = 1 Silbergroschen, 21 Silbergroschen = 1 Reichstaler).

Aufgaben dieses Typs kommen in alten Rechenbüchern häufig vor. Eine Aufgabe handelt z. B. von einem Mann, dem 7 Esel, jeder mit 7 Körben beladen, begegnen, wobei sich in jedem Korb 7 Katzen mit je 7 Kätzchen befinden. Frage: *Wie viele Lebewesen begegnen dem Mann?*

[1] Das Rechenbuch befindet sich im Besitz des niedersächsischen Freilichtmuseums Cloppenburg. Herrn Museumsdirektor Prof. Dr. Ottenjahn danken wir für seine freundliche Hilfe.

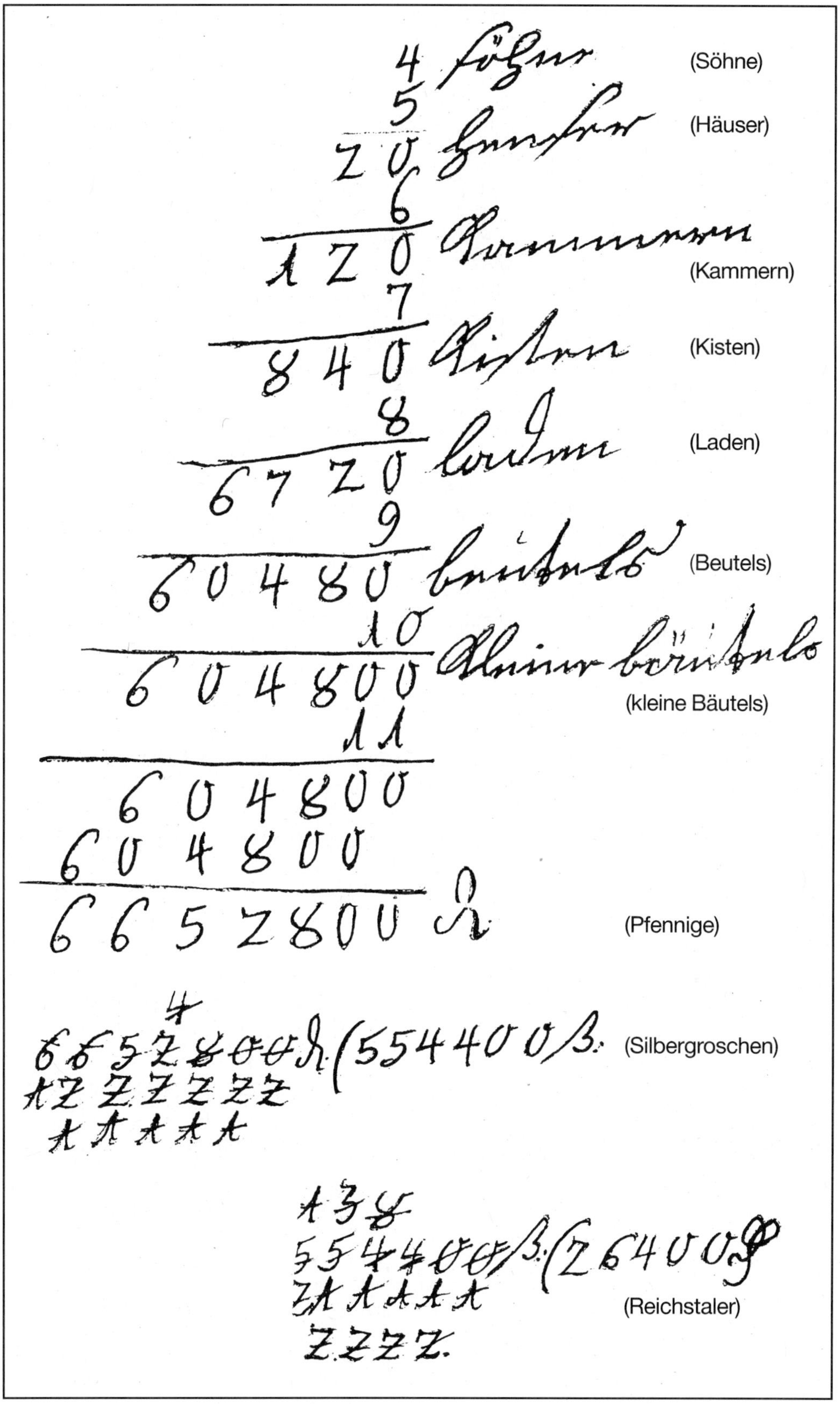

Wie kann man vorgehen?

Die Aufgabe wird den Kindern vorgelesen und sprachlich geklärt. Beispielsweise ist "Lade" als "Schublade" und "Kiste" als "Schrank" zu interpretieren. Anschließend werden die Rechnungen durchgeführt und die Ergebnisse verglichen.

Wie könnte es weitergehen?

Als besondere Herausforderung können leistungsstarke Schüler die Umrechnung der Pfennige in Silbergroschen und Reichstaler erhalten.

4. Sachstrukturierte Übungen

Im Verlauf der Schuljahre wachsen die Kinder allmählich in immer größere Zahlräume hinein. Es ist sinnvoll, bewußt und systematisch daraufhin zu arbeiten, daß sie parallel dazu immer weitere und differenziertere Vorstellungen von Größen (Zeit, Länge, Fläche, Volumen, Gewicht, Geld) entwickeln. In diesem Sinn haben wir auch die sachstrukturierten Übungen dieses Handbuches konzipiert, wie im Rückblick deutlich wird:
Im 1. Schuljahr wurden die Einheiten Tag, Jahr, DM, Pfennig und Meter sowie Maßzahlen etwas über 20 hinaus betrachtet. Im 2. Schuljahr kamen die Einheiten Minuten, Sekunden, Zentimeter, Kilogramm hinzu und die Maßzahlen bewegten sich im wesentlichen im Hunderterraum. Im 3. Schuljahr spielte die Unterteilung des Jahres in Tage eine besondere Rolle. Als neue Einheiten tauchten Kilometer und Millimeter auf. Die Maßzahlen wurden entsprechend auf den Tausender ausgedehnt. Die folgenden sachstrukturierten Übungen für das 4. Schuljahr setzen diese Linie konsequent fort, wobei z. T. Themen früherer Schuljahre in neuem Zusammenhang wieder auftauchen.

4.1 Zeit

In der ersten der beiden folgenden Übungen spielt die Zeit nur eine untergeordnete Rolle. Im wesentlichen geht es um die Geographie der Bundesrepublik. Die zweite Übung setzt die Übung "Kinder, wie die Zeit vergeht!" des 1. Schuljahres fort.

4.1.1 Sonne und Regen im Jahreslauf

Worum geht es?

In der ganzen Bundesrepublik sind Wetterstationen des Deutschen Wetterdienstes verteilt. In ihnen wird nicht nur gemessen, wieviel Niederschlag (Regen, Hagel, Schnee) auf das jeweilige Gebiet fällt, es werden täglich auch die Temperaturen, die Sonnenscheindauer und viele weitere Wetterdaten (Wind, Wolken, Luftdruck, Luftfeuchtigkeit, Sicht) festgehalten. Da die Messungen seit vielen Jahren aufgezeichnet werden, lassen sich auch Aussagen darüber machen, wo die Sonne während des Jahres am längsten scheint, wo die wenigsten bzw. meisten Niederschläge auftreten, usw.
Auf dem Arbeitsblatt (4/13) sind für einige Orte folgende Daten angegeben: Niederschlagsmenge, Anzahl der Tage mit Niederschlagsmengen von mehr als 1 Liter, Sonnenscheindauer, (jeweils für die Monate eines Jahres, über viele Jahre gemittelt). Aus dieser monatlichen Aufschlüsselung läßt sich über das Klima schon sehr viel ablesen.

Was soll geübt werden?

Addieren von Meßdaten, Lesen und Interpretieren von Tabellen.

Was wird benötigt?

Demonstrationsmaterial: Landkarte von Deutschland, evtl. Niederschlagsmesser (Regenmesser).
Arbeitsmaterial: Arbeitsblatt (4/13).

Wie kann man vorgehen?

Man erzählt den Schülern von den Wetterstationen des deutschen Wetterdienstes und zeigt ihnen, wie Niederschläge gemessen werden.
Dann läßt man die Schüler Schätzungen für folgende Fragen im Arbeitsheft notieren:

An wie vielen Tagen im Jahr regnet oder schneit es?
An wie vielen Stunden im Jahr scheint die Sonne?
Wie viele Liter Niederschlag fallen im Jahr auf ein Meterquadrat? (1 Haushaltseimer = 10 Liter)
(Im Mittel sind es 100 Haushaltseimer auf ein Meterquadrat)

Danach wird das Arbeitsblatt (4/13) ausgegeben und erklärt. Die Schüler berechnen die Summen im Heft.

Im Rahmen des Sachunterrichts können diese Ergebnisse weiter verdeutlicht werden und mit den verschiedenen Klimatypen in unserem Land in Verbindung gebracht werden.

Schön wäre es, wenn die Schüler selbst über einen Monat die Niederschlagsmenge, die Anzahl der Tage mit Niederschlag und vielleicht auch die Anzahl der Sonnenstunden messen könnten.
Die Daten der jeweils nächstgelegenen Wetterstation können beim Deutschen Wetterdienst erfragt werden.

Ergebnisse:

1 **Marienleuchte** (Fehmarn), 10 m ü. d. Meer

	Jahr
Mittlerer Niederschlag in l	511
Tage mit Niederschlag	97
Sonnenstunden	1 923

2 **Magdeburg**, 79 m ü. d. Meer

	Jahr
Mittlerer Niederschlag in l	515
Tage mit Niederschlag	102
Sonnenstunden	1 679

3 **Brocken**, 1142 m ü. d. Meer

	Jahr
Mittlerer Niederschlag in l	1 422
Tage mit Niederschlag	182
Sonnenstunden	1 424

4 **Essen**, 129 m ü. d. Meer

	Jahr
Mittlerer Niederschlag in l	829
Tage mit Niederschlag	137
Sonnenstunden	1 494

5 **Freiburg**, 259 m ü. d. Meer

	Jahr
Mittlerer Niederschlag in l	922
Tage mit Niederschlag	132
Sonnenstunden	1 808

6 **Zugspitze**, 2962 m ü. d. Meer

	Jahr
Mittlerer Niederschlag in l	1 947
Tage mit Niederschlag	178
Sonnenstunden	1 815

4.1.2 Lebensdauer in Tagen

Worum geht es?

Jedes Jahr wird uns der Fortgang der Zeit gewissermaßen existentiell bewußt, wenn wir unseren Geburtstag feiern. Da unser Leben aber auch vom Tagesrhythmus geprägt ist, stellt sich die Frage, wie viele Tage man gelebt hat, wenn man einen bestimmten Geburtstag feiert. Beim 10. Geburtstag sind es $10 \cdot 365 + 2(3)$ Tage $= 3650 + 2(3)$ Tage, je nachdem ob in diesen Zeitraum 2 oder 3 Schaltjahre gefallen sind. Die folgende Übung soll dieser Frage genauer nachgehen.

Was soll geübt werden?

Rechnen mit der Zeit (Jahr, Tage, Schalttage), Rechnen mit großen Zahlen, Umgang mit dem Kalender.

Was wird benötigt?

Arbeitsmaterial: Kalender.

Wie kann man vorgehen?

Wenn z. B. ein Kind in der Klasse Geburtstag hat, kann man der ganzen Klasse die Aufgabe stellen: *Wie viele Tage ist unser Geburtstagskind alt?*
Geschickt läßt sich das Ergebnis dadurch ermitteln, daß man die einzelnen Jahre mit 365 Tagen rechnet und dann die jeweiligen Schalttage (29. Februar) dazu addiert. Wenn diese Aufgabe gemeinsam gelöst ist, soll jedes **Kind** für sich ausrechnen, wie viele Tage es bis zum jeweiligen Tag gelebt hat.
Es gibt eine Reihe **verschiedener** Lösungswege. Einer besteht darin, die Anzahl der Tage bis zum letzten Geburtstag auszurechnen und dann mit Hilfe eines Kalenders die restlichen Tage dazu zu addieren.
Weitere Fragen:

Wie viele Tage sind Mutter (Vater, Großmutter, ... Geschwister) alt?
In welchem Alter hat man 1 000 Tage gelebt?
In welchem Lebensjahr kann man den 10 000. (20 000.) Lebenstag feiern?
Wie viele Tage alt können Menschen überhaupt werden?

Da die Kinder die Anzahlen für Familienangehörige erfahrungsgemäß auf den Tag genau ausrechnen wollen, sollte man die Schaltjahre der betreffenden Zeiträume ..., 1980, 1984, 1988, 1992, 1996, 2000, 2004, ... angeben.

4.2 Geld

Das Thema "Geld" hat uns in den vorhergehenden Schuljahren hauptsächlich unter dem Aspekt des Einkaufens und des Bezahlens von Kosten für Dienstleistungen und Gebühren beschäftigt. Dieser Aspekt wird im folgenden weitergeführt. Weiter verfolgen wir den Aspekt "Mit Geld wirtschaften", der im 3. Schuljahr im Zusammenhang mit dem Abschnitt "Zahlen aus Archiven" aufgetreten ist.

4.2.1 "Volles Haus"

Worum geht es?

Das Thema "Eintritt zu Veranstaltungen" ist bereits im 1. Schuljahr behandelt worden. Während es damals darum ging, Eintritte vom Standpunkt der Besucher aus zu berechnen, sollen nun die Einnahmen aus den Eintritten **vom Standpunkt des Veranstalters** aus betrachtet werden.
Natürlich ist es bei diesem Beispiel – wie bei fast allen Themen des Sachrechnens – am interessantesten, wenn ein Theater aus der Umgebung der Schüler mit herangezogen wird. Gerade mit Schülern des 4. Schuljahres bietet es sich an, hinter die "Kulissen" eines Theaters zu schauen. Die Schüler sind in der Regel überrascht, zu sehen, wie viele Menschen dort als Künstler, Bühnenarbeiter, Schneider, Schreiner, Elektriker, Frisöre usw. ihr Geld verdienen. Ein Theater braucht also Einnahmen, um einen möglichst großen Teil der Kosten decken zu können. Als Beispiel für die Berechnung der Einnahmen bei "vollem Haus" haben wir das Operettenhaus Hamburg ausgesucht, in dem seit Jahren das Musical "Cats" mit sehr großem Erfolg läuft.

Was soll geübt werden?

Rechnen mit großen Geldbeträgen (Multiplikation und Addition).

Was wird benötigt?

Arbeitsmaterial: Arbeitsblätter (4/14a) und (4/14b), Sitzplan und Aufstellung der Eintrittspreise eines örtlichen Theaters, Kinos, usw.

Wie kann man vorgehen?

Man bespricht mit den Schülern den Sitzplan eines Hauses (z. B. Operettenhaus Hamburg, Arbeitsblatt 4/14a), und die Schüler bestimmen die Anzahl der Plätze in den einzelnen Preisstufen.

Operettenhaus Hamburg (Freitag und Samstag)

		Anzahl der Plätze	Preis	Einnahmen
Parkett	1 – 17	280	140,–	39 200,–
Rang	1 – 7	254		35 560,–
Parkett	18 – 23	186	110,–	20 460,–
Rang	8 – 10	90		9 900,–
Parkett	24 – 28	100		9 000,–
Rang	11 – 13	59	90.–	5 310,–
Logen		12		1 080,–
zusammen		981		120 510,–

Hieraus lassen sich die Gesamtzahl der Plätze und die Gesamteinnahmen berechnen und in eine Tabelle eintragen (Arbeitsblatt 4/14b). Wenn die Schüler das Prinzip einmal verstanden haben, können sie anschließend als Übung die Einnahmen bei verändertem Eintrittspreis (Wochenmitte) und von weiteren Theatern, Kinos usw. berechnen, wie z. B.:

Lichtburg Essen

		Anzahl der Plätze	Preis	Einnahmen
Parkett	I	350	8,–	2 800,–
	II	436	10,–	4 360,–
Rang	I	24	10,–	240,–
	II	409	11,–	4 499,–
	Logen	83	15,–	1 245,–
zusammen		1 302		13 144,–

Mittwoch – Familientag: Auf allen Plätzen 8 DM – Logen 13 DM

Wie könnte es weitergehen?

Die Schüler könnten versuchen, sich über die Preistafel und die entsprechenden Platzzahlen bei einem Bundesligaspiel oder einem Pop-Konzert zu informieren.

4.2.2 "Wie teuer ist (geliehenes) Geld?"

Worum geht es?

Für die Anschaffung eines Autos, einer Anbauküche, den Kauf einer Eigentumswohnung, usw. werden heute vielfach Kredite aufgenommen. Weiter werden viele Käufe auf Ratenbasis getätigt. In beiden Fällen entstehen für den Kreditnehmer bzw. Käufer feste Rückzahlungsverpflichtungen über längere Zeit, die leider in vielen Fällen nicht genau bedacht werden und die Betroffenen in große wirtschaftliche Schwierigkeiten bringen, wenn nicht gar in den Ruin treiben können. Private Kreditinstitute und teilweise auch Banken setzen heute vielfach eine aggressive und verharmlosende Werbung ein, die zahlreiche Verbraucher zu größeren Ausgaben verlockt, als sie sich leisten können. Die Aufklärung über die Probleme, die mit Krediten verbunden sind, kann gar nicht früh genug beginnen. Daß der Kreditnehmer über einen längeren Zeitraum feste Rückzahlungen leisten und insgesamt mehr zahlen muß als er erhalten hat, dieses Grundprinzip können Grundschüler ohne weiteres verstehen.
Kredite werden normalerweise erst in der Sekundarstufe I im Zusammenhang mit der Zins- und Zinseszinsrechnung behandelt. Wie das folgende Beispiel, das auf authentischen Daten der Sparkasse beruht, zeigt, können aber die folgenden Rechnungen und Überlegungen schon im 4. Schuljahr durchgeführt werden.
Wenn ein Kreditbetrag von etwa 20000 DM auf 60 Monate (= 5 Jahre) geliehen wird, müssen laut Tabelle (Arbeitsblatt 4/5) 60 · 420 DM = 25200 DM zurückbezahlt werden. Die Bank erhält also 5200 DM mehr zurück, als sie zunächst gegeben hat. Derselbe Kreditbetrag von 20000 DM, auf 30 Monate verliehen, führt laut Tabelle zu einer Rückzahlung von 30 · 760 DM = 22800 DM. Die Bank bekommt hier nur 2800 DM an Zinsen. Dafür muß der Kreditnehmer aber die Schulden schneller abbezahlen, nämlich 760 DM pro Monat.
Durch Aufgaben dieser Art lernen die Schüler einige wichtige Regeln des Kreditwesens kennen:
- Geld leihen "kostet Geld".
- Je mehr die Zurückzahlung gestreckt wird, desto teurer wird der Kredit.
- Je schneller man den Kredit zurückzahlt, desto größer ist die monatliche Rate.
- Je größer der Kredit, desto größer sind die Kreditkosten.

Also: Jeder, der einen Kredit aufnehmen will, sollte es sich gut überlegen, ob er die monatlichen Belastungen über den entsprechenden Zeitraum auch tragen kann.

Was soll geübt werden?

Rechnen (Multiplizieren) von großen Geldbeträgen, Lesen und Auswerten von Tabellen.

Was wird benötigt?

Arbeitsmaterial: Arbeitsblatt (4/15) oder eine aktuelle Kredittabelle der Bank.

Wie kann man vorgehen?

1. Man bespricht mit den Kindern die Grunddaten eines Kredits (Kreditsumme, Laufzeit, monatliche Raten) und rechnet ein oder zwei Beispiele.

Beispiel 1: Kreditsumme: 25000 DM
Laufzeit: 30 Monate
Die monatliche Rate ist 950 DM.
Es müssen dann 30 · 950 = 28500 DM, also 3500 DM mehr, zurückgezahlt werden.

Beispiel 2: Kreditsumme: 16000 DM
Laufzeit: 42 Monate
Die monatliche Rate ist 452 DM, die letzte Rate 476 DM. Es müssen dann 41 · 452 + 476 DM = 19008 DM, also 3008 DM mehr, zurückgezahlt werden.

2. Anschließend können die Kinder selbst weitere Beispiele anhand der Tabelle ausrechnen (Arbeitsblatt 4/15).

3. Zum Schluß müssen die Kinder unbedingt darauf hingewiesen werden, daß es "Kredithaie" gibt, die erheblich höhere Zinsen fordern und nicht davor zurückschrecken, Kreditnehmer ins Unglück zu stürzen. Es kommt vor, daß Kunden das Doppelte dessen zurückzahlen müssen, was sie sich geliehen haben. Leider bietet die Rechtsprechnung nur wenige Möglichkeiten, um gewissenlosen Wucherern das Handwerk zu legen. Wer einen Kredit benötigt, sollte sich seriös beraten lassen (z.B. bei verschiedenen Banken oder der Verbraucherzentrale).

4.2.3 Währungstabellen

Worum geht es?

Viele Schüler fahren heutzutage mit der Familie ins Ausland und wissen, daß dort andere Währungen gelten. Dieses Wissen kann man ausnutzen, um systematisch gerundete Umrechnungen zu behandeln, so daß die Schüler Preisvergleiche für den Bedarf des täglichen Lebens anstellen können.

Beispiel:
Bei der Bank bekommt man für 1 DM etwa 7 ÖS (österreichische Schillinge), entsprechend für 10 DM 70 ÖS und für 100 DM 700 ÖS. Das Umrechnen der deutschen Währung (DM) in die österreichische Währung (Schilling) erfolgt einfach durch Multiplikation mit 7. Selbstverständlich bekommt man für das Doppelte (bzw. die Hälfte) an deutschem Geld auch das Doppelte (bzw. die Hälfte) an österreichischer Währung, d.h. für 200 DM erhält man 2 · 700 ÖS = 1400 ÖS und für 50 DM dann 350 ÖS (die Hälfte von 700 ÖS). Mit dieser Methode kann man leicht Wechselkurse annähernd umrechnen. Die folgende Währungstabelle (erhältlich bei Banken) gibt die Umrechnung auf Pfennige genau an. Sie kann von den Schülern zum Vergleich herangezogen werden. Da der Wechselkurs Schwankungen unterliegt, ist die Tabelle aber auch nur als Näherung brauchbar.

Österreich

Devisenkurse

100,– S = DM 14,40 DM 100,– = 694,44 S

S	DM	S	DM	DM	S
1,–	0,14	500,–	72,–	0,10	0,69
5,–	0,72	600,–	86,40	0,20	1,39
10,–	1,44	700,–	100,80	0,50	3,47
20,–	2,88	750,–	108,–	1,–	6,94
30,–	4,32	800,–	115,20	2,–	13,89
40,–	5,76	850,–	122,40	5,–	34,72
50,–	7,20	900,–	129,60	10,–	69,44
75,–	10,80	950,–	136,80	20,–	138,89
100,–	14,40	1.000,–	144,–	50,–	347,22
150,–	21,60	2.000,–	288,–	100,–	694,44
200,–	28,80	3.000,–	432,–	150,–	1.041,66
250,–	36,–	4.000,–	576,–	200,–	1.388,89
300,–	43,20	5.000,–	720,–	250,–	1.736,11
400,–	57,60	6.000,–	684,–	300,–	2.083,33
450,–	64,80	8.500,–	1.224,–	400,–	2.777,78

Bitte berücksichtigen Sie, daß sich die Kurse kurzfristig ändern können.

Die Währungstabelle enthält auch die Umrechnung von ÖS in DM. Für die angenäherte direkte Umrechnung muß entsprechend durch 7 geteilt werden.

Was soll geübt werden?

Erstellen von (gerundeten) Währungstabellen, Umrechnen von Währungen.

Was wird benötigt?

Arbeitsmaterial: Evtl. ausländisches Geld, Währungstabellen von der Bank.

Wie kann man vorgehen?

Man läßt die Schüler zuerst vom Urlaub im Ausland und vom fremden Geld erzählen. Dann wird an einer Währung der Umtausch genauer besprochen, und die Ergebnisse werden in einer Tabelle zusammengefaßt.

DM	ÖS
1	7
2	14
10	70
100	700
50	350
...	...

Anschließend können die Schüler in Gruppen kleinere Problemaufgaben bearbeiten, z.B.:
– *Ein Kleid im Schaufenster kostet 500 ÖS. Wieviel deutsches Geld ist das?*
– *Ein Eis kostet 10 ÖS. Wieviel ist dies in DM?*

Bei den Schülern lassen sich verschiedene Strategien und Antworten beobachten, etwa:
– 500 ÖS sind weniger als 100 DM, denn 100 DM sind 700 ÖS.
– 500 ÖS sind etwa 70 DM, denn 70 DM sind 490 ÖS.

Der Wert von 500 ÖS liegt zwischen 71 DM (= 497 ÖS) und 72 DM (= 504 ÖS).
Nach dieser Diskussion kann die Tabelle erweitert werden.

DM	ÖS
0,50	3,50
0,14	1,00
...	...

Die Kinder gehen hierbei nach unterschiedlichen Strategien vor.

Auf der Grundlage der Tabelle können Preise des täglichen Lebens von einer Währung in die andere umgerechnet und verglichen werden.

Wie könnte es weitergehen?

Man gibt den Kindern angenäherte Kurse anderer Währungen vor und läßt sie in Gruppen Währungstabellen erstellen. Diese Tabellen können dann mit den Tabellen der Bank verglichen werden.

Beispiele: 10 FF (Französische Francs) = 3,00 DM
1 £ (Britisches Pfund) = 3,00 DM
1000 L. (Italienische Lire) = 1,40 DM

Vielleicht können die Kinder selbst Devisenkurse aus der Tageszeitung entnehmen oder bei Banken erfragen.

4.3 Verkehrsflächen und Verkehrsmittel

Der Wunsch nach einer zweckmäßigen Gestaltung des persönlichen, sozialen und wirtschaftlichen Umfeldes hat die Menschen im Lauf der Jahrhunderte dazu geführt, Siedlungen mit Wohnbereichen, Gewerbeflächen und Gemeinschaftseinrichtungen (Schulen, Krankenhäuser, Sportplätze usw.) anzulegen und sie durch verschiedene Verkehrswege mit anderen Siedlungen zu verbinden.
An diesem weiten Komplex der "Raumplanung" sollen in diesem Abschnitt zwei Elemente im Rahmen von Rechenübungen etwas genauer beleuchtet werden: der Platzbedarf von "Plätzen" sowie die Transportkapazität von Verkehrsmitteln.

4.3.1 "Wie viele Meterquadrate hat...?"

Worum geht es?

Im Abschnitt 3.1.2 der Übungsvorschläge für das 3. Schuljahr wurde die Aufgabe behandelt, mit Hilfe des Einmaleins zu ermitteln, wie viele Meterquadrate (rechteckige) Zimmer unterschiedlicher Ausmaße umfassen (vgl. Arbeitsblatt 3/7)., Diese Aufgabe läßt sich auf größere (evtl. auch nur angenähert) rechteckige Flächen übertragen.

Was soll geübt werden?

Multiplikation zwei-, drei- und vierstelliger Zahlen, Größenvergleiche von Plätzen.

Was wird benötigt?

Arbeitsmaterial: Arbeitsblatt (4/16).

Wie kann man vorgehen?

1. Man knüpft an die Auslegung des Klassenzimmers mit Meterquadraten an und stellt diese an der Tafel schematisch dar (1 cm in der Zeichnung ≙ 1m in der Realität).

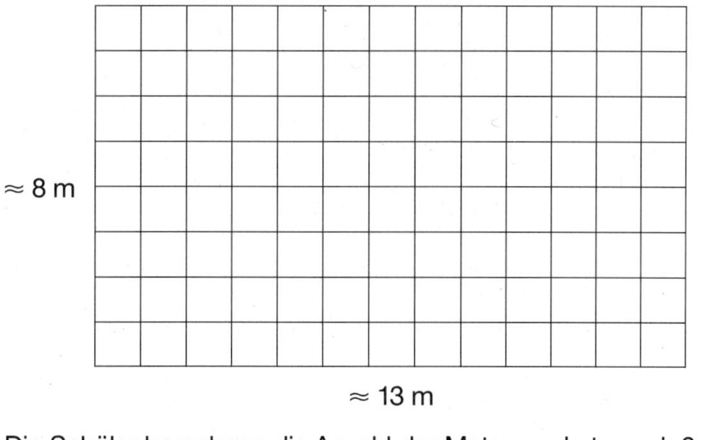

Die Schüler berechnen die Anzahl der Meterquadrate nach 8 · 13 Meterquadrate = 104 Meterquadrate und erklären die Rechnung an der Zeichnung.

2. Die Schüler messen Länge und Breite der Turnhalle und des (hoffentlich einigermaßen rechteckigen) Schulhofs bzw. des Schulgrundstücks in Metern aus, zeichnen verkleinerte Pläne (1m ≙ 1 Rechenkästchen) und berechnen die Anzahl der Meterquadrate aus den Maßzahlen der Länge und Breite.

3. Die in 1. und 2. gemessenen Werte für Länge und Breite und die berechneten Anzahlen der Meterquadrate werden in das Arbeitsblatt (4/16) übertragen. Anschließend werden entsprechende Rechnungen für die angegebenen Plätze durchgeführt. Jede Rechnung muß anschließend erklärt werden.

Beispiel: Das Spielfeld im Westfalenstadion hat 70 Streifen mit je 105 Meterquadraten (oder 105 Streifen mit je 70 Meterquadraten), also 70 x 105 = 7350 Meterquadrate.
Für die gegebenen Plätze erhält man folgende Zahlen:

Westfalenstadion	7 350	Wenzelsplatz	40 800
Autobahnkreuz	134 750	Roter Platz	54 600
Hubschrauberlandeplatz	400	Platz d. Himml. Friedens	440 000
Startbahn Nord	234 000	Central Park	2 112 000

Kinder, die Lust haben, können auf der Skizze eines Fußballfeldes auch den Platzbedarf des Torraums und des Strafraums ermitteln.

Wie könnte es weitergehen?

4. Die Kinder können berechnen, wie oft die Anzahl der Meterquadrate ihres Klassenzimmers, ihres Schulhofs, ... in die Anzahl der Meterquadrate eines Fußballfeldes hineinpaßt o. ä.

Beispiel:
Wievielmal größer als das Spielfeld im Westfalenstadion ist der Platz des Himmlischen Friedens in Peking?
Antwort: Spielfeld im Westfalenstadion: 7350 Meterquadrate, Platz des Himmlischen Friedens: 440 000 Meterquadrate

$440\,000 : 7\,350 \approx 60$
$367\,500 : 7\,350 = 50$
Rest $72\,500$
$72\,500 : 7\,350 \approx 10$

Nebenrechnung
$7\,350 \cdot 100 = 735\,000$
$7\,350 \cdot 50 = 367\,500$

Der Platz des Himmlischen Friedens ist also ungefähr 60mal so groß wie das Spielfeld.

Anmerkung: Der Taschenrechner liefert 59,8663945 $\approx$ 60 und ist für diese Rechnung sicherlich angemessen.

5. *Wie viele Menschen haben auf dem Platz des Himmlischen Friedens Platz?*
Auf einem Meterquadrat finden ungefähr 2 Menschen Platz, auf dem Platz des Himmlischen Friedens also $440\,000 \cdot 2 = 880\,000$ Menschen. Tatsächlich sind auf dem Platz des Himmlischen Friedens sogar schon mehr als 1 Million Menschen aufmarschiert.

4.3.2 Fahrzeuggewichte

Worum geht es?

Aus Gründen der Verkehrssicherheit dürfen Fahrzeuge nicht über bestimmte Grenzen hinaus beladen werden. Der Technische Überwachungsverein (TÜV) setzt in Verbindung mit den Herstellern Grenzen für die Nutzlast fest, die in den Fahrzeugpapieren festgehalten sind. Im Fahrzeugschein eines PKWs ist unter Nr. 14 das "Leergewicht", unter Nr. 5 das "zulässige Gesamtgewicht" angegeben. Die Polizei kann bei Verkehrskontrollen aufgrund dieser Daten prüfen, ob ein Fahrzeug überladen ist. Das "Leergewicht" bezeichnet in der Regel das Gewicht des vollgetankten Fahrzeugs, bei Nutzfahrzeugen einschließlich des Fahrergewichts.

Was soll geübt werden?

Berechnung von Differenzen und Summen.

Was wird benötigt?

Arbeitsmaterial: Arbeitsblatt (4/17).

Wie kann man vorgehen?

1. Besprechung des Arbeitsblattes (4/17)
Anhand des Arbeitsblattes werden die Begriffe "Gesamtgewicht", "Leergewicht", "Nutzlast" und der Zusammenhang zwischen ihnen besprochen. An einigen Beispielen wird aus den zwei jeweils gegebenen Größen die dritte Größe berechnet.

2. Die Aufgaben des Arbeitsblattes werden auf die Klasse verteilt und anschließend zusammengetragen.

3. Diskussion der Ergebnisse
Interessant ist besonders der Vergleich zwischen Leergewicht und Nutzlast. Bei dem Tandem mit Anhänger ist die Nutzlast das Achtfache des Leergewichtes, bei der für die erste Mondlandung eingesetzten Rakete "Saturn V" ist die Nutzlast nur der 530ste Teil des Leergewichts, d.h. die Rakete transportiert also hauptsächlich sich selbst. Relativ günstig ist das Verhältnis zwischen Nutzlast und Leergewicht auch beim Luftschiff.
Bei Flugzeugen ergibt sich eine stark veränderte Nutzlast durch unterschiedliche Treibstoffaufnahme. Dies beeinflußt die Reichweite.

4.3.3 "Voll beladen"

Worum geht es?

Bei der Beförderung von Personen gibt es aus Sicherheitsgründen eine Beschränkung auf eine maximale Personenzahl und ein maximales Gewicht. In Aufzügen findet man z.B. Schilder wie:

Maximale Belastung
450 kg oder 6 Personen

Diesen Werten liegt ein durchschnittliches Maximalgewicht von Personen zugrunde, das aus diesen Werten berechnet wurde und in der Regel zwischen 75 kg und 80 kg liegt.

Was soll geübt werden?

Division

Was wird benötigt?

Arbeitsmaterial: Arbeitsblatt (4/18).

Wie kann man vorgehen?

1. Die Kinder werden beauftragt, in Aufzügen die Daten über die Tragfähigkeit in kg und die maximale Personenzahl zu sammeln. Bereits aus wenigen Beispielen läßt sich ein einfacher Zusammenhang vermuten: Pro Person wird mit 75 kg (neuerdings 80 kg) gerechnet.

2. Die Schüler bearbeiten das Arbeitsblatt (4/18), wobei sie sich fünf bis zehn Aufgaben heraussuchen dürfen, die sie rechnen.

3. Die Ergebnisse werden anschließend zusammengetragen und ggf. ergänzt:

Aufzug (4 P.)	80 kg	Linienbus	68 kg
Aufzug (6 P.)	75 kg	Reisebus	≈ 108 kg
Aufzug (8 P.)	80 kg	Nahverkehrszug	≈ 74 kg
Aufzug (13 P.)	≈ 77 kg	Schwebebahn	≈ 75 kg
Aufzug (18 P.)	75 kg	Ausflugsdampfer	≈ 103 kg
Aufzug (21 P.)	75 kg	Kreuzfahrtschiff	≈ 2286 kg
Lastenaufzug	≈ 76 kg	Jumbo-Jet	≈ 87 kg
Seilbahn	80 kg	Airbus	≈ 106 kg
Pkw	98 kg	Segelflugzeug	108 kg
Kleinbus	≈ 109 kg		

Im Vergleich stellt sich heraus, daß Fahrzeuge, die Personen **mit Gepäck** befördern, ein höheres Gewicht pro Person ansetzen müssen. Völlig aus dem Rahmen fällt das Kreuzfahrtschiff, das außer dem Gepäck auch noch das für eine mehrwöchige Verpflegung der Passagiere Notwendige (Verpflegung, Wasser, ...) mitführen muß.
Nach unten weicht der Linienbus mit 68 kg/Person ab. Vielleicht finden die Schüler selbst den Grund heraus: Der Bus befördert Menschen unterschiedlichen Alters, insbesondere auch Kinder. Dadurch wird das Durchschnittsgewicht gesenkt.

4.4 Biologie in Zahlen

Unter den drei Übungsvorschlägen dieses Abschnittes setzen der erste und dritte Themen aus dem 2. und 3. Schuljahr fort. Der zweite betrachtet Tiere unter dem Aspekt des Maßstabs, der in den folgenden Schuljahren voll zur Entfaltung kommen wird.

4.4.1 Artenzahl im Tierreich

Worum geht es?

Im Abschnitt 4.4.2 der Vorschläge für das 3. Schuljahr wurde die Zahl der heute lebenden **Säugetierarten** zu etwa 4200 (4 Tausender) berechnet. Die Anzahl **aller** bekannten Tierarten liegt nach dem heutigen Stand der Biologie bei etwa 1 Million. Es ist lehrreich, diese Zahl aus den Artenzahlen der einzelnen Tiergruppen zu ermitteln und dabei Vergleiche anzustellen.

Was soll geübt werden?

Addition großer Zahlen.

Was wird benötigt?

Arbeitsmaterial: Arbeitsblatt (4/19).

Wie kann man vorgehen?

1. Besprechung des Arbeitsblatts (4/19)
Das Arbeitsblatt stellt die biologische Systematik vergröbert dar, indem es Tierarten, die den Kindern weniger bekannt sind, zu größeren Gruppen zusammenfaßt als Tierarten, die den Kindern vertrauter sind.
Die Schüler sollen sich zuerst spontan zu dem Arbeitsblatt äußern und Tierarten aufzählen, die sie kennen. Wiederum muß deutlich werden, daß die Zahlen die **Artenzahlen,** nicht die Anzahlen der einzelnen Tiere bezeichnen.

2. Bearbeitung des Arbeitsblatts
Wie von den Säugetieren her bekannt, summieren die Schüler die Artenzahlen Zeile für Zeile auf. Als Lösung ergibt sich 1 242 400 $\approx$ 1 Million.

3. Diskussion
Das Arbeitsblatt regt die Schüler, die aus verschiedenen Quellen über Tiere z. T. sehr viel wissen, zu allen möglichen Fragen an, die man im Klassengespräch diskutieren kann. Wichtig ist, auch hier wieder deutlich zu machen, wie stark die Vielfalt der Tierarten durch die Eingriffe des Menschen in die Natur bedroht ist. Hierfür liefern Fernsehsendungen laufend neue traurige Belege. Man kann nur hoffen, daß sich die Einsicht, daß der Mensch damit seine eigenen Existenzgrundlagen zerstört, noch durchsetzt, bevor es endgültig zu spät ist.

4.4.2 "Vergrößerte Zwerge – Verkleinerte Riesen"

Worum geht es?

Vergrößerungen und Verkleinerungen sind in Plänen, Zeichnungen und Fotos etwas Alltägliches. Die mathematische Behandlung des Maßstabs gilt dagegen als schwierig. Dies liegt daran, daß die Behandlung des Themas in den Lehrplänen zu lange aufgeschoben wird.
Wie schon die Betrachtung der Autobahnübersichtskarte im 3. Schuljahr gezeigt hat, gibt es in der Grundschule Sachsituationen, in denen die Verwendung von Maßstäben sehr natürlich und unproblematisch ist. Hierzu gehören auch Vergrößerungen und Verkleinerungen von Tieren, mit denen sich die folgende Übung befaßt.

Was soll geübt werden?

Rechnen mit Maßstäben, Schätzen von Größen.

Was wird benötigt?

Arbeitsmaterial: Arbeitsblätter (4/20a) und (4/20b) und evtl. ein Sachbuch zum Nachschlagen der Größe von Tieren.

Wie kann man vorgehen?

1. Bearbeitung des Arbeitsblatts (4/20a)
Zunächst wird anhand des Arbeitsblatts das Prinzip der Verkleinerung besprochen. Der Maßstab 1:15 bedeutet: 1 mm auf der Zeichnung entsprechen 15 mm in der Natur. Mit dieser Information werden die aus den Tierdarstellungen des Arbeitsblatts entnommenen Größen umgerechnet.
Bei der Darstellung der Kreuzotter müssen sich die Schüler etwas einfallen lassen, um die Länge zu messen (z. B. Nachlegen mit einem Bindfaden). Bei dem Blauwal kann man die Größe mit Hilfe der abgebildeten Menschen schätzen. Der Blauwal ist etwa elf mal **so lang** wie der erwachsene Mann, also etwa 20 Meter lang. Als Maßstab ergibt sich: 14 mm auf der Zeichnung entsprechen etwa 1.82 m = 1820 mm (erwachsener Mann) in der Natur, also der Maßstab 1:130.

2. Arbeitsblatt (4/20b)
Bei den Vergrößerungen wird entsprechend vorgegangen. Der abgebildete Siebenpunkt – Marienkäfer kann mit einem echten Marienkäfer verglichen werden. Daraus ergibt sich eine Vergrößerung von etwa 3:1. In der Vergrößerung 10:1 kann es die Stubenfliege mit dem verkleinerten Elefanten (1:40) aufnehmen.
Auf den Zeichnungen können nicht nur die Längen und Größen der Tiere, sondern auch ihre Beinlänge, Flügellänge usw. gemessen und berechnet werden.

3. Tierdarstellungen in Sachbüchern
Die Schüler können anhand der Darstellungen in der einschlägigen Literatur selbst ermitteln, welcher Maßstab jeweils zugrundegelegt ist.

4.4.3 Gewichtsvergleich Tiermutter/Tierbaby

Worum geht es?

Im Gegensatz zu den beträchtlichen Größenunterschieden zwischen verschiedenen Tierarten ist die Schwankungsbreite innerhalb jeder Art relativ klein: Ausgewachsene Elefanten können unterschiedlich groß sein, ausgewachsene Hasen ebenfalls, aber trotzdem ist es sinnvoll zu sagen, "so groß wie ein Elefant" oder „so groß wie ein Hase".
Die menschliche Phantasie hat sich über diese Beschränkung hinweggesetzt, und in den Märchen sowie in der Science-fiction-Literatur tauchen Drachen, menschengroße Insekten, Zwerge usw. auf. Diese riesen – und zwergenhaften Gestalten können aber in der Natur nicht vorkommen, da es zwingende Gründe dafür gibt, daß jeder Spezies eine bestimmte, eben die "richtige" Größe zukommt.
Die folgende Übung greift einen Aspekt der "richtigen" Größe der Arten auf, nämlich das Verhältnis zwischen dem Gewicht eines Tierbabys und dem Gewicht der Tiermutter. Dieses Verhältnis ist innerhalb jeder Tierart relativ konstant, schwankt aber über die Arten hin ziemlich stark.

Was soll geübt werden?

Halbschriftliche Division.

Was wird benötigt?

Arbeitsmaterial: Arbeitsblatt (4/21).

Wie kann man vorgehen?

1. An Beispielen (Gorilla, Seelöwe) wird die Aufgabenstellung besprochen, und es wird berechnet, wieviel mal das Geburtsgewicht in das Gewicht der Mutter hineinpaßt.

Lösungen:

Gorilla	Seelöwe
80 kg : 2 kg = 40	90 kg : 6 kg = 15
	60 kg : 6 kg = 10
	30 kg : 6 kg = 5

2. Die Schüler erhalten dann das Arbeitsblatt, in dem sie die Aufgaben in der ihnen sinnvoll erscheinenden Reihenfolge bearbeiten dürfen. Die Ergebnisse werden anschließend verglichen und schwierige Aufgaben gemeinsam an der Tafel gerechnet. Besondere Aufmerksamkeit verdienen Eisbär und Känguruh, bei denen die Gewichte von Mutter und Baby in verschiedenen Einheiten angegeben sind.
Wenn die Schüler an den Zahlen anschaulich überlegen, werden sie nicht nur zur Division greifen, sondern auch vom Gewicht des Babys aus hochrechnen.

Beispiel: Eisbär

600 g · 5 = 3 000 g = 3 kg

320 kg : 3 kg = 106 Rest 2 kg

300 kg : 3 kg = 100
18 kg : 3 kg = 6

320 kg : 600 g = 530 Rest 2 kg
= 533 Rest 200 g

Die Eisbärmutter ist ungefähr 530 mal schwerer als ihr Baby.

Die Lösungen zeigen eine ziemliche Schwankungsbreite, wobei das Baby der Zwergfledermaus im Vergleich zur Mutter das größte Gewicht hat. Zu beachten ist allerdings, daß einige der angegebenen Tiere nicht nur ein Junges haben können.

Lösungen:

die Mutter ist	...mal so schwer	die Mutter ist	...mal so schwer
Blauwal	60	Seelöwe	15
Elefant	25	Gorilla	40
Panzernashorn	26	Seehund	6
Giraffe	11	Steinbock	12
Bison	18	Orang-Utan	30
Eisbär	533	Schimpanse	20
Bergzebra	12	Känguruh	> 26000
Davidshirsch	19	Zwergfledermaus	5

Für den Menschen kann man etwa folgende Schätzwerte wählen: Mutter 60 kg, Kind 2,5 kg, was einen Faktor 60 kg : 2,5 kg = 24 ergibt.
Das Känguruh fällt als Beuteltier völlig aus dem Rahmen (der höheren Säugetiere), weil es im embryonalen Zustand geboren wird und seine Entwicklung erst noch im Beutel der Mutter durchmacht.

5. Blitzrechnen

Wie in den früheren Schuljahren bildet auch im 4. Schuljahr ein Blitzrechenkurs mit 10 Übungen den Abschluß unserer Übungsvorschläge. Der Kurs greift diejenigen Wissenselemente und Fertigkeiten heraus, die beim Rechnen ständig Verwendung finden, und versucht, sie durch eine intensive Übung sozusagen im Gehirn "fest zu verdrahten". Zum wiederholten Male sei betont, daß eine zu frühe Automatisierung unter allen Umständen vermieden werden muß. Auch blitzartig verfügbares Wissen muß auf Zahlvorstellungen gegründet sein. Die Automatisierungsübungen werden daher wie gewohnt zuerst auf Veranschaulichungen gestützt.

B 1 "Lesen und Schreiben von Zahlen"

1. An der Stellentafel (Magnettafel oder Lichtschreiber) wird mit Plättchen eine Zahl dargestellt. Die Schüler lesen die Zahl.
2. Zahlen werden an die Tafel geschrieben. Die Schüler lesen sie.
3. Zahlen werden genannt. Die Schüler schreiben sie auf ein Blatt, ein Schüler schreibt auf einer verdeckten Tafelseite. Anschließend wird die Tafel umgeklappt, und die Schüler können vergleichen.

B 2 "In... Schritten bis..."

Aufgabe der Schüler ist es, in 2, 4, 5, 8, 10 Schritten (von 0) bis 10000, 100000 und 1000000 aufzusteigen.

Beispiel:

L: "In 4 Schritten bis 10000"
S: "2500, 5000, 7500, 10000"
L: "In 8 Schritten bis 100000"
S: "12500, 25000, 37500, 50000, 62500, 75000, 87500, 100000"
L: "In 5 Schritten bis 1000000"
S: "200000, 400000, 600000, 800000, 1000000"

Natürlich wird man mit 2, 5 und 10 Schritten beginnen, dann 4 und erst zum Schluß 8 Schritte vorgeben. Wenn das Blitzrechnen im 2. und 3. Schuljahr richtig durchgeführt worden ist, können die Schüler auf entsprechende Zerlegungen von 100 und 1000 zurückgreifen, so daß als einzige schwierigere Aufgabe "In 8 Schritten bis 10000" und "In 8 Schritten bis 100000" übrigbleiben.

B 3 "Ergänzen bis zur Million"

Reine Tausenderzahlen sind bis zur Million zu ergänzen. Abgesehen von der Benennung "Tausend" ist dies nichts anderes als die "Ergänzung bis Tausend", die zum Blitzrechenkurs des 3. Schuljahres gehört. Den Schülern hilft dabei die Vorstellung des Millionbuches, das ja 1 000 Tausender aufweist. Das Ergänzen von 463 bis 1 000 im Tausenderbuch ist somit im Prinzip nichts anders als das Ergänzen von 463 T bis 1 Million im Millionbuch.
L: "145 Tausend" (145 000)
S: "145 Tausend + 855 Tausend = 1 Million"
L: "456 Tausend"
S: "456 Tausend + 544 Tausend = 1 Million"

B 4 "Verdoppeln und Halbieren"

Zum Blitzrechnen zählen wir nur das Verdoppeln und Halbieren der reinen Zehntausender, das durch das Verdoppeln und Halbieren von reinen Zehnern wiederum bestens vorbereitet ist. Auch hierbei ist das Millionbuch sehr hilfreich.

Beispiele:

Verdoppeln

L	10 T	15 T	40 T	240 T	250 T	500 T	1 M
S	20 T	30 T	80 T	480 T	500 T	1 M	2 M

Halbieren

L	10 T	100 T	200 T	180 T	170 T	70 T	60 T
S	5 T	50 T	100 T	90 T	85 T	35 T	30 T

Die Beispiele zeigen, wie man die Aufgaben operativ variieren kann.

B 5 "Leichte Plus- und Minusaufgaben"

Es handelt sich hierbei um die Addition und Subtraktion von Hunderttausendern, Zehntausendern und Tausendern innerhalb des Millionraums.

Beispiele:
L: "145 T + 20 T"
S: "145 T + 20 T = 165 T"
L: "386 T + 30 T"
S: "386 T + 30 T = 416 T"

L: "145 T + 200 T"
S: "145 T + 200 T = 345 T"
L: "695 T + 7 T"
S: "695 T + 7 T = 702 T"

Auch diese Übung setzt eine entsprechende Übung im Tausenderraum fort und hat als zusätzliches Element nur die Benennung "Tausend". Genauso wie sich die Schüler im Tausenderraum auf das Tausenderbuch stützen konnten (1 Quadrat = 1 Einer), können sie sich jetzt auf das Millionbuch stützen (1 Quadrat = 1 Tausend).

B 6 "Subtraktion von Stufenzahlen"

Vorgegeben werden die Differenzen von Stufenzahlen im Millionraum. Die Schüler nennen jeweils das Ergebnis.

Beispiele:

L	10 000 – 1	10 000 – 100	1 M – 1	1 M – 100	1 M – 1 T
S	9 999	9 900	999 999	999 900	999 000

Diese Übung schult die Bewußtheit der Schüler für Schwellenübergänge und wird anfänglich wieder auf das Millionbuch und das Tausenderbuch abgestützt.
Die restlichen vier Übungen dienen als Grundlage für die halbschriftliche Multiplikation.

B 7 "Zehner mal Zehner"

In Fortsetzung des Einmaleins vom 2. Schuljahr und der Blitzrechenübung "Einer mal Zehner" des 3. Schuljahres sind jetzt Produkte von Zehnerzahlen zu automatisieren. Die beste

Abstützung besteht darin, diese Aufgaben **zusammen mit** dem Einmaleins und den Aufgaben "Einer mal Zehner" zu üben, weil sich dabei am besten Größenordnungen herausarbeiten lassen.

Beispiele:

L	4 · 6	4 · 60	60 · 4	60 · 40	50 · 40	5 · 40	5 · 4	10 · 4	10 · 40
S	24	240	240	2 400	2 000	200	20	40	400

B 8 "Tausendereinmaleins"

Hierbei handelt es sich um die Aufgaben:

1 · 1T, ..., 10 · 1T
1 · 2T, ..., 10 · 2T
1 · 3T, ..., 10 · 3T
. .
. .
. .
1 · 9T, ..., 10 · 9T
1 · 10T, ..., 10 · 10T

Das ist nichts anderes als das Einmaleins mit der zusätzlichen Benennung "Tausend" – ein eindrücklicher Beleg für die Zurückführung des Rechnens mit großen Zahlen auf das Rechnen mit kleinen Zahlen, wie es durch das Stellenwertsystem ermöglicht wird.

B 9 "Stufenzahleinmaleins"

Unter dem "Stufenzahleinmaleins" wird die folgende Multiplikationstabelle verstanden, die für das halbschriftliche Rechnen und für Überschlagsrechnungen sehr wichtig ist:

•	1	10	100	1 000	10 000	100 000	1 000 000
1	1	10	100	1 000	10 000	100 000	1 000 000
10	10	100	1 000	10 000	100 000	1 000 000	
100	100	1 000	10 000	100 000	1 000 000		
1 000	1 000	10 000	100 000	1 000 000			
10 000	10 000	100 000	1 000 000				
100 000	100 000	1 000 000					
1 000 000	1 000 000						

Diese Aufgaben sind besonders gründlich auf das Tausender- und das Millionbuch abzustützen. Einige Aufgaben sind unmittelbar "zu sehen", z.B. 10 · 1 000 = 10 000, 10 · 10 000 = 100 000. Andere, z.B. 100 · 100, 10 000 · 100, müssen erst analysiert werden, wobei einfachere Aufgaben als Stützpunkt herangezogen werden können.

Beispiele:

100 · 100 = 10 000, da 10 · 100 = 1 000 (Tausenderbuch)
10 000 · 100 = 1 000 000, da 10 000 · 10 = 100 000 (Millionbuch)

B 10 "Quadratzahlen bis 1024"

Diese Blitzrechenübung ist in Abschnitt 3.2.1 vorbereitet worden, wobei insbesondere Anhaltspunkte für die Aufeinanderfolge der Einer-, Zehner- und Hunderterstellen gegeben und die Zahlen ins Tausenderbuch eingetragen wurden.

Die Quadratzahlenreihe lautet:

1, 4, 9, 16, 25, 36, 49, 64, 81, 100
121, 144, 169, 196, 225, 256, 289, 324, 361, 400
441, 484, 529, 576, 625, 676, 729, 784, 841, 900
961, 1024

Die "kurze Quadratzahlreihe" besteht aus den Quadratzahlen $1 \cdot 1 = 1$, $5 \cdot 5 = 25$, $10 \cdot 10 = 100$, $15 \cdot 15 = 225$, $20 \cdot 20 = 400$, $25 \cdot 25 = 625$, $30 \cdot 30 = 900$.
Sie sollte als Vorstufe behandelt werden, damit für die volle Reihe feste Stützpunkte vorhanden sind.
Da die Quadratzahlreihe bis 1024 genau genommen zur "Zone der nächsten Entwicklung" gehört und ihren vollen Nutzen erst in der Sekundarstufe I entfaltet, muß B 10 nicht unbedingt, zumindest nicht mit allen Schülern, bis zur Automatisierung geübt werden.

Anhang

Erich Ch. Wittmann

Üben im Lernprozeß

Weg darum mit aller Passivität im Lernen und Denken, mit blind totem Annehmen gegebener Stoffe des Wissens! Nicht das Wissen kräftigt, sondern das Verstehen; nicht die Ansammlung im Gedächtnis, sondern das Verarbeiten mit dem Verstande; nicht das Aufspeichern der Massen, sondern das Assimilieren; nicht das Betrachten, sondern das Suchen; nicht das Glauben, sondern das Prüfen; nicht das [Kennen] Lernen, sondern das Üben; nicht das Vorkauen, sondern das Zergliedern; nicht das Nehmen, sondern das Machen.

A. Diesterweg, 1836

Das Projekt "mathe 2000" hat es sich zur Richtschnur erhoben, theoretische Überlegungen und die Konstruktion von Unterrichtseinheiten systematisch zueinander in Beziehung zu setzen. Daher sind auch die im "Handbuch produktiver Rechenübungen" beschriebenen Unterrichtsvorschläge und Materialien wesentlich theoretisch geprägt, und ihre sinngemäße unterrichtspraktische Entfaltung erfordert folglich ein Grundverständnis für die zugrundeliegende Theorie. Natürlich ist es im Rahmen des "Handbuches" nicht möglich gewesen, eine **geschlossene** Theorie des Lehrens und Lernens von Mathematik zu entwickeln. Gleichwohl haben wir versucht, wenigstens die wichtigsten Grundgedanken herauszuarbeiten. Zum einen boten sich hierfür die Einleitungen zu den einzelnen Kapiteln und Abschnitten an. Da uns dies aber als nicht ausreichend erschien, haben wir uns entschlossen, in das "Handbuch" auch theoretische Beiträge aufzunehmen. Der erste Aufsatz (s. Anhang zu Bd. 1) befaßte sich mit der Konzeption des aktiv-entdeckenden Lernens und des produktiven Übens von einem mehr grundsätzlichen, kritisch abgrenzenden Standpunkt aus. Der vorliegende zweite Beitrag versucht, zwischen diesen allgemeinen Ausführungen und der Ebene der Übungsbeispiele zu vermitteln: Ziel ist es, den **Ort des Übens im Lernprozeß** vom Standpunkt der **mittelfristigen Unterrichtsplanung** aus genauer zu bestimmen und, im Zusammmenhang damit, **Übungstypen** zu identifizieren.
Zu diesem Zweck wird im ersten Abschnitt versucht, die unterschiedlichen Modellierungen des Lernprozesses einerseits durch die traditionelle Methodik ("Leitung und Rezeptivität") und andererseits durch die Konzeption des aktiv-entdeckenden Lernens ("Organisation und Aktivität") sowie deren jeweils unterschiedliche Sichtweisen der "Übung" nachzuzeichnen. Dabei zeigt sich, daß das produktive Üben ein viel breiteres Spektrum von Übungstypen erfordert, das im zweiten Abschnitt dargestellt wird. Der dritte Abschnitt beschreibt schließlich in aller Kürze den Rahmen für die Planung von Unterrichteinheiten, der dem "Handbuch" zugrundeliegt.

I. Didaktische Modellierungen des Lernprozesses

Auch wenn die Meinungen darüber, was unter "geordnetem Unterricht" zu verstehen ist, weit auseinandergehen, wird die Auffassung, daß eine bestimmte "Ordnung" im Unterricht für erfolgreiches Lernen unbedingt notwendig sei, in Theorie und Praxis allgemein geteilt. Die Aufgabe der Allgemeinen Didaktik besteht ja gerade darin, didaktische Modelle zur Verfügung zu stellen, die eine für Lehrer und Schüler hilfreiche Ordnung des Lehrens und Lernens ermöglichen. Was den mittelfristigen Verlauf des Lernprozesses anbelangt, zeigen diese Modelle **bei oberflächlicher Betrachtung** eine sehr große Übereinstimmung. Man findet im wesentlichen die Phasen "Einführung/Übung/Anwendung", manchmal in einer gewissen Ausdifferenzierung. So heißt es z. B. bei Aebli (1976, 248):

„Der normale Ablauf des Lernprozesses im Unterricht umfaßt folgende Schritte:
1. *Problemstellung,*
2. *Aufbau des Begriffs, der Operation oder des Handlungsschemas,*
3. *Durcharbeiten,*
4. *Üben,*
5. *Anwenden.“*

Bei der Interpretation dieser Phasen ergeben sich aber fundamentale Unterschiede, je nachdem, welche Auffassungen über den Stoff, über das Lernen und über die Rolle des Lehrers sich die jeweilige didaktische Konzeption zu eigen macht.
Idealtypisch lassen sich zwei Richtungen unterscheiden, die Johannes Kühnel mit den Stichworten "Leitung und Rezeptivität" bzw. "Organisation und Aktivität" charakterisiert hat (Bd. 1, S. 152-154, vgl. auch Bönsch 1991). Ihnen entsprechen ganz verschiedene Modellierungen des Lernprozesses.

1.1. "Leitung und Rezeptivität"

Diese Position faßt den Stoff als vorgegebene "Masse" auf, die erst durch Zerlegung in eine Reihe einzelner Elemente lehrbar wird. Dem Lehrer fällt die Aufgabe zu, diese Elemente in entsprechend feiner Dosierung an die Schüler zu "vermitteln". Die Schüler haben den Stoff zu rezipieren und zu reproduzieren, wobei sie vom Lehrer kontrolliert und korrigiert werden.
Die Vorstellung des Lehrens als "Übertragung" und des Lernes als "Aufnahme" tritt in der Literatur in verschiedenen Bil-

dern auf. Comenius vergleicht das Lehren mit dem Drucken eines Buches (Comenius 1656/1982, S. 210):

> *„Wir wollen an der Ähnlichkeit [der Lehrkunst] mit der Buchdruckerkunst festhalten... Dabei wird sich zeigen, daß das Wissen beinahe in derselben Weise dem Verstande eingeschrieben wird, wie es äußerlich auf das Papier gedruckt wird. Deshalb wäre es gar nicht unpassend, wenn man – auf das Wort Typographie anspielend – für die neue Lehrmethode den Namen "Didachographie" bilden würde..."*

Für Georg Philipp Harsdoerffer, den Erfinder des berühmten "Nürnberger Trichters", handelt es sich beim Lehren um ein "Eingießen". Im Vorwort zu seinem Buch "Poetischer Trichter. Die teutsche Dicht- und Reimkunst in 6 Stunden einzugießen" heißt es (Harsdoerffer 1650):

> *„Wenn wir... mit der Zeit wie mit gegenwärtigem Wein umgingen, so sollte man die Dicht- und Reimkunst in 6 Stunden, wo nicht vollkömmlich, jedoch zur Noth, fassen und verstehen können. Den Wein... giesst man durch den Trichter in Flaschen und Fässer, daß alle Tropffen davon zu Nutzen kommen; die Zeit lassen wir ohne Nutzen verfließen, und achten für nichts, viel gute Stunden übel anzulegen, welcher Verlust doch mit aller Welt Reichthum und Arbeit nicht widerum zuwegen gebracht werden kann."*

Der Wunsch nach immer genauerer Kontrolle des Vermittlungsprozesses führte zwangsläufig zur immer feineren Aufspaltung des Stoffes in "Lernelemente" und zur assoziationspsychologischen Didaktik, wobei J. F. Herbart im 19. Jahrhundert einen entscheidenden Einfluß ausgeübt hat. In seiner "Allgemeinen Pädagogik" äußert er sich im Abschnitt "Stufen des Unterrichts" folgendermaßen (Herbart 1806/1976, S. 88-89):

> *„Um also das Gemüt stets beisammenzuhalten, schreiben wir vor allen Dingen dem Unterricht die Regel vor: In jeder kleinsten Gruppe seiner Gegenstände der Vertiefung und Besinnung gleiches Recht zu geben; also Klarheit jedes Einzelnen, Assoziation der Vielen, Zusammenordnung der Assoziierten und eine gewisse Übung im Fortschreiten durch diese Ordnung nacheinander gleichmäßig zu besorgen.*
> *Darauf beruht die Sauberkeit, welche in allem, was gelehrt wird, herrschen muß. Das Schwerste vielleicht ist hier dem Lehrer, das völlig Einzelne zu finden, sich selbst seine Gedanken elementarisch zu zerlegen. Lehrbücher könnten hier zum Teil vorarbeiten... Hierauf beruht die Artikulation des Unterrichts. Die größeren Glieder setzen sich aus kleineren zusammen wie die kleineren aus dem kleinsten. In jedem kleinsten Glied sind vier Stufen des Unterrichts zu unterscheiden, denn er hat für Klarheit, Assoziation, Anordnung und Durchlaufen dieser Ordnung zu sorgen."*

Herbarts Schüler und Nachfolger, die Herbartianer, entwickelten diese Formalstufenidee im Hinblick auf die Unterrichtspraxis weiter. Das fünfstufige Schema "Vorbereitung – Darbietung – Verknüpfung – Zusammenfassung – Anwendung" etwa erreichte eine außerordentliche Breitenwirkung, die selbst heute noch spürbar ist.

Die Pädagogik macht für diese Entwicklung zur Zwangsjacke der Formalstufen, die von nahezu allen Reformpädagogen auf das Schärfste kritisiert wurde, gern die Herbartianer alleine verantwortlich und versucht, Herbart in Schutz zu nehmen. Dabei wird allerdings geflissentlich übersehen, daß Herbart in seinen Schriften zur Psychologie das Programm einer mathematisch formulierten Reiz-Reaktionspsychologie (Assoziationspsychologie) entworfen hat und damit zu einem entscheidenden Wegbereiter des Behaviorismus wurde.
In der behavioristischen Version des Lehrens und Lernens erhalten die Formalstufen folgende Gestalt (vgl. Bd.1, S.154):

1. Dem Schüler werden bestimmte "Aufgabenreize" (Aufgabentypen) vorgestellt, auf die er "reagieren" soll.
2. Es wird festgelegt, wie die "Reaktion" (Antwort/Lösung) aussehen soll.
3. Dem Schüler werden weitere "Aufgabenreize" vorgelegt, auf die er die gewünschten Antworten geben soll, wobei richtige Antworten gelobt und falsche Antworten kritisiert und korrigiert werden.
4. Der Schritt 3 ist bis zur Feststellung der Verbindung zwischen Reiz und Reaktion zu wiederholen.

Typisch für die behavioristische Modellierung des Lernprozesses sind die Aufspaltung des Lernstoffes in "Lernziele" bis hin zu "Feinstlernzielen" und deren genaue Fixierung ("Operationalisierung") sowie einschleifende Formen des Übens. Lernen wird im Behaviorismus ja definiert als "relativ stabiler Zuwachs im Verhaltensrepertoire, der das Ergebnis von Übung und dabei erfolgender Bestärkung bzw. Verhaltenskorrektur ist."
Vom Behaviorismus leitet sich eine Reihe von **Übungsgesetzen** zur "Konsolidierung und Automatisierung" ab (Aebli 1976, S. 238ff.):

1. Die Leistung bei einem Aufgabentyp wächst mit der Anzahl der Wiederholungen des Antwortmusters ("law of frequency"). Verteilte Wiederholungen sind dabei wirksamer als massive Wiederholungen.
2. Erfolgreiche, d. h. zu einem guten "Effekt" führende Lösungsversuche werden beibehalten und verstärkt, erfolglose werden geschwächt ("law of effect"). Die Wirkung der Rückmeldung über Erfolg und Mißerfolg ist um so größer, je unmittelbarer sie auf den Lösungsversuch folgt. Nicht korrigierte Fehler werden im weiteren Verlauf des Übens verfestigt.
3. Der Übungserfolg hängt von der Übungsbereitschaft, der "Motivation" des Schülers ab ("law of readiness").
4. Ohne weitere Übung wird das Gelernte wieder vergessen. Die "Vergessenskurve" sinkt bei frisch gelerntem Stoff rasch ab, bei eingeübtem Stoff langsamer.

Die Stufen Einführung, Übung und Anwendung sind in der assoziationspsychologischen Modellierung des Lernprozesses gemäß "Leitung und Rezeptivität" deutlich getrennt: Erst muß der neue Stoff eingeführt, geklärt und in seinen Anforderungen klar beschrieben werden. Dann muß eine Übungsphase folgen, in der die geläufige und fehlerlose Verfügbarkeit sichergestellt wird. Auf dieser Grundlage können dann Anwendungsprobleme in Angriff genommen werden, bei denen sich der Schüler voll auf die Anforderungen der Situation einstellen kann.

1.2. "Organisation und Aktivität"

Diese Position sieht Lehren und Lernen in einem völlig anderen Licht. Der Stoff wird als lebendige, geschichtlich gewachsene, unterschiedlich darstellbare, umarbeitbare und erweiterungsfähige Wissensstruktur betrachtet, deren Bedeutungsgehalt nicht "vermittelt" werden kann, sondern von den Schülern erarbeitet, entdeckt und konstruiert werden muß. Aufgabe des Lehrers ist es, ganzheitliche Themenkomplexe vorzustellen, mit deren Problemgehalt sich die Schüler aktiv-entdeckend und in sozialem Austausch untereinander auseinandersetzen können. Weiterhin muß er die Schüler zu ihren Aktivitäten anregen, er muß geeignete Darstellungsmittel und Sprechweisen einführen und den Unterricht der Natur des jeweiligen Themas entsprechend großschrittig steuern. Die scharfe Trennung zwischen den Phasen Einführung, Übung und Anwendung, wie sie bei der Konzeption "Leitung und Rezeptivität" besteht, ist hier nicht gegeben. Winter (1984, 6) gliedert den Prozeß des aktiv-entdeckenden Lernens folgendermaßen:

„Vereinfachend darf man 4 Phasen unterscheiden:

1. *Auseinandersetzung mit einer herausfordernden Situation, Exploration, Entwicklung einer Problemstellung;*
2. *Simulation und Rekonstruktion mit vorhandenem Material, dabei Entwicklung neuer Begriffsbildungen oder Verfahren und evtl. Lösung des Problems;*
3. *Einbettung des neuen Inhalts in das vorhandene System; Ausgestaltung vielfältiger Beziehungen;*
4. *Bewertender Rückblick auf den neuen Inhalt und die Methode seiner Gewinnung; Thematisierung von Heurismen, bewußte Versuche des Transfers.*

....

Alle 4 Phasen enthalten mehr oder weniger starke Anteile von Übung und Wiederholung... (es wird) entdeckend geübt und übend entdeckt... Üben ist damit im wesentlichen die Wiederaufnahme eines (entdeckenden) Lernprozesses, das Nocheinmalnachbilden, Nocheinmalnachbauen von Lernsituationen."

Das vorliegende Handbuch ist auf der Grundlage des folgenden didaktischen Modells verfaßt worden, das ebenfalls eine Durchdringung verschiedener "Phasen" anstrebt: Jedes Thema bzw. jeder Themenbereich wird über eine **Serie von Unterrichtseinheiten** erarbeitet, die jeweils schwerpunktmäßig einen anfänglich einführenden, dann einen auf Übung, dann einen auf Anwendung gerichteten und schließlich einen erkundenden Charakter haben.

Zur Illustration betrachten wir einige Beispiele.

1. Thema: Einspluseins
Einführende Einheit: Addieren am 20er-Feld (Bd.1, S. 32ff.)
Einheit zur Übung: Rechnen mit Wendekärtchen (Bd.1, S. 53ff.)
Einheit zur Anwendung: "Eintritt zur Delphinschau" (Bd.1, S. 66-67)
Einheit zur Erkundung: Die Schüler erhalten die Zahlen 4, 4, 4, 5, 5, 5, 6, 6, 6 mit der Aufforderung, magische Quadrate zu finden.
Fragen: Wie muß man die Zahlen anordnen?
Welche anderen Zahlen kann man statt 4, 5, 6 wählen? usw.

Die Aufgabenstellung ist ziemlich offen und gibt den Schülern viele Möglichkeiten, **divergent** zu denken, wie es für eine Erkundung typisch ist.

2. Thema: Addition im Hunderterraum
Einführende Einheit: Erarbeitung verschiedener Rechenstrategien mit Hilfe der Russischen Rechenmaschine und Rechengeld (Bd.1, S. 85-86)
Einheit zur Übung: Das magische Quadrat in Dürers Kupferstich "Melancholia I" (Bd.1, S. 88-91)
Einheit zur Anwendung: Zahnformeln (Bd.1, S. 142-144, Arbeitsblätter 2/23a und 2/23b)
Einheit zur Erkundung: Welche Zahlen des Hunderterraumes gehören zur 3er-Reihe oder zur 5er-Reihe oder sind Summen von Zahlen der 3er- und der 5er-Reihe? Wähle selbst andere Einmaleinsreihen aus und untersuche dieselbe Fragestellung! Was fällt dir auf?

3. Thema: Schriftliche Multiplikation
Einführende Einheit: "Wie viele Stunden hat...?" (Bd.2, S.139)
Einheit zur Übung: Operative Serien (Bd.2, S.143)
Einheit zur Anwendung: "Volles Haus" (Bd.2, S.162)
Einheit zur Erkundung: Die Schüler erhalten die Aufgabe, Streichquadrate für die Verknüpfung "mal" anstelle der Verknüpfung "plus" zu konstruieren.

An den Beispielen wird deutlich, wie stark die Phase "Übung" in die anderen Phasen hineinwirkt. Daß wir in das "Handbuch" **einführende** Übungen, **sachstrukturierte** Übungen und **problemstrukturierte** Übungen des immanenten Typs aufgenommen haben, liegt also ganz im Sinne dieses Lern- und Übungskonzeptes.
Trotz der starken Überlappung der Phasen ist es günstig, zwischen "Einführung" "Übung", "Anwendung" und "Erkundung" zu unterscheiden: Bei der **"Einführung"** werden typische Aufgaben betrachtet, ggf. nur wenige, und die zu lernenden Wissenselemente bzw. Fertigkeiten werden an ihnen erarbeitet. Von **"Übung"** sprechen wir in der Regel dann, wenn ein Satz von Wissenselementen oder eine Fertigkeit anhand einer **größeren** Zahl **gleichartiger** Aufgaben geübt wird. Beim **"Anwenden"** werden Wissenselemente und Fertigkeiten gezielt eingesetzt, ggf. auch nur ein einziges Mal, um ein eng umrissenes innermathematisches oder reales Problem zu lösen. Beim **"Erkunden"** beschäftigen sich die Schüler mit einer "offenen" Problemstellung, wobei sie die unterschiedlichsten Mittel in unterschiedlichster Weise einsetzen können.
Wenn wir trotzdem von "einführenden Übungen" oder "sachstrukturierten Übungen" sprechen, heißt dies, daß bei der Einführung bzw. Anwendung eine größere Zahl von gleichartigen Aufgaben betrachtet wird.
Die obigen Überlegungen lassen sich in einem didaktischen Modell zusammenfassen, das wir das **"didaktische Rechteck"** nennen wollen[1] und das die Grundlage für die **mittelfristige** Planung eines Themas bzw. eines Themenbereiches über einen längeren Zeitabschnitt bildet (siehe S.178).

1 Den Herren G. Krauthausen, G. N. Müller und Ch. Selter möchte ich an dieser Stelle herzlich für ihre konstruktiven Vorschläge zu einer ersten Version des didaktischen Rechtecks danken.

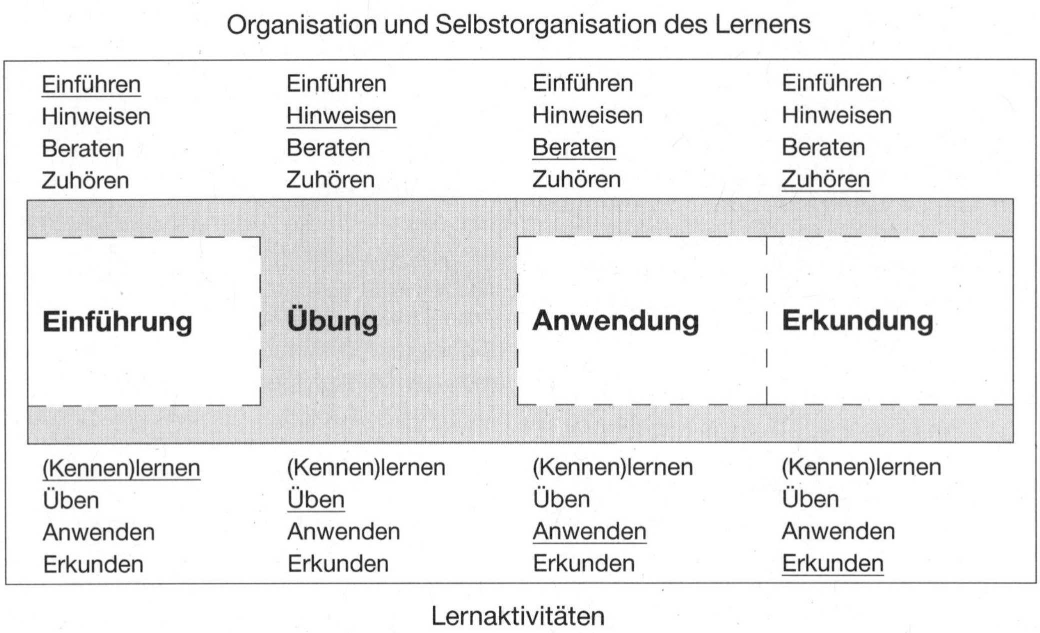

Das didaktische Rechteck

1) Bei der mittelfristigen Planung des Unterrichts geht es darum, für ein bestimmtes Thema eine Serie von Unterrichtseinheiten den Phasen Einführung, Übung, Anwendung und Erkundung entsprechend auszuwählen und anzuordnen. Die Phase der "Übung" durchdringt dabei alle anderen Phasen in doppelter Weise: Einerseits enthalten Unterrichtseinheiten zur Einführung, Anwendung oder Erkundung immer auch Elemente des Übens. Zum anderen sind in den gesamten Lernprozeß (kleinere oder größere) Unterrichtseinheiten zum Üben einzuflechten. Diese Durchdringung ist im didaktischen Rechteck durch eine Öffnung des Feldes "Übung" nach beiden Seiten zum Ausdruck gebracht.
Bei der **Auswahl** der Unterrichtseinheiten ist insgesamt dem Prinzip von der Struktur- und der Anwendungsorientierung entsprechend eine Verzahnung der Fach- und Sachstruktur anzustreben.
2) Je nachdem, in welche Phase eine Unterrichtseinheit einzuordnen ist, haben die Lernaktivitäten der Schüler einen unterschiedlichen Schwerpunkt:

Phase	Einführung	Übung	Anwendung	Erkundung
Aktivitätstyp	(Kennen-) Lernen	Üben	Anwenden	Erkunden

Faktisch sind aber bei jeder Einheit **auch die anderen** Aktivitäten angesprochen, weshalb diese in jeder Phase auch aufgeführt sind. Der jeweils dominierende Typ ist unterstrichen. Insgesamt drückt die Reihenfolge der Aktivitäten ein Fortschreiten vom mehr konvergenten zum mehr divergenten Denken aus.
3) Analog zur Lernaktivität hat je nach Phase auch die **Organisation** des Lernens einen unterschiedlichen Schwerpunkt. Aber auch die verschiedenen Organisationstypen schließen einander nicht aus, sondern durchdringen sich:

Phase	Einführung	Übung	Anwendung	Erkundung
Organisationstyp	Einführen	Hinweisen	Beraten	Zuhören

4) Es fällt auf, daß nur die erste Phase in Anlehnung an den **Organisationstyp,** die drei weiteren Phasen jedoch nach dem **Aktivitätstyp** benannt sind. Dies kann bei einem auf dem Konzept des aktiv-entdeckenden Lernens beruhenden Modell auch nicht anders sein. Darüber hinaus ist im Modell vorgesehen, daß auch Schüler ihr Lernen, wenigstens teilweise, selbst organisieren, also einander orientieren, Hinweise geben, beraten und zuhören.

2. Das Spektrum der Übungstypen

In der unter 1.1 betrachteten traditionellen Konzeption des Übens geben Übungsgesetze genauere Anleitungen für die Übungspraxis (vgl. dazu auch Odenbach 1981). Obwohl diese Gesetze, wie wir gesehen haben, der Assoziationspsychologie entstammen, sind sie für die Konzeption des produktiven Übens nicht ganz ohne Wert. Wenn man sie nämlich genügend weit auffaßt, bringen sie Tatsachen zum Ausdruck, die keine didaktische Theorie übersehen kann: Natürlich muß man Wissenselemente und Fertigkeiten **wiederholt** üben, um sie sich einzuprägen; Natürlich muß das Üben von einer **Erfolgskontrolle** begleitet sein; natürlich müssen die Schüler zum Lernen und Üben auch **bereit** sein, wenn sie vorankommen wollen usw.
Hier liegt der Grund dafür, daß Didaktiker immer wieder auf die Übungsgesetze zurückgegriffen haben, auch wenn sie keine Anhänger der Assoziationspsychologie gewesen sind. Die Erfahrung zeigt allerdings, daß der auch **nur weitgefaßte Bezug** auf die Übungsgesetze sehr gefährlich ist, denn in der Praxis verleiten sie den Benutzer dazu, sie doch ihrem wahren Wesen entsprechend anzuwenden. Wie die heutige Flut von "bunten Hunden" und "grauen Päckchen" (vgl. Bd. 1, S. 152ff.) zeigt, führt dies in sehr vielen Fällen zu

klein- und kleinstschrittigen Übungsvorschlägen, die auch das Lernen ungünstig beeinflussen.
Wenn man daher sicherstellen möchte, daß das Konzept des aktiv-entdeckenden und sozialen Lernens nicht nur in Einführungs-, Anwendungs- und Erkundungsphasen zum Tragen kommt und dann möglicherweise noch durch eine nicht adäquate Übungspraxis ausgehöhlt wird, muß für das produktive Üben ein eigenständiger Rahmen entwickelt werden, wie ihn Winter (1984) erstmals umrissen hat. Dabei kommt es wesentlich darauf an, ein vielfältiges Angebot von verschiedenartigen Übungsformen bereitzustellen, die inhaltliche und allgemeine Lernziele verzahnen und unterschiedliche Darstellungsformen stärker berücksichtigen (vgl. Prinzip der fortschreitenden Schematisierung).
In diesem Sinn wird im folgenden ein Spektrum von Übungstypen vorgestellt, und es wird skizziert, in welcher Reihenfolge diese Typen im Lernprozeß zweckmäßigerweise zum Einsatz kommen sollten.

2.1 Übungstypen

Es sei zunächst daran erinnert, daß wir von "Üben" nur dann sprechen, wenn ein Satz von Wissenselementen bzw. eine Fertigkeit bei einer Serie von **gleichartigen** Aufgaben **wiederholt** angewandt wird.
Zur Unterscheidung der verschiedenen Typen benutzen wir folgende Kriterien:

1. Grad der Strukturierung:
Die Aufgaben einer Übungsserie können willkürlich ausgewählt sein **(unstrukturiertes Üben),** sie können aber auch durch einen ganzheitlichen Strukturzusammenhang aufeinander bezogen sein **(strukturiertes Üben).** Der Übergang zwischen diesen beiden Polen ist fließend **(schwach bzw. teilstrukturiertes Üben).** Bei einer unstrukturierten Serie wird jede Aufgabe für sich betrachtet, gelöst und kontrolliert. Bei einer strukturierten Serie stehen die Lösungswege und die Ergebnisse der einzelnen Aufgaben in einem Zusammenhang und können sich gegenseitig unterstützen und korrigieren.

2. Darstellungsform:
Die Bearbeitung der Aufgaben kann sich auf Anschauungsmaterial und Handlungen an diesem Material stützen **(gestütztes Üben),** die Aufgaben können aber auch auf der rein symbolischen Ebene (mündlich oder schriftlich) bearbeitet werden **(formales Üben).**

Durch Kombination beider Kriterien erhalten wir die Matrix der Übungstypen (s. unten), bei denen die Zeilen jeweils ein Spektrum des Strukturierungsgrades andeuten.

Beispiele:

1. Die Weiterführung von **"Räuber und Goldschatz"** (Bd.1, S.41 ff.) als integrierte Übung der Addition und Subtraktion im Zwanzigerraum gehört zum Typ "gestützt/schwach strukturiert", da sie auf die Zwanzigerreihe bezogen ist und da – abhängig vom Zufall – gewisse Beziehungen zwischen einzelnen Aufgaben entstehen können (etwa: $14+3=17$, $17-4=13$, $13+4=17, \ldots$).
2. Die Übung der **schriftlichen Addition** anhand beliebig ausgewählter Aufgaben mit Hilfe von Plättchen an der Stellentafel entspricht dem Typ "gestützt/unstrukturiert". Würde die Stellentafel weggelassen, würde es sich um den Typ "formal/unstrukturiert" handeln.
3. Der **"Bunte Hund"** (Bd.1, S.156) ist eine typische formale und unstrukturierte Übung. Das Bild des Hundes ist **kein** Anschauungsmaterial, auf das man sich bei der Lösung der Aufgabe beziehen könnte, anders als die Zahlenreihe bei "Räuber und Goldschatz".
4. **Kopfrechenübungen** sind unterschiedlich einzuordnen, je nachdem, ob sie auf Material bezogen sind oder nicht, und je nachdem, ob die Aufgaben systematisch variiert werden oder nicht. Traditionelle Formen des Kopfrechnens sind häufig unstrukturiert und formal. Die Blitzrechenvorschläge des Handbuches sind in schwacher Form **operativ strukturiert.**
5. **"Verdoppeln mit dem Spiegel"** (Bd.1, S.27) ist auf Punktmuster bezogen. Die Veränderung des Spiegels führt jeweils in einer systematischen Weise zur Veränderung der dargestellten Anzahlen. Es handelt sich also um eine "gestützte/strukturierte" Übung.
6. Demselben Typ gehört auch das **Multiplizieren an Punktfeldern** (Hunderter-, Vierhunderter-, Tausenderfeld) an, da durch Variation des Malwinkels systematisch Beziehungen zwischen den Ergebnissen hergestellt werden können (Beispiel $19 \cdot 19 = 20 \cdot 20 - 19 = 361$).
7. Übungen mit **Ziffernkärtchen** (z. B. "Möglichst nahe an...", Bd.2, Abschnitt 2.3.) sind formal, da es sich bei Ziffernkärtchen nicht um Anschauungsmaterialien handelt, und strukturiert, da sich die systematische Variation der Kärtchen auf das Ergebnis auswirkt.
8. **"Streichquadrate"** gehören ebenfalls diesem Übungstyp an, da ihnen kein Anschauungsmaterial zugrundeliegt und alle Streichsummen das gleiche Ergebnis besitzen.

Strukturierungsgrad / Darstellungsform	unstrukturiertes — schwach strukturiertes Üben →	strukturiertes
gestütztes Üben	• *Schriftliche Addition mit Plättchen an Stellentafel* • *Räuber und Goldschatz* • ↑ • ↗	• *Verdoppeln mit Spiegel* • *Multiplizieren an Punktfeldern*
formales Üben	*Kopfrechnen* ⟶ • ↙ • • *Bunter Hund*	• *Möglichst nahe an...* • *Streichquadrate*

Wie diese Beispiele zeigen, läßt sich bei einer Übungseinheit der Übungstyp variieren: Die Anschauungs- und Handlungsbasis läßt sich hinzufügen oder wegnehmen, die Strukturierung manchmal wenigstens in Grenzen verstärken bzw. abschwächen. Natürlich läßt sich aber aus einem "Bunten Hund" keine strukturierte Übung zaubern.
Wenn man die traditionelle Übungspraxis an der obigen Matrix mißt, wird offenkundig, daß sie in allererster Linie auf das unstrukturierte Üben fixiert ist, und daß dabei das formale gegenüber dem gestützten Üben eine dominante Rolle spielt, obwohl im Zusammenhang mit "operatorischen Übungen" im Anschluß an Aebli und Fricke sehr schöne Beispiele für gestütztes Üben entwickelt worden sind (vgl. hierzu Lauter 1991, S.171 ff.).
Die Konzeption des produktiven Übens macht demgegenüber von **allen** Typen vollen Gebrauch und setzt insbesondere die neuartigen Typen des strukturierten Übens differenziert ein.

2.2 Strukturierungstypen

Strukturierte Übungen kann man nach zwei Kriterien feiner unterteilen.

1. **Art der Strukturierung** (vgl. hierzu Winter 1984):

- Bei einer **problemstrukturierten Übung** sind die gleichartigen Aufgaben der Serie im Umkreis eines Problems oder einer übergeordneten Fragestellung angesiedelt, so daß die Lösung einzelner Aufgaben den Boden für die Untersuchung dieser übergeordneten Struktur bereitet.
- Bei einer **operativ strukturierten Übung** erwachsen die gleichartigen Aufgaben der Serie aus einer systematischen Variation der Aufgabendaten, und die Ergebnisse stehen in einem gesetzmäßigen Zusammenhang.
- Bei einer **sachstrukturierten Übung** ordnen sich die gleichartigen Aufgaben der Serie in einen Sachzusammenhang ein, und ihre Ergebnisse sowie deren Diskussion bereichern das sachkundige Wissen der Schüler.

2. **Zugang zur Struktur**

- **Reflektives Üben:** Der Zusammenhang, in dem die Aufgaben der Serie stehen, tritt erst hervor, **nachdem** Aufgaben in größerer Zahl jeweils isoliert gelöst worden sind (wie beim unstrukturierten Üben), und wird **"reflektiert",** d. h. in Rückschau auf die erzielten Ergebnisse erarbeitet. Reflektives Üben gliedert sich also immer in zwei Phasen.
- **Immanentes Üben:** Der Strukturzusammenhang wird in Form einer bestimmten übergeordneten Zielsetzung bereits **am Beginn der Übung** benutzt. Die Auswahl der einzelnen Aufgaben und die Bewertung der Ergebnisse werden von dieser Zielsetzung her gesteuert, so daß das Üben in übergeordnete Überlegungen eingebettet ist, also **immanent** erfolgt.

Die Überlagerung dieser beiden Kriterien führt zur Matrix der Strukturierungstypen (s. unten).

Beispiele für einzelne Felder:

Problemstrukturiert/reflektiv
Bei den **Streichquadraten** (Bd.1, S.92, Bd.2, S.121) wird die Addition geübt. Die übergeordnete Fragestellung "Warum ist die Summe immer gleich?" tritt erst in Erscheinung, **nachdem** eine Reihe von Aufgaben gerechnet worden ist. Ebenso werden bei der Übung **"Immer 222"** (Bd.2, S.155) erst mehrere Beispiele für sich gerechnet, ehe die Vermutung auftritt, die dann zunächst durch weitere Beispiele erhärtet wird, bevor Überlegungen zu einer Begründung angestellt werden.

Operativ strukturiert/reflektiv
Die Übung **"Umkehrzahlen"** (Bd.1, S.96) beginnt mit dem Ausrechnen von Umkehrzahldifferenzen. Der Vergleich der Ergebnisse zeigt, daß nur bestimmte Ergebnisse auftreten, die als Zahlen der Neunerreihe erkannt werden. Erst dann werden Überlegungen zur Begründung dieser Struktur angestellt. Auch bei den **"Rechenketten"** (Bd.2, S.83) werden erst einige Beispiele gerechnet, ehe ein bestimmter Zusammenhang zwischen Start- und Zielzahl auffällt und untersucht wird.

Sachstrukturiert/reflektiv
"Pulsschläge von Tieren" (Bd.1, Arbeitsblatt 2/20) verlangt von den Kindern zunächst nur, für jedes Tier einzeln die Zahl der Pulsschläge für die angegebenen Zeitspannen auszurechnen. Ein Vergleich der Werte sowie ihre Veranschaulichung z. B. durch ein Metronom wird erst im Nachhinein vorgenommen. Auch bei der Übung **"Tageslängen im Jahresverlauf"** müssen erst einmal Zeitdifferenzen berechnet werden, ehe die Ab- und Zunahme der Tageslängen im Jahresverlauf deutlich wird und diskutiert werden kann.

Problem- bzw. operativ strukturiert/immanent
Da beim immanenten Üben eine Zielsetzung vorgegeben werden muß und die Lösung mit einer Variation von Daten einhergeht, hat es keinen Sinn, hier Problemstrukturierung und operative Strukturierung auseinanderhalten zu wollen, wie es auch an den Beispielen deutlich wird.

Art der Struktur / Zugang zur Struktur	problem-strukturiertes Üben	operativ strukturiertes Üben	sach-strukturiertes Üben
reflektives Üben	*– Streichquadrate* *– „Immer 222“*	*– „Umkehrzahlen“ (2. Schuljahr)* *– Rechenketten*	*– „Pulsschläge von Tieren“* *– „Tageslängen im Jahreslauf“*
immanentes Üben	*– „Finde weitere Zauberquadrate“* *– „1000 erreichen“*		*– Café-Restaurant „Piccolo“* *– Entfernungen auf der Autobahn*

Die Übung **"Zauberquadrate"** (Bd.1, S.57, Arbeitsblätter 1/10a, 10b) beginnt zunächst als reflektive Übung, da die Schüler **vorgegebene** Aufgaben zu lösen haben. Im letzten Schritt "Nun finde zwei, vertausche sie, dann wirst du reich, hast alles gleich" springt sie in die immanente Form um, da jetzt eine Zielsetzung vorgegeben ist, welche die Schüler zwingt, ihre Rechnungen zu bewerten: Die Schüler müssen gleichzeitig rechnen und denken. Wenn die Schüler anschließend aufgefordert werden, ihre 9 Wendekärtchen 1,..., 9 "anders" zu einem Zauberquadrat anzuordnen – eine **sehr schwere** Aufgabe – bleibt natürlich der immanente Charakter erhalten.
Ähnlich liegt der Fall bei **"1000 erreichen"** (3. Schj., Bd.2, S.36). Dieser Übung geht als reflektive Übung die Addition je dreier dreistelliger Zahlen voraus, die aus den Ziffern 1 bis 9 gebildet werden können. Immanent wird die Übung, wenn "1000 erreichen" als Ziel vorgegeben wird, da wiederum alle Rechnungen unter dieser Zielsetzung zu bewerten sind.

Sachstrukturiert/immanent
Sowohl bei Cafe-Restaurant **"Piccolo"** (Bd.1, S.138) als auch bei **"Entfernungen auf der Autobahn"** (Bd.2 S.95) müssen Daten einem Sachzusammenhang sinnvoll entnommen werden. Die Ergebnisse sind jeweils innerhalb der Sachsituation zu interpretieren.

2.3 Übungstypen und Lernprozeß

Der Ort im Lernprozeß, an dem Übungen eines bestimmten Typs zweckmäßigerweise zu plazieren sind, läßt sich grob gut einschätzen, wenn man die sich folgenden grundlegenden Tatsachen vor Augen hält:

1. Operationen an konkretem Material und an zeichnerischen Darstellungen bilden für Wissenselemente, Fertigkeiten und höhere Denkprozesse die natürliche Verständnisgrundlage. Nach dem Prinzip der fortschreitenden Schematisierung muß daher die Symbolsprache der Mathematik behutsam als immer kürzere Beschreibung dieser anschaulichen Operationen aufgebaut werden. Insbesondere muß das gestützte Üben anfänglich Vorrang vor dem formalen Üben haben.
2. Die Automatisierung gewisser grundlegender Wissenselemente und Fertigkeiten (Blitzrechnen) durch unstrukturiertes oder schwach strukturiertes **formales** Üben ist ein unbestrittenes Ziel auch der Konzeption des produktiven Übens. Aber: **Ein zu früher Übergang zu diesem Übungstyp ist für den Lernprozeß tödlich und muß daher unter allen Umständen vermieden werden.**
3. Immanentes Üben fordert die Schüler in doppelter Weise, da sie bei der Ausführung der betroffenen Fertigkeiten bzw. Wissenselemente gleichzeitig die übergeordnete Zielsetzung im Auge behalten müssen. Dieser Übungstyp ist daher sehr anspruchsvoll und besitzt eine gewisse Nähe zum "Erkunden", wie bereits in Abschnitt 1.2 angemerkt wurde.
4. Beim **reflektiven** Üben werden in einer ersten Phase die betreffenden Wissenselemente/Fertigkeiten für sich geübt, **genauso wie in der tradionellen Form des unstrukturierten Übens.** In einer zweiten Phase wird die in der Aufgabenserie steckende Struktur erforscht, wobei höhere Denkleistungen erbracht werden müssen. Das reflektive Üben sorgt somit in idealer Weise für die erforderliche Verknüpfung inhaltlicher und allgemeiner Lernziele. Man kann es ganz von den jeweiligen schulischen Gegebenheiten abhängig machen, wie weit man diese reflektive Phase entwickeln will, so daß dieser Übungstyp eine außerordentliche große Fexibilität erlaubt, wie an Beispielen des Handbuchs immer wieder aufgezeigt wurde.

Aufgrund dieser Randbedingungen erscheint während des Lernprozesses folgender "Marsch durch die Typen" sinnvoll:
Für den Anfang empfehlen sich teilstrukturierte **gestützte** Übungen (1). Als Mittelstück kommen **reflektive** Übungen in Frage, zuerst gestützt (2), dann zunehmend auch formal (3). Den Abschluß bilden Automatisierungsübungen (4) (formal, teilstrukturiert) und immanente Übungen (5) (gestützt oder formal), die im Wechsel mit Einheiten zum "Anwenden" und zum "Erkunden" behandelt werden können. Insbesondere die Automatisierungsübungen müssen immer wieder aufgegriffen werden.
Schematisch stellt sich dies folgendermaßen dar:

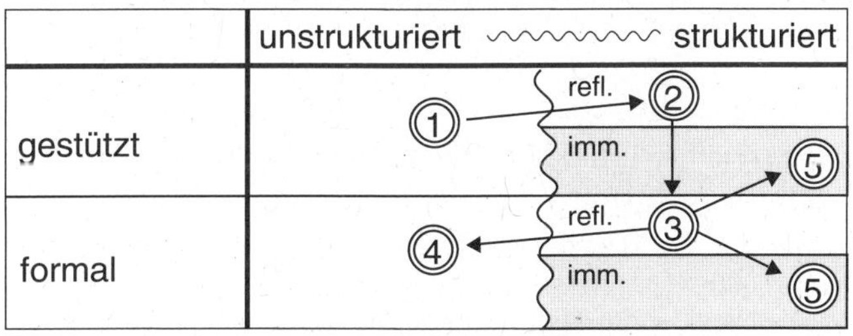

Im Aufbau der Kapitel zum Einspluseins, zur halbschriftlichen Addition, Subtraktion, Multiplikation und Division und zu den schriftlichen Rechenverfahren läßt sich dieses Schema im großen und ganzen wiedererkennen, wobei es natürlich Ausnahmen gibt. Für die halbschriftlichen Verfahren gibt es z.B. aus gutem Grund keine Automatisierungsübungen.
Die didaktischen Schemata dieses Abschnittes dürfen ebensowenig als Zwangsjacke verwendet werden wie das didaktische Rechteck unter 1.2. Es handelt sich vielmehr um heuristische Instrumente zur Unterstützung der didaktischen Intuition.

3. Die inhaltliche Strukturierung von Unterrichtseinheiten

Unserem Grundverständnis von der Mathematikdidaktik als Wissenschaft entsprechend (Wittmann 1982) wird eine didaktische Konzeption konstruktiv am besten in Form von Unterrichtseinheiten umgesetzt. "Unterrichtseinheit" hat für uns dabei aber einen ganz bestimmten Sinn. In der traditionellen Didaktik wird unter "Unterrichtseinheit" eine mehrere Unterrichtsstunden umfassende Behandlung eines bestimmten Themas verstanden, wobei der Nachdruck auf der **methodischen, formal-didaktischen** Bearbeitung des Lehrvorhabens besteht. Für uns steht dagegen ganz die **inhaltliche Seite** im Vordergrund: Wir versuchen, **substantielle Unterrichtseinheiten** aus möglichst bedeutsamen **mathematischen und realen Problemstellungen** heraus zu entwickeln, die folgende Charakteristika besitzen:

1. Sie repräsentieren zentrale Ziele, Inhalte und Prinzipien des mathematischen Lernens und sind daher mit anderen substantiellen Unterrichtseinheiten vielfältig verknüpfbar.
2. Sie beinhalten ein reiches Potential für mathematische Aktivitäten.
3. Sie sind didaktisch flexibel und können daher leicht an die speziellen Gegebenheiten einer bestimmten Klasse angepaßt werden.
4. Sie integrieren mathematische, psychologische und pädagogische Aspekte des Lehrens und Lernens in ganzheitlicher Weise.

Es ist klar, daß sich die Strukturierung einer substantiellen Unterrichtseinheit nicht nach irgendwie gearteten inhaltsunabhängigen "**Formal**stufen richten kann, sondern der **"Natur der Sache"** folgen muß. Dies geschieht nach unserer Auffassung am besten dadurch, daß man die Einheit in **Etappen** gliedert, wie sie sich in der Auseinandersetzung mit ihrem Problemgehalt **natürlicherweise** ergeben.
Betrachten wir hierzu zwei Beispiele:
Die Übung **"Plättchen werfen"** (Bd. 1, S. 29) entwickelt sich in folgenden vier Etappen:

1. Vorstellung des Experiments "Plättchen werfen" (mit 10 Plättchen)
2. Kombinatorische Ermittlung der möglichen Ausfälle des Experiments
3. Vielfache Wiederholung des Experiments durch die Schüler
4. Diskussion der Häufigkeitsverteilung

Die Übung **"Addition an Tafeln"** (Gauß-Aufgabe, Bd. 2, S.124) umfaßt drei Etappen:

1. Zeilenweise Addition der Zahlen 1 bis 100
2. Spaltenweise Addition der Zahlen von 1 bis 100
3. Addition dieser Zahlen nach Gauß

Während einer Etappe ist die Lernaktivität der Schüler jeweils auf ein bestimmtes Ziel gerichtet: Die Schüler folgen einer Anleitung, bearbeiten ein Arbeitsblatt, lösen ein Problem, diskutieren die Ergebnisse usw. Dabei sollen sie möglichst frei und selbständig arbeiten.
Die organisatorischen Maßnahmen des Lehrers **während** einer Etappe sind hauptsächlich darauf gerichtet, die **Lernaktivität der Schüler** anzuregen und in Gang zu halten. **Bei der Einleitung** in eine Etappe, beim **Abschluß** der Etappe und bei der **Überleitung** zur nächsten Etappe muß der Lehrer seine Führungsrolle aber bewußt wahrnehmen, weil es an diesen Stellen darum geht, für die Lernaktivitäten der Schüler **einen Rahmen zu setzen.** Diese **großschrittige** Lenkung des Unterrichts durch den Lehrer widerspricht nicht etwa dem aktiv-entdeckenden und sozialen Lernen, sondern schafft erst die Voraussetzungen dafür (Dewey 1976, Übers. E. Ch. Wittmann):

> *Die alte Didaktik neigt dazu, die dynamische Seite des Lernprozesses, nämlich die im jeweiligen Vorwissen der Kinder liegende Entwicklungskraft, unbeachtet zu lassen und versteht Führung und Kontrolle leicht nur in der Weise, daß man das Kind auf irgendein Geleise setzen und es zwingen müsse, ihm zu folgen. Dagegen steht die reformpädagogische Didaktik in der Gefahr, den Entwicklungsgedanken ganz und gar formal und sinnentleert zu verstehen: Man erwartet von dem Kind, daß es diese oder jene Tatsache oder Gesetzmäßigkeit aus sich selbst heraus "entwickelt". Man befiehlt ihm, sich Sachen auszudenken oder auszuarbeiten, ohne ihm die Randbedingungen zu geben, die es als Anregung und zur Selbstkontrolle braucht. Aus dem Nichts kann aber nichts entwickelt werden. "Entwicklung" richtig verstanden heißt nicht, daß dem kindlichen Geist irgendetwas entspringt, sondern daß substantielle Fortschritte gemacht werden, und das ist nur möglich, wenn eine geeignete Lernumgebung zur Verfügung steht. Die Kinder müssen aktiv sein, aber wie sie arbeiten, wird fast ganz von der Lernumgebung und dem Stoff, mit dem sie sich auseinandersetzen, abhängen. Das Problem der Richtungsgebung besteht also darin, dem Kind geeignete Anregungen zu geben, die bei der Gewinnung neuer Kenntnisse wirksam werden können.*

Es ist damit nicht ausgeschlossen, daß Schüler bei entsprechender Erfahrung ihr Lernen teilweise selbst organisieren können. Im "didaktischen Rechteck" ist dies sogar ausdrücklich vorgesehen. Die "Selbstorganisation" der Schüler bei der Wochenplanung und Freiarbeit in der Weise, daß sie angegebene Abschnitte im Schulbuch oder Aufgabenkarteien mit "bunten Hunden" und "grauen Päckchen" in eigener Regie bearbeiten, kann hierfür aber sicherlich nicht als Vorbild dienen. Überhaupt ist formal-didaktischen Modellen des "offenen Unterrichts" gegenüber äußerste Skepsis angebracht (vgl. Schulz 1989).

Entscheidend für den Unterricht ist und bleibt **die Qualität der Lernaktivitäten.** Die Lernorganisation durch den Lehrer muß darauf ausgerichtet sein, diese Qualität zu steigern. Dies gelingt umso natürlicher und leichter, je substantieller der Unterrichtsstoff ist, und je mehr sich der Lehrer von der **inneren Dynamik** des Stoffes tragen läßt.

Literatur

Aebli, H., Grundformen des Lehrens. Stuttgart 1976.
Bönsch, M., Methoden des Unterrichts. In: Roth, L. (Hrsg.) Pädagogik. Handbuch für Studium und Praxis. München 1991, 918-932.
Comenius, J. A., Große Didaktik. Hrsg. von A. Flitner. Stuttgart 1982.
Dewey, J., The child and the curriculum. In: J. Dewey. The middle works, vol. 2. ed. by Jo Ann Boydston, Carbonale/Ill. 1976, 272-296.
Harsdoerffer, G. Ph., Poetischer Trichter. Die teutsche Dicht- und Reimkunst in 6 Stunden einzugießen. Nürnberg 1650.
Herbart, J. F., Allgemeine Pädagogik. Hrsg. v. H. Holstein. Bochum 1976.
Lauter, J., Fundament der Grundschulmathematik. Donauwörth 1991.
Odenbach, K., Die Übung im Unterricht. Braunschweig 1981.
Schulz, W., Offene Fragen beim Offenen Unterricht. Grundschule 2/1989, 30-37.
Winter, H., Begriff und Bedeutung des Übens. mathematik lehren 2/1984, 4-16.
Wittmann, E. Ch., Unterrichtsbeispiele als integrierender Kern der Mathematikdidaktik. Journal für Mathematikdidaktik 3/1982, 3-20.
Wittmann, E. Ch., Practicing Skills and Reflection. Proceedings of the 37th CIEAEM Meeting Leiden 1985. Published by the State University Utrecht 1986, 60-72.

Erich Ch. Wittmann

Die weitere Entwicklung des Mathematikunterrichts in der Grundschule – was muß sich bewegen?

Wie auch immer man die Entwicklung des Mathematikunterrichts der Grundschule in den vergangenen 25 Jahren mit all ihren Irrungen und Wirrungen ("Mengenlehre") beurteilen mag, im Endergebnis hat sie einen m. E. **historischen Durchbruch** bewirkt, nämlich die erstmalige Verankerung des aktiv-entdeckenden und sozialen Lernens in Lehrplänen.

Dieser Durchbruch ist natürlich noch nicht auf allen Ebenen und nicht überall in gleichem Maße erfolgt. Am weitesten fortgeschritten ist sicherlich die didaktische Theorie, zu der insbesondere Heinrich Winter grundlegende Beiträge geleistet hat (Winter 1987, 1989). In der Unterrichtspraxis, im Bereich der Schulbücher, in der Praxis der Lehrerbildung und in der Gesellschaft überhaupt gibt es dagegen noch eine Reihe von Fehlvorstellungen und Mißverständnissen, die überwunden werden müssen, ehe sich das aktiv-entdeckende und soziale Lernen auf breiter Front durchsetzen kann. Im folgenden sollen vier Bereiche angesprochen werden, in denen aus guten Gründen ein Umdenken erfolgen muß, und es soll versucht werden, Perspektiven aufzuzeigen, wie man die entsprechenden Forderungen realisieren kann. Es handelt sich dabei um die Beziehungen Grundschule/Gesellschaft, Lehrer/Schüler, Lehrer/Mathematik und Theorie/Praxis.

1. Für ein neues Profil der Grundschule im Verbundsystem allgemeine Bildung/berufliche Erstausbildung/Weiterbildung

Wenn man auf die Frage, warum das aktiv-entdeckende und soziale Lernen für die Grundschule so wichtig ist, eine überzeugende Antwort finden will, darf man die Grundschule nicht isoliert sehen, sondern muß sich das Lernen in Schule und Gesellschaft im Zusammenhang vor Augen führen. Vor kurzem ist in der Presse ein Bericht über neue Formen der beruflichen Ausbildung erschienen, der die Überschrift trug: *„Die Eigenaktivität der Lehrlinge muß gefördert werden!*". Diese Forderung ist für die heutige Zeit typisch. Man kann sich heute in der Gesellschaft umsehen, wo man will: Überall in Wirtschaft, Industrie, Verwaltung usw. wird die Bereitschaft und Fähigkeit gefordert, ständig weiterzulernen und das Gelernte aktiv und kooperativ umzusetzen. Die Prognosen für die weitere Entwicklung von Gesellschaft und Wirtschaft stimmen darin überein, daß der Faktor "Bildung" im 21. Jahrhundert eine mindestens ebenso große Bedeutung gewinnen wird wie neue Technologien und neue Marketing-Strategien (vgl. z.B. Johnston/Packer 1987). Neue Studien zeigen, daß selbst in der Produktion die Zukunft nicht dem technozentrischen, sondern dem anthropozentrischen Fertigungskonzept (Stichwort "autonome Fertigungsinseln") gehören wird (Jehle/Schweitzer 1991). Angesichts dieser Tatsache kommt man nicht daran vorbei, das schulische Lernen neu zu bewerten, und ganz besonders auch das Lernen in der Grundschule.

Im traditionellen Verständnis hatte die Grundschule grundlegende Kulturtechniken, insbesondere Lesen, Schreiben und Rechnen zu vermitteln sowie den Kindern zur sozialen Einordnung zu verhelfen. Dieses erschien fachwissenschaftlich gesehen als nicht sehr anspruchsvoll. Entsprechend wurde – und wird – die Aufgabe der Grundschule in der Öffentlichkeit unterschätzt und unterbewertet, leider oft genug auch von Lehrern und Lehrerstudenten selbst.

Hier ist ein **gründliches Umdenken** erforderlich: Aufgabe der Grundschule ist es sicherlich auch in Zukunft, grundlegende Kulturtechniken zu vermitteln und an der Sozialisierung der Kinder mitzuwirken. Genauso wichtig, eher noch wichtiger als das, **was** die Kinder lernen, ist aber, **wie** sie lernen. **Die Förderung einer positiven, aktiv-entdeckenden und sozialen Lerneinstellung, die die Kinder befähigt, lebenslang hinzu- und umzulernen, muß daher als Kernaufgabe der Grundschule gesehen werden.** Selbstverständlich stellt sich diese Aufgabe auch für die weiterführenden Schulen und die berufliche Ausbildung. Der Grundschule fällt aber insofern die **Schlüsselrolle** zu, als in ihr die Kinder **zum ersten Mal** dem systematischen Lernen begegnen und hier die entscheidenden Weichen für ihr späteres Lernverhalten gestellt werden. Wenn der Lehrer in einem klein- und gleichschrittigen Unterricht alles genau vormacht, und die Grundschüler nur rezipieren und reproduzieren können, wird es sehr schwer, wenn nicht gar unmöglich sein, sie später als Schüler der weiterführenden Schulen, als Lehrlinge, als Studenten oder als Mitarbeiter in einem beruflichen Tätigkeitsfeld zu eigenaktivem Handeln zu bewegen. Diesen simplen Zusammenhang sollte man sich überall in der Gesellschaft gründlich bewußt machen.

Von diesem veränderten Aufgabenprofil her müssen Grundschullehrerinnen und –lehrer in ein neues Berufsverständnis hineinwachsen: Sie müssen **Experten für aktiv-entdeckendes und soziales Lernen** werden. Dieses neue Rollenverständnis wird, wenn es in der Praxis und in der Lehrerbildung gelebt wird, langfristig dazu beitragen, das Selbstbewußtsein der Grundschullehrerschaft und die Position der Grundschule gegenüber den weiterführenden Schulen, insbesondere gegenüber dem Gymnasium, deutlich zu stärken.

2. Für eine richtige Einschätzung des geistigen Potentials der Kinder

Das Prinzip des aktiv-entdeckenden Lernens läßt sich in seinem Kern in der Geschichte weit zurückverfolgen, und spätestens in Kühnels "Neubau des Rechenunterrichts" (Kühnel 1916) am Anfang dieses Jahrhunderts ist es mit äußerster Klarheit und Präzision formuliert worden (vgl. hierzu Selter 1990). Man muß sich daher fragen, warum es dieses Konzept so schwer hatte und in der Gegenwart noch hat, sich durchzusetzen. Die Hauptursache liegt wohl darin, daß Pädagogik und Didaktik immer dazu geneigt haben, die didaktischen Möglichkeiten des Lehrers zu **über-** und das geistige Potential der Schüler zu **unter**schätzen. Trotz aller guten Vorsätze, die Lernvoraussetzungen der Schüler aufzunehmen und ihre Eigentätigkeit zu fördern, hat sich die traditionelle Didaktik in der Regel stets auf Maßnahmen konzentriert, wie den Schülern etwas **beizubringen** sei, anstatt auf Maßnahmen, wie ihre Aktivität **angeregt** und **organisiert** werden könne. Ein typisches Beispiel hierfür ist der "Erzvater" aller Didaktik, Johann Amos Comenius, selbst. Am Anfang seiner "Großen Didaktik", erschienen 1657, heißt es zwar noch (Comenius 1982, S. 78):

> *„Es ist also nicht nötig, in den Menschen etwas von außen hineinzutragen. Man muß nur das, was in ihm beschlossen liegt, herausschälen, entfalten und im einzelnen aufzeigen."*

Wenn aber Comenius gegen Ende der "Großen Didaktik" auf die praktische Lehrmethode zu sprechen kommt, hat er, offenbar ohne sich dessen bewußt zu sein, eine Kehrtwendung vollzogen. Von der Nutzung der Möglichkeiten der Kinder ist nichts mehr zu spüren, wenn er schreibt (Comenius 1982, S. 210):

> *„Wir wollen an der Ähnlichkeit (der Lehrkunst) mit der Buchdruckerkunst festhalten ... Dabei wird sich zeigen, daß das Wissen beinahe in derselben Weise dem Verstande eingeschrieben wird, wie es äußerlich auf das Papier aufgedruckt wird. Deshalb wäre es gar nicht unpassend, wenn man – auf das Wort Typographie anspielend – für die neue Lehrmethode den Namen „Didachographie" bilden würde ... Die Buchdruckerkunst hat ihre besonderen Materialien und ihren besonderen Arbeitsgang. Die wichtigsten Materialien sind Papier, Typen, Druckerschwärze und Presse ... In der Didachographie ... verhält es sich folgendermaßen: Das Papier sind die Schüler, deren Verstand mit den Buchstaben der Wissenschaften gezeichnet werden soll. Die Typen sind die Lehrbücher und die übrigen bereitgestellten Lehrmittel, mit deren Hilfe der Lehrstoff mit wenig Mühe dem Verstande eingeprägt werden soll. Die Druckerschwärze ist die lebendige Stimme des Lehrers, die den Sinn der Dinge aus den Büchern auf den Geist der Hörer überträgt. Die Druckerpresse ist die Schulzucht, welche alle zur Aufnahme der Lehren bereit macht und anspornt".*

Es ist klar, daß eine derartig auf den Lehrer fixierte Didaktik in den Kindern nicht Subjekte ihres eignen Lernens, sondern nur Objekte der Belehrung gesehen hat und blind war für das ungeheure Potential, das Kinder in den Unterricht mitbringen. Es liegt hierzu eine Reihe von interessanten Untersuchungen vor (vgl. z. B. Ahmed 1987). Als Beispiel sei eine besonders lehrreiche Studie erwähnt, die im Sommer 1990 in Utrecht durchgeführt wurde (van den Heuvel-Panhuizen 1990)[1]. 440 Schulanfängern wurden in bildlicher Form kleine Sachrechenaufgaben gestellt. Falls gewünscht, erhielten die Kinder noch mündliche Erklärungen zum Verständnis der Aufgaben, aber keinerlei Lösungshilfen. Parallel dazu wurden Experten, d. h. Lehrerinnen und Lehrer der Grundschule, Rektoren und Didaktiker aufgefordert einzuschätzen, wieviel Prozent der Schüler die einzelnen Aufgaben lösen würden. Hinterher wurden die tatsächlichen mit den geschätzten Prozentsätzen verglichen. Die Befunde zeigten, daß die "Experten" die Leistungsfähigkeit der Kinder **maßlos** unterschätzt hatten. Eine schwieriger erscheinende Aufgabe, für die 5 % richtige Lösungen geschätzt wurden, wurde etwa zu 50 % richtig gelöst; bei anderen Aufgaben waren die Prozentsätze etwa 30 % gegen 80 %. Dies ist keineswegs ein singulärer Befund, sondern ein Beleg für ein **Systemproblem der Schule**: nämlich die Unterschätzung des geistigen Potentials der Schüler.

Zur Untermauerung aktiv-entdeckender Lehr-/Lernformen ist es sehr wichtig, weitere Dokumentationen dieser Art vorzulegen, die einerseits die Grenzen der klein- und gleichschrittigen Belehrung der Kinder und andererseits die Möglichkeiten der Kinder für selbstgesteuertes Lernen aufzeigen (vgl. auch Abele 1986). Nur durch solche Dokumente läßt sich der Blick dafür schärfen, daß die fein säuberlich ausgedachte didaktische Kleinarbeitung des Stoffes, wie sie heute weithin vorherrscht, keine Hilfe, sondern ein **Hindernis für das Lernen** ist, und zwar besonders auch für lernschwache Schüler (Ahmed 1987). Ein typisches Beispiel für die Kleinschrittigkeit ist die stufenweise Einführung der Zahlen im 1. Schuljahr, die die Möglichkeiten der Kinder überhaupt nicht berücksichtigt (vgl. hierzu Röhr 1991).

3. Für ein angemessenes Bild der Mathematik in Unterricht und Lehrerausbildung

Da sich die systematische Unterschätzung des Potentials der Kinder im Mathematikunterricht in weit höherem Maße findet als in anderen Fächern, kann die Ursache hierfür nicht nur in falschen Auffassungen über das Lernen im allgemeinen liegen, sondern muß auch mit dem Fach Mathematik zu tun haben. Es ist in der Tat ein weltweit beobachtetes Phänomen, daß Grundschullehrer und -studenten in ihrer Mehrheit in einem gespannten Verhältnis zur Mathematik stehen (vgl. z. B. Loewenberg-Ball 1988). Sehr viele haben es schon in der Schulzeit aufgegeben, in der Mathematik ihren gesunden Menschenverstand zu gebrauchen und um ein Verständnis zu ringen und halten sich an der formalen Oberfläche, an Definitionen, Formeln und Rezepten fest, oft durchaus mit äußerem Erfolg. Eine echte Auseinandersetzung mit dem Fach findet nur bei einer Minderheit von Studenten statt.

Für das Lehrerverhalten hat dieses falsche Bild von der Mathematik fatale Folgen: Es wird ein genauer Plan über die

---

[1] van den Heuvel-Panhuizen, M., Realistic Arithmetic/Mathematics Instruction and Tests. In: Gravemijer, K., et al., Contexts, Free Productions, Tests and Geometry. Utrecht 1990, 53–78.

einzelnen Lernschritte, die didaktischen Maßnahmen und die äußere Form des erwarteten Schülerverhaltens zurechtgelegt, der kleinschrittig unter möglichst unmittelbarer Lernkontrolle verfolgt wird, nach dem Motto: "In der Mathematik ist das eben so." Diese normierten Vorstellungen über Stoff und Methode wirken den Kindern gegenüber wie ein Filter: Lernvoraussetzungen und Beiträge der Schüler, die nicht in die Norm passen, werden, ob sie gut sind oder nicht, entweder gar nicht wahrgenommen oder als Fehler interpretiert. Im ersten Fall wird das Vorurteil bestätigt, bei den Kindern sei "nichts da" und man müsse "ganz unten" beginnen. Im zweiten Fall wächst die latent immer vorhandene Neigung, den Unterricht noch kleinschrittiger und noch kontrollierter zu gestalten, um die "Fehler" restlos auszumerzen. Damit nimmt die systematische Unterschätzung der Schüler ihren Lauf und sorgt schließlich als "self-fulfilling prophecy" selbst für ihre Rechtfertigung, denn es ist klar, daß Kinder, die über längere Zeit in dieser Weise eingeengt werden, einen großen Teil ihre Eigenaktivität verlieren, abgesehen von ganz robusten Naturen.

Hartmut Spiegel hat in seinem Vortrag anläßlich der 16. Bundestagung für Didaktik der Mathematik, Klagenfurt 1982, bereits sehr deutlich auf die große Aufgabe hingewiesen, die sich hier für die Lehrerbildung stellt (Spiegel 1983): die Vermittlung eines lebendigen Bildes von Mathematik als "Prozeß und Progreß vom noch ungeordneten, experimentierenden Handeln zum systematischen Vorgehen", wie es Heinrich Besuden Mitte der siebziger Jahre sehr schön formuliert hat. In seinem fundamentalen Aufsatz "The Child and the Curriculum" hat der **Pädagoge** John Dewey überzeugend herausgearbeitet, daß eine so verstandene Fachwissenschaft von zentraler Bedeutung für die Zielsetzungen des Unterrichts, die Unterrichtsführung und den Lernprozeß der Kinder ist (Dewey 1976). Damit löst sich das in der Pädagogik weit verbreitete und von vielen Lehrerstudenten bereitwillig übernommene Vorurteil, die Wissenschaftsorientierung des Unterrichts stünde der Kindorientierung entgegen, in nichts auf. Lehrer und Lehrerstudenten können somit im **Interesse der Kinder** nicht aus der Pflicht entlassen werden, sich den notwendigen fachwissenschaftlichen Hintergrund anzueignen. Hier ist noch viel Überzeugungsarbeit zu leisten, da das aktive Lernen in der pädagogischen Tradition der Grundschule als rein pädagogisch-psychologisches Konzept gesehen und der **erzieherische** Wert **fachlicher** Lernprozesse unterschätzt wird.

Die Lehrerausbilder können die Bedeutung der Mathematik aber nur dann glaubwürdig vertreten, wenn sie ein Studienangebot entwickeln, das dem Anspruch, fachwissenschaftlicher Hintergrund des Unterrichts zu sein, auch wirklich gerecht wird. Es wird erheblicher Anstrengungen bedürfen, um eine "Elementarmathematik vom pädagogisch-didaktischen Standpunkt" auszuarbeiten, die auf die Inhalte des Grundschulunterrichts bezogen ist und es Lehrern und Schülern durch einen aktiv-entdeckenden Zugang ermöglicht, ein eventuell belastetes Verhältnis zur Mathematik zu bereinigen (vgl. Wittmann 1989). Erst wenn in dieser Richtung wirkliche Fortschritte erzielt worden sind, können wir hoffen, daß die mathematischen Teile des Lehrerstudiums nicht mehr als lästiges Joch empfunden werden, das mit der Prüfung abgeschüttelt wird.

4. Für eine Rückbesinnung auf den Kern der Mathematikdidaktik

Praktiker werden neue Konzepte mit Recht nicht übernehmen, bevor sie die Grundideen verstanden und Teile in überschaubaren Unterrrichtsversuchen ausprobiert und als sinnvoll erkannt haben. Es ist dabei klar, daß der Übergang vom stark geführten, kleinschrittigen zum aktiv-entdeckenden Unterricht für die Beteiligten nicht einfach ist und sich nicht von selbst vollziehen wird.

Dringend erforderlich ist daher eine breit angelegte **Unterrichtsentwicklung**, bei der Schule, Schulaufsicht, Studienseminar und Hochschule eng kooperieren. Wenn Mathematikdidaktiker hierzu sinnvolle Beiträge leisten wollen, müssen sie gründlich umdenken. Es war sicherlich richtig, die Mathematikdidaktik interdisziplinär auf eine breite Grundlage zu stellen und dem unter Praktikern häufig anzutreffenden Pragmatismus, der auf unmittelbare Anwendbarkeit abzielt, eine bewußt **theoretische Orientierung** entgegenzusetzen. Nach meiner Einschätzung ist hier der Bogen aber überspannt worden. Die Bezugsbereiche Mathematik, Psychologie, Pädagogik, Soziologie usw. haben inzwischen ein zu starkes Eigenleben entwickelt und sich vom eigentlichen Kernbereich der Mathematikdidaktik zu weit entfernt. Auf den Kern, nämlich die Entwicklung und Erforschung inhaltsbezogener theoretischer Konzepte und praktischer Unterrichtsbeispiele mit dem Ziel einer Verbesserung des realen Unterrichts, müssen wir uns zurückbesinnen, wenn wir lebendige Beziehungen zwischen mathematikdidaktischer Forschung, Lehre, Unterrichtsentwicklung und der Praxis unterhalten wollen.

In Dortmund haben wir mit unserem Projekt "mathe 2000" systematisch begonnen, praxisbezogene Materialien zum Mathematikunterricht der Grundschule zu entwickeln und auf dieser Grundlage ein Netzwerk von Beziehungen zwischen der Schule, der für die Lehrerfortbildung zuständigen Schulaufsicht und den Studienseminaren aufzubauen (vgl. Wittmann 1991). Hierzu gehören z.B. Arbeitskreise mit Praktikern in Dortmund und Hamm, das jährlich stattfindende "Symposium mathe 2000" im Rahmen der landesweiten Fortbildung, Konferenzen mit Fachleitern für Mathematik an den Studienseminaren des Landes, regionale Fortbildungsveranstaltungen, z.T. in Zusammenarbeit mit den Studienseminaren, sowie die Durchführung kleinerer didaktischer Forschungen in Kooperation mit einzelnen Lehrern bzw. Schulen. Unsere bisherigen Erfahrungen sind gut. Lehrerinnen und Lehrer sind in weit höherem Maße fähig und bereit, Angebote der Didaktik produktiv zu adaptieren, als ihnen gewöhnlich unterstellt wird, vorausgesetzt, die Angebote sind konkret genug und machen für sie Sinn. Didaktiker sollten sich davor hüten, das kreative Potential der Praktiker zu **unter**schätzen und ihre eigenen theoretischen Möglichkeiten zur Unterrichtsentwicklung zu **über**schätzen (vgl. Abschnitt 2). Die Wissenschaftsorganisation der Didaktik kann diese Tatsache nicht ignorieren. Ich bin überzeugt, daß wir mehr Einfluß auf die Praxis ausüben können, wenn wir uns umgekehrt mehr von der Praxis beeinflussen lassen. Mit theoretischen Aufsätzen, die wir durch die Fenster des Elfenbeinturms herausreichen, werden wir jedenfalls nichts bewirken.

Literatur

Abele, A., Problemlösen in der Kleingruppe. In: Weber, (Hrsg.), Kooperatives Lehren und Lernen in der Schule, Heinsberg 1986.

Ahmed, A, (ed.), Better Mathematics. A Curriculum Development Study, London 1987.

Comenius, J. A., Große Didaktik. Hrsg. von Andreas Flitner, Stuttgart 1982.

Dewey, J., The Child and the Curriculum. In: J. Dewey, The Middle Works, vol. 2, ed. by Jo Ann Boydston, Carbondale/Ill. 1976, 272-296.

Jehle, E./Schweitzer, R., Der Mensch in der Fabrik der Zukunft – Träger von Produktivität und Flexibilität. UNI-Report 13, SS 1991, 21-26, Universität Dortmund

Johnston, W. B./Packer, A. E. (eds.), Workforce 2000: Work and workers for the twenty-first century. Indianapolis, Indiana: Hudson Institute 1987.

Kühnel, J., Neubau des Rechenunterrichts. Leipzig 1916.

Loewenberg-Ball, D., Unlearning to teach Mathematics. For the Learning of Mathematics 8 (1988), No. 1, 40-48.

Müller, G. N./Wittmann, E. Ch., Der Mathematikunterricht in der Primarstufe. Ziele, Inhalte, Prinzipien, Beispiele. Braunschweig/Wiesbaden 1984[3].

Röhr, M., Ganzheitlicher Einstieg in den Rechenunterricht des 1. Schuljahres. Beiträge zum Mathematikunterricht 1991, Bad Salzdetfurth, 417-420.

Selter, Ch., Johannes Kühnels konstruktive Kritik am Bildungs- und Erziehungswesen des beginnenden 20. Jahrhunderts. Diplomarbeit. Universität Dortmund, Fachbereich Erziehungswissenschaften 1990.

Spiegel, H., Zur Situation des Mathematikunterrichts in der Primarstufe – Tendenzen, Probleme, Perspektiven. Sachunterricht und Mathematik in der Primarstufe 11 (1983), 234-244.

Winter, H., Mathematik entdecken – neue Ansätze für den Unterricht in der Grundschule. Frankfurt 1987.

Winter, H., Entdeckendes Lernen im Mathematikunterricht, Braunschweig/Wiesbaden 1989.

Wittmann, E. Ch., The mathematical training of teachers from the point of view of education. Journal für Mathematikdidaktik 10 (1989), 291-308.

Wittmann, E. Ch., Das Projekt "mathe 2000" als Beitrag zu einem neuen Profil der Grundschule. UNI-Report 13, SS 1991, 28-34, Universität Dortmund.

Kopiervorlagen für das dritte und vierte Schuljahr

Hinweise zur Verwendung der Arbeitsblätter

Wie in Bd.1, S.167, erläutert, verstehen wir unsere Arbeitsblätter als "Anregungsbogen", deren Aufgabenstellungen und Arbeitsanweisungen aus dem Unterricht erwachsen und deren Ergebnisse als Grundlage für eine vertiefende Diskussion unter und mit den Kindern dienen sollen.

Arbeitsblätter haben wir nur solchen Übungen beigefügt, bei denen den Kindern sehr viele Aufgabendaten mitgeteilt werden müssen, z.B. sachstrukturierten Übungen. Ansonsten verweisen wir auf das Rechenheft, da jede Gelegenheit für die selbständige schriftliche Darstellung von rechnerischen Zusammenhängen genutzt werden sollte.

Wo und wie die Arbeitsblätter eingesetzt werden können, ist den entsprechenden Abschnitten des Handbuches zu entnehmen. Die folgende Übersicht informiert über die Zuordnung der Arbeitsblätter zu bestimmten Themen.

3. Schuljahr

Thema		Arbeitsblatt	
2. Additive Operationen im Tausenderraum			
2.1	Gestütztes Üben halbschriftlicher Strategien, S. 20–24	3/ 1	Rechne aus!
		3/ 2	Leichte Aufgaben
2.2.2	Streichquadrate, S. 27–29	3/ 3	Streichquadrat
2.5.2	Zahlenmauern, S. 40–42	3/ 4	Zahlenmauern 1
		3/ 5	Zahlenmauern 2
2.5.3	"Plus und Minus", S. 42–44	3/ 6	Plus und Minus
3. Multiplikative Operationen im Tausenderraum			
3.1.2	Meterquadrate, S. 50–51	3/ 7	Meterquadrate
3.1.4	Operative Serien zur Division, S. 52–58	3/ 8	Durch 7 teilen!
3.2.2	Zehnereinmaleins, S. 64–67	3/ 9	Aus kurz mach lang!
		3/10	Reih' auf – Reih' ab
3.2.3	Multiplikation durch Addition am 400er-Feld und Übungen am Malkreuz, S. 67–70	3/11	Rechnen mit dem Malkreuz
3.2.4	Operative Serien, S. 71–73	3/12	Vermischte Aufgaben
		3/13	Rechne aus! Rechne schlau! 1
3.3.1	Einführende Übungen zur halbschriftlichen Division, S. 76	3/14	Rechne aus! Rechne schlau! 2
3.4.2	"Tabula Rasa", S. 81–82	3/15	Tabula rasa!
4. Sachstrukturierte Übungen			
4.1.2	Schultage und schulfreie Tage, S. 86–87	3/16	Schultage – freie Tage
4.1.3	Tageslängen im Jahreslauf, S. 87–89	3/17	Tageslängen im Jahreslauf
4.2.2	Pony-Hof, S. 91–92	3/18 a, b	Pony-Hof
4.2.3	Bio-Hof, S. 92–93	3/19	Bio-Hof, Preisliste
4.3.1	Zugbegleiter, S. 93–95	3/20 a, b	Zugbegleiter
4.3.2	Entfernungen auf der Autobahn, S. 95–96	3/21	Autobahnen in Deutschland
4.3.3	DIN-Formate, S. 97–98	3/22	Papierformate
4.4.1	Wachstum eines Panzernashorns, S. 99	3/23	Wachstum von Panzernashörnern
4.4.2	Anzahl der Säugetierarten, S. 99–100	3/24	Säugetiere

Thema		Arbeitsblatt	
2. Übungen zur Addition und Substraktion			
2.1	Halbschriftliche Strategien und Überschlagsrechnen, S. 116–117	4/ 1	Rechne aus! Rechne schlau!
		4/ 2	Rechne aus!
2.2	Zifferntreppen, S. 117–119	4/ 3	Zifferntreppen 1
		4/ 4	Zifferntreppen 2
2.6	"Plus und Minus", S. 127–128	4/ 5	Plus und Minus
3. Übungen zur Multiplikation und Division			
3.1.3	Ein Weg zur schriftlichen Multiplikation, S. 140–143	4/ 6	Malstreifen/Aufgabenblatt
		4/ 7	Malstreifen, Kontroll- und Denkaufgaben
		4/ 8	Malaufgaben mit Pfiff
3.2.3	Operative Serien an der Hundertertafel, S. 147–149	4/ 9 a, b	Multiplizieren – hinauf und hinunter 1 und 2
		4/10	Multiplizieren – hinauf und hinunter, Ergebnisblatt
3.2.4	Aufgaben mit "schönen" Ergebnissen, S. 149–151	4/11	Schöne Ergebnisse 1
		4/12	Schöne Ergebnisse 2
4. Sachstrukturierte Übungen			
4.1.1	Sonne und Regen im Jahreslauf, S. 160–161	4/13	Wetter in Deutschland
4.2.1	"Volles Haus", S. 162	4/14 a, b	Volles Haus
4.2.2	"Wie teuer ist (geliehenes) Geld?", S. 163	4/15	Wie teuer ist (geliehenes) Geld?
4.3.1	"Wie viele Meterquadrate hat...?", S. 165–166	4/16	Wie viele Meterquadrate hat...?
4.3.2	Fahrzeuggewichte, S. 166–167	4/17	Fahrzeuggewichte
4.3.3	"Voll beladen", S. 167	4/18	Voll beladen!
4.4.1	Artenzahl im Tierreich, S. 168	4/19	Arten im Tierreich
4.4.2	"Vergrößerte Zwerge – Verkleinerte Riesen", S. 168–169	4/20 a, b	Vergrößerte Zwerge – Verkleinerte Riesen
4.4.3	Gewichtsvergleich Tiermutter/Tierbaby, S. 169–170	4/21	Tiermütter und ihre Babys

Name	Klasse	Datum

Rechne aus!

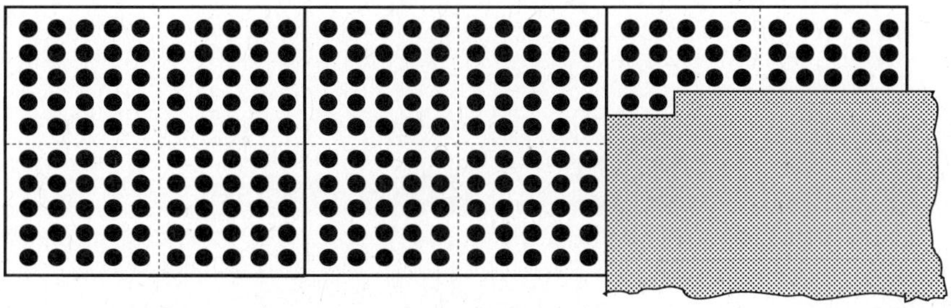

Zeige die Zahlen an zwei Tausenderbüchern und rechne :

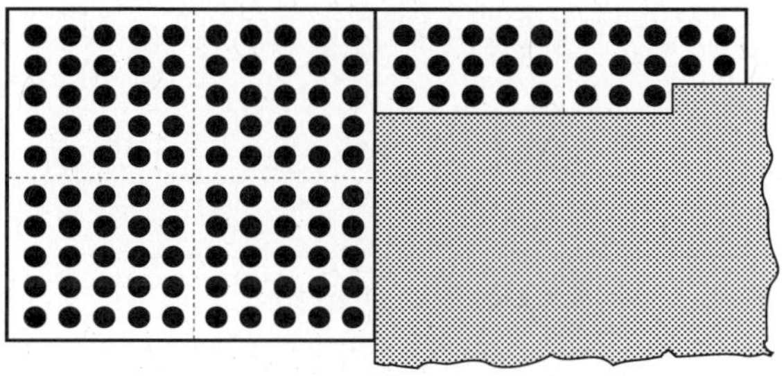

$\underline{232 + 128} = 300 + 50 + 10 = 360$

$200 + 100$

$30 + 20$

$2 + 8$

1.
232 + 128 = ...
360 + 322 = ...
682 + 129 = ...
811 + 189 = ...

2.
1000 − 231 = ...
769 − 315 = ...
454 + 228 = ...
682 + 318 = ...

3.
500 + 125 = ...
500 − 125 = ...
625 + 375 = ...
625 − 375 = ...

4.
442 + 175 = ...
442 − 175 = ...
617 + 267 = ...
617 − 267 = ...

5.
634 + 287 = ...
931 − 244 = ...
687 + 244 = ...
921 − 287 = ...

6.
234 + 567 = ...
432 + 567 = ...
999 − 801 = ...
432 − 234 = ...

Leichte Aufgaben

1.

500 + 198 = ____
613 + 8 = ____
392 + 200 = ____
558 + 7 = ____
450 + 150 = ____

2.

476 + 345 = ____
457 + 50 = ____
344 + 133 = ____
401 + 299 = ____
856 + 70 = ____

3.

500 − 198 = ____
613 − 8 = ____
392 − 200 = ____
558 − 7 = ____
450 − 150 = ____

4.

476 − 345 = ____
457 − 50 = ____
344 − 133 = ____
401 − 299 = ____
856 − 70 = ____

Name	Klasse	Datum

Streichquadrat

Rechne die Summen geschickt aus!

296	365	222
425	494	351
284	353	210

365 + 425 = ...

+ 210 = ...

296	365	222
425	494	351
284	353	210

.... + ... = ...

.... + ... = ...

296	365	222
425	494	351
284	353	210

.... + ... = ...

.... + ... = ...

296	365	222
425	494	351
284	353	210

.... + ... = ...

.... + ... = ...

Name	Klasse	Datum

Zahlenmauern 1

1000			
472	528		
310	162	366	
Zah	len	mau	ern

Berechne!

1.

777			
237	82	75	69

2.

273	111	70	191

3.

371	220	175	
219			

4.

294	119	88	
	85		

5.

1000			
473			
192			
86		175	

6.

588	312		
	146		
		75	

7.

999			
	471		
	192		
		76	

8.

999			
567			
		211	
128			

9.

316		132		
	100	42		
		6		

10.

316	132	142		
216				
122				

Name	Klasse	Datum

Zahlenmauern 2

Kannst du auch diese Mauern schaffen?
Probiere mit Bleistift, bis es stimmt!

	1000		
	468	532	
218	250	282	
Zah	len	mau	ern

1.

	☐	
618	123	
☐	☐	☐

2.

	500	
☐	☐	
170	☐	30

3.

	720	
☐	☐	
10	☐	370

4.

	800		
☐	☐		
☐	☐	☐	
100	☐	☐	100

5.

		451		
	264	☐		
165	☐	88		
☐	☐	☐	☐	
44	☐	11	☐	33

6.

	☐		
☐	☐		
216	176	232	
☐	☐	☐	☐
100	116	60	172
120	96	80	152
130	86	90	142

gleich

7.

	☐		
☐	☐		
182	175	329	
☐	☐	☐	☐

gleich

8.

	☐		
☐	☐		
168	228	144	
☐	☐	☐	☐

gleich

Name	Klasse	Datum

Plus und Minus

1. Rechne immer −474 und +526. Wähle eigene Zahlen.

716	875	618			
− 474	− 474	− 474	− 474	− 474	− 474
242	401				
716	875	618			
+ 526	+ 526	+ 526	+ 526	+ 526	+ 526
1242					

2. Rechne immer −465 und +536. Wähle eigene Zahlen.

582	728				
− 465	− 465	− 465	− 465	− 465	− 465
582	728				
+ 536	+ 536	+ 536	+ 536	+ 536	+ 536

3. Rechne immer −377 und +734. Wähle eigene Zahlen.

751					
− 377	− 377	− 377	− 377	− 377	− 377
751					
+ 734	+ 734	+ 734	+ 734	+ 734	+ 734

4. Rechne immer −461 und +538. Wähle eigene Zahlen.

523					
− 461	− 461	− 461	− 461	− 461	− 461
523					
+ 538	+ 538	+ 538	+ 538	+ 538	+ 538

Name	Klasse	Datum

Meterquadrate

1 Meter (Maßstab 1:100)   1 Meterquadrat

1.

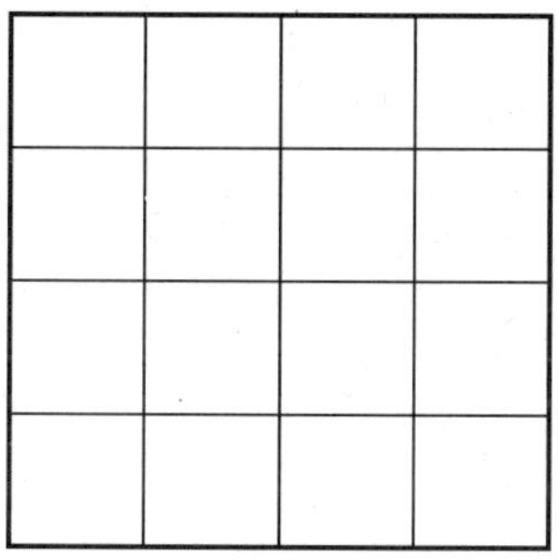

Sandkasten

----- Meterquadrate

2.

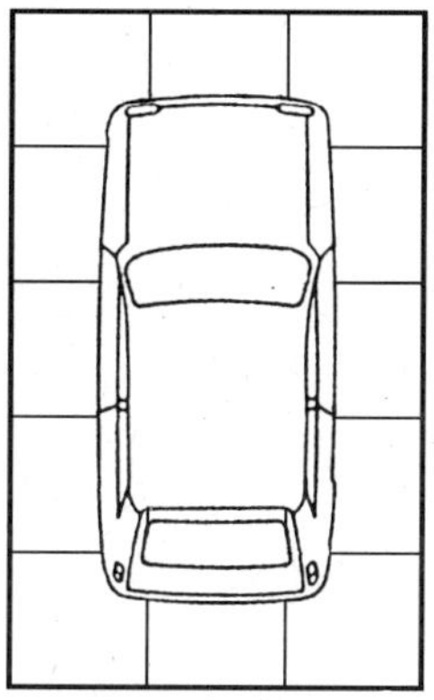

Garage

----- Meterquadrate

3.

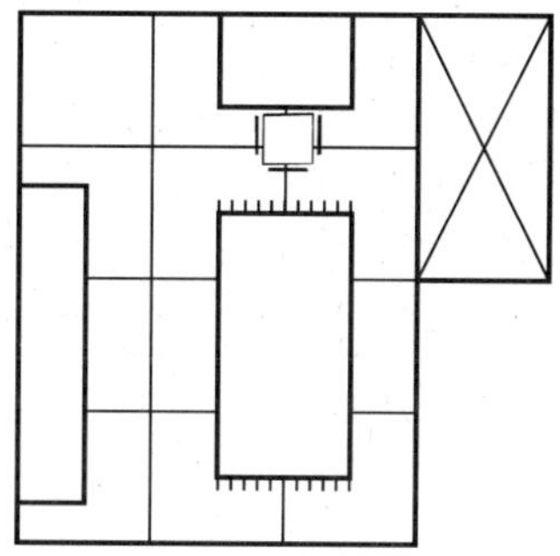

Kinderzimmer

----- Meterquadrate

4.

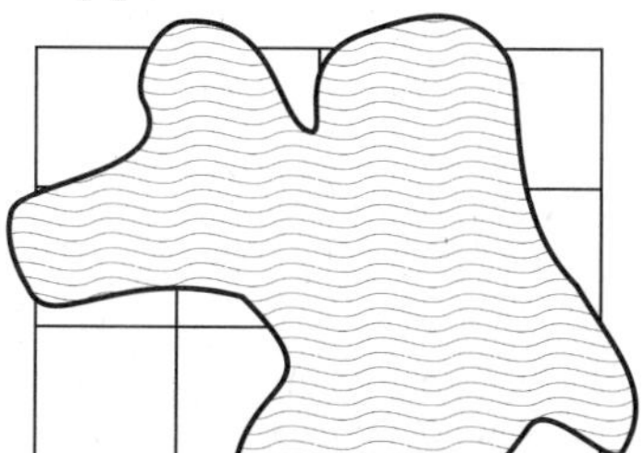

Kleiner Teich

----- Meterquadrate

5.

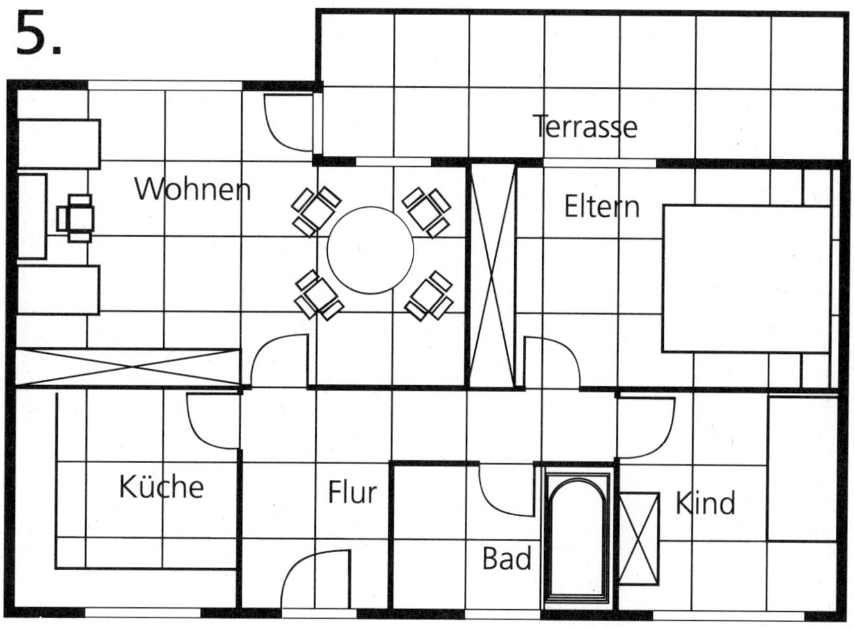

Wohnung

----- Meterquadrate

6. Kleines Schwimmbecken: 6m Breite, 8m Länge ----- Meterquadrate

7. Blumen-/Gemüsebeet: 4m Länge, 3m Breite ----- Meterquadrate

8. Lagerraum: 11m Länge, 7m Breite ----- Meterquadrate

Name	Klasse	Datum

Durch 7 teilen!

8 auf	
8	1 Rest 1
16	2 Rest 2
24	

5 auf	
5	0 Rest 5
10	1 Rest 3

10 auf	
10	1 Rest 3
20	

4 ab	
40	
36	

6 ab	
60	
54	

9 ab	

8	1 Rest 1
15	2 Rest 1
22	3 Rest 1

10	1 Rest 3
17	2 Rest 3

13	1 Rest 6
20	2 Rest 6

Rechne weiter in deinem Heft.

Name	Klasse	Datum

Aus kurz mach lang!

1. 30

60

90 = 60 + 30

120 = 60 + 60 = 150 − 30

150

180 = 150 + 30

210 = 150 + 60

240 = 300 − 60 = 150 + 60 + 30

270 = 300 − 30

300

2. 70

140

700

3. 40

80

4. 60

120

Name	Klasse	Datum

Reih' auf – Reih' ab

7 auf	13 auf	Summe
7	13	20
14	26	40
21		

11 auf	9 auf	Summe
11	9	
22		

20 auf	10 ab	Summe
20	100	120
40	90	

30 auf	30 ab	Summe
30	300	

70 auf	30 auf	Summe
70		
140		

20 ab	30 ab	Summe

50 auf	50									
10 auf	10									
Summe	60									

Rechne weitere Aufgaben in deinem Heft!

Name	Klasse	Datum

Rechnen mit dem Malkreuz

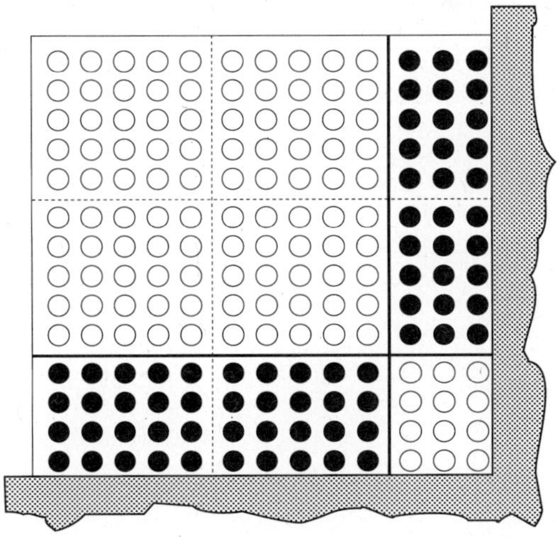

14 · 13 = 182

•	10	3	
10	100	30	130
4	40	12	52
	140	42	182

1. 19 · 17

•	10	7	
10			
9			

2. 15 · 16

3. 13 · 17

4. 18 · 18

5. 13 · 18

6. 11 · 19

7. 12 · 14

8. 23 · 17

9. ______

Name	Klasse	Datum

Vermischte Aufgaben

1.

11 · 27 =

10 · 27 = 11 · 28 =

9 · 27 = 10 · 28 = 11 · 29 =

8 · 27 = 9 · 28 = 10 · 29 = 11 · 30 =

8 · 28 = 9 · 29 = 10 · 30 =

8 · 29 = 9 · 30 =

8 · 30 =

2.

12 · 13 − 11 · 14 = ________

13 · 14 − 12 · 15 = ________

14 · 15 − 13 · 16 = ________

____

____

____

3.

20 · 20 = ______ 18 · 18 = ________

19 · 21 = ______ 17 · 19 = ________

19 · 19 = ______ 17 · 17 = ________

18 · 20 = ______ 16 · 18 = ________

4.

14 · 13 − 12 · 11 = ________

15 · 14 − 13 · 12 = ________

16 · 15 − 14 · 13 = ________

____

____

____

5.

14 + 13 + 12 + 11 = ________

15 + 14 + 13 + 12 = ________

16 + 15 + 14 + 13 = ________

____

____

____

Name	Klasse	Datum

Rechne aus! Rechne schlau! 1

1.
9 · 18 = ...
10 · 18 = ...
11 · 18 = ...
20 · 18 = ...
22 · 18 = ...

2.
5 · 19 = ...
9 · 19 = ...
14 · 19 = ...
19 · 19 = ...
4 · 19 = ...

3.
13 · 14 = ...
10 · 14 = ...
12 · 14 = ...
14 · 14 = ...
2 · 14 = ...

4.
89 · 9 = ...
5 · 89 = ...
10 · 89 = ...
90 · 9 = ...
5 · 90 = ...

5.
18 · 16 = ...
144 · 2 = ...
36 · 8 = ...
72 · 4 = ...
9 · 32 = ...

6.
18 · 12 = ...
18 · 3 = ...
18 · 15 = ...
9 · 24 = ...
9 · 30 = ...

7.
108 · 3 = ...
36 · 9 = ...
12 · 27 = ...
4 · 81 = ...
103 · 8 = ...

8.
5 · 36 = ...
3 · 36 = ...
8 · 36 = ...
10 · 36 = ...
11 · 36 = ...

9.
3 · 17 = ...
7 · 13 = ...
17 · 17 = ...
17 · 13 = ...
17 · 30 = ...

Wie hängen die Aufgaben zusammen?
Beginne mit der leichtesten Aufgabe.
Rechne halbschriftlich in deinem Heft.

Name	Klasse	Datum

Rechne aus! Rechne schlau! 2

1.
552 : 8 = ...
560 : 8 = ...
576 : 8 = ...
56 : 8 = ...
280 : 8 = ...

2.
126 : 7 = ...
252 : 7 = ...
490 : 7 = ...
49 : 7 = ...
504 : 7 = ...

3.
618 : 6 = ...
600 : 6 = ...
150 : 6 = ...
162 : 6 = ...
594 : 6 = ...

4.
270 : 10 = ...
270 : 5 = ...
540 : 20 = ...
140 : 5 = ...
135 : 5 = ...

5.
320 : 4 = ...
360 : 4 = ...
680 : 4 = ...
720 : 4 = ...
732 : 4 = ...

6.
72 : 9 = ...
144 : 9 = ...
738 : 9 = ...
702 : 9 = ...
720 : 9 = ...

7.
360 : 6 = ...
360 : 12 = ...
360 : 4 = ...
360 : 8 = ...
360 : 24 = ...

8.
320 : 8 = ...
328 : 8 = ...
312 : 8 = ...
640 : 8 = ...
624 : 8 = ...

9.
360 : 10 = ...
360 : 5 = ...
180 : 5 = ...
360 : 20 = ...
180 : 9 = ...

Wie hängen die Aufgaben zusammen?
Beginne mit der leichtesten Aufgabe.
Rechne halbschriftlich in deinem Heft.

Name	Klasse	Datum

Tabula rasa!

Ergänze die richtigen Zahlen.

1.

•				
20	680			
12		72		
21				
	170		50	85

2.

•	10	13	27	
			810	
		78		
	50			
19				133

3.

•	30	5	29	17
	330			
		30		
			377	
				340

4.

•	19	6		
18				270
17			680	
		30		
	380			

5.

•	50			
	600	48	372	156
	400			
	850			
	1000			

6.

•				
27	54			
	16	88		
		165	300	
			600	150

 Zum Thema Seite 81–82

Name | Klasse | Datum

Schultage – freie Tage

			Frankreich		Türkei		Italien		USA		Japan		England	
	Schul-tage	freie Tage	Schul-tage	freie Tage	Schul-tage	freie Tage	Schul-tage	freie Tage	Schul-tage	freie Tage	Schul-tage	freie Tage	Schul-tage	freie Tage
Januar			20		22		22		19		20		20	
Februar*			14		8		22		19		23		15	
März			23		22		26		17		17		22	
April			11		19		21		19		21		12	
Mai			15		4		26		21		24		15	
Juni			22		–		7		9		26		22	
Juli			–		–		–		–		17		8	
August			–		–		–		4		–		–	
September			15		20		12		21		24		9	
Oktober			22		22		27		21		25		17	
November			15		22		24		17		24		21	
Dezember			14		21		17		14		19		15	
Jahr														

* 28 Tage

Die Zahl der Schultage kann sich von Jahr zu Jahr etwas ändern.

Name | Klasse | Datum

Tageslängen im Jahreslauf

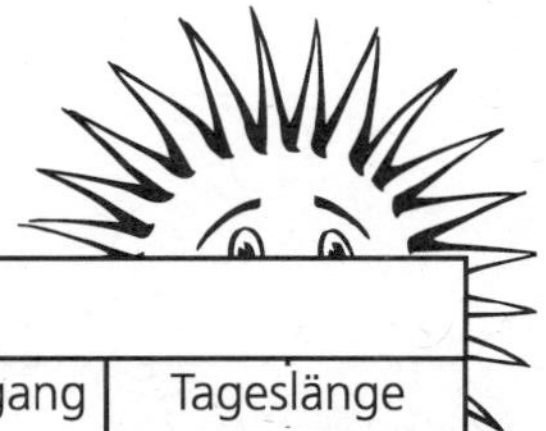

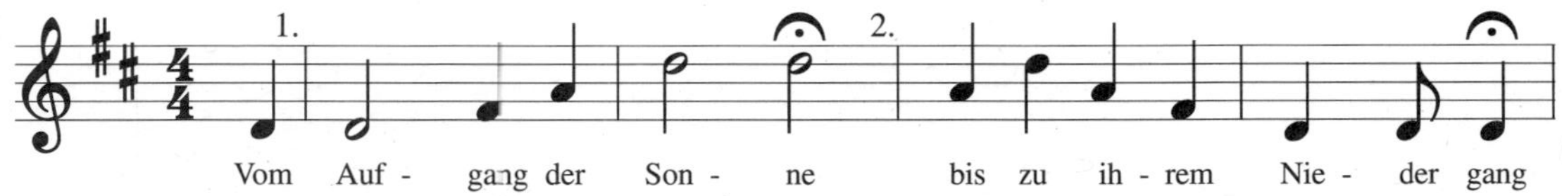

Kassel				
Datum	Aufgang	Untergang	Tageslänge Std	Min
1. Jan.	8.27	16.23		
15. Jan.	8.21	16.42		
29. Jan.	8.06	17.05		
12. Feb.	7.42	17.31		
26. Feb.	7.15	17.56		
12. März	6.45	18.20		
26. März	7.13	19.44		
9. April	6.41	20.07		
23. April	6.12	20.30		
7. Mai	5.45	20.54		
21. Mai	5.24	21.14		
4. Juni	5.09	21.32		
18. Juni	5.05	21.41		
2. Juli	5.10	21.41		
16. Juli	5.23	21.32		
30. Juli	5.42	21.14		
13. Aug.	6.03	20.49		
27. Aug.	6.25	20.21		
10. Sept.	6.48	19.49		
24. Sept.	7.10	19.18		
8. Okt.	6.33	17.46		
22. Okt.	6.57	17.16		
5. Nov.	7.21	16.50		
19. Nov.	7.45	16.29		
3. Dez.	8.06	16.17		
17. Dez.	8.22	16.14		

1 2 3 4 5 6 7 8 9 10 11 12 13 14 15 16 17 18 19 20 21 22 23 24Uhr

Name	Klasse	Datum

PONYHOF MEIER

PENSIONSPREISE 1992
Übernachtung mit Vollpension

Zimmer (Dusche/WC)

Erwachsene .... 49 DM
Kinder (bis 14 Jahre) .... 40 DM

Zimmer (Dusche/WC) mit Balkon

Erwachsene .... 52 DM
Kinder .... 42 DM

Wohneinheiten

Wohneinheit 1 (4 Betten) .... 150 DM
Wohneinheit 2 (4 Betten, Balkon) .... 170 DM
Wohneinheit 3 (5 Betten) .... 180 DM

Reitstunde

für Hausgäste .... 14 DM
Aus Sicherheitsgründen Reitkappe erforderlich, kann auch auf dem Hof gekauft werden.

Die Kurtaxe beträgt für Erwachsene und Kinder über 14 Jahren pro Tag 1,00 DM.
Kurkarteninhaber, auch deren mitgebrachte Kinder bis 14 Jahre, haben Ermäßigung bei den Gemeindeeinrichtungen, wie Hallen- und Freibad, Minigolf, Tennis und Angeln.

Mitbringen von Hunden nur auf Anfrage.

Parkplatz am Haus.

Name	Klasse	Datum

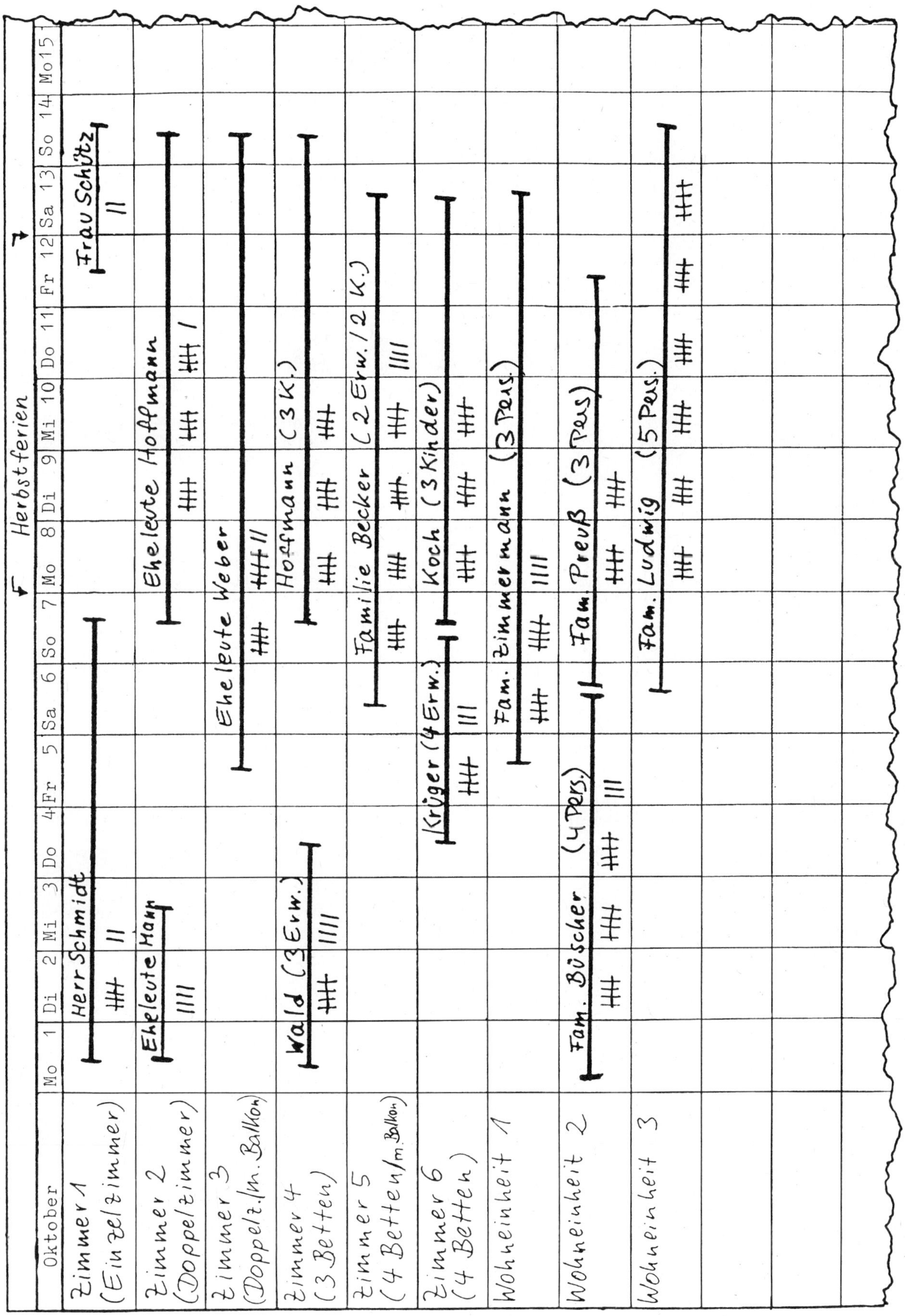

Name	Klasse	Datum

Bio-Hof Hagenberg

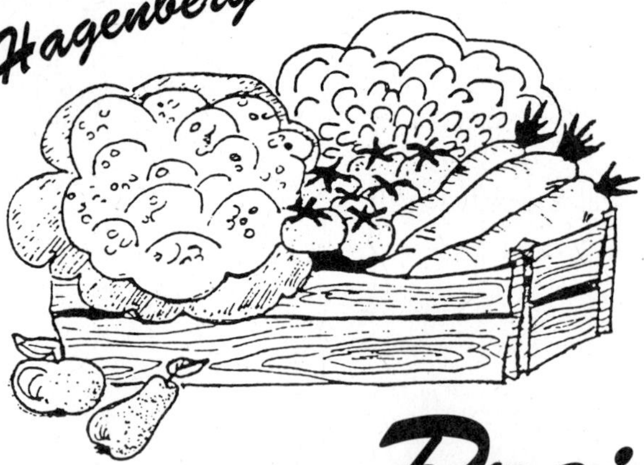

Öffnungszeiten:

freitags 14 - 18 Uhr
samstags 9 - 13 Uhr

Preisliste

Milch/ Milchprodukte

Milch	Liter	1,40
Buttermilch	Liter	1,00
Molke	Liter	1,00
Sahne	200 g	1,80
Butter	250 g	4,20
Quark	250 g	1,75
Joghurt	350 g	1,30
Rahmkäse	100 g	2,20
Käse	100 g	2,30
Camembert	100 g	2,50
Ziegenkäse	100 g	3,00

Feldfrüchte

Kartoffeln	Ztr	44,00
Kartoffeln	kg	1,50
Möhren	Bund	2,50
Möhren	kg	3,00
Zwiebeln	Bund	1,80
Zwiebeln	kg	3,20
Rote Bete	kg	2,50
Sellerie	kg	5,00
Steckrüben	kg	1,50
Bohnen	kg	6,00
Porree	kg	5,00
Weißkohl	kg	2,50
Rotkohl	kg	2,50
Grünkohl	kg	4,20
Blumenkohl	kg	5,50
Rosenkohl	kg	5,00
Spitzkohl	kg	3,00
Kohlrabi	kg	4,00
Wirsing	kg	2,50
Mais	St	1,30

Obst

Äpfel	kg	4,50
Birnen	kg	5,00
Pflaumen	kg	4,50

Gemüse/Salate

Tomaten	kg	5,50
Gurken	St	2,00
Zucchini	kg	4,00
Fenchel	kg	6,00
Paprika	kg	8,00
Feldsalat	100 g	2,00
Spinat	kg	5,00
Mangold	kg	4,00
Chicoree	kg	8,50

Getreide/ Getreideprodukte

Weizen/Roggen	kg	2,00
Schrot	kg	2,50
Mischbrot	1250 g	5,00
Sonntagsbrot	800 g	4,50
Weizenbrot	1200 g	5,00
Brötchen	St	0,50
Stangen	St	0,65

Verschiedenes

versch. Kräuter	Bund	1,20
gem. Kräuter	Bund	1,50
Radieschen	Bund	2,00
Rettich	kg	6,00
Eier	St	0,50
Honig incl. Pfand	Glas	8,50
Saft incl. Pfand	Fl	2,10

Name | Klasse | Datum

ICE Lessing (Zug-Nr. 367)

Hamburg - Hannover - Kassel - Frankfurt - Stuttgart - München

Ankunft		km	Abfahrt
	Hamburg- Altona		**7.53**
		↓ 5	
7.59	**Hamburg-** Dammtor		**8.00**
		↓ 2	
8.03	**Hamburg** Hbf		**8.07**
		↓ 178	
9.18	**Hannover** Hbf		**9.20**
		↓ 99	
9.52	**Göttingen**		**9.54**
		↓ 45	
10.14	**Kassel-** Wilhelmshöhe		**10.16**
		↓ 90	
10.46	**Fulda**		**10.47**
		↓ 103	
11.42	**Frankfurt** Hbf		**11.46**
		↓ 79	
12.25	**Mannheim** Hbf		**12.28**
		↓ 107	
13.08	**Stuttgart** Hbf		**13.12**
		↓ 94	
14.06	**Ulm**		**14.08**
		↓ 84	
14.48	**Augsburg Hbf**		**14.50**
		↓ 62	
15.20	**München** Hbf		

Name | Klasse | Datum

IHR ZUG-BEGLEITER

D 243

Paris - Liège - Köln - Hannover - Berlin - Warszawa

Ankunft		km	Abfahrt
	Paris Nord		23.12
		217	
1.46	**Auinoye**		2.08
		22	
2.28	**Jeumont** ⊞		2.30
		129	
4.06	**Liège** Guillemins		4.16
		24	
4.36	**Verviers** Central		4.39
		29	
5.06	⊞ **Aachen** Hbf		5.31
		70	
6.15	**Köln** Hbf		6.22
		40	
6.50	✈ **Düsseldorf** Hbf		6.53
		24	
7.07	**Duisburg** Hbf		7.09
		19	
7.21	**Essen** Hbf		7.25
		16	
7.35	**Bochum** Hbf		7.38
		18	
7.51	**Dortmund** Hbf		7.54
		31	
8.11	**Hamm** (Westf)		8.13
		50	
8.38	**Gütersloh** Hbf		8.40
		17	
8.52	**Bielefeld** Hbf		8.55
		14	
9.05	**Herford**		9.17
		16	
9.31	**Bad Oeynhausen**		9.32
		15	
9.43	**Minden** (Westf)		9.45
		65	
10.19	**Hannover** Hbf		10.40
		61	
11.16	**Braunschweig** Hbf		11.21
		36	
11.41	**Helmstedt**		11.51
		48	
12.36	**Magdeburg** Hbf		12.39
		112	
13.53	**Potsdam Stadt**		13.55
		12	
14.04	**Berlin-Wannsee**		14.08
		15	
14.19	**Berlin** Zool.-Garten		14.34
		5	
14.42	**Berlin** Friedrichstr.		14.49
		4	
15.00	**Berlin** Hbf		15.25
		82	
16.17	**Frankfurt** (Oder) ⊞		16.38
		11	
16.49	⊞ **Kunowice** (Kunersdorf)		16.52
		479	
23.04	**Warszawa** Wschodnia		

Name	Klasse	Datum

Autobahnen in Deutschland

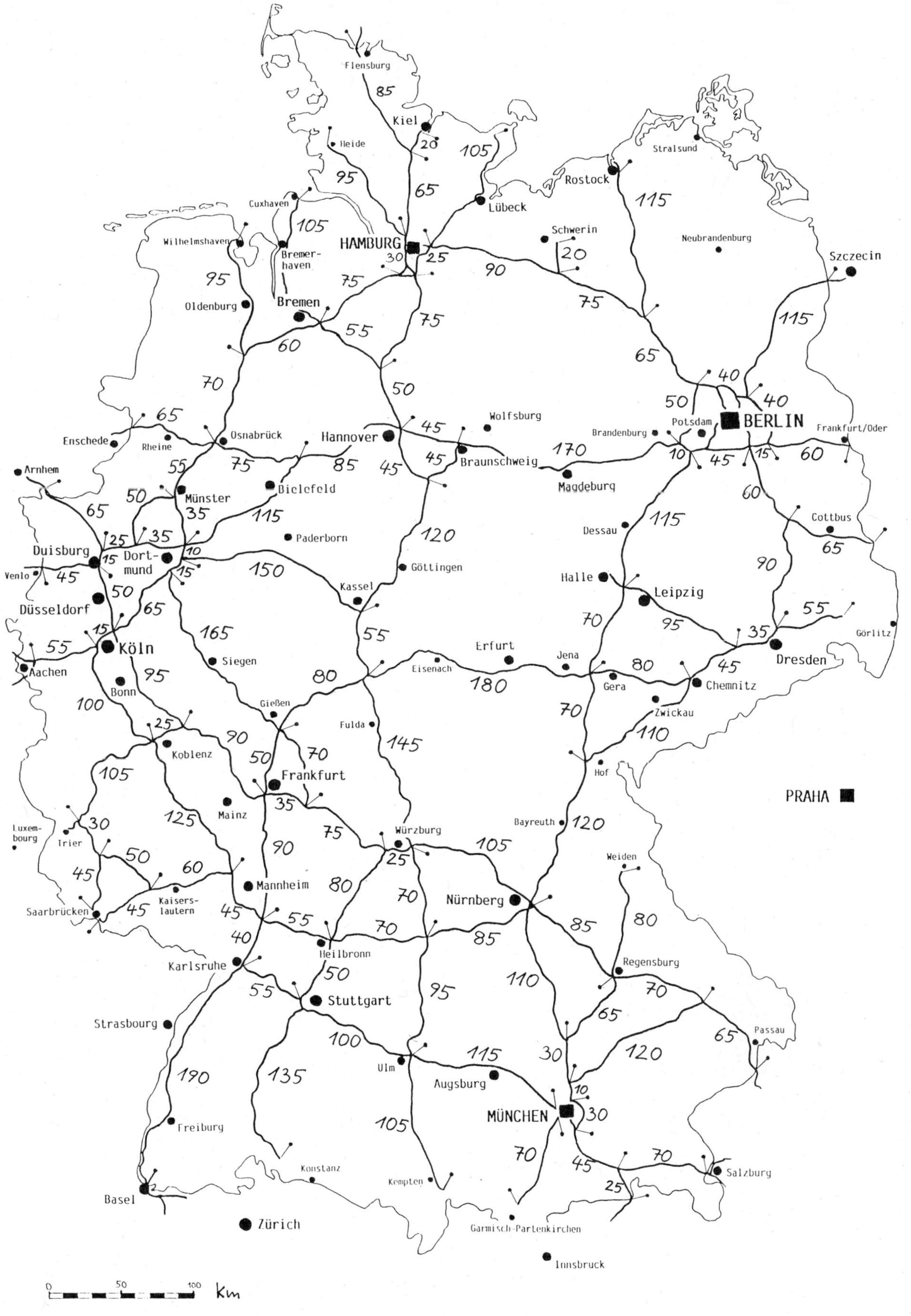

Name	Klasse	Datum

Papier-formate

Beispiele	DIN–Format	Breite	Länge
	A 0		
	A 1		
	A 2		
	A 3		
	A 4		
	A 5		
	A 6		
	A 7		
	A 8		
	A 9		
	A 10		

Was hat alles DIN–Format?

Name	Klasse	Datum

Wachstum von Panzernashörnern

Kontrollblatt Nr. Pn 1
Art.: Panzernashorn ♂ Ravi
ZOOLOGI GARTEN B

Alter	Gewicht	Zunahme	
Geburt	60 kg		
1 Woche	70 kg		
2 Wochen	84 kg		2 Kauzähne sichtbar
3 Wochen	95 kg		
1 Monat	111 kg		
2 Monate	162 kg		
3 Monate	215 kg		
½ Jahr	347 kg		
1 Jahr	620 kg		
2 Jahre	1040 kg		
3 Jahre	1417 kg		
4 Jahre	1742 kg		
5 Jahre	1975 kg		
6 Jahre	2093 kg		
7 Jahre	2167 kg		ausgewachsen
8 Jahre	2193 kg		

Kontrollblatt Nr. Pn 2
Art.: Panzernashorn ♀ Maya
ZOOLOGI GARTEN B

Alter	Gewicht	Zunahme	
Geburt	67 kg		
1 Woche	86 kg		
2 Wochen	100 kg		
3 Wochen	111 kg		
1 Monat	128 kg		
2 Monate	187 kg		
3 Monate	242 kg		
½ Jahr	403 kg		
1 Jahr	713 kg		
2 Jahre	1127 kg		
3 Jahre	1452 kg		
4 Jahre	1638 kg		
5 Jahre	1671 kg		
6 Jahre	1678 kg		ausgewachsen

Name	Klasse	Datum

Säugetiere

Anzahl der Arten

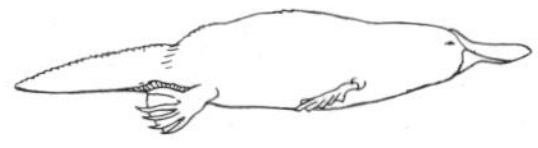

Eierlegende Säugetiere

Schnabeltier	Schnabeligel	Anzahl der Arten
1	5	....

Beuteltiere

Beutelratten	Kletterbeutler	Känguruhs	Sonstige	Anzahl der Arten
76	42	50	74	....

Höhere Säugetiere

Insektenfresser

Igel	Spitzmäuse	Maulwürfe	Sonstige	Anzahl der Arten
20	260	30	50	....

Flattertiere

Flughunde	Bulldogfledermäuse	Blattnasen	Glattnasen	Sonstige	Anzahl der Arten
170	120	140	300	220	....

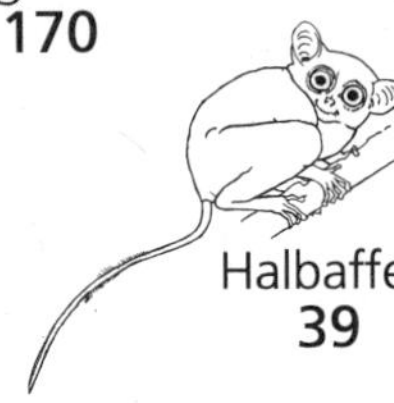

Halbaffen, Affen und Mensch

Halbaffen	Menschenaffen	sonstige Affen	Mensch	Anzahl der Arten
39	4	127	---	....

Hasentiere

Pfeifhasen	Hasen	Anzahl der Arten
14	46	....

Nagetiere

Mäuse*	Stachelschweine*	Meerschweinchen*	Eichhörnchen*	Sonstige	Anzahl der Arten
900	30	50	370	450	....

Wale

Delphine und andere Zahnwale	Bartenwale	Anzahl der Arten
81	10	....

Raubtiere

Landraubtiere	Robbentiere	Anzahl der Arten
230	31	....

Rüsseltiere

Afrikanischer Elefant	Asiatischer Elefant	Anzahl der Arten
---	---	....

Unpaarhufer

Tapire	Nashörner	Pferde	Anzahl der Arten
4	5	6	....

Paarhufer

Schweine*	Schwielensohler	Hornträger,	Hirsche,	Giraffen,	Sonstige	Anzahl der Arten
12	4	110	40	2	5	....

sonstige Arten

Rüsselspringer, Faultiere, Gürteltiere, Erdferkel, Zahnarme u. a.: 95

Summe ________

* und verwandte Arten

3/24 Zum Thema Seite 99 – 100

Name	Klasse	Datum

Rechne aus! Rechne schlau!

1.
5488 + 997 = ...
5488 + 1003 = ...
6485 − 997 = ...
4485 + 1003 = ...

2.
5488 + 5488 = ...
5488 + 15488 = ...
5488 + 4412 = ...
5488 − 4412 = ...

3.
7412 + 17008 = ...
17412 + 7008 = ...
17812 + 7608 = ...
17812 − 7608 = ...

4.
9968 + 7142 = ...
19968 + 17142 = ...
19968 − 17142 = ...
9968 − 7142 = ...

5.
43164 + ... = 50000
23164 + ... = 40000
70000 − 43164 = ...
43164 + 23164 = ...

6.
34198 − 17018 = ...
34198 + 17018 = ...
51216 − 34036 = ...
51216 + 34036 = ...

7.
54198 − 20107 = ...
54198 + 20107 = ...
54198 − 19893 = ...
54198 + 19893 = ...

8.
14917 + ... = 20000
20000 − 14917 = ...
4917 + ... = 20000
4917 + 4917 = ...

Name	Klasse	Datum

Rechne aus!

Mache eine Überschlagsrechnung mit vollen und halben Tausendern.

1.
```
  6188
+ 7492
```
Ü 6T+7T+500=13500

2.
```
  2106
  1960
+ 2053
```
Ü

3.
```
  14742
  13720
+ 14371
```
Ü

4.
```
  8424
  7840
+ 8321
```
Ü

5.
```
  8071
   620
+ 2583
```
Ü

6.
```
   8097
    412
+ 17199
```
Ü

7.
```
  6795
− 3217
```
Ü

8.
```
  7968
− 1084
```
Ü

9.
```
  9804
− 5943
```
Ü

10.
```
   4338
  12119
+   863
```
Ü

11.
```
  2184
   978
+  889
```
Ü

12.
```
  7178
   908
+ 3097
```
Ü

13.
```
   1260
  25620
  18492
+   136
```
Ü

14.
```
   61518
  235025
   48550
+  99137
```
Ü

15.
```
  61640
    399
   8175
+ 45849
```
Ü

Name	Klasse	Datum

Zifferntreppen 1

1.

123	234	345				
+ 210	+ 210	+ 210	+ 210	+ 210	+ 210	+ 210

2.

333	444	555	666			
− 321	− 321	− 321	− 321	− 321	− 321	− 321

3.

12	123	234	345			
+ 432	+ 432	+ 432	+ 432	+ 432	+ 432	+ 432

4.

321	432	543	654			
− 198	− 198	− 198	− 198	− 198	− 198	− 198

5.

123	234	345	456			
+ 189	+ 189	+ 189	+ 189	+ 189	+ 189	+ 189

6.

123	234	345	456			
+ 411	+ 411	+ 411	+ 411	+ 411	+ 411	+ 411

7.

222	333	444	555			
− 189	− 189	− 189	− 189	− 189	− 189	− 189

Name	Klasse	Datum

Zifferntreppen 2

Mache im Heft immer weiter!

1. 1234 + 2889 = ____ 2345 + 2889 = ____ 3456 + 2889 = ____

2. 4321 − 3087 = ____ 5432 − 3087 = ____ 6543 − 3087 = ____

3. 1234 + 3087 = ____ 2345 + 3087 = ____ 3456 + 3087 = ____

4. 3333 − 3210 = ____ 4444 − 3210 = ____ 5555 − 3210 = ____

5. 1234 + 2076 = ____ 2345 + 2076 = ____ 3456 + 2076 = ____

6. 8765 − 1976 = ____ 7654 − 1976 = ____ 6543 − 1976 = ____

7. 1234 + 1976 = ____ 2345 + 1976 = ____ 3456 + 1976 = ____

8. 1234 + 3210 = ____ 2345 + 3210 = ____ 3456 + 3210 = ____

9. 12345 + 41976 = ____ 23456 + 41976 = ____ 34567 + 41976 = ____

10. 54321 − 33967 = ____ 65432 − 33967 = ____

11. 54321 − 38889 = ____ 65432 − 38889 = ____ 76543 − 38889 = ____

12. 12345 + 33967 = ____ 23456 + 33967 = ____

Name	Klasse	Datum

Plus und Minus

1. Rechne immer −3 686 und +6 314. Wähle eigene Zahlen.

7 187	4 117	8 149		
− 3 686	− 3 686	− 3 686	− 3 686	− 3 686
7 187	4 117	8 149		
+ 6 314	+ 6 314	+ 6 314	+ 6 314	+ 6 314

2. Rechne immer −16 883 und +83 117. Wähle eigene Zahlen.

98 116	129 133	20 114		
− 16 883	− 16 883	− 16 883	− 16 883	− 16 883
98 116	129 133	20 114		
+ 83 117	+ 83 117	+ 83 117	+ 83 117	+ 83 117

3. Rechne immer +776 807 und −223 193.

397 147	397 147
−223 193	+776 807

Rechne im Heft weiter!

4. Rechne immer −265 813 und +234 187.

5. Rechne immer −46 322 und +64 789.

Was fällt auf? Kannst Du selbst Aufgaben erfinden?

Name	Klasse	Datum

Mal-streifen

Aufgaben-blatt

A1
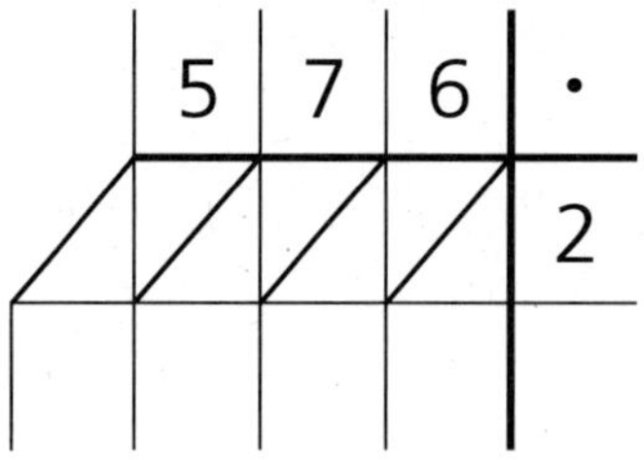

B1
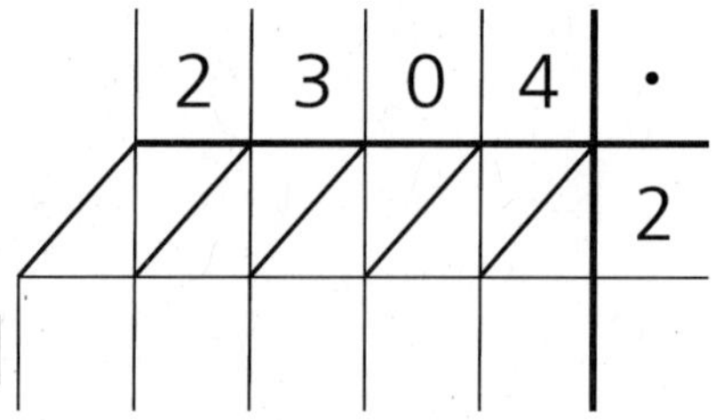

A2
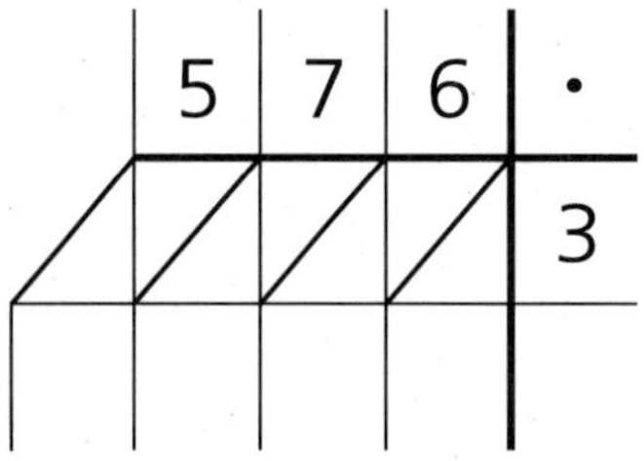

B2
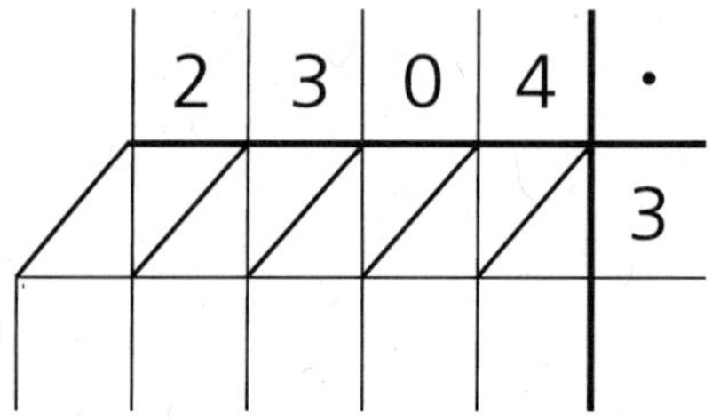

A3
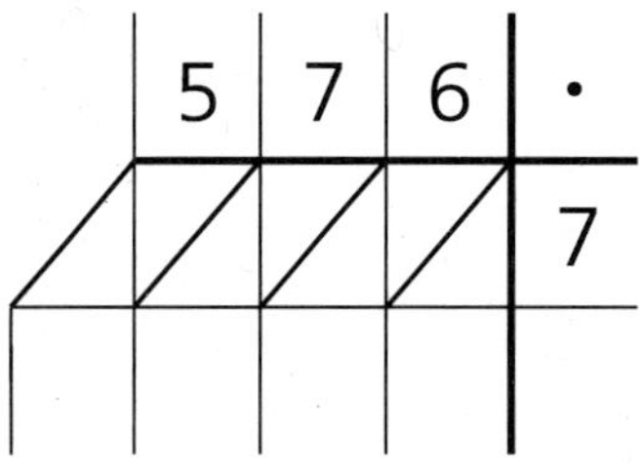

B3
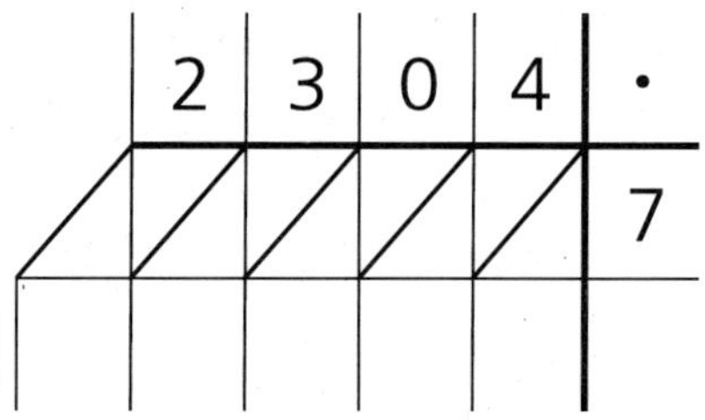

A4
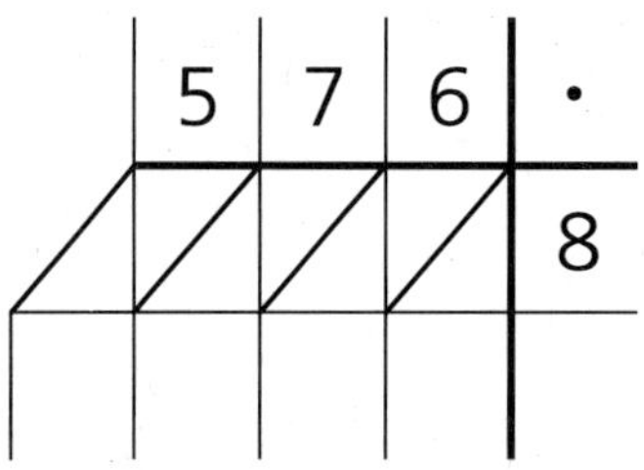

B4
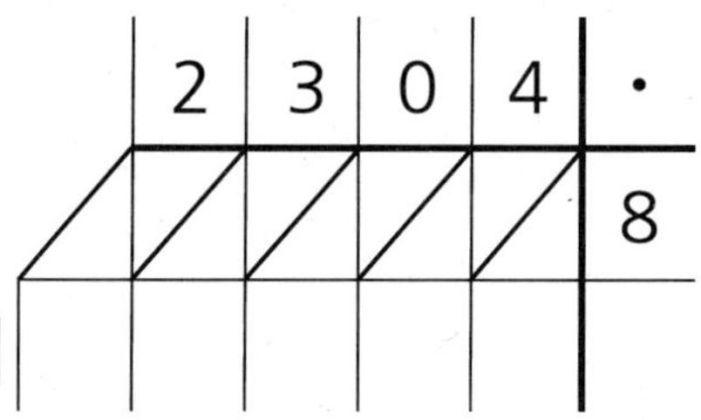

A5
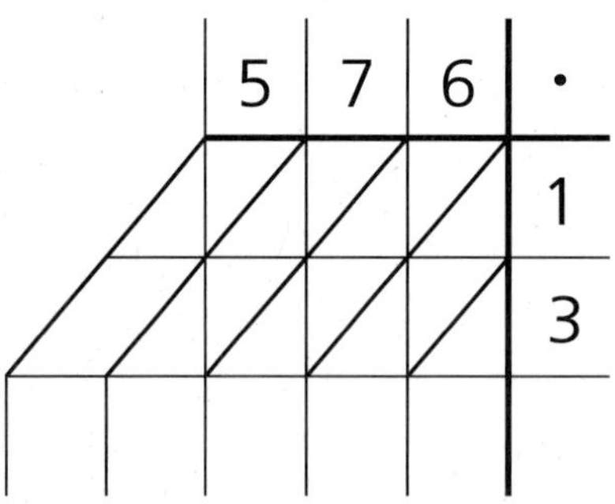

B5
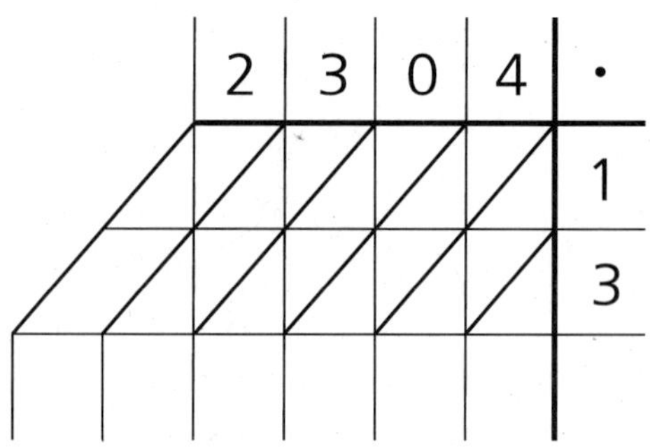

A6
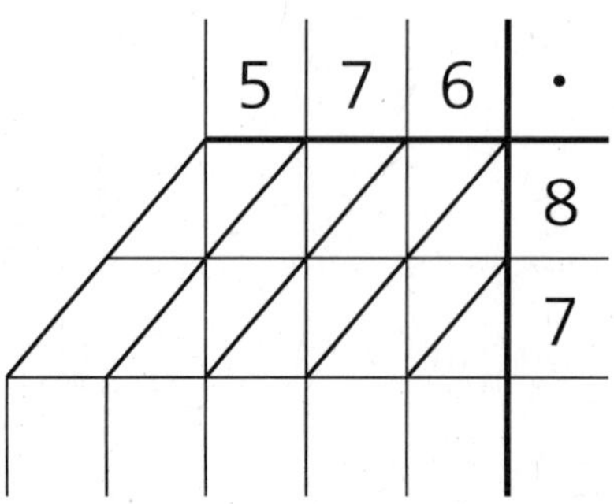

B6
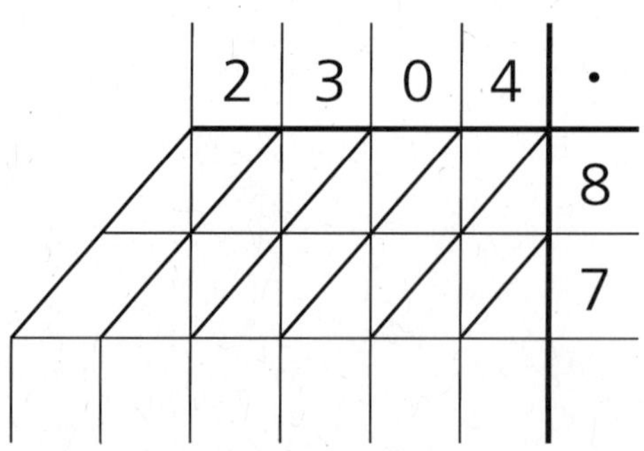

Name	Klasse	Datum

Malstreifen

Kontroll- und Denkaufgaben

Trage die Ergebnisse des Aufgabenblatts (4/6) in die freien Plätze ein und rechne. Was fällt dir alles auf?

A1 1152
A4 + 4608
5760

B1
B4 +

A2 1728
A3 +

B2
B3 +

A5
A6 +

B5
B6 +

A3
A5 +

B3
B5 +

B1
B2 +

C2

4	6	0	8	·
				4

C1

5	0	1	1	2	·
					4

C3

7	4	8	8	·
				4

Name	Klasse	Datum

Malaufgaben mit Pfiff

1.

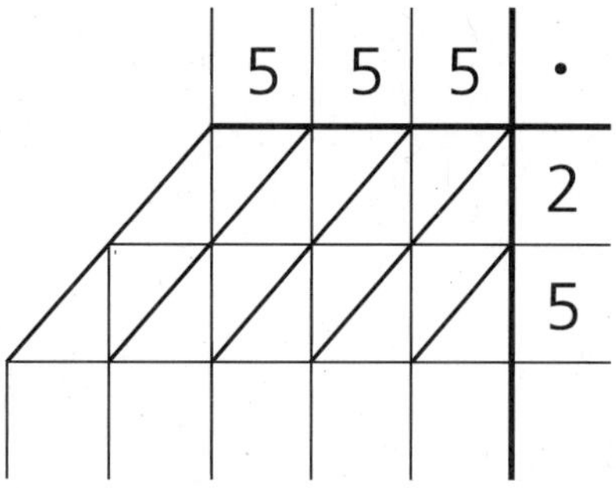

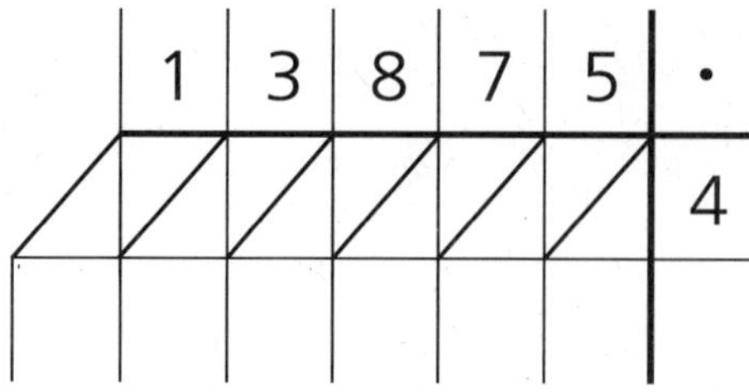

Was fällt auf?

2.

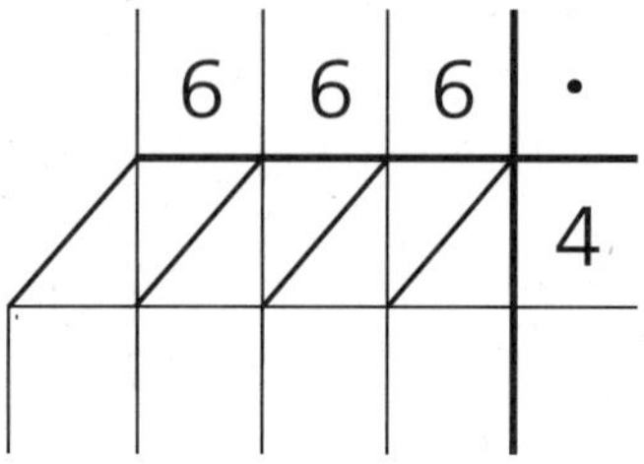

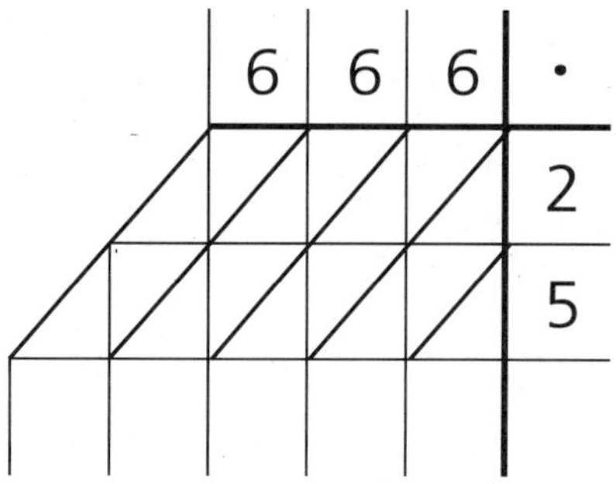

16650 · 4

2664 · 25

3.

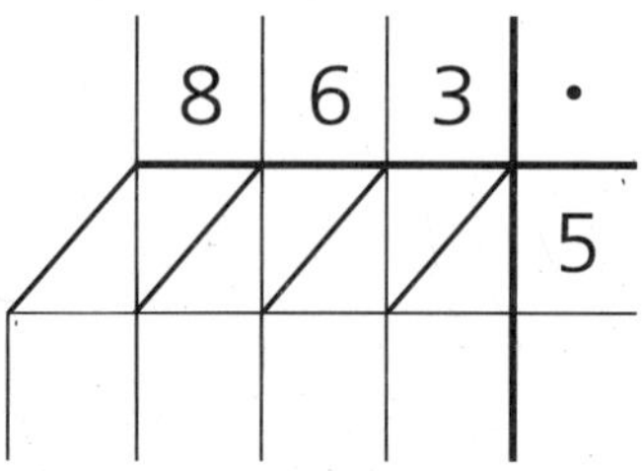

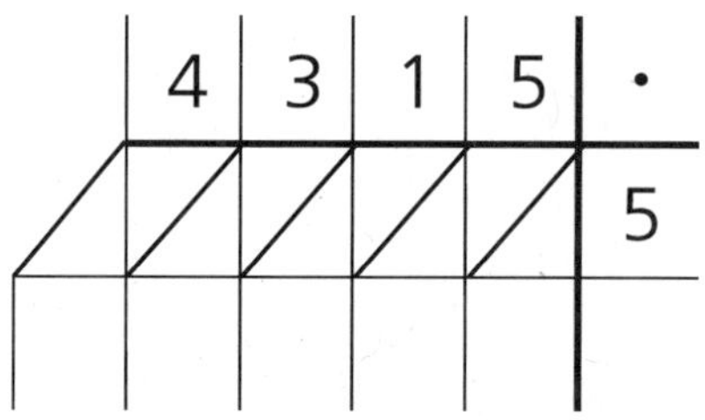

21575 · 4

4.

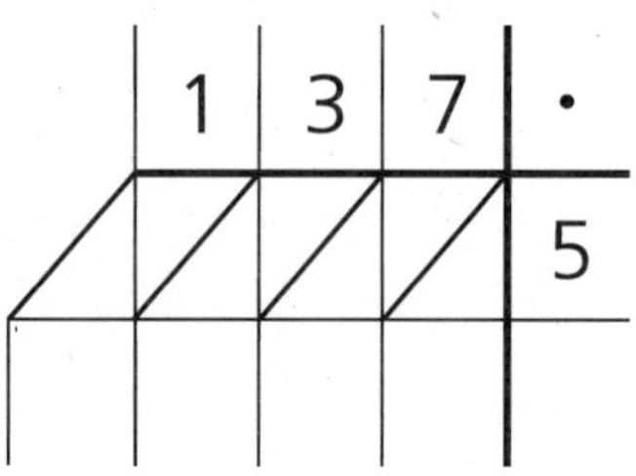

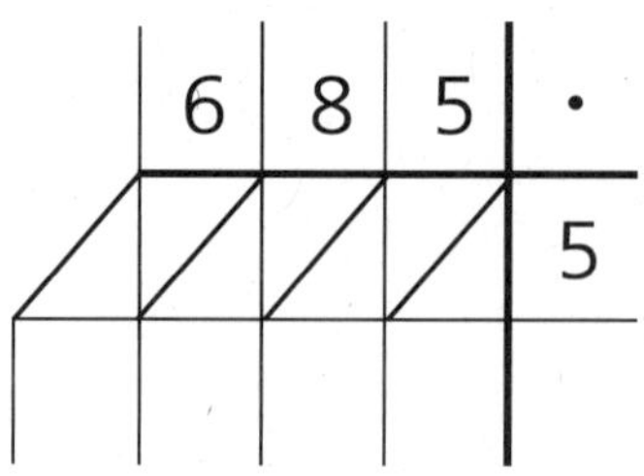

3425 · 4

5.

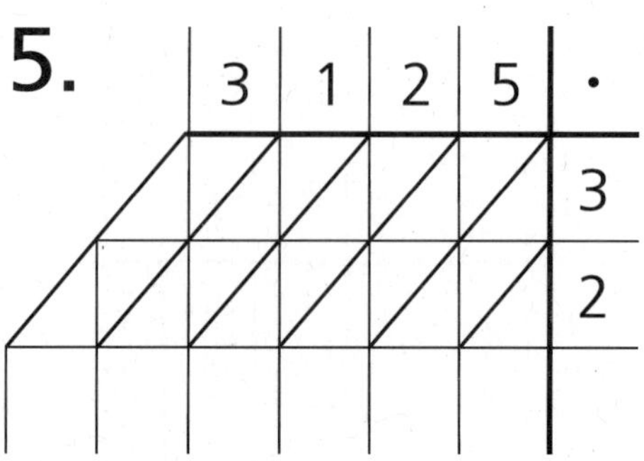

6250 · 16

3124 · 32

Name | Klasse | Datum

Multiplizieren – hinauf und hinunter 1

1·100= 100	2·99= 198	3·98=	4·97=	5·96=	6·95=	7·94=	8·93=	9·92=	10·91=
98									
11·90=	12·89=	13·88=	14·87=	15·86=	16·85=	17·84=	18·83=	19·82=	20·81=
21·80=	22·79=	23·78=	24·77=	25·76=	26·75=	27·74=	28·73=	29·72=	30·71=
31·70=	32·69=	33·68=	34·67=	35·66=	36·65=	37·64=	38·63=	39·62=	40·61=
41·60=	42·59=	43·58=	44·57=	45·56=	46·55=	47·54=	48·53=	49·52=	50·51=

Multiplizieren – hinauf und hinunter 2

51·50= 2 250	52·49= 2 548	53·48=	54·47=	55·46=	56·45=	57·44=	58·43=	59·42=	60·41=
	2								
61·40=	62·39=	63·38=	64·37=	65·36=	66·35=	67·34=	68·33=	69·32=	70·31=
71·30=	72·29=	73·28=	74·27=	75·26=	76·25=	77·24=	78·23=	79·22=	80·21=
81·20=	82·19=	83·18=	84·17=	85·16=	86·15=	87·14=	88·13=	89·12=	90·11=
91·10=	92·9=	93·8=	94·7=	95·6=	96·5=	97·4=	98·3=	99·2=	100·1=

Name

Klasse

Datum

Name	Klasse	Datum

Multiplizieren – hinauf und hinunter
(Ergebnisblatt)

1·100= 100	2·99= 198	3·98= 294	4·97= 388	5·96= 480	6·95= 570	7·94= 658	8·93= 744	9·92= 828	10·91= 910

98 96 94 92 90 88 86 84 82 80

11·90= 990	12·89= 1068	13·88= 1144	14·87= 1218	15·86= 1290	16·85= 1360	17·84= 1428	18·83= 1494	19·82= 1558	20·81= 1620

80 78 76 74 72 70 68 66 64 62 60

21·80= 1680	22·79= 1738	23·78= 1794	24·77= 1848	25·76= 1900	26·75= 1950	27·74= 1998	28·73= 2044	29·72= 2088	30·71= 2130

60 58 56 54 52 50 48 46 44 42 40

31·70= 2170	32·69= 2208	33·68= 2244	34·67= 2278	35·66= 2310	36·65= 2340	37·64= 2368	38·63= 2394	39·62= 2418	40·61= 2440

40 38 36 34 32 30 28 26 24 22 20

41·60= 2460	42·59= 2478	43·58= 2494	44·57= 2508	45·56= 2520	46·55= 2530	47·54= 2538	48·53= 2544	49·52= 2548	50·51= 2550

20 18 16 14 12 10 8 6 4 2 0

51·50= 2550	52·49= 2548	53·48= 2544	54·47= 2538	55·46= 2530	56·45= 2520	57·44= 2508	58·43= 2494	59·42= 2478	60·41= 2460

0 2 4 6 8 10 12 14 16 18 20

61·40= 2440	62·39= 2418	63·38= 2394	64·37= 2368	65·36= 2340	66·35= 2310	67·34= 2278	68·33= 2244	69·32= 2208	70·31= 2170

20 22 24 26 28 30 32 34 36 38 40

71·30= 2130	72·29= 2088	73·28= 2044	74·27= 1998	75·26= 1950	76·25= 1900	77·24= 1848	78·23= 1794	79·22= 1738	80·21= 1680

40 42 44 46 48 50 52 54 56 58 60

81·20= 1620	82·19= 1558	83·18= 1494	84·17= 1428	85·16= 1360	86·15= 1290	87·14= 1218	88·13= 1144	89·12= 1068	90·11= 990

60 62 64 66 68 70 72 74 76 78 80

91·10= 910	92·9= 828	93·8= 744	94·7= 658	95·6= 570	96·5= 480	97·4= 388	98·3= 294	99·2= 198	100·1= 100

80 82 84 86 88 90 92 94 96 98

 Zum Thema Seite 147–149

Name	Klasse	Datum

Schöne Ergebnisse 1

1.

37037 · 3 = ...
37037 · 6 = ...
37037 · 9 = ...
37037 · 12 = ...
37037 · 15 = ...
37037 · 18 = ...
37037 · 21 = ...
37037 · 24 = ...
37037 · 27 = ...
37037 · 30 = ...

2.

77 · 13 = ...
77 · 26 = ...
77 · 39 = ...
77 · 52 = ...
77 · 65 = ...
77 · 78 = ...
77 · 91 = ...
77 · 104 = ...
77 · 117 = ...
77 · 130 = ...

3.

271 · 41 = ...
271 · 82 = ...
271 · 123 = ...
271 · 164 = ...
271 · 205 = ...
271 · 246 = ...
271 · 287 = ...
271 · 328 = ...
271 · 369 = ...
271 · 410 = ...

4.

9 · 9 = 81
98 · 9 = 882
987 · 9 = ...
9876 · 9 = ...
98765 · 9 = ...
987654 · 9 = ...
9876543 · 9 = ...
98765432 · 9 = ...
987654321 · 9 = ...

5.

1 · 8 + 1 = 9
12 · 8 + 2 = 98
123 · 8 + 3 = ...
1234 · 8 + 4 = ...
12345 · 8 + 5 = ...
123456 · 8 + 6 = ...
1234567 · 8 + 7 = ...
12345678 · 8 + 8 = ...
123456789 · 8 + 9 = ...

6.

0 · 9 + 1 = 1
1 · 9 + 2 = 11
12 · 9 + 3 = 111
123 · 9 + 4 = ...
1234 · 9 + 5 = ...
12345 · 9 + 6 = ...
123456 · 9 + 7 = ...
1234567 · 9 + 8 = ...
12345678 · 9 + 9 = ...
123456789 · 9 + 10 = ...

7.

123456789 · 9 = ...
123456789 · 18 = ...
123456789 · 27 = ...
123456789 · 36 = ...
123456789 · 45 = ...
123456789 · 54 = ...
123456789 · 63 = ...
123456789 · 72 = ...
123456789 · 81 = ...
123456789 · 90 = ...

Name | Klasse | Datum

Schöne Ergebnisse 2

1.

11 · 2730 = ...
22 · 1350 = ...
11 · 2700 = ...
33 · 910 = ...
22 · 1365 = ...

2.

33 · 900 = ...
55 · 546 = ...
66 · 455 = ...
66 · 450 = ...
55 · 540 = ...

3.

110 · 273 = ...
330 · 90 = ...
165 · 182 = ...
330 · 91 = ...
110 · 270 = ...

4.

10 · 3003 = ...
5 · 5940 = ...
30 · 1001 = ...
3 · 9900 = ...
3 · 10010 = ...

5.

10 · 2970 = ...
5 · 6006 = ...
30 · 990 = ...
6 · 5005 = ...
50 · 594 = ...

6.

6 · 4950 = ...
2 · 15015 = ...
4 · 7425 = ...
20 · 1485 = ...
2 · 14850 = ...

7.

165 · 180 = ...
210 · 143 = ...
100 · 297 = ...
105 · 286 = ...
300 · 99 = ...

8.

21 · 1430 = ...
7 · 4290 = ...
150 · 198 = ...
42 · 715 = ...
75 · 396 = ...

9.

14 · 2145 = ...
15 · 1980 = ...
70 · 429 = ...
15 · 2002 = ...
35 · 858 = ...

10.

77 · 390 = ...
60 · 495 = ...
231 · 130 = ...
45 · 660 = ...
154 · 195 = ...

11.

2310 · 13 = ...
770 · 39 = ...
27 · 1100 = ...
1155 · 26 = ...
385 · 78 = ...

12.

462 · 65 = ...
9 · 3300 = ...
12 · 2475 = ...
165 · 180 = ...
18 · 1650 = ...

Bei welchen Aufgaben siehst du sofort, daß sie gleiche Ergebnisse haben?

Name	Klasse	Datum

Wetter in Deutschland

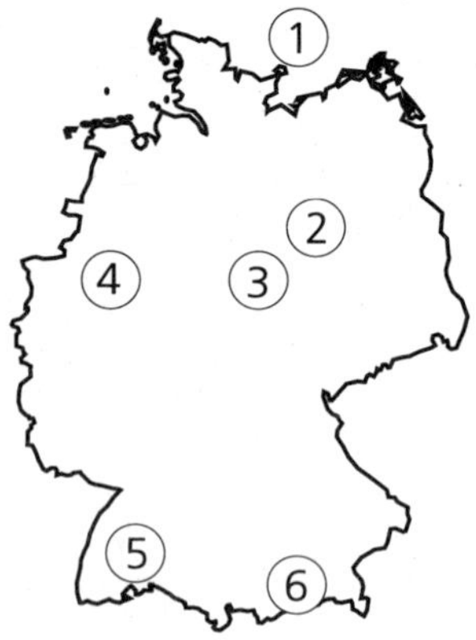

① Marienleuchte (Fehmarn), 10 m über dem Meer

	J	F	M	A	M	J	J	A	S	O	N	D	Jahr
Mittlerer Niederschlag in l	37	31	27	31	39	45	60	66	50	47	39	39	
Tage mit Niederschlag	9	8	7	7	7	8	9	10	7	8	8	9	
Sonnenstunden	54	69	142	209	280	274	274	219	199	119	49	35	

② Magdeburg, 79 m über dem Meer

	J	F	M	A	M	J	J	A	S	O	N	D	Jahr
Mittlerer Niederschlag in l	35	33	28	34	49	61	64	57	38	43	40	33	
Tage mit Niederschlag	9	8	8	8	8	9	10	9	8	8	7	10	
Sonnenstunden	56	73	142	178	221	231	212	200	174	103	50	39	

③ Brocken, 1142 m über dem Meer

	J	F	M	A	M	J	J	A	S	O	N	D	Jahr
Mittlerer Niederschlag in l	158	126	94	105	96	115	143	117	105	122	115	126	
Tage mit Niederschlag	18	14	15	15	13	14	15	15	14	15	16	18	
Sonnenstunden	57	68	122	141	186	195	170	163	135	86	51	50	

④ Essen, 129 m über dem Meer

	J	F	M	A	M	J	J	A	S	O	N	D	Jahr
Mittlerer Niederschlag in l	73	63	47	61	63	75	86	90	66	67	72	66	
Tage mit Niederschlag	13	11	10	11	10	11	12	12	11	11	12	13	
Sonnenstunden	40	61	119	173	212	204	179	171	150	98	53	34	

⑤ Freiburg, 259 m über dem Meer

	J	F	M	A	M	J	J	A	S	O	N	D	Jahr
Mittlerer Niederschlag in l	61	53	52	68	79	117	106	100	98	67	69	52	
Tage mit Niederschlag	10	9	11	13	12	12	12	12	10	10	10	11	
Sonnenstunden	53	82	153	173	228	233	247	234	174	122	62	47	

⑥ Zugspitze, 2962 m über dem Meer

	J	F	M	A	M	J	J	A	S	O	N	D	Jahr
Mittlerer Niederschlag in l	203	165	160	178	168	201	210	144	115	129	121	153	
Tage mit Niederschlag	14	15	14	16	16	18	18	17	13	11	12	14	
Sonnenstunden	116	120	164	163	170	136	167	171	178	176	136	118	

OPERETTENHAUS HAMBURG

CATS

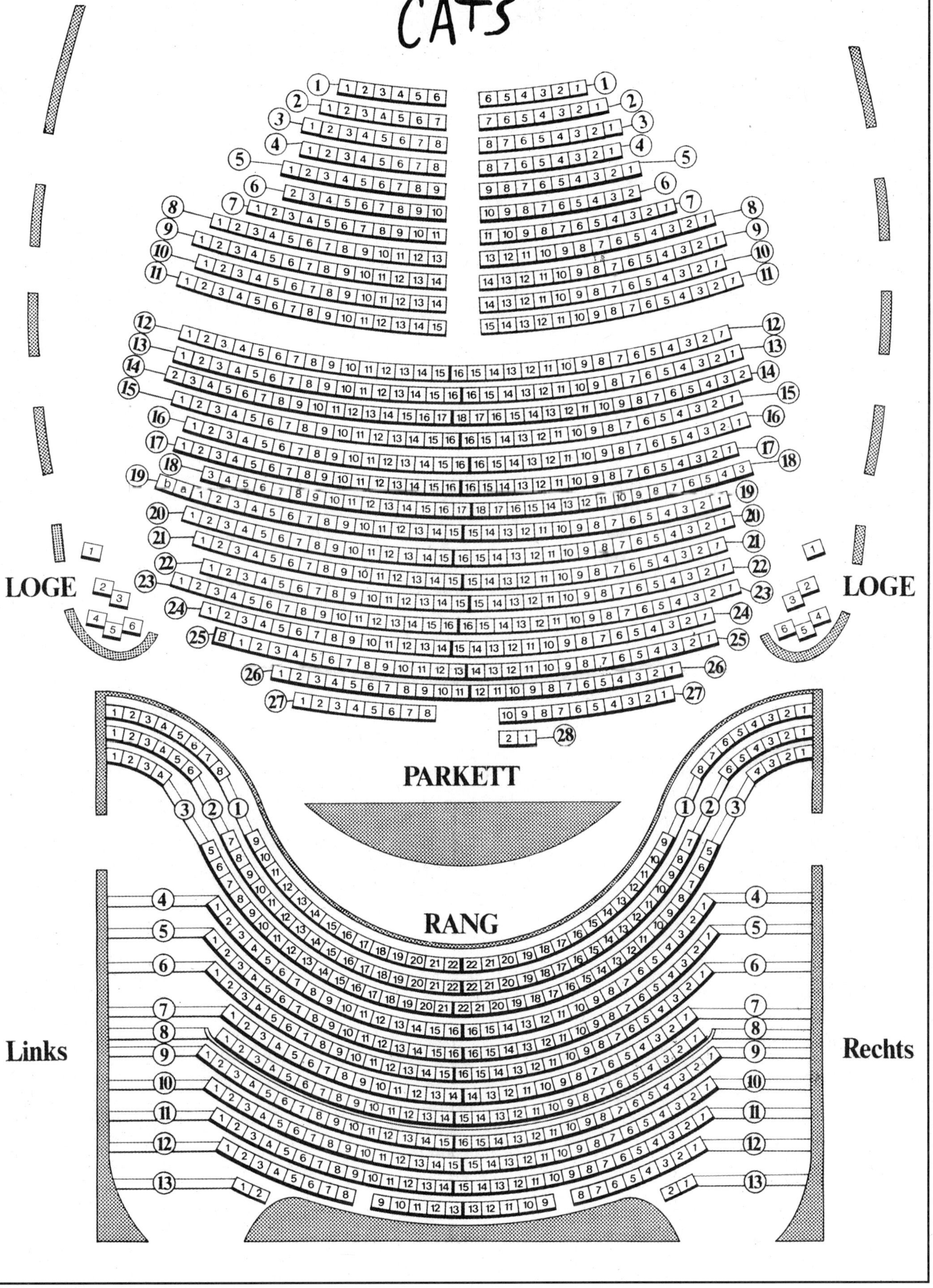

Name	Klasse	Datum

Volles Haus

Freitag 20.00 Uhr, Samstag 15.00 und 20.00 Uhr

Operettenhaus Hamburg CATS

	Anzahl der Plätze	Preis	Einnahmen
Parkett 1 – 17 Rang 1 – 7		140,–	
Parkett 18 – 23 Rang 8 – 10		110,–	
Parkett 24 – 28 Rang 11 – 13 Logen		90,–	
zusammen			

Dienstag, Mittwoch, Donnerstag 20.00 Uhr,
Sonntag 15.00 und 20.00 Uhr

Operettenhaus Hamburg CATS

	Anzahl der Plätze	Preis	Einnahmen
Parkett 1 – 17 Rang 1 – 7		110,–	
Parkett 18 – 23 Rang 8 – 10		90,–	
Parkett 24 – 28 Rang 11 – 13 Logen		70,–	
zusammen			

Name	Klasse	Datum

Wie teuer ist (geliehenes) Geld?

Wählen Sie Ihren Kredit

Laufzeit	18 Monate		24 Monate		30 Monate		36 Monate		42 Monate		48 Monate		54 Monate		60 Monate	
Kredit-summe	17 Raten à DM	letzte Rate	23 Raten à DM	letzte Rate	29 Raten à DM	letzte Rate	35 Raten à DM	letzte Rate	41 Raten à DM	letzte Rate	47 Raten à DM	letzte Rate	53 Raten à DM	letzte Rate	59 Raten à DM	letzte Rate
2 000,-	121,00	137,80	93,00	107,40												
3 000,-	182,00	198,20	140,00	149,60												
4 000,-	243,00	258,60	187,00	191,80	153,00	159,00	130,00	149,20	114,00	128,40	102,00	111,60	92,00	132,80	85,00	97,00
5 000,-	304,00	319,00	234,00	234,00	191,00	206,00	163,00	169,00	142,00	181,00	127,00	163,00	115,00	166,00	106,00	136,00
6 000,-	365,00	379,40	280,00	299,20	229,00	253,00	195,00	223,80	171,00	192,60	153,00	167,40	139,00	146,20	127,00	175,00
7 000,-	426,00	439,80	327,00	341,40	268,00	271,00	228,00	243,60	200,00	204,20	178,00	218,80	162,00	179,40	149,00	155,00
8 000,-	487,00	500,20	374,00	383,60	306,00	318,00	261,00	263,40	228,00	256,80	204,00	223,20	185,00	212,60	170,00	194,00
9 000,-	548,00	560,60	421,00	425,80	344,00	365,00	293,00	318,20	257,00	268,40	229,00	274,60	208,00	245,80	191,00	133,00
10 000,-	606,00	618,00	465,00	465,00	380,00	380,00	323,00	335,00	282,00	318,00	252,00	276,00	228,00	276,00	210,00	210,00
12 000,-	728,00	728,00	558,00	558,00	456,00	456,00	388,00	388,00	339,00	357,00	303,00	303,00	274,00	310,00	252,00	252,00
14 000,-	849,00	855,00	651,00	651,00	532,00	532,00	452,00	476,00	396,00	396,00	353,00	377,00	320,00	344,00	294,00	294,00
15 000,	910,00	910,00	697,00	709,00	570,00	570,00	485,00	485,00	424,00	436,00	378,00	414,00	343,00	361,00	315,00	315,00
16 000,-			744,00	744,00	608,00	608,00	517,00	529,00	452,00	476,00	404,00	404,00	366,00	378,00	336,00	336,00
18 000,-			837,00	837,00	684,00	684,00	582,00	582,00	509,00	515,00	454,00	478,00	412,00	412,00	378,00	378,00
20 000,-			930,00	930,00	760,00	760,00	646,00	670,00	565,00	595,00	505,00	505,00	457,00	499,00	420,00	420,00
22 000,-					836,00	836,00	711,00	723,00	622,00	634,00	555,00	579,00	503,00	533,00	462,00	462,00
24 000,-					912,00	912,00	776,00	776,00	678,00	714,00	606,00	606,00	549,00	567,00	504,00	504,00
25 000,-					950,00	950,00	808,00	820,00	707,00	713,00	631,00	643,00	572,00	584,00	525,00	525,00

Effektiver Jahreszins je nach Laufzeit 9,96 bis 12,73 Prozent

Ich leihe mir	Ich zahle zurück	Mehrkosten
10 000 DM für 18 Monate	10 920 DM	920 DM
10 000 DM für 60 Monate		
15 000 DM für 30 Monate		
15 000 DM für 54 Monate		
24 000 DM für 42 Monate		
12 000 DM für 42 Monate		

Rechne diese und weitere Aufgaben im Heft.

Name	Klasse	Datum

Wie viele Meterquadrate hat ...?

	Länge	Breite	Meter-quadrate
Klassenzimmer			
Schulhof			
Turnhalle			
Spielplatz			
Marktplatz			
Spielfeld im Westfalenstadion (Dortmund)	105 m	70 m	
Autobahnkreuz	385 m	350 m	
Hubschrauberlandeplatz	20 m	20 m	
Startbahn Nord/Flughafen Frankfurt	3 900 m	60 m	
Wenzelsplatz Prag	680 m	60 m	
Roter Platz Moskau	390 m	140 m	
Platz des Himmlischen Friedens Peking	880 m	500 m	
Central Park New York	2 400 m	880 m	

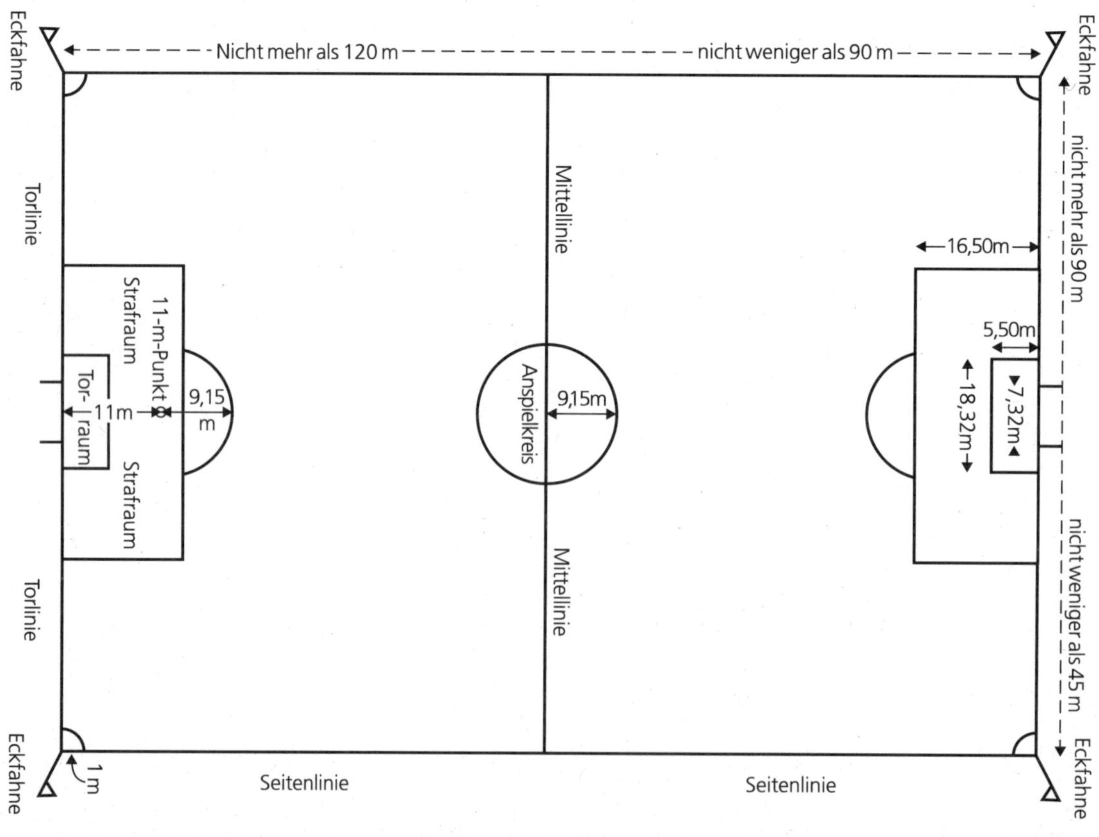

Fußballfeld mit den vorgeschriebenen Maßen. Die Regeln lassen beträchtliche Abweichungen zu, aber die Länge eines Spielfelds darf nicht mehr als 120 m und nicht weniger als 90 m und seine Breite nicht mehr als 90 m und nicht weniger als 45 m sein. Es gibt auch Übungsplätze, die noch kleiner sind, auf denen aber keine Punktspiele stattfinden dürfen.

Name	Klasse	Datum

Fahrzeuggewichte

Fahrzeug	Gesamtgewicht	Leergewicht	Nutzlast
Tandem mit Anhänger		35 kg	290 kg
Auto	1 465 kg	975 kg	
Kleinbus	2 390 kg	1 412 kg	
kleiner Reisebus	14 400 kg	11 045 kg	
Linienbus	17 200 kg	10 536 kg	
Straßenbahn	49,44 t	34,75 t	
Nahverkehrszug (mit 4 Wagen)	277,5 t	210,5 t	
Schwebebahn (Wuppertal)	36 500 kg	22 175 kg	
Kleinlaster	7,5 t		3 966 kg
Sattelzug	40 t		14,7 t
Tankwagen	40 t	16,6 t	
Güterzug (mit 30 Waggons)		751 t	1 943 t
Frachtschiff	163 382 t		127 430 t
„Supertanker"	444 273 t	84 400 t	
Segelflugzeug	459 kg	243 kg	
Sportflugzeug	2 945 kg		182 kg
„Zeppelin" (klein)	6 200 kg		1 380 kg
„Jumbo-Jet"	362,9 t	①	31 t
	362,9 t	②	59 t
Mondrakete „Saturn"	2 837 t		5 307 kg

① bei mehr Benzin für maximale Reichweite (10 800 km)
② bei weniger Benzin für kürzere Reichweite (8 200 km)

Name	Klasse	Datum

Voll beladen!

	Tragfähigkeit	Personenzahl	vorgesehenes Gewicht/Pers.
Personenaufzug	320 kg	4	80 kg
Personenaufzug	450 kg	6	
Personenaufzug	640 kg	8	
Personenaufzug	1 000 kg	13	
Personenaufzug	1 350 kg	18	
Personenaufzug	1 575 kg	21	
Lastenaufzug DB	2 500 kg	33	
Seilbahn	6 400 kg	80	
PKW	490 kg	5	
Kleinbus	978 kg	9	
Linienbus	6 664 kg	98	
Reisebus	3 355 kg	31	
Nahverkehrszug	67 000 kg	900	
Schwebebahn	13 325 kg	178	
Ausflugsdampfer	232 534 kg	2 250	
Kreuzfahrtschiff	4 562 000 kg	1 996	
Jumbo-Jet	31 000 kg*)	355	
Airbus	22 000 kg*)	207	
Segelflugzeug	216 kg	2	

*) Maximale Reichweite, voll betankt.

Name | Klasse | Datum

Arten im Tierreich

Anzahl der Arten

Einzellige Tiere (Urtiere) 27 000

Mehrzellige Tiere

Schwämme 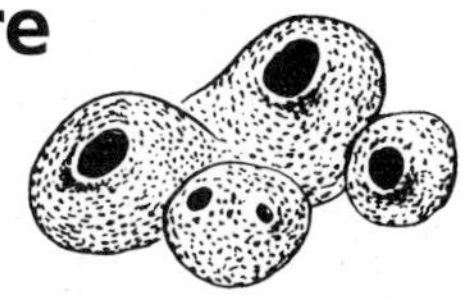 5 000

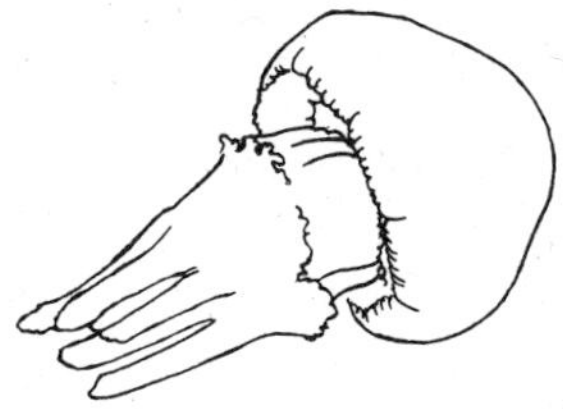

Nesseltiere (Korallen, Quallen, Polypen, ...) 9 000

Würmer

Plattwürmer
16 000

Rundwürmer
32 000

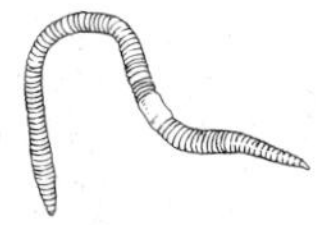
Ringelwürmer
17 000

....

Weichtiere

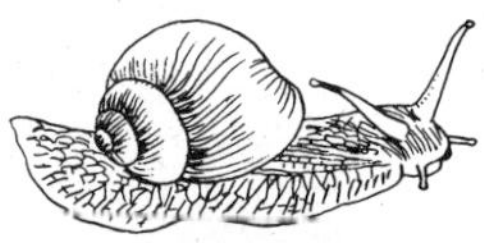
Schnecken
110 000

Muscheln
20 000

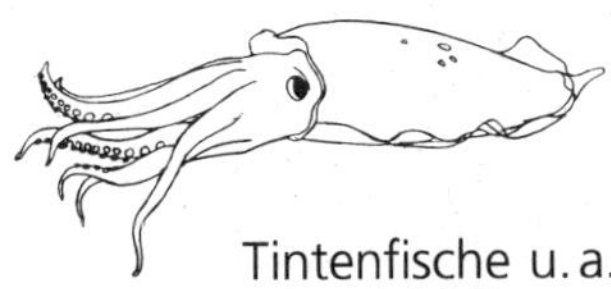
Tintenfische u. a.
3 000

....

Gliederfüßler

Tausendfüßler
11 000

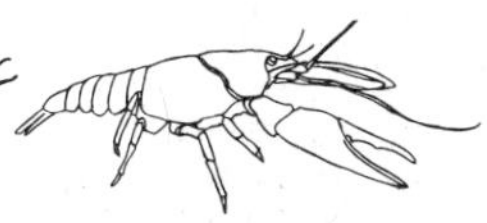
Krebstiere
39 000

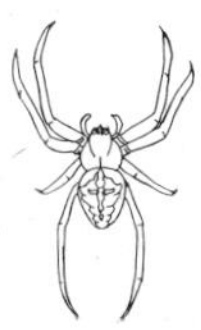
Spinnen u. a.
38 000

Käfer
350 000

Schmetterlinge
110 000

sonstige Insekten
394 000

....

Stachelhäuter (Seesterne, Seeigel und ähnliche)  6 000

Wirbeltiere

Fische
24 700

Amphibien (Lurche)
2 900

Reptilien
6 000

Vögel
8 600

Säugetiere
4 200

....

sonstige Tierarten 9 000

Summe ____________

Name	Klasse	Datum

Verkleinerte Riesen

1:40 Eisbär

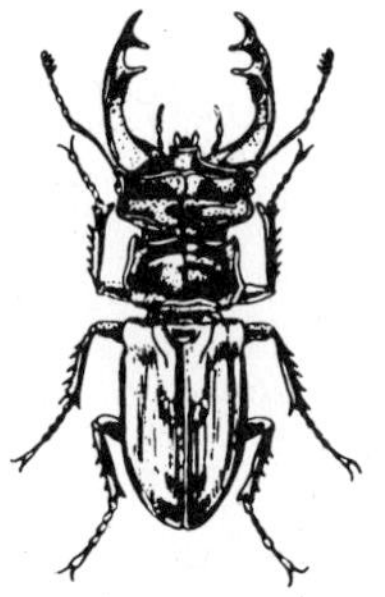

1:2
Hirschkäfer

1:15
Gibbon

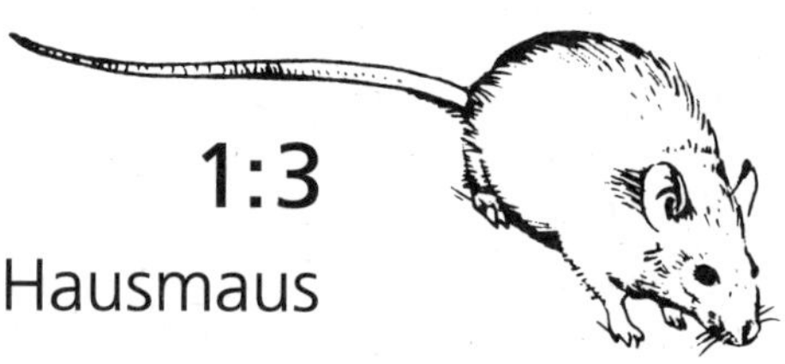

1:3
Hausmaus

1:75 Giraffen

1:8
Kreuzotter

1: ____ Blauwal

Name	Klasse	Datum

Vergrößerte Zwerge-
Verkleinerte Riesen

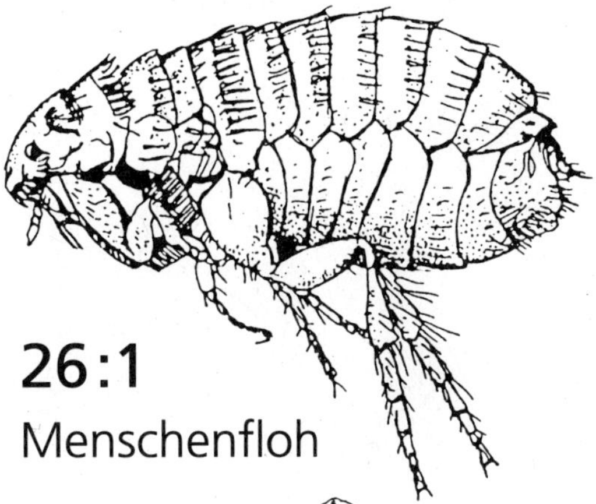

26:1
Menschenfloh

1:40 Afrikanischer Elefant

1:270
Donnechse

[   ] :1
Marienkäfer

10:1
Stubenfliege

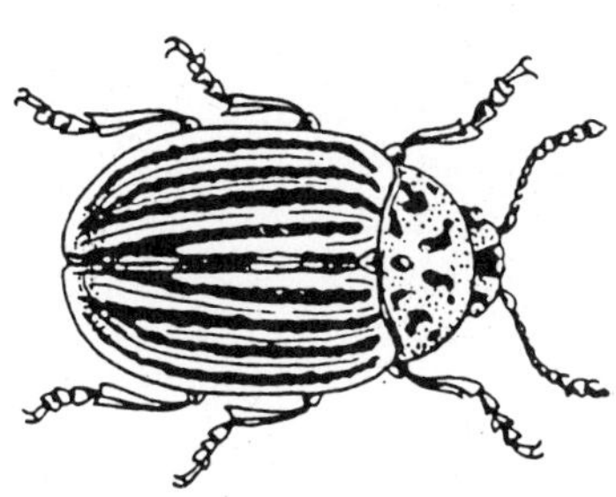

4:1
Kartoffelkäfer

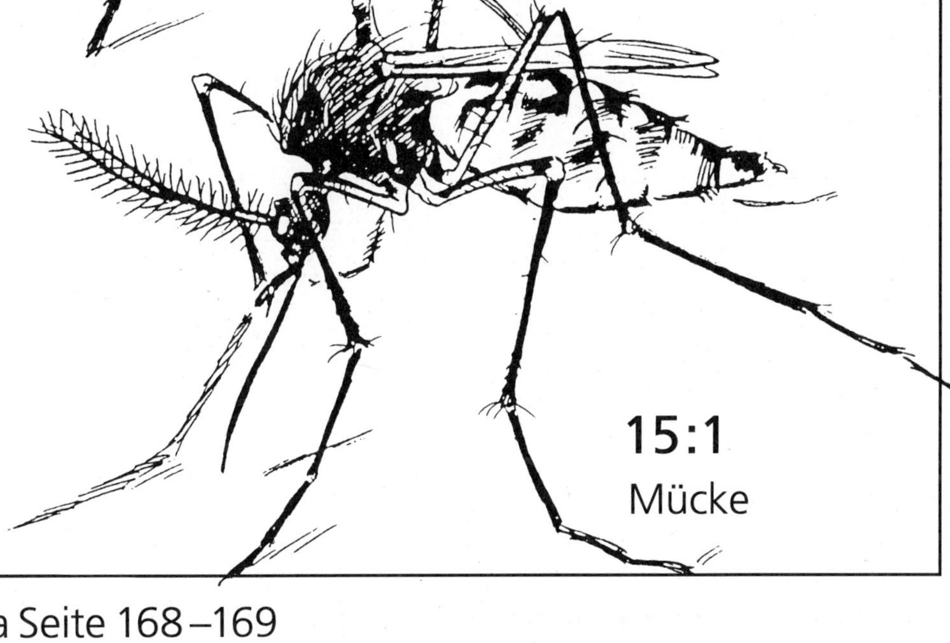

15:1
Mücke

Name	Klasse	Datum

Tiermütter und ihre Babys

Ausgewachsene Gorillaweibchen wiegen im Durchschnitt 80 kg. Ein neugeborener Gorilla wiegt durchschnittlich 2 kg. Die Mutter ist also 40 mal so schwer wie ihr Junges.

	Gewicht der Mutter	Geburtsgewicht des Babys	Mutter ist ... mal so schwer
Blauwal	120 t	2 t	
Elefant	2500 kg	100 kg	
Panzernashorn	1700 kg	65 kg	
Giraffe	1140 kg	100 kg	
Bison	545 kg	30 kg	
Eisbär	320 kg	600 g	
Bergzebra	290 kg	25 kg	
Davidshirsch	135 kg	7 kg	
Seelöwe	90 kg	6 kg	
Gorilla	80 kg	2 kg	40
Seehund	63 kg	10 kg	
Steinbock	48 kg	4 kg	
Orang Utan	45 kg	1½ kg	
Schimpanse	40 kg	2 kg	
Rotes Riesenkänguruh	26 kg	< 1 g	
Zwergfledermaus	5 g	1 g	
Mensch			